Christoph Haack

Die Krieger der Karolinger

Ergänzungsbände zum Reallexikon der Germanischen Altertumskunde

Herausgegeben von
Sebastian Brather, Wilhelm Heizmann
und Steffen Patzold

Band 115

Christoph Haack

Die Krieger der Karolinger

Kriegsdienste als Prozesse gemeinschaftlicher Organisation um 800

DE GRUYTER

ISBN 978-3-11-062614-8
e-ISBN (PDF) 978-3-11-062907-1
e-ISBN (EPUB) 978-3-11-062638-4
ISSN 1866-7678

Library of Congress Control Number: 2019947866

Bibliografische Information der Deutschen Nationalbibliothek
Die Deutsche Nationalbibliothek verzeichnet diese Publikation in der Deutschen Nationalbibliografie; detaillierte bibliografische Daten sind im Internet unter http://dnb.dnb.de abrufbar

Satz: Integra Software Services Pvt. Ltd.
Druck und Bindung: CPI books GmbH, Leck

www.degruyter.com

MIX
Papier aus verantwortungsvollen Quellen
FSC www.fsc.org
FSC® C083411

Meinen Eltern

Vorwort

Der Begriff der „Monographie“ ist eigentlich eine ziemlich verrückte Bezeichnung für eine Doktorarbeit, wahrscheinlich sogar für jedes Buch. An diesem jedenfalls haben Dutzende Personen auf unterschiedlichste Weise mitgewirkt. Es ist die überarbeitete Fassung meiner Dissertation, die im Mai 2018 von der Eberhard Karls Universität Tübingen angenommen wurde. Mein erster Dank gebührt meinem Doktorvater Steffen Patzold. Er hat diese Doktorarbeit fachlich und finanziell ermöglicht und war dabei ein fordernder, aber großzügiger Chef. Thomas Kohl, mein zweiter wissenschaftlicher Betreuer, hat mir die kleinen Welten des Mittelalters zugänglich gemacht und außerdem den Wert einer guten Geschichte. Daniel Föller verdanke ich ganz wesentliche Anregungen für mein Modell einer Krieger-Klientel in der karolingischen Welt um 800.

Wissenschaftlich hat auch Almuth Ebke über den argumentativen Aufbau entscheidenden Anteil an diesem Buch. Der gleiche Dank gilt Martin Deuerlein. Christian Stadermann und Andreas Öffner haben auch nach Feierabend gerne mit mir über Kapitularien und Hyperdekonstruktivismus diskutiert, außerdem verdanke ich beiden von ihnen die Vermittlung zahlloser praktischer Handgriffe. Ähnliches gilt für all die zahlreichen KollegInnen am Tübinger Seminar für mittelalterliche Geschichte, besonders Annette Grabowsky als Meisterin des Seminars und meinen Altgesellen Harald Sellner. Bruno Wiedermann verdanke ich das Zustandekommen eines Schlusskapitels David Jäger danke ich als Mitstreiter im Feld der Militärgeschichte. Christian Schwaderer, Dorothea Kies und Uwe Grupp haben als BürokollegInnen dafür gesorgt, dass ich fast jeden Tag gerne in den Hegelbau gekommen bin; ebenso wie Grigorii Borisov, Johanna Jebe, Petra Seckinger und Peter Hilsch. Luise Nöllemeyer hat großzügigerweise die Ergebnisse ihrer unpublizierten Masterarbeit mit mir geteilt. Ohne die Hilfe meiner studentischen Hilfskräfte Samuel Schröder und Lisa-Marie Huber bei der Endredaktion schließlich wäre dieses Buch nicht 2019 erschienen. Elisabeth Kempf und Laura Burlon von De Gruyter danke ich für die kompetente und freundliche verlegerische Betreuung. Nicht zuletzt hat auch der FS-Ehemaligen-Stammtisch in der Mensa zum Gelingen dieses Buches beigetragen.

Mein größter Dank geht an meine Familie, besonders an meine Eltern. Ohne sie hätte ich nicht studieren und keine Doktorarbeit schreiben können. Meine Geschwister haben bereitwillig korrekturgelesen und sich auch sonst bewundernswert oft vom Mittelalter erzählen lassen, ich danke ihnen sehr herzlich für all ihre Unterstützung.

Vor allem aber danke ich Y für alles: für Deine Großzügigkeit, unendliche Unterstützung und die Hilfe, Entscheidungen bei der Arbeit an diesem Buch zu treffen.

https://doi.org/10.1515/9783110629071-202

Inhaltsverzeichnis

1 Einleitung

Es ist der 16. Juli 1871. Bei schönstem Kaiserwetter[1] – so darf man jedenfalls annehmen, wenn man dem Schlachtenmaler Louis Braun († 1916) glaubt – defilieren die siegreichen bayrischen Truppen durch das Münchner Siegestor.[2] Voran reiten Seite an Seite der bayrische König Ludwig II. und der preußische Kronprinz Friedrich. Im Institutsgebäude der juristischen Fakultät, prestigeträchtig an der Ludwigstraße gelegen, feiert man den Vorbeimarsch der Kriegshelden und den Sieg über die Franzosen mit einem Sektfrühstück.[3] Einer der berühmten Professoren der Fakultät, Paul Roth, würzt das feierliche Ereignis mit einer ganz persönlichen Einlage: Mit angesichts der historischen Bedeutung des Momentes zitternder Stimme – auch das darf man sich vorstellen – trägt er das selbstgeschriebene Gedicht „Der Frühling" vor.[4]

Der Dichter, später Mitglied der ersten Kommission zur Vorbereitung eines einheitlichen Zivilrechts im deutschen Kaiserreich, war einer der einflussreichsten Rechtshistoriker seiner Zeit. Er steht für eine wissenschaftliche Generation, die grundlegende Deutungsmodelle und Erzählungen entwickelte, die als tiefliegendes Wissenssubstrat mediävistische Forschung bis heute in kaum zu überschätzender Weise prägen. Insbesondere könnte man Paul Roth den Großvater des Lehnswesens nennen, jener wissenschaftlichen Modellbildung also, die das Mittelalter als eigentlich mittelalterlich definierte, indem sie es strukturell abgrenzbar machte zu anderen Epochen. Das Lehnswesen hat wie wohl kein anderes Deutungsmuster Forschungsannahmen und -fragen der mittelalterlichen Geschichte geleitet und die tiefgründende, unhintergehbare Grundlage mediävistischer Arbeit gebildet.

Die vorliegende Arbeit versteht sich als Beitrag zur Substituierung des Lehnswesens durch neue geschichtswissenschaftliche Modellbildungen. Sie ist damit Teil der Dekonstruktion und Neumodellierung eines der zentralen Forschungsfelder des

---

1 Zur medialen Inszenierung kaiserlicher Auftritte der wilhelminischen Zeit vgl. Petzold 2012; einen wichtigen Impuls gab der Dokumentarfilm „Majestät brauchen Sonne": Schamoni 1999, vgl. Petzold 2012, S. 38, S. 121.

2 Bayerisches Armeemuseum, Ingolstadt. Siegesparade mit dem Einzug König Ludwigs II. von Bayern und Kronprinz Friedrichs (III.) von Preußen auf der Ludwigstrasse in München am 16. Juli 1871, Louis Braun (1836–1916). Vgl. die Beschreibung des Gemäldes bei Heinemann 2000. Zum Maler vgl. Heinz 2017.

3 Von Amira 1907, S. 548.

4 Als gedrucktes Manuskript vorhanden in München, Bibliothek der Ludwig-Maximilians-Universität, 0001/8 P.germ. 4070. Im Traum erscheint Roth der Winter, der von den Bergen steigt, um dem ersten „bunten Reigen" der „Frühlingskinder" ein Ende zu setzen. Die aber schließen sich zusammen, zerreißen des Winters „alte Eisperücke" und vertreiben ihn mit den Worten „Das Blatt hat sich gewendet/ aus ist es mit Schnee und Eis/ dein Reich ist nun beendet/ du verdriesslicher junger Greis. – Wir werden Dich umgestalten/ wir haben dein Lügen satt/ von jetzt an wird gehalten/ was man versprochen hat. – Das soll als Gesetz nun gelten/ in dem neuen deutschen Reich/ und magst du auch poltern und schelten/ das ist uns völlig gleich."

https://doi.org/10.1515/9783110629071-001

Faches. Ich ordne meine Untersuchung deshalb einer Diskussion um grundlegende Mechanismen sozialer, politischer und ökonomischer Ordnung im frühen Mittelalter zu.[5] Als konkreten *Untersuchungsgegenstand* ist sie auf die Organisation von Kriegsdiensten in der karolingischen Welt um 800 gerichtet. Denn dafür existiert derzeit, so meine These, kein gültiger Erklärungsansatz.

Einer klassischen Darstellung gilt nach wie vor die Bindung zwischen Lehnsherr und Lehnsmann als entscheidendes Element militärischer Organisation,[6] besonders in der englischsprachigen Forschung bestehen als Gegenmodelle dazu zwei völlig konträre Entwürfe parallel nebeneinander.[7] Ein wissenschaftlicher Austausch zwischen den Vertretern all dieser unterschiedlichen Modelle findet kaum statt. Gleichzeitig ist der Krieg in der Forschung so aktuell, wie seit dem Ende des Zweiten Weltkrieges nicht mehr. Das gilt zumal aus deutscher Perspektive. Mit dem Einsatz deutscher Soldaten in Afghanistan, Syrien und Mali, dem Engagement deutscher Staatsbürger als Kämpfer des *Islamischen Staats* und mit dem Ukraine-Konflikt nimmt militärische Gewalt in der öffentlichen Wahrnehmung derzeit einen zentralen Raum ein, aus dem sie mit dem Kriegsende 1945 weitgehend verdrängt wurde.[8] Der Krieg ist, so ein verbreitetes Schlagwort, „nach Europa zurückgekehrt".[9] Die sogenannten Neuen Kriege, asymmetrische Auseinandersetzungen zwischen Staaten und nicht-staatlichen Akteuren, werden dabei häufig als Rückkehr mittelalterlicher Zustände verstanden.[10] Diese gesteigerte Wahrnehmung des Krieges hat, so muss man in der Selbstreflexion sagen, den Krieg auch für die mittelalterliche Geschichte wieder interessant gemacht.[11]

---

5 Unter Ordnungen verstehe ich nach der Definition des Sodnerforschungsbereiches 923 *Bedrohte Ordnungen* „Gefüge von Elementen, die in einem bestimmten Verhältnis zueinander stehen und soziale Gruppen oder ganze Gesellschaften strukturieren", zugleich aber erst im menschlichen Handeln und Deuten erzeugt werden, Frie/Nieswand 2017, S. 28.

6 So zuletzt Hofbauer 2015. Nicolle 2011, S. 24.

7 B. Bachrach/D. Bachrach 2017. Halsall 2003, S. 2.

8 Hombach 2016, S. 104. Münkler 2015, S. 7–11. Zur Aktualität des Krieges in der Forschung vgl. Mauntel 2014, S. 12–13.

9 Bundespräsident Frank-Walter Steinmeier: „Ich erinnere nur daran, dass seit der völkerrechtswidrigen Annexion der Krim durch Russland die Frage von Krieg und Frieden, die wir auf europäischem Boden für beantwortet hielten, zurückgekehrt ist.", zitiert nach der *Frankfurter Allgemeinen Zeitung* vom 16.6.2017. Weitere prominente Beispiele: General Hans-Lothar Domröse, im *Focus* vom 19.12.2015. Wolfgang Ischinger, Leiter der Münchner Sicherheitskonferenz, im *Stern* vom 4.9.2014. – In der mediävistischen Debatte vgl. Kortüm 2010a, S. 11. Scharff 2002, S. 3. Der älteste mir bekannte wissenschaftliche Beleg ist Emmerich/Meyer-Gosau 1995, S. 7.

10 Kortüm 2010a, S. 31, S. 66, unter Verweis auf Münkler 2006, S. 133–147. Vgl. auch Münkler 2007.

11 DFG-Forschungsgruppe 377 *Formen und Funktionen des Krieges im Mittelalter*, 2000–2006, vgl. Kortüm 2001b. – DFG-Forschergruppe 1101 *Gewaltgemeinschaften*, 2009–2015, vgl. Speitkamp 2017. Speitkamp 2013. – Fritz Thyssen Stiftung: *The Militarisation of Early Medieval Societies*,

Vor dem Hintergrund der geschärften Sensibilisierung für die Bedeutung von Krieg verstehen aktuelle Arbeiten die Franken als Kriegergesellschaft, deren soziopolitische Ordnung auf militärischer Organisation und martialischen Werten gründete.[12] Und es gibt gute Gründe für diese Sichtweise: Die laikalen Eliten des frühen Mittelalters definierten sich maßgeblich über einen martialischen Habitus der im Waffentragen, Reiten und Jagen manifestiert wurde,[13] militärische Aktivität spielte für die Beanspruchung politischer Führungspositionen eine bestimmende Rolle. Während ständige Kämpfe zwischen den merowingischen Teilherrschern und später den Magnatenfamilien die Geschichte der fränkischen Welt im 7. Jahrhundert prägten, sah das 8. Jahrhundert eine fast ungebrochene Reihe fränkischer Siege unter Führung der neuen Herrscherfamilie der Karolinger und eine enorme Expansion des Herrschaftsgebietes. Die Stellung eines Herrschers war essentiell mit militärischem Erfolg verbunden, Misserfolg konnte auf Dauer einen Herrscher oder eine Dynastie delegitimieren.[14]

Sowohl der Aufstieg der Karolinger als Hausmeier, die statt der späten merowingischen Könige militärische Erfolge errangen, als auch der Aufstieg neuer Dynastien am Ende der Karolingerzeit sind Beispiele dafür. Timothy Reuter hat die Gesellschaft der Karolinger- und Ottonenzeit deshalb als „societies largely organized by war" beschrieben.[15] Die politische Gemeinschaft war gleichbedeutend mit dem Heer und wurde als *exercitus* bezeichnet,[16] Krieg war in dieser politischen Ordnung praktisch endemisch.[17] Ein Hinweis auf den Eintrag der Reichsannalen zum Jahr 792, „in diesem Jahr wurde kein Feldzug unternommen",[18] ist in diesem Zusammenhang beinahe ein wissenschaftlicher Allgemeinplatz.[19]

Die Frage nach der Organisation von Kriegsdiensten um 800 trifft damit den Kernbereich grundlegender Problemfelder, die derzeit in der frühmittelalterlichen Geschichte diskutiert werden. Sie zielt auf den Aufbau politischer Einheiten, die

---

2016–2018. – DFG Graduiertenkolleg 2304 *Byzanz und die euromediterranen Kriegskulturen*, seit 2018.

12 Siehe als äußerst interessanten Entwurf eines diskurstheoretischen Zugriffs Föller 2016, S. 5–26, der hier soweit ich sehe die erste wissenschaftliche Definition einer Beschreibung der karolingischen Welt als *Kriegergesellschaft* bietet. Als aktuelle Gesamtdarstellungen mit dieser Charakterisierung vgl. Weinfurter 2014, S. 78. Ubl 2014, S. 23. Fried 2013, S. 149.

13 Föller 2016, S. 22.

14 Dazu jetzt bes. der Sammelband Keller/Sarti 2018, hier Halsall 2018, S. 65. Keller 2018, S. 7, S. 23. Sarti 2018, S. 190. Vgl. auch Kortüm 2010a, S. 118. Halsall 2003, S. 25–26. Scharff 2002, S. 153–161.

15 Reuter 1999, S. 13.

16 Niermeyer 2004, s. v. exercitus 4. u. 5. Vgl. Ganshof 1970, S. 22–23.

17 Kortüm 2010a, S. 117. Vgl. Scharff 2002, S. 110.

18 Ann. regni Francorum a. 792 (Kurze 1891), S. 92: „Eodem anno nullum iter exercitale factum est".

19 Hartmann 2010, S. 106. Prietzel 2006a, S. 9. Halsall 2003, S. 2. Scharff 2002, S. 109. Verbruggen 1965, S. 420 Fn. 2. W. Hartmann 2010, S. 106. Vgl. schon für die Zeit Karl Martells: Nonn 1994, S. 1.

Stellung geistlicher und weltlicher Funktionsträger, die Möglichkeiten gemeinschaftlicher Aktion. Letztlich ist sie auf das Verhältnis von Öffentlichem und Privatem und damit den Charakter frühmittelalterlicher politischer Gemeinwesen gerichtet.[20] Während eine Dichotomie von *öffentlich* und *privat* lange Zeit eine leitende Prämisse mediävistischer Forschung gewesen ist,[21] ist eine kritische Revision dieser Grundannahme etwa in den letzten zehn Jahren in einer grundlegenden Neudeutung gemündet. Sie sieht den Charakter frühmittelalterlicher politischer Einheiten nicht mehr im Kampf zwischen Staat und Adelsherrschaft, sondern verbindet beide Strukturen zu einer alteritären Form gemeinschaftlicher Organisation.[22] Die gegensätzlichen militärgeschichtlichen Deutungsmodelle lassen sich hingegen als Produkt der alten Dichotomie *öffentlich* und *privat* verstehen. Die Zusammenführung ihrer weitgehend getrennten Diskussionsstränge und eine darauf aufbauende Neudeutung ist damit ein dringendes Desiderat. Einen solchen Neuentwurf zu bieten ist das Ziel meiner Arbeit.

Denn angesichts der drei parallel vertretenen Erklärungsmodelle kriegerischer Ordnung im Frühmittelalter ist derzeit weitgehend unklar, wie die karolingische Welt als Kriegergesellschaft funktionierte. Als Fundament galt klassischerweise das Lehnswesen.[23] Rechtshistoriker wie Paul Roth entwarfen es ausgehend von einer militärisch kanalisierten Nationalbegeisterung, wie sie im Sektfrühstück von 1871 manifest wird, als ursprünglich militärisches Ordnungssystem.[24] Genau diese Darstellung muss jedoch seit 1994 als überholt gelten.[25] Bis dahin haben Historiker unter dem Lehnswesen nach gängiger Handbuchdefinition die „Gesamtheit von Institutionen" verstanden,

> die zwischen einem Freien, genannt »Vasall«, und einem anderen Freien, genannt »Herr«, Verbindlichkeiten zweifacher Art schaffen und regeln: Der »Vasall« ist dem »Herrn« gegenüber zu Gehorsam und Dienst – vor allem zum Waffendienst – verpflichtet und der »Herr« dem »Vasallen« gegenüber zur Gewährung von Schutz und Unterhalt. Meistens genügte der Herr seiner Unterhaltspflicht durch Verleihung eines Gutes, genannt »Lehen«.[26]

Vasallität und Lehen seien im 8. Jahrhundert unter den frühen Karolingern als militärische Organisationsform zusammengewachsen und hätten sich unter den Nachfolgern Karls des Großen zu einer rechtlichen Institution gefestigt, die in ottonischer Zeit bis zum frühen 11. Jahrhundert ihre volle Ausprägung erfahren

---

20 Zum Gemeinwesen als Bezeichnung eines „Kollektiv-Öffentlichen" vgl. Von Moos 2004, S. 45.

21 Zu dieser Gegenüberstellung als Begriffspaar vgl. Von Moos 2004, S. 46–51.

22 De Jong 2009a, S. 10–12. Patzold 2008, S. 535–537. Vgl. Leyser 2016, S. 1–4, vgl. auch die weiteren Beiträge des enthaltenden Sammelbandes.

23 Schieffer 2006, S. 39. Ehlers 2006, S. 11–17. Becher 1999, S. 69. Grundlegend: Ganshof 1989, S. 1–4. S. 14–18.

24 Roth 1850, S. 2.

25 Die grundlegende Kritik stellt Reynolds 1994 dar.

26 Ganshof 1989, S. XIV. Das französische Original erschien zuerst 1944, Ganshof 1944.

habe.[27] Dabei habe sich das Lehnswesen von einer militärischen Institution zu *dem* prägenden Ordnungssystem des Mittelalters entwickelt, sei zur Grundlage sozialer und politischer ebenso wie ökonomischer Strukturen geworden.

Mit ihrer Monografie *Fiefs and Vassals* blies Susan Reynolds 1994 zum „Generalangriff" auf dieses „traditionelle Lehrgebäude".[28] Zugespitzt lautet ihre These: Das Lehnswesen ist ein Konstrukt des 19. Jahrhunderts, ein mittelalterliches Lehnswesen hat es nicht gegeben. Was die moderne Geschichtsforschung unter Lehen und Vasallen verstehe, seien juristische Kategorien des 16. und 17. Jahrhunderts, nicht des Mittelalters. Darauf aufbauend hätten erst Juristen des 19. Jahrhunderts das Lehnswesen als geschichtswissenschaftliches Modell geschaffen. Deshalb sei es kein geeignetes Instrument, um das Mittelalter zu erklären: „We cannot understand medieval society [...] if we see it through seventeenth- or eighteenth-century spectacles".[29]

Zumindest für das frühe Mittelalter ist die These Susan Reynolds' inzwischen weitgehend akzeptiert.[30] Nach einer langanhaltenden Forschungsdiskussion zeichnet sich ein neuer Konsens ab, der den entscheidenden Umbruch im 12. Jahrhundert verortet. Im Lauf dieses Jahrhunderts seien, mit großen regionalen und zeitlichen Varianzen, überall in Westeuropa Vorstellungen zu fassen, die sich sinnvoll als rechtliche Verbindung von Lehen und Vasallität beschreiben ließen.[31] Mit der Dekonstruktion des klassisch rechtsgeschichtlichen Lehnswesens verschiebt sich jedoch nicht einfach die Geburtsstunde eines wichtigen mittelalterlichen Strukturelements.[32] Vielmehr sind damit eben jene Strukturen in Frage gestellt, die lange als Spezifikum des Mittelalters galten, es als Epochenmerkmale von vorangehenden und nachfolgenden Zeiten abgrenzten.[33]

Damit stehen grundlegende Funktionen und Mechanismen der vormodernen, mittelalterlichen Ordnung zur Diskussion. Lehnsbindungen und Vasallentreue können nicht mehr als voraussetzungslose, selbstverständliche Prämissen die sichere

---

27 Ganshof 1983a, S. XVI.

28 So Dendorfer 2010, S. 13.

29 Reynolds 1994, S. 3. Vgl. jetzt Reynolds 2017, S. 5–13. Reynolds führt hier ihre Forschungsergebnisse zur Ideengeschichte des Lehnswesens seit der Publikation von *Fiefs and Vassals* zusammen. Nach Reynolds bildeten oberitalienische Rechtskompilationen des 12. Jahrhunderts, die sog. *Libri Feudorum*, den Ausgangspunkt einer Professionalisierung der Rechtssprache bis zum 16. Jahrhundert. Daraus entwickelte sich ein humanistisches Lehnrecht, das die Grundlage der juristischen Systematisierung des 19. Jahrhunderts bildete.

30 Jussen 2014, S. 84–86. Salten 2013, S. 388. Tullberg 2013, S. 5–6. Patzold 2012a, S. 39. Vgl. am Begriff des Lehnswesens festhaltend Esders 2015, S. 208.

31 Reynolds 2017, S. 15–16. Auge 2016, Sp. 725–727. Albertoni 2015, S. 205–206. Deutinger 2010, S. 467–468. Spieß 2013, S. 13–15. Mazel 2010, S. 634–635. Abels 2009, S. 1023–1025.

32 Patzold 2012a, S. 92–93.

33 Oexle 2002, S. 239. Davis 2008, S. 23–26 .

Basis mittelalterlicher Geschichte bilden.[34] Was aber machte dann als Epochenmerkmal das Mittelalter aus? Mit dieser Frage lässt sich die Dekonstruktion des Lehnswesens als Teil einer noch grundsätzlicheren Debatte verstehen, in deren Fortgang auch die Abgrenzung von Moderne und Vormoderne inzwischen fraglich geworden ist.[35] In diesen spannungsreichen Forschungskontext ordnet sich meine Arbeit ein. Meine *Fragestellung* lautet: Wenn das Lehnswesen als Erklärungsmodell nicht greift, welche Mechanismen strukturierten stattdessen die Beziehungen zwischen Kriegern und ihren Anführern?

Zwar hat die englischsprachige Geschichtswissenschaft schon seit den 1970er Jahren die lehnrechtlich geprägte Darstellung des frühmittelalterlichen Krieges kritisiert. Ein neuer wissenschaftlicher Konsens in der Darstellung militärischer Organisation in der karolingischen Welt ist jedoch bislang nicht gefunden worden. In der anglophonen Forschung stehen sich derzeit zwei grundlegend unterschiedliche Erklärungsmodelle unvereinbar gegenüber:[36] Vor allem nordamerikanische Mediävisten vertreten ein Modell frühmittelalterlicher Kriegsorganisation, das an moderner Militärtheorie ausgerichtet ist. Sie sehen eine prägende Kontinuität römischer Traditionen in der Karolingerzeit und entwerfen ein Bild, das sehr an eine moderne, bürokratisierte Armee erinnert.[37] Nach dieser Darstellung beruhten karolingische Armeen auf einer allgemeinen Wehrpflicht und der „militarization of the vast majority of the able-bodied male population".[38]

In einer ganz gegensätzlichen, sozio-ethnologisch orientierten theoretischen Ausrichtung gelten dagegen vor allem der britischen Forschung Beute und Tribut als Kernressourcen frühmittelalterlicher Herrschaftsverbände und damit als ursächliches Ziel jedes Kriegszugs.[39] Der König wird nach dieser Deutung zum *primus inter pares* aristokratischer „warlords" , die beutehungrige „warbands" als Privatarmeen auf Plünderzüge führen.[40] Nur so können sie die materiellen und ideellen Ansprüche ihrer Krieger auf Beute und kriegerischen Ruhm immer wieder aufs Neue befriedigen.[41]

Diese beiden Ansätze stehen sich in grundlegenden Punkten diametral gegenüber, weitgehend ohne dass eine Diskussion stattfinden würde. Beide Ansätze sind

---

34 So schon Bernard Bachrach in seiner Rezension von *Fiefs and Vassals*, B. Bachrach 1995, S. 466.

35 Kohl/Patzold 2016, S. 23–25, S. 33–35. Vgl. grundsätzlich zum Problem der Periodisierung in der Geschichtswissenschaft auch die Einleitung des Sammelbandes Kühtreiber/Schichta 2016, S. 9–21. Esders 2015, S. 147. Patzold 2012b, S. 410–411. Davis 2008, S. 3–5. Aus neuzeitlicher und zeitgeschichtlicher Perspektive vgl. Hunt 2014, S. 123. Dierks/Knott 2011, S. 631–632.

36 Vgl. Petersen 2013, S. 235–238. France 2002, S. 61.

37 B. Bachrach/D. Bachrach 2017, S. 113. Petersen 2013, S. 238–254.

38 B. Bachrach 1994a, S. 133.

39 Grundlegend: Reuter 1985, S. 75–94. Neudruck Reuter 2006a, S. 231–250. Vgl. zu diesem Ansatz jetzt den Sammelband Keller/Sarti 2018.

40 Kortüm 2010a, S. 117.

41 Reuter 1985, S. 75–94.

zudem lange vor Susan Reynolds grundsätzlicher Lehnswesen-Kritik entstanden, und sind mit ihr bisher nicht verknüpft worden. Während die Quelleninterpretationen beider Entwürfe im Detail auf Grundlage des jeweils anderen anfechtbar sind, bilden sie dem Anspruch nach geschlossene Deutungen von umfassender Gültigkeit. Damit existiert derzeit kein gültiges, konsensfähiges wissenschaftliches Modell, das die Organisation von Kriegsdiensten in der karolingischen Welt erklären könnte. Eine Lösung kann vor diesem Hintergrund nicht in der Entscheidung für eines der beiden Modelle liegen, sondern nur in einem Perspektivenwechsel. Die Grundlage für einen solchen Perspektivwechsel bietet die Historisierung der beschriebenen konkurrierenden wissenschaftlichen Deutungen des Krieges in der Karolingerzeit, des Lehnswesens, der Wehrpflicht und der Warband.

Die Definition von Krieg, die meiner Arbeit zugrunde liegt, orientiert sich an der dezidiert als kulturhistorisch betriebenen mittelalterlichen Kriegsgeschichtsforschung des 21. Jahrhunderts.[42] Krieg ist nach der jüngsten aus diesem Feld formulierten Definition durch vier Kriterien bestimmt: 1) Er ist ein Konflikt, der in „organisierten Kampfgruppen" ausgetragen wird; 2) das Töten unterliegt „nicht den gesellschaftlichen Sanktionen, die gewöhnlich dafür innerhalb der jeweiligen Gruppe gelten"; 3) die Kriegsteilnehmer sind grundsätzlich bereit, den Gegner zu töten und selbst getötet zu werden; 4) schließlich sind diese Charakteristika bei allen Konfliktparteien vorhanden und alle Parteien sind „von der Legitimität ihres Handelns überzeugt".[43]

Mit der Frage nach Strukturen von Bindungen zwischen Kriegern und Anführern ist mein Betrachtungsgegenstand vor allem die „organisierte Kampfgruppe", nicht das kulturhistorische Phänomen Krieg an sich. Die Untersuchung ist also auf die „Organisation" solcher Kampfgruppen gerichtet. Darunter verstehe ich nicht die Organisation im Sinne einer Institution, sondern die Praxis des Organisierens. Ich frage damit nach Prozessen als „Interaktion zwischen Akteuren",[44] die auf eine regelhafte „Gestaltung

---

42 Kortüm 2001b, S. 14–16.

43 Kortüm 2010a, S. 42. Als weitere mediävistische Definition mit Plädoyer für eine offene Begriffsfassung vgl. Ma. Clauss 2010, S. 20–21.Vgl. zur Definition von Krieg auch Münkler 2012.

44 Entscheidende Anregungen für meine Definition von *Organisation* verdanke ich Peter Zeller, der mir großzügigerweise seine noch unpublizierte Doktorarbeit zur Verfügung gestellt hat, vgl. Zeller (unpubliziert). Ich biete allerdings keine organisationstheoretische Untersuchung, meine Begriffsbestimmung der Organisation ist lediglich angelehnt an einzelne organisationstheoretische Arbeiten, die einer poststrukturalistischen Richtung zugewiesen werden können. Vgl. Vötsch 2010, S. 34–35. In der deutschen multidisziplinären Organisationsforschung ist hingegen besonders ein systemtheoretischer Ansatz nach Niklas Luhmann bedeutend, vgl. etwa Drepper/Tacke 2018, S. 4 mit Luhmann 2009. Luhmann 1994. Verbreitet ist ein institutioneller Organisationsbegriff, der nach Organisationen als abgrenzbaren Größen fragt, wie Vereinen, NGOs, Kirchen und Parteien, wenn auch als operative, durch menschliche Handlungen erzeugte Struktur, vgl. Preisendörfer 2016, S. 4. Vötsch 2010, S. 31. Als *Neo-Institutionalismus* lässt sich die Ausrichtung auf Spielregeln als Rahmen menschlichen Handelns verstehen, vgl. Ortmann 2003, S. 43.

des sozialen Zusammenlebens“ gerichtet sind, um so das Zusammenleben „in eine Form zu bringen“.[45] Solche Regelungen schaffen Handlungsroutinen und damit Erwartungssicherheit. Im Fall meines Untersuchungsgegenstandes zielt diese Verregelung auf die Aktivierung von Kriegern. Die Untersuchung ist damit akteurszentriert, das heißt auf diejenigen gerichtet, die aktiv Krieg führen, die *Gewaltakteure*.[46]

Nach dem Sprachgebrauch der englischsprachigen Forschung bezeichne ich sie als *Krieger*, wie es auch Teile der deutschsprachigen kulturhistorischen Kriegsforschung tun. Dieser Begriff ist zwar aufgrund seiner ideologischen Beanspruchung in völkischen und später faschistischen Sprachgebräuchen nach dem Ersten Weltkrieg nicht unproblematisch und transportiert daneben sowohl im Englischen wie im Deutschen eine Konnotation des Primitiven, in Abgrenzung zum modernen, mechanischen *Soldaten*.[47] Dennoch sind mit der Bezeichnung als Krieger in geringerem Maße einengende wissenschaftliche Vorstellungen verbunden als etwa mit Alternativbegriffen wie Soldat, Ritter oder Vasall. So verwende ich die Bezeichnung des Kriegers vor allem als Tätigkeitsbeschreibung. Sie bestimmt den Betrachtungsgegenstand meiner Arbeit exakt: Krieger sind diejenigen, die am Krieg teilnehmen.

Meine Untersuchung dieser Krieger und über sie der Organisation von Kriegsdiensten ist in drei Teile gegliedert. Sie beginnt bei der Formierung der drei wissenschaftlichen *Modelle* Lehnswesen, Wehrpflicht und Warband. Jedes dieser Modelle wird in je einem eigenen Kapitel historisiert, mit dem Ziel, die bisherigen Analysekategorien zum Analysegegenstand umzuformen. Diese Verschiebung ermöglicht es anschließend, die Frage nach der Organisation von Kriegsdiensten in der karolingischen Welt auf eine neue Weise zu stellen. Dazu erfasse ich im zweiten Teil in einer *Dekonstruktion* der bisherigen Modelle ihre jeweilige wissenschaftliche Grundlage, indem ich die zentralen Quellen jedes der Modelle in den Blick nehme und an ihnen die jeweils bestimmenden Theoreme prüfe. Der letzte Teil der Arbeit stellt als *Konstruktion* meine eigene Antwort auf die Frage nach der Organisation von Kriegsdiensten dar.

Vom ersten zum letzten Teil verschiebt sich damit die Quellengrundlage meiner Untersuchung von geschichtswissenschaftlichen Arbeiten des 19. und 20. Jahrhunderts hin zu Texten der Zeit um 800. Während der erste Teil der Arbeit mit Geschichtsentwürfen seit etwa der Mitte des 19. Jahrhunderts beschäftigt ist, nimmt der zweite Teil in Gegenüberstellung der aktuellen wissenschaftlichen Modelle und ihrer Quellenbasis einen Übergang von der Forschungsliteratur zum Quellenmaterial vor. Der dritte Teil schließlich bietet eine Neuinterpretation der karolingerzeitlichen Quellen.

45 Vötsch 2010, S. 83–84. Vgl. auch Jäger 2017, S. 2.
46 Dieser Begriff nach Kortüm 2010a, S. 37–38.
47 Halsall 2003, S. 30. Reuter 1985, S. 79. Vgl. Kortüm 2010a, S. 121–122.

Sie beruht auf der These, dass die bislang als Gegensätze verstandenen Organisationsformen von öffentlichem Aufgebot und privaten Gefolgschaftsstrukturen verbunden werden können. Ihre dichotome Gegenüberstellung ist ein historischer Prozess, ein Produkt der Forschungsgeschichte. Ihre Zusammenblendung fügt die Militärgeschichte der Zeit um 800 ein in die grundlegende Neudeutung der politischen und sozialen Geschichte der Karolingerzeit, wie sie die Forschung in den letzten Jahrzehnten vorgenommen hat.

2 Modelle

Kaum ein Bereich der mediävistischen Forschung ist noch immer so stark von Geschichtsentwürfen des 19. Jahrhunderts geprägt wie die Geschichte des Krieges. Mit dem Aufblühen der Verfassungsgeschichte in der ersten Hälfte des 19. Jahrhunderts etablierte sich eine juristisch-germanistische Darstellung der fränkischen Militärorganisation, deren Entwurf mit der *Deutschen Rechtsgeschichte* Heinrich Brunners 1892 im Wesentlichen abgeschlossen war.[1] Die Thesen Heinrich Brunners wurden in der zweiten Auflage der *Deutschen Rechtsgeschichte* 1928 nahezu unverändert übernommen und in den folgenden Jahrzehnten fort- und damit festgeschrieben. Seit Ende des Zweiten Weltkrieges hat sich die deutsche Mediävistik nur noch wenig mit militärhistorischen Fragestellungen auseinandergesetzt,[2] während in der Militärgeschichte wiederum das Mittelalter eine untergeordnete Rolle spielt.[3] Erst vor dem Hintergrund einer neu empfundenen Aktualität des Krieges ist der Krieg seit Beginn des 21. Jahrhunderts zunehmend wieder ein Thema der mittelalterlichen Geschichte geworden, nun vor allem mit kulturgeschichtlichem Anspruch und Fragestellungen nach Wahrnehmung, Deutung und Erfahrung von Kriegen.[4] Während die jüngeren Arbeiten mit dieser Ausrichtung nicht maßgeblich auf eine Neudeutung klassisch militärgeschichtlicher Fragestellungen zielen, wird in militärgeschichtlichen Arbeiten und populär ausgerichteten Werken unterdessen meist die klassische Darstellung der juristisch-germanistisch geprägten Forschung fortgeschrieben.[5]

Thesen, die um 1900 formuliert wurden, beherrschen so bis heute die Vorstellung von der kriegerischen Organisation der Karolingerzeit. Und obwohl diese Darstellung in allen Einzelheiten inzwischen längst überholt ist, hält sie sich doch als Gesamtentwurf der fränkischen Militärgeschichte. Als Produkt der Zeit um die Gründung des deutschen Kaiserreichs ist diese klassische Darstellung nationalistisch, geschichtsromantisierend und germanophil geprägt. Sie beruht auf Sehnsüchten und politischen Positionen der Mitte des 19. Jahrhunderts, die geschichtswissenschaftlich wesentlich in der Theorie einer „germanischen Kontinuität", das heißt der historischen

1 H. Brunner 1892. H. Brunner 1887a.

2 Für die Forschung der 1970er und 80er Jahre vgl. Springer 1985a-b. Werner 1979, S. 791–843. Auer 1971, S. 48–70. Zur nachhaltigen Wirkung Heinrich Brunners vgl. Pietzcker 1959, S. 137–139. Zur englischsprachigen Forschung Halsall 2003, S. 10.

3 Müller 2009, S. 83. Vgl. auch den im Auftrag des Militärgeschichtlichen Forschungsamtes herausgegebenen *Grundkurs deutsche Militärgeschichte*, der die gesamte Militärgeschichte der Menschheit bis zum 1. Weltkrieg in einem Band abhandelt. Das Mittelalter nimmt dabei 24 Seiten ein, vgl. Rogg 2009, S. 2–25.

4 Ma. Clauss/Stieldorf/Weller 2016, S. 11–13. Kortüm 2014, S. 130. Kortüm 2010a, S. 30–31. Prietzel 2006b, S. 11–12. Scharff 2002, S. 5.

5 Hofbauer 2015. Nicolle 2011, S. 24. Müller 2009, S. 85–86. Rogg 2009, S. 5, mit Lehnspyramide. Juraschke 2010, S. 393–410, auf S. 400 hier ebenfalls die Lehnspyramide.

https://doi.org/10.1515/9783110629071-002

Gleichsetzung von *germanisch* und *deutsch*, *Germanen* und *deutschem Volk* wirksam wurde.[6] Nur in der Geschichte ließ sich die Nation als überzeitliche, natürliche staatliche Größe nachweisen und damit die eigenen Geltungsansprüche untermauern. In einer Zeit, die von dem Ringen um den deutschen Nationalstaat und seine Verfassung gekennzeichnet war, entwickelte sich die Geschichtswissenschaft zu einer gesellschaftlichen „Leitwissenschaft“,[7] innerhalb deren der Verfassungsgeschichte besondere Bedeutung zukam.[8]

Viele der einflussreichsten Historiker des 19. Jahrhunderts sind deshalb wie Paul Roth, Georg Waitz und Heinrich Brunner ausgebildete Juristen gewesen. Diese Verfassungshistoriker suchten den germanischen *Staat* zu ergründen, den sie nach der postulierten germanischen Kontinuität als Urform deutscher Verfassung betrachteten. Ein zentraler Teil dieses verfassungshistorischen Entwurfs war die Vorstellung, germanische Gemeinwesen hätten bis in das frühe Mittelalter hinein aus dem Verband gleichberechtigter freier Stammesgenossen bestanden, den sogenannten „Gemeinfreien“.[9] In dieser Weise war in der deutschen utopischen Vorzeit das Ideal der sozialen und politischen Integration aller Nationsangehörigen realisiert, auf dessen Erneuerung der Zukunftswunsch des deutschen Nationalstaates gerichtet war.[10] In der Zeit von Karl Martell bis zu Karl dem Großen wurde nach dieser nationalistischen Erzählung die bis dahin noch weitgehend intakte urgermanische Gesellschaft zersetzt und durch jene neuen Strukturen abgelöst, die dann das eigentliche Spezifikum des Mittelalters ausgemacht hätten.[11]

Als wichtigster Motor der Zerstörung der alten germanischen Ordnung wurde zunehmend die Verbindung von Lehen und Vasallität zu einem neuen Rechtsinstitut betrachtet, zum Lehnswesen. Die Diskussion über die historische Bedeutung von Lehen und Vasallität entwickelte sich im Lauf des 19. Jahrhunderts zur „Generaldebatte“ der Verfassungsgeschichte, die zu dieser Zeit eine Leitdisziplin der – vor allem von ausgebildeten Juristen betriebenen – Mediävistik darstellte.[12] Mit fortschreitender Formierung des Modells Lehnswesen wurde die Entstehung dieser Institution immer forcierter als Kriegsgeschichte erzählt, denn die ursprüngliche

---

6 Vgl. Patzold 2012a, S. 7, Jäger 2017, S. 13.

7 Liebrecht 2014, S. 88, S. 269–275. Zum Zusammenhang zwischen Geschichtswissenschaft und Nationalismus im 19. Jahrhundert vgl. Lenhard-Schramm 2014, bes. S. 27, S. 35.

8 Liebrecht 2014, S. 59. Einen Überblick zur Lehnsforschung des 19. Jahrhunderts bietet Wunder 1974, S. 16–28.

9 Als Begründer der „Gemeinfreienlehregelten die einflussreichen Juristen Justus Möser († 1794) und Karl Friedrich Eichhorn († 1854), die beide um die Integration des *germanischen* Rechts in das römische und das zeitgenössische Recht bemüht waren, vgl. Hechberger 2005, S. 15–34.

10 Lenhard-Schramm 2014, S. 166.

11 Hechberger 2010, S. 42. Vgl. Von Olberg 1998, S. 6–7. Zur wissenschaftlichen Genese der *germanischen Urverfassung* vgl. Wood 2013, S. 37–51.

12 Zitat: Liebrecht 2014, S. 59. Einen Überblick zur deutschen Forschung des 19. Jahrhunderts bietet Wunder 1974, S. 16–28.

Funktion des Lehnswesens sahen Wissenschaftler in der Bereitstellung von Reiterkriegern. Die Geschichte des Lehnswesens wurde damit synonym zur Militärgeschichte des Mittelalters. Genau deshalb ist die klassische Erzählung auch so eingängig: Sie bietet eine einfache Erklärung zugleich für die Entwicklung der mittelalterlichen Gesellschaftsordnung wie auch der mittelalterlichen Militärstruktur.

Das Lehnswesen ist dabei eine deutsche Erfindung. In den meisten anderen Sprachen hat dieses Wort keine genaue Entsprechung.[13] Es benennt als rechthistorischer Fachbegriff die Verbindung der zwei ursprünglich getrennten Komponenten Lehen und Vasallität zu einem neuen Rechtsinstitut.[14] Andere Sprachen können diesen Verbund meist nur recht umständlich als „feudo-vasallitische Institutionen" umschreiben.[15] Das Wort wird üblicherweise als *Feudalismus* übersetzt, etwa als *feudalism* im Englischen und *féodalité* im Französischen. Die rechtshistorische Begriffsbestimmung über Lehen und Vasallität stellt dabei aber nur eine Definition des Feudalismus unter anderen dar, die oft als engere Begriffsfassung verstanden wird. Häufiger verwenden englische und französische Wissenschaftler den Begriff Feudalismus in einem weiteren Sinn zur Bezeichnung der Gesamtheit der sozialen, wirtschaftlichen und politischen Ordnungen des Mittelalters.[16] Geprägt ist dieser weite Feudalismusbegriff vor allem von den Arbeiten des französischen Historikers Marc Bloch († 1944), doch gibt es daneben unzählige andere Definitionsversuche, von denen allerdings keiner eine mehrheitsfähige Zustimmung gefunden hat. Bedeutend ist neben der engeren und der weiteren Fassung auch der marxistische Feudalismusbegriff geworden, der die vorkapitalistische Entwicklungsstufe menschlicher Gesellschaften bezeichnet und in den Staaten unter sowjetischer Hegemonie zugleich als Ersatz für die Epochenbezeichnung Mittelalter verwendet wurde.[17] Diese marxistische Begriffsfassung ist jedoch erst in der Zwischenkriegszeit ausformuliert worden, sodass sie in der wissenschaftlichen Diskussion des 19. und frühen 20. Jahrhunderts keine Rolle gespielt hat. Wirksam wurde sie in der Mediävistik erst nach dem Zweiten Weltkrieg.[18] Ab den 1950er Jahren ist allerdings die Feudalismusdiskussion der

---

13 Patzold 2012a, S. 13.

14 S. o. S. 4.

15 Vgl. Reynolds 1994, S. 1: „feudo-vassalitic institutions". Ganshof 1947, S. 1: „institutions féodo-vassaliques".

16 Meine Überlegungen zur französischsprachigen Feudalismusdebatte gehen weitgehend auf die unpublizierte Masterarbeit Luise Nöllemeyers (Tübingen) zurück, der ich sehr herzlich für die Teilung ihrer Ergebnisse danke. Zum weiten Feudalismusbegriff der französischsprachigen Forschung Nöllemeyer 2015, S. 47 mit Verweis auf Fossier 2000, S. 37–38. Zum englischen Gebrauch vgl. Brown 1974, S. 1071.

17 Bartel 1969, S. 44. Zum marxistischen Feudalismusbegriff im Verhältnis zu anderen Begriffsfassungen vgl. jetzt Reynolds 2017, S. 3–4.

18 Der marxistische Feudalismusbegriff ist nicht von Karl Marx selbst definiert worden, sondern erst in der frühen Sowjetunion. Er beruht auf zahlreichen, oft sehr kurzen Einzelstellen im Werk von Marx und Engels. Marx bewegte sich mit seinem Gebrauch des Wortes im Rahmen der französischen Forschung von den Arbeiten Karl Marx' beeinflusst worden, sodass der Begriff in seiner aktuellen Verwendung durch die französische Forschung insgesamt marxistisch beeinflusst ist.[19]

Als Feudalismus werden in der historischen Debatte also sehr verschiedene Dinge bezeichnet. Hinzu kommt, dass Historiker den Begriff meist undefiniert verwenden und unbewusst verschiedene Bedeutungsebenen vermischen.[20] Gerade dieser unbestimmte Gebrauch und das Unvermögen der Wissenschaft, eine konsensfähige Definition zu etablieren, stellt einen der zentralen Punkte der jüngeren Kritik am Feudalismus als wissenschaftlichem Konzept dar.[21] Im Deutschen können *Lehnswesen* und *Feudalismus* im Grunde synonym verwendet werden,[22] doch ist im mediävistischen Gebrauch die Verwendung von Lehnswesen üblicher.[23] Seit dem Zweiten Weltkrieg wurde die Bezeichnung des Feudalismus zunehmend mit dem marxistischen Feudalismusbegriff gleichgesetzt, sodass der Sprachgebrauch sich außerhalb der DDR auf das Lehnswesen verengte.[24] Auf begriffstheoretischer Ebene wird zwar weiterhin versucht, beide Begriffe zu trennen und zwischen der engen Fassung (Lehnswesen) und der weiten (Gesellschaftsform) zu unterscheiden.[25] In der Praxis wird das Lehnswesen aber nicht nur als Bezeichnung eines mittelalterlichen Rechtssystems verwendet, sondern auch als bestimmendes Grundelement der sozialen, politischen und wirtschaftlichen Ordnungen des Mittelalters verstanden und kann zudem die Gesamtheit all dieser Bereiche benennen, ähnlich wie der Feudalismus in anderen Sprachen.[26]

Vor allem in den USA und Großbritannien äußerten Historiker seit den 1950er Jahren Kritik am Feudalismus als Forschungsbegriff, der zunehmend als zu vielschichtig und ungenau galt, um als zentrales Konzept sinnvoll zu sein.[27] Mit der 1968er-Bewegung gewann diese Debatte über den marxistischen Feudalismus-Begriff international erneut an Schwung und führte ab den 1970er Jahren zu einer grundlegenden Dekonstruktion des Feudalismus als modernes Konzept, das keinen

---

Feudalismuskonzeption des früheren 19. Jahrhunderts zur Bezeichnung des *Ancien régime*, vgl. Kuchenbuch 1977a, S. 229–230. Vgl. als begriffsgeschichtliche Arbeit eines bedeutenden ostdeutschen Mediävisten: Müller-Mertens 1966, S. 54–58. Zur wissenschaftlichen Bedeutung des marxistischen Begriffs in der Mediävistik der Nachkriegszeit: Masferrer Domingo /Heirbaut 2005, S. 648. Zum Feudalismusbegriff in der DDR vgl. Töpfer 2002, S. 271–274.

19 Nöllemeyer 2015, S. 47 mit Verweis auf Wunder 1974, S. 42–43.

20 Reynolds 1994, S. 1.

21 Brown 1974, S. 1074. Reynolds 1997, S. 1.

22 Vgl. etwa die Definition in den *Geschichtlichen Grundbegriffen*: O. Brunner 1975, S. 341.

23 Wunder 1974, S. 42–45.

24 Wunder 1989, Sp. 1556.

25 Auge 2016, Sp. 717. Münch 2008, Sp. 1557.

26 Patzold 2012a, S. 14. Vgl. für die Begriffsbestimmung vor Beginn der durch Susan Reynolds ausgelösten Debatte um das Lehnswesen den Artikel im HRG 1978: Spieß 1978, Sp. 1726.

27 Brown 1974, S. 1080.

wissenschaftlichen Nutzen (mehr) habe.[28] Während die ostdeutsche Forschung politisch auf den marxistischen Begriff festgelegt war, beteiligte sich die westdeutsche in ideologischer Ablehnung dieses Begriffs zunächst nicht an der internationalen Feudalismusdebatte.[29] Karl-Heinz Spieß als deutscher Lehnswesen-Experte formulierte 1978 sogar die Meinung, das Fach sei ausländischen Kollegen voraus, da deutsche Mediävisten den „ideologisch belasteten" Feudalismusbegriff längst überwunden hätten – zugunsten der neutralen Forschungskategorie des Lehnswesens.[30]

Mit der zunehmenden Infragestellung des Feudalismus hat die englischsprachige Forschung seit den 1970er Jahren auch neue Entwürfe der fränkischen Militärgeschichte entwickelt, die nicht mehr auf die bislang akzeptierte Geschichte von der Entstehung des Lehnswesens zurückgingen. Zwei grundlegende Richtungen lassen sich dabei unterscheiden:[31] Während ein Teil der Forschung die fränkische Elite als Kriegergesellschaft deutet, die von einer Dynamik des Beutekriegs zusammengehalten wurde und frühmittelalterliche Herrscher damit als „warlords" versteht,[32] wird aus einer anderen Richtung gerade die Vorstellung vom frühmittelalterlichen Krieg als primitiv und barbarisch abgelehnt und die komplexe Struktur frühmittelalterlicher Militärorganisation betont.[33]

Diese neuen Ansätze zur Deutung des frühmittelalterlichen Krieges sind in der deutschsprachigen Forschung lange kaum rezipiert worden und haben keine Diskussion zum Randthema Krieg ausgelöst, verfügte man doch mit dem Lehnswesen über ein akzeptiertes Erklärungsmodell. Als Susan Reynolds 1994 mit *Fiefs and Vassals* eine vollständige Dekonstruktion auch des engeren Feudalismusbegriffs, das heißt des Lehnswesens, publizierte,[34] wurden ihre Thesen in der deutschsprachigen Forschung so zunächst in teils recht aggressivem Ton rundweg abgelehnt.[35] International

28 Brown 1974. Van De Kieft 1974, S. 193–211. Vgl. Reynolds 1994, S. 1. Zur gleichzeitigen deutschsprachigen Forschung vgl. Wunder 1974, bes. S. 13.

29 Wunder 1974, S. 7, S. 23–24. Vgl. Abels 2009, S. 1012–1013.

30 Spieß 1978, Sp. 413.

31 Vgl. Petersen 2013, S. 238. Halsall 2003, S. 6–7. France 2002, S. 61–62, S. 69.

32 Reuter 1985, S. 75–94. Halsall 2003, S. 36–37. Damit übernehmen Historiker einen politikwissenschaftlichen Begriff, der ursprünglich für Militärmachthaber im China der 1920er-1940er Jahren verwendet und ab den 1970er Jahren zunächst auf Somalia und später Afghanistan übertragen wurde, vgl. Jäger 2017, S. 70. Zur Verwendung in der Mediävistik Patzold 2018, siehe auch Patzold 2012b, S. 421. Für die Etablierung des Begriffs vgl. Nelson 1998, S. 95. Nelson 1996, S. xxviii. Für die Etablierung in der deutschsprachigen Mediävistik einflussreich war Jussen 2007, S. 141–155. Zum politikwissenschaftlichen Begriff: Marten 2012, S. 3.

33 B. Bachrach 1970, S. 75. Zuletzt: B. Bachrach/D. Bachrach 2017.

34 Reynolds 1994, S. 1, vgl. als eine Art Rückschau Reynolds 2012, S. ix-xv. Hier eine Sammlung weiterführender Detailstudien der Autorin nach 1994, vgl. jüngst auch Reynolds 2017, S. 3–4.

35 Nach Oliver Auge stürzte Reynolds Monographie die deutschsprachige Forschung in eine „Schockstarre", vgl. Auge 2016, Sp. 721. Zur zunächst breiten und rigorosen Ablehnung durch die dt. Forschung vgl. Becher 2006, S. 164 Fn. 13, mit einem Zitat Otto Gerhard Oexles aus der Frankfurter Allgemeinen Zeitung: „Die Abschaffung des Feudalismus ist gescheitert" (Oexle 1995).

hingegen wurden ihre Thesen deutlich gelassener aufgenommen und setzten sich schnell durch, sie galten vielfach lediglich als gelungene Pointierung eines längst allgemein akzeptierten Forschungsstandes.[36] In der deutschsprachigen Forschung jedoch erschütterte die Dekonstruktion des Lehnswesens Grundfesten des Mittelalter-Wissens.

Mit einiger Verzögerung hat die deutsche Forschung die Thesen Susan Reynolds schließlich doch weitgehend übernommen,[37] ohne ihnen allerdings in aller Radikalität zuzustimmen. Es zeichnet sich ab, dass um die Mitte des 12. Jahrhunderts der entscheidende Einschnitt in der Geschichte des Lehnswesens zu sehen ist:[38] Dann nämlich entwickelte sich ein „Bündel an Rechtsgebräuchen" zu einem „festeren Rechtsinstitut".[39] Für das frühe Mittelalter aber wurde inzwischen wiederholt gefordert, den Begriff ganz aufzugeben.[40] Die Konsequenzen dieser grundlegenden Neuausrichtung sind bislang jedoch nicht auf den Bereich militärischer Organisation übertragen worden. So bleibt bis in die Fachliteratur hinein ein Bild bestehen, das jene Thesen weiter transportiert, die in der zweiten Hälfte des 19. Jahrhunderts entwickelt wurden. Besonders militärgeschichtliche Arbeiten führen diese alte Erzählung oft praktisch unverändert fort.[41] Jüngst hat Stefan Esders vorgeschlagen, den Begriff des „Lehnswesens" für den Bereich militärischer Organisation als „Junktim von Treueid, Leihe und Patronat" beizubehalten, und den Begriff damit über den Ansatz der Governanceforschung neu gedeutet. Er sieht eine Verbindung von Leihe (Lehen), Patronat (Vasallität) und einem militärischem Treueid als

---

Rezensionen: Fried 1997, S. 41: „this [...] does not mean that the historian must throw out the idea that feudalism existed in the early Middle Ages". Reynolds antwortete auf Frieds Kritik mit Reynolds 1997. Vgl. weiterhin Kroeschell 1998, Rz 39: „Diese extreme Position erscheint jedenfalls aus deutscher Perspektive als unhaltbar." Als Auswahl weiterer Rezensionen: Matthew 1995. Kasten 1995. Reuter 1996. Krieger 1997. Jäschke 1999.

36 Vgl. etwa Abels 2009, S. 1023., Barthélemy 1997, S. 324. Aus militärhistorischer Perspektive: Petersen 2013, S. 235.

37 Auge 2016. Patzold 2012a.

38 Patzold 2012a, S. 91–92. Vgl. Reynolds 1994, S. 476–480.

39 Deutinger 2010, S. 468. In der aktuellen Diskussion ist aber immer wieder betont worden, dass der Begriff des Lehnswesens nicht helfe, das Mittelalter zu verstehen: Das Lehnswesen sei ein Ordnungskonzept unter vielen anderen, das regional sehr unterschiedlich ausgeprägt gewesen sei. Vgl. Patzold 2012a, S. 34, S. 39, S 91, S. 121, Dendorfer 2004, S. 43–64. Deutinger 2010, S. 468, S. 471. Ähnlich bereits: Spieß/Willich 2002, S. 15 (Mittlerweile in der 3. Auflage 2011 erschienen, dort S. 16).

40 Patzold 2012a, S. 39. Dendorfer 2010, S. 38. Kasten 2009, S. 2–3.

41 Juraschke 2010, S. 393–410 (mit Lehnspyramide auf S. 400). Müller 2009, S. 85–86. Rogg 2009, S. 5 (ebenfalls mit Lehnspyramide). Steffelbauer 2010, S. 26–29. Differenzierter, aber mit „Völkerwanderung" und „Lehnswesen" doch deutlich vom 19. Jahrhundert geprägt: Hofbauer 2015, Inhaltsverzeichnis S. V.

Ausdruck der Vermischung „staatlicher und privater Handlungskompetenzen“ und damit als „hybride“ Form der Governance.[42]

Aktuelle Überblicksdarstellungen übernehmen derweil die Neuansätze der amerikanischen und englischen Forschung zum Teil undiskutiert,[43] im Wesentlichen wird jedoch das alte Narrativ vom karolingerzeitlichen Krieg vorsichtig und ohne seine offensichtlich deutschnationalistisch-germanophilen Bestandteile fortgeschrieben.[44] Damit wird das Modell des Lehnswesens über die Geschichte seiner kriegerischen Entstehung indirekt als Narrativ im Bereich der Militärgeschichte weiter transportiert, auch wenn die Dekonstruktion auf sozialer und politischer Ebene akzeptiert ist. Aber mehr noch: Während die anhaltende Wirkmacht der Geschichtsentwürfe des 19. Jahrhunderts von Historikern seit langem reflektiert wird und Susan Reynolds diesen Schritt auch für das Modell des Lehnswesens vollzogen hat, ist ihre Arbeit doch in Teilen der deutschen Forschung weitgehend unbeachtet geblieben. Das gilt zumal für Schwesterfächer wie Rechtsgeschichte und Soziologie, aber auch für Historiker anderer Geschichtsepochen.[45] Während so Vorstellungen vom Lehnswesen und vom Krieg, die im 19. Jahrhundert entstanden, auch aktuelle Arbeiten weiterhin stark prägen, stehen die neueren Entwürfe der englischsprachigen Forschung weitgehend unkommentiert nebeneinander. Die Diskussion dieser verschiedenen Modelle fränkischer Kriegsorganisation ist der Gegenstand des vorliegenden Kapitels. Dazu wird zunächst die ältere Darstellung beschrieben; diesem hier als *klassisches Modell* bezeichneten Verbund von Krieg und Lehnswesen werden dann die neueren Modelle der englischsprachigen Forschung gegenübergestellt.

2.1 Das Lehnswesen: von Paul Roth zu François Louis Ganshof

Die Entstehung des geschichtswissenschaftlichen Modells Lehnswesen lässt sich recht exakt in die Zeit um 1850 zurückverfolgen.[46] In diesem Jahr publizierte der bayerische Jurist Paul Roth († 1892) eine *Geschichte des Beneficialwesens von den ältesten Zeiten bis ins zehnte Jahrhundert*, die gegen die bislang gängige Darstellung der Ursprünge des Feudalismus gerichtet war, wie sie die französische Aufklärung

---

42 Esders 2015, S. 237.

43 Ubl 2014, S. 40. Prietzel 2014, S. 60 mit Fn. 7.

44 Vgl. z. B. Fried 2013, S. 122. Weinfurter 2013, S. 78–82. Hardt 2006, S. 343–347. Das gilt auch für englischsprachige Überblickswerke, vgl. etwa DeVries 2010, S. 1716.

45 Vgl. etwa Meder 2017, S. 223–230 (Kapitel 10.1 Lehnswesen). Fischer 2013. Schnettger 2008, S. 758–766. Marten 2012, S. 21.

46 Liebrecht 2014, S. 59. Patzold 2012a, S. 7. Vgl. schon die Einschätzung der Arbeit bei Georg 1856, S. 3 [Neudruck in: Zeumer 1896 (Neudruck Aaalen 1966), hier S. 179]. Den ältesten Beleg des Wortes bietet nach Susan Reynolds: Sorgen 1764. Bis Mitte des 19. Jahrhunderts wurden ihr Zufolge als rechtswissenschaftliche Termini vorrangig andere Bezeichnungen wie „Feudalwesen“ oder „Beneficialsystem“ verwendet, vgl. Reynolds 2017, S. 12.

entwickelt hatte.[47] In den Jahrzehnten vor der französischen Revolution war die *féodalité* zur polemischen Bezeichnung der Aufklärer für die alte, zu überwindende Ordnung geworden.[48] Der Feudalismus in diesem Sinne war eine altertümliche, überholte Gesellschafts- und Herrschaftsform, die sich in Willkür und Anarchie niederschlug, da sie barbarische Standesprivilegien und Rechtsformen einer germanischen – fränkischen – Urzeit bewahrte. In dieser gelehrten Tradition galt zur Zeit Roths der „Lehensstaat" auch der deutschsprachigen Forschung als die natürliche Ausformung des „germanischen Staats" in prähistorischer Zeit.[49]

Dies war die Meinung, gegen die Roth antrat.[50] In deutschem, als germanisch verstandenem Nationalstolz stellte er nun die These auf, dass das Lehnswesen im Gegenteil erst das Ende der urgermanischen Ordnung darstelle: „Die deutschen Völkerschaften hatten nicht nur Staatseinrichtungen, sondern sogar ein viel besser geordnetes Gemeinwesen, als alle alten und neuen Völker auf derselben Stufe der Cultur".[51] Erst in der „unglücklichen Einwirkung romanischer und celtischer Einflüsse" sei dieses ideale Staatswesen im frühen Mittelalter untergegangen. Zersetzt wurde die altgermanische Ordnung nach Roth vor allem durch die Entstehung von Lehen und Vasallität und dieser Entwicklung wies er erstmals einen konkreten historischen Entstehungsort zu: das Frankenreich unter den Söhnen Karl Martells, Anfang der 740er Jahre. Diese These erwies sich als äußerst wirkmächtig, Roth wurde einer der bedeutendsten Rechtshistoriker seiner Zeit. Nicht nur seine *Geschichte des Beneficialwesen* wurde schnell zum Standardwerk, seine Arbeiten markieren überhaupt den Übergang zur „juristischen Rechtsgeschichte", die sich als streng rechtswissenschaftliche Disziplin verstand und jeder anderen Disziplin rechtshistorische Kompetenz absprach.[52] Roths Wirkung ging zudem über die unmittelbare Rechtswissenschaft hinaus. Er war ein überaus einflussreicher Jurist, 1874 wurde er in die erste Kommission zur Entwicklung eines Bürgerlichen Gesetzbuches berufen, die nach der Gründung des deutschen Kaiserreichs erstmals ein reichsweit einheitliches Zivilrecht schaffen sollte.[53]

---

47 Roth sah seine Arbeit besonders als Antwort auf Thesen, die Montesquieu in seinem *esprit des loix* von 1748 entwickelt hatte, vgl. Roth 1850, S. IV, S. 107. Montesquieu, esprit (ed. Brèthe de la Gressaye 1961), Buch 30–31, vgl. dazu O. Brunner 1975, S. 340.

48 Nöllemeyer 2015, S. 46–47. Auge 2016, Sp. 717. Vgl. auch Ganshof 1944, S. XIII. Roth 1850, S. IV.

49 Roth 1850, S. IV. Meine Darstellung baut auf den ideengeschichtlichen Untersuchungen Susan Reynolds auf, vgl. Reynolds 2017, S. 11.

50 Roth 1850, S. V: „Bey uns werden die rechtsgeschichtlichen Untersuchungen nicht zu politischen Schaustellungen", vgl. auch S. IX.

51 Roth 1850, S. 31–32.

52 Böckenförde 1961, S. 181.

53 Schmoeckel/Rückert/Zimmermann 2003, Rz. 77. Der elfköpfigen Kommission gehörten vor allem Praktiker (Richter, Ministerialbeamte) an, neben Roth als Vertreter des Privatrechts und der germanistischen Rechtsgeschichte wurde nur noch ein weiterer Wissenschaftler berufen, Bernhard

Methodisch war Roth ein germanistischer Jurist, das heißt, seine rechtshistorischen Arbeiten waren auf die Erschließung des ursprünglichen germanischen, des nach seinem Verständnis deutschen, Rechts gerichtet. Die eigene Gegenwart begriff Roth als Epoche der „bürgerlichen Freiheit", in der er die Verheißung einer erneuten Verwirklichung der „altgermanischen Freiheit" sah.[54] In diesem Sinne stellte die Errichtung eines deutschen Nationalstaates die Wiederherstellung des altgermanischen Staates dar und so begrüßte Roth die Reichsgründung 1871 begeistert. Die nationale Sehnsucht, wie sie die feierliche Begehung des Einzugs der aus dem Deutsch-Französischen Krieg heimkehrenden bayrischen Truppen mit Sektfrühstück und selbstgeschriebenem Gedicht fassbar werden lässt,[55] leitete das Erkenntnisinteresse auch der rechtshistorischen Arbeit Roths. Er wollte erklären, wie die „ursprüngliche gute Ordnung" der deutschen Vorzeit im Frankenreich untergehen und schließlich in der Zersplitterung der deutschen Nation einerseits und der Errichtung einer despotischen Monarchie in Frankreich andererseits enden konnte.[56] So begann Roth seine Darstellung des „Beneficialwesens" mit der Untersuchung der ältesten für ihn fassbaren germanischen „Verfassung", das heißt bei Cäsar († 44 v. Chr.) und Tacitus († um 120 n. Chr.).[57] Die vor allem von Tacitus beschriebene germanische Gesellschaft war für ihn ein getreues Abbild einer ursprünglichen deutschen Gesellschaftsordnung, die auf der Freiheit und Gleichheit aller beruhte und sich in demokratischen Formen gesellschaftlicher Organisation niederschlug. Dieser Urzustand sei dann nach der Niederlassung der Franken in Gallien durch die Entstehung des Lehnswesens beendet worden.[58] Den eigentlichen Ursprung des Lehnswesens sah Roth dabei in einem einmaligen, bewussten Verwaltungsakt: einer großflächigen „Säkularisation" von Kirchengut, die als grundlegende und abrupte Verfassungsänderung des fränkischen Reiches interpretierte. Diese „Säkularisation" wies Roth gegen die klassische Lehre seiner Zeit nicht Karl Martell, sondern erst dessen Söhnen in den frühen 740er Jahren zu.[59]

Um ihr zerfallendes Reich wieder zu einigen, hätten die beiden Hausmeier Karlmann und Pippin III. die Zentralgewalt des Herrschers auf neue Grundlagen gestellt: Das Staatswesen bestand fortan nicht mehr im Untertanenverband der Freien, sondern nur noch in der persönlichen Unterordnung unter den Herrscher. Ihren Ausgangspunkt nahm diese Entwicklung nach Roth in der militärischen

---

Windscheid, als Romanist und Spezialist für Pandektenrecht. Zur Bedeutung Roths für die dt. Rechtsgeschichte vgl. Thier 2005, S. 108–109. Böckenförde 1961, S. 180–187.

54 Roth 1850, S. 392. Vgl. Böckenförde 1961, S. 183.

55 S. o. S. 1.

56 Roth 1850, S. 106.

57 Roth 1850, S. 1–3. Vgl. Hechberger 2010, S. 42.

58 Roth 1850, S. 31–32.

59 Roth 1850, S. VII, S. 314. Vgl. Liebrecht 2014, S. 59.

Organisation, in „Heerverfassung“ und „Gefolgeverband“.[60] Um nämlich das alte Aufgebot funktionsfähig zu halten, seien die karolingischen Hausmeier gezwungen gewesen, einerseits Kirchenbesitz an die Großen umzuverteilen, andererseits aber auch von der hohen Geistlichkeit Kriegsdienste einzufordern, um weiterhin auf die immer zahlreicher werdenden Freien zugreifen zu können, die auf Kirchenland lebten. In beiden Fällen griff der Herrscher aber nur noch über die Zwischenstufe der weltlichen und geistlichen Magnaten auf die Freien zu. So wurden sie seinem direkten Zugriff entzogen und die großen Landbesitzer traten an die Stelle der Obrigkeit. Damit entstand nach Roth eine neue Qualität der Herrschaft von Magnaten über Land und Leute, das von ihm nach einem Quellenbegriff so genannte „Seniorat“.[61] Diese neue Herrschaftsstruktur bildete für Roth das Kernthema seiner Arbeit: die Ablösung einer germanischen öffentlichen Ordnung durch eine mittelalterliche personenrechtlich begründete.[62]

Roths These war 1850 vor dem Hintergrund eines nationalistisch befeuerten Geschichtsinteresses spektakulär: Das Lehnswesen als Ursache von Kleinstaaterei und Despotie stellte nicht die Verkörperung germanischer Staatlichkeit dar, sondern war im Gegenteil die frühmittelalterliche Verkehrung einer ursprünglich freien Gesellschaftsordnung. Es war keine uralte germanische Institution, sondern hatte sich erst im 8. Jahrhundert entwickelt, ja war in einem einzigen gesetzgeberischen Willensakt entstanden.[63] Ihre Wirkkraft entfaltete die Erzählung von einer plötzlichen Verfassungsänderung in Form großflächiger Säkularisationen im zeitgenössischen Erfahrungsraum:[64] In der historischen und politischen Sprache Mitte des 19. Jahrhunderts war mit dem Begriff der Säkularisation vor allem die napoleonische Neugliederung des alten Reiches belegt, die Auflösung der geistlichen Territorien und der kleinen Herrschaften im Reichsdeputationshauptschluss von 1803.[65] Roth wurde 1820 in Nürnberg geboren, einer Reichsstadt, die durch den Reichsdeputationshauptschluss ihre Autonomie verloren hatte. Sein Vater hatte die Stadt in den vorangehenden Verhandlungen in Regensburg und Paris vertreten.[66] Eine großflächige Enteignung und Neuverteilung von Land durch eine militärisch erstarkte Zentralgewalt und ein damit verbundener grundlegender Wandel der politischen Ordnung konnte so aus der zeitgenössischen Erfahrung heraus auch für das Frühmittelalter plausibel erscheinen.

---

60 Roth 1850, S. 2, S. 350–367.
61 Roth 1850, S. 356.
62 Vgl. Von Below 1914, S. 231.
63 Vgl. Liebrecht 2014, S. 59. Böckenförde 1961, S. 180.
64 Koselleck 2013, S. 349–375.
65 Zabel 1984, S. 805–807.
66 Christophersen 2005, S. 107–108.

Paul Roths Thesen lösten eine Debatte über die Entstehung von Lehen, Vasallität und ihrer systematischen Verbindung aus,[67] die zu einer der bestimmenden Fragen der Verfassungsgeschichte, ja der gesamten deutschen Mediävistik im 19. Jahrhundert wurde.[68] Der grundlegende Entwurf Roths, die Entstehung des Lehnswesens im 8. Jahrhundert zu verorten und damit als spezifisch mittelalterliche, nicht als germanische Institution zu verstehen, setzte sich schnell durch. Widerspruch erregte jedoch gerade die für Roth zentrale Deutung der Säkularisation. Für die Entwicklung des Modells maßgebliche Kritik übte Georg Waitz in seiner *Deutschen Verfassungsgeschichte*.[69] Er warf Roth die Übertragung moderner juristischer Kategorien auf das Mittelalter vor und lehnte dessen streng rechtssystematisches historisches Denken ab.[70] Er trat damit der Vorstellungen entgegen, das Lehnswesen sei in einem einmaligen Verfassungsakt entworfen worden. In den Säkularisationen, die Waitz wieder Karl Martell zuwies, sah er zwar einen wichtigen Katalysator für die Verbindung von Lehen und Vasallität, betrachtete sie aber eher als Symptom denn als alleinige Ursache dieser Entwicklung. Die Entstehung des „Beneficial-" oder „Lehn-(Feudal-)wesens" sei vielmehr als allmähliche Entwicklung des 8. Jahrhunderts zu verstehen, die ihren Abschluss erst unter Karl dem Großen erreichte, sich im 9. und 10. Jahrhundert voll entfaltet habe und dann zum Wesen der hochmittelalterlichen Staatsform geworden sei.[71]

Gegenüber Roth, der dem Titel seiner Arbeit entsprechend mit dem „Beneficialwesen" vor allem an Landschenkungen, und Landvergaben interessiert gewesen war, betonte Waitz weit stärker die Bedeutung der Vasallität und die Verbindung von beidem. Erst dadurch sei das Lehnswesen zu einer prägenden Institution geworden.[72] Expliziter als Roth formulierte er sowohl diesen Vorgang als Verbindung germanischer und romanischer Elemente zu einem neuen Rechtssystem,[73] als auch den Ursprung dieser Entwicklung im militärischen Bereich. In der „Heergewalt" sah Waitz neben der „Gerichtsgewalt" die „Grundlage der Herrschergewalt bei den

67 Waitz 1856, S. 4. Waitz 1861a, S. 218–219. Als Erwiderung: Roth 1863. Entgegnende Stellungnahme Waitz': Waitz 1865a, S. 92. Vgl. auch H. Brunner 1887b, S. 34. Boretius 1874, S. 71. Delbrück 1902, S. 446.

68 Vgl. Liebrecht 2014, S. 59.

69 Waitz 1860, S. 18–19. Darauf antwortete Roth wiederum mit einer eigenen Monographie: Roth 1863. Eine Begriffsbestimmung des „Lehnwesens" durch Waitz 1861b, S. 357–367.

70 Waitz 1856, S. 6, S. 67–68. Vgl. Von Amira 1907, S. 541. Liebrecht 2014, S. 169. Zur inhaltlichen Auseinandersetzung zwischen Roth und Waitz um Prekarie und vasallitische Leihe: Kasten 1998, S. 243–245.

71 Waitz 1865a, S. 90. Vgl. die Titel der Bd. 6–9: *Die deutsche Reichsverfassung von der Mitte des neunten bis zur Mitte des zwölften Jahrhunderts. Die Verfassung des Deutschen Reiches bis zur vollen Herrschaft des Lehnwesens.*

72 Waitz 1875, S. 1–2.

73 Waitz 1856, S. 78. Waitz 1861a, S. 198, S. 216, S. 242. Waitz 1875, S. 1–2, S. 35. Vgl. Kasten 1998, S. 243.

germanischen Völkern“,[74] und erst vom militärischen Bereich aus habe das Lehnswesen auch die soziale Ordnung grundlegend umgeformt.[75] Dabei brachte Waitz als Erster die Entstehung des Lehnswesens mit den Angriffen hispanischer Muslime auf das fränkische Gallien in Verbindung, insbesondere der Schlacht bei Tours und Poitiers 732.[76] Diese Überlegung wurde bald aufgegriffen und weiterentwickelt und bildete einen zentralen Bestandteil des Lehnswesens als Modell militärischer Organisation.

Mehr noch als Roth war Waitz ein nationalistischer Autor. Geboren 1813 in Flensburg, stammte er aus dem Herzogtum Schleswig, das in Personalunion mit dem dänischen Königreich verbunden war. Die Debatte um die Zugehörigkeit Schleswigs zu Dänemark oder zu einem – erst noch zu schaffenden – deutschen Nationalstaat bildete in den 1840–1860er Jahren einen der wichtigsten Kristallisationspunkte der gesamtdeutschen Nationalbewegung.[77] Georg Waitz setzte sich seit Beginn seiner wissenschaftlichen Karriere aktiv für die deutsche nationale Einheit ein. Kurz nachdem er 1842 auf eine Kieler Professur berufen worden war, publizierte er unter dem Titel *Ueber unser historisches Recht* eine historische Begründung der Zugehörigkeit Schleswigs zur deutschen Nation.[78] Er stand im Kontakt zu den *Göttinger Sieben* und zog 1848 als Kieler Abgeordneter in die Nationalversammlung in der Paulskirche ein,[79] später war er als politischer Theoretiker aktiv. Georg Waitz verkörperte damit den Typus des „politischen Professors“ der Zeit der deutschen Nationsbildung und kann als einer der „theoretischen und auch praktischen Wegbereiter des deutschen Nationalstaates“ gelten.[80] So ist sein historisches Hauptwerk, die *Deutsche Verfassungsgeschichte*, nicht zuletzt von dem Gedanken beseelt, die Geschichte der Einheit aller „deutschen Stämme“ in einem einzigen Reich, dem Frankenreich Karls des Großen, zu erzählen.[81] Die Arbeit an diesem Hauptwerk begann Waitz anlässlich des 1.000. Jubiläums des Vertrages von Verdun 843.[82] Sein Einfluss auf die Geschichtswissenschaft des 19. Jahrhunderts ist kaum zu überschätzen. Als Begründer der „Quellenkunde“ des „Dahlmann-Waitz“ und ab 1875 als zweiter Präsident der MGH prägt er mit seinen Arbeiten das wissenschaftliche wie das populäre Mittelalterbild bis heute tief.[83]

---

74 Waitz 1861a, S. 449.
75 Waitz 1878, S. 124–125.
76 Waitz 1860, S. 22.
77 Lenhard-Schramm 2014, S. 223–246. Vgl. Wood 2013, S. 161–168.
78 Waitz 1843. Vgl. Lenhard-Schramm 2014, S. 214–221. Wölky 2006, S. 15.
79 Wölky 2006, S. 170–175.
80 Wölky 2006, S. 222.
81 Waitz 1860, S. 4–11. Vgl. Wölky 2006, S. 219. Die *Deutsche Verfassungsgeschichte* erschien 1847–1878 in 8 Bänden.
82 Wölky 2006, S. 163.
83 Vgl. zur Bedeutung Waitz’ Jäger 2017, S. 8, S. 11–12. Wölky 2006, S. 151.

Obwohl die Forschungspositionen Roths und Waitz' zeitgenössisch als scharfer Widerspruch verstanden wurden,[84] sind aus heutiger Perspektive die Gemeinsamkeiten weit größer als die Unterschiede: Waitz übernahm grundlegende Elemente des Rothschen Entwurfs und trug damit wesentlich dazu bei, sie als Lehrmeinung zu festigen. Das gilt vor allem für die Verortung des Lehnswesens im 8. Jahrhundert und seine Charakterisierung als Verformung einer ursprünglichen germanischen Gesellschaftsordnung unter romanischen Einflüssen. Die Arbeiten von Roth und Waitz markieren die Etablierung des Lehnswesens als wissenschaftliches Charakteristikum des Mittelalters, als dasjenige Merkmal, das diese Epoche von vorangehenden und folgenden Zeiten trennt.

In den 1850er und 60er Jahren bestimmte ihre Auseinandersetzung über die Entstehung des Lehnswesens die Diskussion der mediävistischen Verfassungsgeschichte und prägte so die nachfolgende Generation von Historikern.[85] Für die Formierung des Modells des Lehnswesens wurden die Arbeiten Heinrich Brunners (*1840) entscheidend. Wie Paul Roth und Georg Waitz war auch Heinrich Brunner von der akademischen Ausbildung her Jurist, hatte in Wien aber auch am erst wenige Jahre vor Beginn seines Studiums gegründeten Institut für Österreichische Geschichtsforschung studiert. So vereinte er Rechtslehre und historische Quellenkritik auf der wissenschaftlichen Höhe seiner Zeit in eindrucksvoller Weise. Er gilt damit als Begründer der historisch-germanistischen Rechtswissenschaft, wie sie sich bis heute als Fachdisziplin versteht,[86] aber auch international als einer der bedeutendsten (Rechts)Historiker der Fachgeschichte.[87]

Den Streit zwischen Paul Roth und Georg Waitz löste Heinrich Brunner auf, indem er ihre gegensätzlichen Standpunkte miteinander verband. 1887 entwarf er in seinem Aufsatz *Der Reiterdienst und die Anfänge des Lehnwesens* erstmals jene griffige, umfassende Entstehungsgeschichte des Lehnswesens, wie sie die Forschung bis heute prägt.[88] Die Entstehung des „Lehnwesens" erklärte Brunner als Prozess, der aber in einem Herrschaftsakt unter den Söhnen Karl Martells rechtlich geregelt worden sei.[89] Den Anlass dazu sah er wie Waitz in den Angriffen der „Sarazenen" in der ersten Hälfte des 8. Jahrhunderts.[90] In bewusster methodischer Abkehr von Georg Waitz, an

84 Vgl. Von Amira 1907, S. 541.

85 Liebrecht 2014, S. 59. Vgl. zur wissenschaftsgeschichtlichen Bedeutung dieser Auseinandersetzung Reynolds 2017, S. 13.

86 Bader 1955, S. 682. Liebrecht 2014, bes. S. 226–244, S. 277.

87 Liebrecht 2014, S. 28–29. Vgl. etwa Wood 2013, S. viii, der Brunner in seine Bedeutung für die englische Mediävistik in eine Reihe mit Edward Gibbon, William Stubbs, John M. Kemble, Frederic W. Maitland und Henri Pirenne stellt. Zum internationalen Einfluss Brunners vgl. Rabban 2013, S. 103–106. B. Bachrach 1970, S. 49.

88 H. Brunner 1887b.

89 Vgl. H. Brunner 1892, S. 243–248.

90 H. Brunner 1887b, S. 22.

dessen Institut in Göttingen er nach seiner Promotion 1864 einige Zeit verbracht hatte,[91] systematisierte Brunner jedoch seinen Quellenstoff streng rechtsdogmatisch.[92] Er schuf so die griffige Formulierung, das Lehnswesen als die „Verschmelzung" zweier ursprünglich getrennter Rechtsinstitute, von „Benefizialwesen und Vassallität", zu einem neuen Institut zu verstehen.[93] Brunners These zur Entstehung des Lehnswesens über den „Reiterdienst" ist enorm wirkmächtig geworden.[94] Auf der von ihm entworfenen Entstehungsgeschichte baute die rechtsgeschichtliche Forschung der nächsten Jahrzehnte auf, die das Modell des Lehnswesens weiter verfestigte. Seinen Entwurf der „Anfänge des Lehnwesens" übertrug Heinrich Brunner in den zweiten Band der *Deutsche Rechtsgeschichte* von 1892, die eines der wirkmächtigsten Grundlagenwerke der Rechtsgeschichte bildet.[95] Sie erschien 1928, dreizehn Jahre nach Brunners Tod, in einer zweiten, nur wenig überarbeiteten Auflage.[96] Einzig die direkte Herleitung des Lehnswesens aus den muslimischen Angriffen wurde von der Forschung zunächst allgemein abgelehnt,[97] doch ging sie Anfang des 20. Jahrhunderts trotzdem in den Kanon historischen Wissens ein und ist dort bis heute geblieben, auch wenn sie von der Spezialforschung im Einzelnen in den 1970er Jahren erneut gründlich dekonstruiert wurde.[98]

Diese dauerhafte Etablierung der militärischen Entstehungsgeschichte des Lehnswesens geht wesentlich auf Hans Delbrück zurück, der als Gründervater der Militärgeschichte als Spezialdisziplin gilt.[99] Delbrück, heute im Vergleich zu den großen Rechtshistorikern Georg Waitz und Heinrich Brunner etwas in Vergessenheit geraten, war zu seiner Zeit von höchster öffentlicher Wirkung und galt bis in die 1950er Jahre

---

91 Liebrecht 2014, S. 60 Fn. 154.

92 Liebrecht 2014, S. 169–170.

93 H. Brunner 1892, S. 243.

94 Zeitgenössische italienische, französische und englische Reaktionen vgl. bei: Liebrecht 2014, S. 63 Fn. 162, S. 63 Fn. 163. Zur englischsprachigen Forschung: B. Bachrach 1970, S. 45. Vgl. auch D. Bachrach 2015a, S. 301–302.

95 Vgl. Liebrecht 2014, S. 45–48.

96 H. Brunner/Von Schwerin 1928. Dieser Band entspricht dem 2. Band der 1. Auflage (H. Brunner 1892). Der erste Band war 1906 noch von Brunner selbst herausgegeben worden (Brunner 1906). Die Publikation des zweiten Bandes verzögerte sich nach seinem Tod durch den ersten Weltkrieg und seine Folgen, vgl. H. Brunner/Von Schwerin 1928, S. V-VI.

97 Vgl. D. Bachrach 2015b, S. 3. Die umfassendste, monographische, Auseinandersetzung mit den Thesen Brunners bietet wohl, allerdings auf Spanisch, Sánchez-Albornoz 1942 (Neuauflage Sánchez-Albornoz 1979).

98 B. Bachrach 1970. Vgl. als Überblick zur Diskussion um die Bedeutung des berittenen Kriegers Kaeuper 2016, S. 65–68. DeVries/Smith 2012, S. 99–112. Vgl. auch u. zur sogenannten *Stirrup Controversy*, S. 41.

99 Lange 2010, S. 10, S. 20.

als einer der prägenden deutschen Historiker der Jahrhundertwende.[100] Auch Delbrücks Wirkung ging weit über die Wissenschaft hinaus. In den 1880er Jahren war er Mitglied des Preußischen Abgeordnetenhauses und des Reichstags, nach dem Ersten Weltkrieg gehörte er dem parlamentarischen Ausschuss an, der die Ursachen der deutschen Niederlage untersuchte.[101] Hohe öffentliche Aufmerksamkeit erregte die heftige Auseinandersetzung, die er um 1900 mit dem preußischen Generalstab um die strategische Einordnung Friedrichs des Großen führte,[102] später ebenso sein Eintreten gegen die Dolchstoßlegende. Nachhaltige Wirkung entfaltete vor allem seine zwischen 1900–1920 in vier Bänden publizierte *Geschichte der Kriegskunst im Rahmen der politischen Geschichte*. Das bis heute populäre Bild des *germanischen* Kriegswesens geht ganz wesentlich auf dieses Werk zurück.[103] 1966 und 2000 erschienen Nachdrucke, die die Herausgeber jeweils wieder als wichtige Beiträge zur aktuellen Diskussion verstanden,[104] 2012 wurde die *Geschichte der Kriegskunst* als E-Book aufgelegt.[105]

Hans Delbrück wurde 1848 geboren und wuchs damit in der Zeit der deutschen Einigungskriege auf.[106] Im Deutsch-Französischen Krieg 1870 meldete er sich, während seines Geschichtsstudiums, als Freiwilliger, bis 1885 war er Reserveoffizier.[107] Nach der Promotion 1873 wurde er als Privatlehrer im Haushalt des preußischen Kronprinzen Friedrich III. beschäftigt; in dieser Zeit knüpfte er Kontakte zu hohen Militärs und begründete damit sein Renommee als fundierter militärischer Sachkenner.[108] Die Erfolge der preußischen Armee in den Einigungskriegen, der Überraschungssieg bei

---

100 „Der letzte Klassiker in der Geschichtsschreibung“, Theodor Heuss 1948, vgl. das Vorwort Raulff 2000 im Neudruck von Delbrück 1921a, S. X. Zur Bedeutung Delbrücks vgl. auch Hillgruber 1972. Hofbauer 2015, S. 31.

101 Lange 2010, S. 27.

102 Lange 1995. Delbrück erklärte Friedrich II. zum geschickt agierenden, aber konventionell denkenden Feldherren. Diese Position rief schärfste Angriffe des preußischen Generalstabs hervor, nach dessen klassischer Lehre Friedrich II. als militärisches Genie der Vordenker moderner Militärtheorie war.

103 Delbrück 1900. Delbrück 1902. Delbrück 1907. Delbrück 1920.

104 Delbrück 2000, S. 537, S. 545, S. 552. Die Herausgeber, die jeweils einen Kommentar verfassten, waren der Mediävist Hans Kuhn und der Althistoriker Dietrich Hoffmann. Zur Neuauflage 2000 sagte Ulrich Raulff im Vorwort eine „Renaissance“ Delbrücks voraus: Raulff 2000, S. XI.

105 Als Beispiel der anhaltenden populären Bedeutung vgl. auch Delbrücks *Geschichte der Kriegskunst* als (einzige) aktuelle Literaturangabe bei militärischen Wikipedia-Artikeln wie *Taktischer Körper* oder *Kolonne (Militär)*,

https://de.wikipedia.org/wiki/Taktischer_Körper (besucht am 15.04.2019).

https://de.wikipedia.org/wiki/Kolonne_(Militär) (besucht 15.04.2019).

106 Zur Biographie Delbrücks vgl. Lange 2010.

107 Delbrück 1920, Vorwort o. Seitenzählung. Lange 2010, S. 12.

108 Delbrück war der Hauslehrer Prinz Waldemars, eines jüngeren Bruders des späteren Kaisers Wilhelm II. Waldemar starb 1879, vgl. Raulff 2000, S. XIV-XVIII, S. LIII. Vgl. auch Lange 2010, S. 8.

Königgrätz 1866,[109] schließlich der Sieg im Deutsch-Französischen Krieg 1870–1871 führten in dieser Zeit weitverbreitet zu einer Wahrnehmung der Armee als „Geburtshelfer der Nation“, die für die positive Besetzung des Militärischen im deutschen Kaiserreich von wesentlicher Bedeutung wurde.[110] Vor diesem Hintergrund ist wohl der spätere Erfolg Hans Delbrücks wie auch seine eigene Fixierung auf die Militärgeschichte zu sehen.

Seine Wirkung beruhte auch auf einer eigenen von ihm entwickelten Methode, die im Wesentlichen ohne Quellen- und Literaturbelege auskommt, der von Delbrück sogenannten Sachkritik. Er übertrug dabei theoretische Grundlagen der militärischen Praxis der eigenen Gegenwart auf historische Zeiten und berechnete so militärische Parameter wie Mannschaftsstärke, Materialbedarf oder Traingröße.[111] Prägend ist vor allem seine „Lehre der kleinen Heereszahlen“ geworden. Die üblicherweise – auf Grundlage der Quellenangaben – angenommenen Heeresstärken antiker und mittelalterlicher Heere hielt er für maßlos übertrieben und ging bei der Berechnung von Heeresstärken stattdessen von Schätzungen zur Bevölkerungsdichte historischer Kulturen und Regionen aus.[112]

Das Mittelalter als Epoche einer *Feudalordnung* zu begreifen, deren entscheidendes Element die Verbindung von Vasallität und Lehen darstellte, war für Delbrück um 1900 bereits selbstverständlich.[113] Er fand in der durch Heinrich Brunner geprägten Rechtsgeschichte ein weit ausgearbeitetes Modell vor und auch weitere Thesen, die die Forschung im 19. Jahrhundert entwickelt hatte, waren für Delbrück um die Jahrhundertwende zu feststehenden Prämissen geworden. Die Franken sah er als Erobererschicht von „gleichen und freien Kriegern mit schwach bäuerlichem Anstrich“.[114] Delbrück entwickelte nun aber die These, Vasallität und Lehen seien im Frankenreich schon vor der Schlacht von Tours und Poitiers von 732 zusammengewachsen. Erst die „Feudalisierung des Kriegswesens“ hätte den Sieg Karl Martells möglich gemacht. Entscheidend war nach Delbrück dabei allerdings nicht die Aufstellung einer Reiterarmee, auch wenn die karolingerzeitlichen Krieger wohl in aller Regel beritten gewesen seien, sondern die Professionalisierung des Kriegertums. Das ursprüngliche germanische Kriegertum sei nach der Niederlassung der Franken „verbauert“ und habe damit seinen militärischen Nutzen verloren. Die merowingischen

---

109 Walter 2003, S. 58.

110 Wolfram 2011, S. 45–47.

111 Delbrück 1900, S. VI-VII. Vgl. Halsall 2203, S. 6, der die Fortführung dieser Methode unter Militärhistorikern als „normalist approach“ bezeichnet.

112 Delbrück 1900, S. 8–28. Vgl. Raulff 2000, S. XXXIII. Vgl. zur „Lehre der kleinen Heereszahlen“ den Neudruck der 3. Auflage des 2. Bandes Delbrück 1923, S. vi. So führte er etwa die Zahlenangabe Herodots zum Heer des Perserkönigs Xerxes bei den Thermopylen (480 v. Chr.) von 4.200.0000 Mann ad absurdum, indem er die theoretische Länge einer solchen Heereskolonne anhand der Marschordnung des Deutschen Heeres auf 420 „Meilen“ berechnete, vgl. Delbrück 1900, S. 10.

113 Delbrück 1902, S. 452.

114 Delbrück 1902, S. 457.

Könige und die Magnaten entdeckten deshalb die Möglichkeit, sich über Vasallität und Lehen die Dienste professioneller Krieger zu sichern.[115] Diesen Prozess deutete er ganz im Sinne der Verschmelzung von Germanischem und Römischem: Das Lehnswesen war ihm die Fortführung des germanischen Kriegertums, „aufgepfropft auf das absterbende Römerthum“.[116] Dieses im Vasallenstand konservierte germanische Kriegertum war es, das bei Tours und Poitiers der nach Delbrück wichtigsten Schlacht der Weltgeschichte, den „Reitern des Propheten“ Einhalt geboten habe.[117]

Die Forschung hat das Lehnswesen in einer merkwürdigen Mischung aus Delbrück und Brunner fortgeführt. Während der Militärhistoriker Delbrück dem Übergang zum berittenen Kriegsdienst keine Bedeutung beimaß,[118] führte der Jurist Brunner den Aufstieg des Lehnswesens auf eine taktische Neuerung zurück. Beides zusammen ergab das Bild einer militärischen Revolution zu Beginn des 8. Jahrhunderts, die in weltgeschichtlicher Bedeutung das christliche Abendland rettete und das Mittelalter als Lehnsgesellschaft schuf. Die spezifisch deutsche Begriffsfassung der bestimmenden Struktur dieser sozialen Ordnung als Lehnswesen setzte sich in den ersten Jahrzehnten des 20. Jahrhunderts durch. In dieser Zeit diskutierten Wissenschaftler international intensiv über die Bedeutung des *Feudalismus*. Was genau machte das Mittelalter als Epoche aus? Etabliert war die juristische Belegung des Lehnswesens als *terminus technicus* für die „feudo-vasallitischen Institutionen“, daneben entstanden mit der Herausbildung neuer geisteswissenschaftlicher Fächer zahllose weitere Versuche der Begriffsbestimmung.[119] Diese Definitionsbemühungen waren durch die Abkehr von einer rein juristisch systematisierenden Methode gekennzeichnet und stattdessen auf die gesamte sozio-ökonomische Ordnung des Mittelalters ausgerichtet. Max Weber entwarf um 1910 den „okzidentalen Lehensfeudalismus“ als einen Idealtyp von Herrschaftsformen, den er gegen andere Typen des Feudalismus abgrenzte, etwa in Japan, dem alten Ägypten oder dem Osmanischen Reich.[120] Der französische Historiker Joseph Calmette beschrieb 1923 das Mittelalter als „sociéte féodale“,[121] und 1931 bemühte sich in ähnlichem Sinne eine internationaler Forschergruppe unter Federführung Marc Blochs in der *Encyclopaedia of the Social Sciences* um die Klärung des Begriffs „Feudalism“.[122] Wohl als

---

115 Delbrück 1902, S. 452. Den Übergang zur vorrangig berittenen Kampfweise verortete Delbrück schon im 6. Jahrhundert, wertet ihn aber als taktischen Niedergang der Kriegskunst, nicht als Fortschritt, vgl. Delbrück 1902, S. 429.

116 Delbrück 1902, S. 459–461.

117 Delbrück 1902, S. 461.

118 Delbrück 1902, S. 462.

119 Wunder 1974, S. 11–12.

120 Vgl. Weber 1922, S. 148, S. 726. Posthum von Webers Frau veröffentlicht als Zusammenstellung verschiedener unpublizierter Schriften ihres Mannes. Das Manuskript zu diesem Teil stammt aus der Zeit um 1910, vgl. Hanke 2009, S. 291.

121 Calmette 1923.

122 Bloch/Lybyer/Franke/Asakawa 1931, S. 202–220.

Ergebnis des russischsprachigen Stranges dieser Diskussion in den Jahrzehnten nach dem Ersten Weltkrieg ist die Bildung eines marxistischen Feudalismusbegriffs in dieser Zeit zu verstehen.[123]

Deutschsprachige Historiker kritisierten in der Feudalismus-Debatte die rechtshistorische Forschung des 19. Jahrhunderts. Die Kritik zielte vor allem auf die Betonung des staatlichen Charakters des mittelalterlichen Reiches, ausgerichtete am eigenen Staats-Verständnis, wie es nach 1900 entwickelt worden war.[124] Diese Kritik kam damit zwar aus einer ganz anderen Richtung als die gegenwärtige, nahm aber dennoch viele Punkte der neuen Diskussion über das Lehnswesen vorweg. So warnte Georg von Below 1914 davor, die Bedeutung des Lehnswesens zu überschätzen,[125] im Reich habe es frühestens um 1180 deutliche Wirkung erlangt.[126] Der falsche Eindruck, der *Staat* sei bereits seit der Karolingerzeit weitgehend lehnrechtlich organisiert gewesen, habe erst durch die von Paul Roth begründete Fixierung der Forschung auf die militärische Organisation des Karolingerreiches entstehen können. Alfons Dopsch erklärte 1920 grundsätzlich die These einer Verbindung von „Vasallität und Benefizialwesen" zu einem neuen Rechtsinstitut in der Karolingerzeit für unhaltbar, ebenso wie den spezifisch germanischen Charakter des „Lehenswesens".[127] Dopsch warnte später auch vor einer Verengung der Forschungsperspektive: „Ich glaube, man hat, ohne sich um die sichere Quellenfundierung zu kümmern, zu viel auf Konto des Lehenswesens und der Feudalität gesetzt". Wenn überhaupt, so sei die „Feudalisierung" im Reich nördlich der Alpen („Deutschland") erst „mit der vollen Ausbildung der Landesherrlichkeit wirklich erfolgt".[128] Auch ein differenzierender Umgang mit Quellenbegriffen wie *beneficium* und *vassus*, wie er eine der Hauptforderungen der jüngeren Kritik darstellt,[129] war bis in die 1930er Jahre hinein üblich. Ihre Bedeutung wurde erst im Zuge der Diskussion zwischen den Weltkriegen auf die feudo-vasallitische Begriffsfassung verengt.[130] Otto Hintze stellte 1929 fest, dass es nicht möglich sei, den Begriff *Feudalismus* eindeutig zu definieren, zu vielfältig sei seine Verwendung.[131] Die Geschichtswissenschaft sei zur Wiedergabe der „verwickelten Tatbestände des geschichtlichen Lebens" stattdessen auf „anschauliche Abstraktionen, auf Typenbildung angewiesen", ohne damit eine

123 Kuchenbuch/Michael 1977a, S. 297–300.

124 Hechberger 2010, S. 43. Zur Rolle der *Staatlichkeit* in der deutschen Mediävistik vgl. Patzold 2012b, S. 410–412.

125 Von Below 1914, S. 248.

126 Von Below 1914, S. VIII, S. 232.

127 Dopsch 1920, S. 303–305.

128 Dopsch 1932, S. 32, S. 35.

129 Reynolds 1994, S. 13. Patzold 2012a, S. 25.

130 Vgl. Ebel 1960, S. 14–15. Mit entsprechenden Hinweisen auf die Vielschichtigkeit der Begriffe vgl. etwa Roth 1850, S. 392. Waitz 1856, S. 24. Als Bsp. der Zwischenkriegszeit vgl. Pöschl 1928, S. 3–121, S. 363–471.

131 Hintze 1929, S. 321.

eindeutige Definition bieten zu können.[132] Unter deutschsprachigen Historikern herrschte damit – in Abkehr vom juristischen Lehnswesen – in den ersten Jahrzehnten des 20. Jahrhunderts ein an der entstehenden Soziologie ausgerichteter Feudalismusbegriff vor,[133] wie er auch international bestimmend war. Rechtshistoriker jedoch lehnten diese Kritik rundweg ab. Sie nahmen sie als Beiträge von Nicht-Juristen schlichtweg nicht ernst.[134] In einer 30-seitigen Rezension der Monographie Alfons Dopschs von 1920 wies Claudius von Schwerin – der spätere Herausgeber der zweiten Auflage (1928) der *Deutschen Rechtsgeschichte* Heinrich Brunners – Dopschs Kritik in jedem Punkt zurück und fasste zusammen: „Verfassungseinrichtungen haben ihre Geschichte, sie sind aber ihrem Wesen nach rechtliche Erscheinungen. Ueber sie kann daher mit Erfolg nur handeln, wer auch dieser Seite Rechnung trägt."[135]

So konnte die Frage nach der Entstehung des Lehnswesens aus rechtshistorischer Perspektive für „vorläufig abgeschlossen" gelten,[136] als der Rechtshistoriker Heinrich Mitteis, ein Schüler Heinrich Brunners, 1933 eine groß angelegte Studie zu den mittelalterlichen Ursprüngen der modernen Staatenwelt Mitteleuropas veröffentlichte: *Lehnrecht und Staatsgewalt*. Mit dieser Arbeit stellte Mitteis das Modell des Lehnswesens bereit, wie es bis zum Beginn der aktuellen Debatte Bestand hatte.[137] Wie achtzig Jahre früher Paul Roth trieb dabei auch Heinrich Mitteis die Frage um, warum sich das Deutsche Reich nicht wie Frankreich zu einem Nationalstaat entwickelt hatte, sondern – nach der Einschätzung Mitteis' – in eine Unzahl ohnmächtiger Kleinstaaten zerfallen war.[138] Wissenschaftler hatten den Grund dafür bislang im Lehnswesen gesehen, das sie als staatszersetzende Institution betrachteten.[139] Mitteis drehte diese grundlegende Deutung nun um: „Das Lehnrecht ist nicht unbedingt der Feind, es kann auch der Helfer des Staatsgedankens werden".[140]

Die eigentliche rechtshistorisch aufsehenerregende Neudeutung Mitteis' war, das Lehnswesen nicht länger als Teil des Privatrechts zu verstehen, sondern als Teil

---

132 Hintze 1929, S. 322.

133 Vgl. zu einer soziologischen Ausrichtung der deutschsprachigen Geschichtswissenschaft in den 1920er Jahren Jäger 2017, S. 18–25.

134 Vgl. Liebrecht 2014, S. 45 Fn. 102. Als Bsp. vgl. die ironisierende Entgegnung des Rechtshistoriker Siegfried Rietschel auf Gerhard Seeligers Kritik an Paul Roths *Geschichte des Beneficialwesens*: Seeliger 1906, S. 569–589. Rietschel 1907, S. 143–150.

135 Von Schwerin 1925, S. 729.

136 Mitteis 1933, S. 15. So auch Hintze 1929, S. 321: „[...] die Tatsachen der Verfassungsgeschichte des fränkischen Reiches und seiner Nachfolgestaaten, von denen dieser Begriff [Feudalismus] abgezogen worden ist, sind nach langer Forschungsarbeit sicher festgestellt".

137 Diestelkamp 2000, S. 7. Grass 1994, S. 578. Zu Heinrich Mitteis und dem Modell des Lehnswesens vgl. Esders 2015, S. 209.

138 Mitteis 1933, S. 3–4, S. 11 Vgl. Patzold 2012a, S. 96.

139 S. o. S. 18.

140 Mitteis 1933, S. 5.

des Verfassungsrechts. Das hieß, der mittelalterliche Staat war ein „Lehnsstaat", und als solcher ließ er sich nur rechtshistorisch erfassen, denn das Lehnswesen sei als vorrangig rechtliches Phänomen ein genuines Forschungsfeld der Rechtsgeschichte. Den Feudalismus, den man „neuerdings" als eine „universalgeschichtliche Erscheinung" betrachte, schloss Mitteis ausdrücklich von seiner Untersuchung aus und wies ihn der „jungen Schwesterwissenschaft der Soziologie" zu.[141]

Mit seiner Einordung des Lehnswesens als Teil der mittelalterlichen Staatlichkeit gelang es Mitteis, die zeitgenössische historische Kritik am Lehnswesen in die rechtshistorische Definition zu integrieren. Wer an einen deutschen Staat des Mittelalters glaubte, musste fortan deshalb nicht das Lehnswesen ablehnen. Inhaltlich und methodisch schloss sich Heinrich Mitteis eng an seinen Lehrer Heinrich Brunner an,[142] dessen These zur Entstehung des Lehnswesens das sichere Fundament bildete, auf dem er seine originär das hohe Mittelalter betreffende Arbeit setzte. Den Ursprung des Lehnswesens sah Mitteis damit im kriegerischen Aufstieg der Karolinger, der Bändigung der mächtigen Magnaten und deren Wiedereinbindung in die Herrschaft des Königs.[143] Vom „Heerwesen" aus habe die „Feudalisierung" dann auf die gesamte Struktur des „Staates" übergegriffen.[144] Die Entstehung des Lehnswesens war für ihn in dem Moment abgeschlossen, in dem die „kausale Verknüpfung von dinglicher und persönlicher Seite des Lehnsbandes" nachweisbar ist.[145] Dieser Schlusspunkt war für Heinrich Mitteis im Kapitular von Quierzy 877 deutlich fassbar,[146] als Karl der Kahle für einen Kriegszug über die Alpen die Erblichkeit von Lehen für Vasallen festgelegt habe.[147] Mitteis überführte die bestehenden Thesen in eine griffige, aktuelle juristische Sprache und formulierte damit ein sehr stimmiges und als abstraktes Erklärungsschema nutzbares Modell. Zudem etablierte er im juristischen Sprachgebrauch die dann sehr prägende Begriffsfassung des Lehnswesens als Rechtsinstitut mit zwei Komponenten, einer personalen (Vasallität) und einer dinglichen (Lehen), die kurz zuvor wohl Otto Hintze erstmals wörtlich formuliert hatte, auch wenn er dessen Arbeit zum Feudalismus der Soziologie zuwies und damit nicht als Beitrag zur Rechtsgeschichte ernst nahm.[148]

141 Mitteis 1933, S. 3.
142 Vgl. exemplarisch Mitteis 1933, S. 17, S. 114, S. 124.
143 Mitteis 1933, S. 124–126.
144 Mitteis 1940, S. 98–99.
145 Mitteis 1933, S. 146.
146 Capitularia, 2 (Boretius u. a. 1897), Nr. 281, 9, S. 358
147 Mitteis 1933, S. 166–167, S. 176.
148 Mitteis 1933, S. 15–16, S. 107. Zur Soziologie S. 3, Fn. 1. Hintze 1929, S. 325. Vgl. Mitteis 1927, S. 118, hier bezeichnet Mitteis bereits *en passant* das Lehen als dingliches und die Vasallität als persönliches Element des Lehnswesens, ohne daraus jedoch eine konzeptionelle Zweiteilung abzuleiten. Die Neuauflage der *Deutschen Rechtsgeschichte* Heinrich Brunners 1928 formuliert die Abstraktion von dinglichem und persönlichem Element noch nicht wörtlich auf diese Weise, vgl. H. Brunner/Von Schwerin 1928, S. 329.

Die germanistische Rechtsgeschichte war in der Zwischenkriegszeit eine von völkischem Denken bestimmte Wissenschaft: Sie suchte deutsche Größe und Überlegenheit geschichtlich zu beweisen und wie viele ihrer Vertreter begrüßte auch Mitteis nach der nationalsozialistischen Machtübernahme das Projekt einer germanischen „Rechtserneuerung".[149] Als Frontkämpfer des Ersten Weltkrieges war Mitteis zunächst ein Verfechter der Dolchstoßlegende, von der er später allerdings abrückte.[150] Ein bestimmter Nationalist blieb er trotzdem, der Weimarer Republik stand er ablehnend gegenüber.[151] Er suchte nach den Linien „germanischer Kontinuität" in der deutschen Verfassung und wollte die Leistungen der Deutschen auf „staatlichem Gebiete" zeigen. Diese Aufgabe hatte für ihn „nationale Bedeutung", das Verfassungsrecht war ihm ein Ausdruck des „Volksgeistes", realisiert durch „die Führer der deutschen Nation".[152] In dieser politischen Deutung war die Erforschung des Lehnswesens unmittelbar auf die Gegenwart bezogen: „Nur wenn wir den deutschen Staatsgedanken in allen seinen Gestalten erforschen, dürften wir hoffen, das geistig und seelisch zu unserm innersten Besitz zu machen, was unsere Väter ersehnten und erstrebten: Den Staat des deutschen Menschen."[153] Nach einem Umweg von „sieben Jahrhunderten" sah Mitteis den Weg zum deutschen Nationalstaat 1933 am Ziel angelangt. Bald geriet er als bürgerlicher Konservativer allerdings selbst in Konflikt mit dem Regime und verlor seinen Wiener Lehrstuhl.[154] In der Nachkriegszeit wurde Heinrich Mitteis trotz seiner völkischen Vergangenheit erneut einer der bestimmenden Geschichtswissenschaftler im deutschsprachigen Raum. Ab 1947 war er Herausgeber der *Zeitschrift der Savigny-Stiftung für Rechtsgeschichte* und ab 1950 Präsident der Bayerischen Akademie der Wissenschaften.[155] Er war damit wohl einer der einflussreichsten deutschen Rechtshistoriker des 20. Jahrhunderts. Seine verfassungsrechtlichen Studien galten bis in die 1990er Jahre als historische Standardwerke,[156] noch zu seinem 100. Geburtstag veranstaltete die Bayerische Akademie der Wissenschaften 1989 ein Symposium.[157] Seine Arbeiten wurden bis in die 1980er Jahre vielfach nachgedruckt.

149 Vgl. Brun 1991, S. 94–95.
150 Vgl. Brun 1991, S. 35. Mitteis war 1915–1918 als Wehrdienstpflichtiger Soldat.
151 Vgl. Diestelkamp 2000, S. 10.
152 Mitteis 1933, S. 10–13.
153 Mitteis 1933, S. 704.
154 Vgl. dazu Kortüm 2010b, S. 57–78. Kortüm stellt Mitteis hier als moralisch aufrechten Fachvertreter und Gegenbild zum nationalsozialistisch korrumpierten Otto Brunner dar. Vgl. zu dieser Bewertung schon den Nachruf auf Mitteis durch Bader 1953, S. X, S. XVII-XVII.
155 Kortüm 2010b, S. 61. Mitteis, geboren 1889, starb überraschend 1952.
156 Landau/Nehlsen/Willoweit 1991, S. 7, S. 21. Noch im Rahmen der jüngeren Lehnswesen-Debatte verweist Hagen Keller auf Mitteis' *Staat des hohen Mittelalters* als grundlegende Forschung, vgl. Keller 2000, S. 255 Fn. 74.
157 Landau 1991.

Den Forschungsstand, wie ihn ganz wesentlich Heinrich Mitteis ausformuliert hatte, brachte 1944 der belgische Historiker François Louis Ganshof in das Format eines schmalen, gut lesbaren Handbuches.[158] Die Arbeit ist noch als Teil jener Feudalismusdebatte zu verstehen, die in den Jahrzehnten vor dem Zweiten Weltkrieg auf internationaler Ebene geführt worden war.[159] Ganshof hatte sich seit Beginn seiner wissenschaftlichen Karriere in den 1920er Jahren mit der „féodalite" beschäftigt,[160] und war auch seinerseits von Mitteis rezipiert worden.[161] Ganshofs Arbeiten waren dabei juristisch geprägt, er hatte neben Geschichte auch Jura studiert und 1922 kurz als Rechtsanwalt gearbeitet.[162] Als Gegenstand seines Handbuches definierte Ganshof dementsprechend den „Feudalismus im strengen Sinn", die „institutions féodo-vassaliques" als juristischen Feudalismusbegriff, und richtete die Arbeit stark an Heinrich Mitteis' *Lehnrecht und Staatsgewalt* aus.[163] Er schlug sogar vor, die Bezeichnung *féodalite* ganz im Sinne des deutschen *Lehnswesen* nur noch für diesen juristischen Feudalismusbegriff zu verwenden, während der „Feudalismus im weiteren Sinn", wie ihn Joseph Calmette und Marc Bloch vertraten, besser als „société féodale" bezeichnet werden solle.[164] Ganshof bezog damit keineswegs gegen Calmette und Bloch Stellung, sondern lobte im Gegenteil ihre Arbeiten,[165] grenzte aber seinen Arbeitsbereich von ihrem ab.

Unter dem Titel *Qu'est-ce que la féodalité* erklärte er als einer der großen Mediävisten seiner Zeit nun auf 183 Seiten im kleinen Format verständlich und eindeutig alle Fragen zum Lehnswesen. Er führte damit ein schwer zugängliches, rechtshistorisch verklausuliertes und in zahllose Einzeldiskussionen zergliedertes Forschungsproblem, das über 100 Jahre hinweg eines der zentralen Forschungsfelder der deutschen Mediävistik gewesen war, in einer allgemein verständlichen französischsprachigen Publikation zusammen. Eine solch prägende und abschließende Wirkung wie sein Handbuch sie bald entfaltete, hatte Ganshof bei der Veröffentlichung allerdings wohl gar nicht

158 Ganshof 1944.
159 Zu Bloch und Calmette s. o. S. 26.
160 Ganshof 1922. Ganshof 1937. Vgl. Heirbaut/Masferrer 2005, S. 228 und das Schriftenverzeichnis S. 237–241.
161 Mitteis 1933, S. 36 Fn. 71.
162 Heirbaut/Masferrer 2005, S. 224, S. 231. Garver 2010, S. 2304. Vgl. auch die sehr lobende Rezension Mitteis 1948, S. 580.: „[...] wiewohl von einem Historiker geschrieben, [verrät Ganshofs Buch] doch auf jeder Seite ein bewundernswertes Verständnis für das juristisch Wesentliche und [kann] daher auch im Rahmen der rechtsgeschichtlichen Wissenschaft seinen festen Platz beanspruchen".
163 Ganshof 1947, S. 195. Zu „Lehnrecht und Staatsgewalt": „l'ouvrage le plus remarquable qui ait été consacré aux institutions féodo-vassaliques". Zum Einfluss der Mitteis'schen Arbeit auf Ganshof vgl. Trüper 2014, S. 123.
164 Ganshof 1947, S. 12.
165 Ganshof 1947, S. 195–196, zu Blochs „société féodale": „l'une des œuvres maîtresses de l'historiographie contemporaine". Zu Calmettes gleichnamiger Monographie: „résumé lumineux et sûr". Vgl. Heirbaut/Masferrer 2005, S. 228.

beabsichtigt.[166] 1947 in zweiter Auflage erschienen, wurde *Qu'est-ce que la féodalité* ein außerordentlicher wissenschaftlicher Erfolg. Es wurde ins Englische, Deutsche, Spanische, Portugiesische, Italienische und Japanische übersetzt und erfuhr zahlreiche Neuauflagen, die deutsche Ausgabe zuletzt 1989.[167] Bis zum Beginn der aktuellen Debatte bot die schmale Monographie von 1944 einen präzisen Überblick zum Thema.[168]

Von Heinrich Mitteis übernahm François Louis Ganshof sowohl die grundlegende Struktur seiner Arbeit, die Teilung des Lehnswesens in eine dingliche und eine persönliche Komponente, als auch viele seiner Schlüsselquellen für die karolingische Zeit.[169] Die germanophile und deutschnationalistische Grundlage des Mitteis'schen Konzepts wird hingegen im Handbuch des belgischen Forschers nicht explizit deutlich, was vermutlich viel zum Erfolg des Werkes beigetragen hat. Jedenfalls dürfte das Modell in dieser Form international überzeugender gewesen sein. Im deutschsprachigen Raum führten der besondere Sprachgebrauch und die starke rechtshistorische Tradition, die ihn hervorgebracht hatte, zu einer besonders prägenden Wirkung des Mitteis-Ganshof-Modells.[170] Wie schon in der Diskussion der Zwischenkriegszeit Feudalismus und Lehnswesen gleichgesetzt worden waren, wenn auch in Kritik an der etablierten rechtshistorischen Deutung, setzte sich nun außerhalb der DDR ein lehnrechtlich geprägter Feudalismusbegriff durch, sodass beide Worte im Grunde synonym gebraucht werden konnten.[171]

---

166 So Deutinger 2010, S. 471, mit Bezug auf Heirbaut 2010, S. 217–253. Vgl. allerdings Ganshofs Einleitung und die Ankündigung: „Notre propos étant de mettre à la disposition du public cultivé un exposé aux arêtes nettes d'un grand problème de l'histoire universelle", Ganshof 1947, S. 15. Zum Einfluss Ganshofs auf die gesamteuropäische Geschichtswissenschaft vgl. Masferrer/Heirbaut 2005, S. 647–648.

167 Ganshof 1989. Diese 7. Auflage ist ein unveränderter Neudruck der 6. Ausgabe 1983, die gegenüber der letzten von François Louis Ganshof († 1980) vorgenommenen Überarbeitung 1966 lediglich um einige Errata und neue bibliographische Titel erweitert wurden, vgl. die Vorworte zu den verschiedenen Ausgaben, Ganshof 1989, S. XI-XII.

168 Vgl. etwa Spieß 1978, Sp. 1727–1730.

169 Etwa die Formel Nr. 43 aus Tours für die Kommendation: Formulae Turonenses (Zeumer 1886), Nr. 43, S. 158. Das Kapitular von Quierzy 877 als sichtbaren Abschlusspunkt der Entwicklung, Capitularia, 2 (Boretius u. a. 1897), Nr. 281, 9, S. 358. Vgl. Ganshof 1947, S. 20–21 (Tours), S. 67 (Quierzy). Mitteis 1933, S. 27, S. 65–86, S. 168.

170 O. Brunner 1975, S. 341. Vgl. auch Patzold 2012a, S. 13.

171 So ist etwa in der ersten Auflage des *Handwörterbuchs zur deutschen Rechtsgeschichte* (HRG) (erschienen 1964–1998) kein Artikel zum Feudalismus aufgenommen worden. Trotz der politischen Sprachregelung ist der Mitteis'sche Lehnswesen-Begriff auch für den des Feudalismus der Mediävistik in der DDR äußerst einflussreich gewesen, vgl. Wunder 1974, S. 23, S. 30–34. Müller-Mertens 1966, S. 69. Als Bsp. für das Fortwirken der deutschen rechtshistorischen Tradition vgl. Müller-Mertens 1963. Die Bedeutung Paul Roths *Geschichte des Beneficialwesens* etwa untermauert Müller-Mertens hier durch ein Engels-Zitat, Müller-Mertens 1963, S. 14.

Eine ähnliche Wirkung wie im deutschen Sprachraum hat das Mitteis-Ganshof-Modell in Belgien erfahren.[172] Das liegt zum einen daran, dass François Louis Ganshof den Abschnitt zum „klassischen Lehnswesen" des Hochmittelalters in seinem Handbuch wesentlich aus flandrischen Quellen heraus erarbeitet hat.[173] Das Ganshof'sche Lehnswesen ist also gewissermaßen belgozentristisch gedacht, und während es sich dadurch schlecht auf andere Regionen Europas übertragen lässt, gibt es doch gut die Zustände im hochmittelalterlichen Flandern wieder.[174] Mindestens ebenso wichtig dürfte zum anderen aber Ganshofs beherrschende wissenschaftliche Bedeutung in seinem Heimatland gewesen sein.

Das Lehnswesen war mit seiner griffigen Definition international forschungsevolutionär zum Abschluss gekommen. Sein Handbuch bot ein sicheres Modellwissen, das selbst kaum noch Forschungsgegenstand war.[175] Die Interessen des Fachs waren dabei, sich zu verschieben:[176] Nur wenige Jahre nach der methodisch streng rechtshistorischen Arbeit von Heinrich Mitteis waren in Frankreich Marc Blochs *Société féodale* und in Deutschland Otto Brunners *Land und Herrschaft* erschienen, die für neue, soziologisch orientierte Richtungen des historischen Forschungsinteresses stehen.[177] In der deutschsprachigen Mediävsitik ist diese Neuausrichtung mit dem Begriff der *Neuen Deutschen Verfassungsgeschichte* belegt, die maßgeblich von Otto Brunner geprägt wurde und in einer theoretischen Abkehr vom klassischen rechtssystematischen Zugriff der älteren Forschung bestand.[178] Heinrich Mitteis dürfte so einer der letzten Wissenschaftler sein, die sowohl von Juristen wie von Historikern gelesen und als Meister anerkannt wurden. Auf diese Weise setzte sich seine Systematisierung in beiden Fächern durch, ohne dass jedoch die Geschichtswissenschaft den als rechtshistorisch vollständig geltenden Entwurf noch weiter überarbeitet hätte.

Neue Fragestellungen konnten auf der militärischen Ursprungserzählung des Mitteis-Ganshof-Modells als sicherer Grundlage aufbauen, ohne das Lehnswesen dabei allerdings als Modell zu begreifen. Die Erzählung von der Entstehung des Lehnswesens hat seither unhinterfragt Grundannahmen und Fragestellungen deutscher Mediävisten entscheidend geformt. Unbeschadet ihrer zeitgebundenen Deutungsmuster ist sie so einprägsam, dass sie außerhalb des engen Faches jede methodische und theoretische Neuerung überstanden hat. So ist auch das Wissen der Fachvertreter tief davon geprägt. Auf diese Weise werden nationalistische,

172 Verhulst 1980, S. 530. Heirbaut 2009, S. 57–58, hier auch zum Folgenden.
173 Patzold 2012a, S. 59.
174 Fossier 1982, S. 443.
175 Wunder 1974, S. 24.
176 Vgl. Hechberger 2010, S. 46.
177 Vgl. Oexle 2002, S. 215.
178 Zur *Neuen Deutschen Verfassungsgeschichte*: Pohl 2006, S. 9–13. Becher 2009, S. 163–164.

germanophile, militaristische und methodisch wie theoretisch lange überholte Vorstellungen in aktuelle mediävistische Debatten transportiert. Wer mit Lehen und Vasallen auf Grundlage der klassischen Definition operiert, übernimmt, meist unbewusst, grundlegende Geschichtsentwürfe: Die Zerstörung einer idealen Urgesellschaft durch private Herrschaftsstrukturen nach Paul Roth und Georg Waitz, das germanische Kriegertum der Vasallität nach Heinrich Brunner und Hans Delbrück, die streng juristische Geschichtstheorie Heinrich Mitteis' samt seiner Begeisterung für das germanische Recht. Ohne diese Bezüge werden die Bezeichnungen von Lehen und Vasallität inhaltsleer. Das gilt zumal für die Militärgeschichte. Sie kreist seit der Institutionalisierung der Geschichtswissenschaft um die Frage, wann ein aus der Völkerwanderungszeit überkommenes Volksaufgebot bäuerlicher Fußkämpfer vom vasallitischen Reiterheer des Hochmittelalters abgelöst wurde.[179] Diese Frage ist diktiert vom Lehnswesen als grundlegendem Forschungsparameter: Sie ist nichts anderes als die Suche nach dessen Geburtsstunde.

2.2 Die fränkische Wehrpflicht: von der Paulskirche zur endlosen Antike

Das Gegenstück zum Lehnswesen war nach jenem mediävistischen Geschichtsentwurf, wie er sich ab der Mitte des 19. Jahrhunderts etablierte, die altgermanische, die nach den Begriffen der Zeit *altdeutsche*, Verfassung. Historiker wie Paul Roth und Georg Waitz sahen darin die auf der Gleichheit aller Freien beruhende soziale und politische Ordnung der *Gemeinfreiheit*, die im 8. Jahrhundert durch das Lehnswesen zerstört worden sei.[180] Dieser Geschichtsentwurf zog seine Wirkkraft wesentlich aus der Kontrastierung verschiedener historischer Entwicklungsphasen, der Periodisierung der Geschichte in Urzeit und Mittelalter. Die germanische Urzeit galt dabei als eine tatsächlich ahistorische Zeit, die eine Art ursprünglich-unveränderten Idealzustand menschlicher Gemeinschaften darstellte. Diese freie Urzeit war es, in der Paul Roth die „bürgerliche Freiheit" vorweggenommen sah, deren Wiedererrichtung er im deutschen Nationalstaat erhoffte.[181] Als erster Versuch, die altdeutsche sozio-politische Ordnung umfassend darzustellen, wurde Georg Waitz' *Deutsche Verfassungsgeschichte* eine prägende Grundlage der mittelalterlichen Geschichtswissenschaften.[182]

Ausgehend von der *Germania* des Tacitus († um 120) beschrieb Waitz 1844 im ersten Band seines Werkes die ursprüngliche „Verfassung" der „germanischen

---

179 B. Bachrach 1972, S. 113–114, vgl. auch D. Bachrach 2015a, S. 301–302.
180 S. o. S. 11.
181 S. o. S. 18.
182 S. o. S. 21.

Völker“:[183] „Ein eigenthümlich organisirter militairischer Staat tritt uns entgegen“. Dessen vollberechtigte Mitglieder seien ökonomisch gleichgestellt und durch Rechtsfähigkeit und Wehrhaftigkeit gekennzeichnet gewesen.[184] Einen wesentlichen Bestandteil der so gezeichneten Freiheit der Germanen habe damit das Recht ausgemacht, Waffen zu tragen, worin zugleich die Pflicht enthalten war, die Gemeinschaft im Kriegsfall zu verteidigen.[185] Waitz prägte so die Vorstellung, dass alle freien Männer die Streitmacht eines Stammes gebildet hätten, das heißt, Volk und Heer bis ins frühe Mittelalter hinein identisch gewesen seien.[186] „Das Heer [...] war nichts anderes als das Volk in Waffen“, formulierte Waitz in der zweiten Auflage seiner *Verfassungsgeschichte* 1865 und griff damit ein gängiges Schlagwort seiner Zeit auf, das üblicherweise auf die preußische Wehrpflicht bezogen wurde.[187]

Diese Formulierung weist darauf hin, wie zeitgebunden die Vorstellung des germanischen Volksheeres ist: Wissenschaftler, die im Zuge der Revolution 1848 und der Reichseinigungskriege eine zunehmende Militarisierung des nationalen Einigungsprozesses und des entstehenden Nationalstaates erlebten,[188] entdeckten in der Etablierung der Karolinger als neue Herrscherfamilie seit Karl Martell († 741) ein Beispiel für den kriegerischen Aufstieg einer starken Zentralgewalt und eine vom Berufskrieger geprägte soziale Ordnung. Während so die Interpretation der Vergangenheit durch militärisches Interesse geleitet war, konnte die Geschichte wechselseitig die stetig steigende Bedeutung des Militärischen in der eigenen Gegenwart historisch begründen.[189] Aktuelle politische Debatten und historische Modellbildung stützten und formten sich auf diese Weise gegenseitig, im Paulskirchenparlament spielten Geschichtsprofessoren wie Georg Waitz eine führende Rolle.[190] Die Schaffung eines Volksheeres wurde bis 1848 zunehmend eine revolutionäre Forderung.[191] Sie sollte, so die Vorstellung, den Einsatz des Militärs gegen das Volk

---

183 Tacitus, Germania (Önnerfors 1983). Vgl. Frevert 2004, S. 2–26. Zu Tacitus als Hauptquelle des ersten Bandes der *Deutschen Verfassungsgeschichte*, der nach dem Titel die „Verfassung des Deutschen Volks vor der Zeit der grossen Wanderungen“ erfasst, vgl. Waitz 1844, S. 3: „Nun glaubt niemand mehr, dass Tacitus eine Satire auf Rom zu schreiben, oder wie, Plato in der Republik den idealen Staat schildert, ein Volk darzustellen die Absicht hatte, wie er es am edelsten und reinsten sich denken mochte; es ist derselbe Historiker, der die Geschichte der eigenen Zeit [...] voll [...] tiefer Wahrheit schildert.“

184 Waitz 1844, S. 32, S. 38–41, S. 184–185. Wehrhaftigkeit: S. 7, Gemeineigentum: S. 25–26, Zitat S. 24.

185 Waitz 1861a, S. 449.

186 Waitz 1847, S. 468.

187 Waitz 1865b, S. 375. Vgl. Walter 2003, S. 72.

188 Van Den Heuvel 2014, S. 1–9. Wette 2011, S. 45–46.

189 Ich danke für diesen Gedanken Sina Steglich (Mannheim). Zum Wechselspiel zwischen (mittelalterlicher) Geschichte und politisch-sozialen Vorstellungen vgl. jetzt Raedts 2016, bes. S. 25–35.

190 S. o. S. 22.

191 Lenhard-Schramm 2014, S. 235–236. Stein 2010, S. 73–75.

unmöglich machen und zugleich eine Streitmacht bislang unbekannter Größe bereitstellen, die der Nation die ihr zustehende politische Geltung verschaffen konnte. Johann Gustav Droysen forderte in einem Zeitungsartikel 1848 die „Volksbewaffnung" „nach Muster der preußischen Landwehr": „Noch lebt in unserm Volk die Lust an den Waffen, der stolze Kriegsmuth, der Furor Teutonicus".[192] Das Recht und die Pflicht zum Kriegsdienst wurden damit historisch begründet, indem beides wie in Georg Waitz' *Verfassungsgeschichte* an die Vorstellung der alten germanischen Freiheit geknüpft wurde. Wehrpflicht und staatsbürgerliche Partizipation wurden als zwei Seiten derselben Medaille betrachtet.[193]

Während die deutschen Regierungen nach 1848 die „Volksbewaffnung" deshalb ablehnten, schien eine Massenmobilisierung gleichzeitig die einzige Lösung zu sein, militärisch mit den großen europäischen Nationalstaaten mithalten zu können.[194] In der Verfassung des deutschen Kaiserreiches wurde so 1871 eine allgemeine Wehrpflicht festgelegt.[195] Die Geschichtsforschung im Kaiserreich begründete diese Wehrpflicht weiterhin historisch, indem sie den Kriegsdienst mit der Wehrhaftigkeit und der rechtlichen Gleichstellung aller freien Germanen verknüpfte.[196] Die postulierte germanische Urzeit wurde dabei um die Mitte des 19. Jahrhunderts vor allem als Ausgangspunkt der Entwicklung der mittelalterlichen Gesellschaft verstanden und aus dieser Perspektive erforscht. So war auch die Diskussion um den Kriegsdienst der Freien als Teil der *Gemeinfreienlehre* maßgeblich von der Auseinandersetzung zwischen Georg Waitz und Paul Roth um die Entstehung des Lehnswesens geprägt.[197] Für Paul Roth war allein der rechtliche Status als *frei* maßgeblich für die Pflicht, Kriegsdienste leisten zu müssen. Erst durch die Auswirkungen des entstehenden Lehnswesens sei Karl der Große ab etwa 800 zu Reformen im Bereich der Kriegsdienste gezwungen gewesen. Indem er die ärmeren Freien bei der Leistung des zunehmend kostspieligeren Kriegsdienstes entlastete, habe er versucht, die alte „Heerverfassung" des Volksaufgebots funktionsfähig zu halten. So zeigten die Kapitularien der Zeit Karls des Großen nach Roth „die innere Einrichtung des fränkischen Heers anschaulicher", als die „mageren merovingischen Quellen" sie zu erkennen ermöglichten:[198] Im Zeitpunkt des Untergangs blitzte nach dieser Interpretation die alte fränkisch-germanische Heerverfassung in den kaiserlichen Verordnungen auf, die vergeblich bemüht waren, sie am Leben zu halten.

---

192 Zitiert nach: Lenhard-Schramm 2014, S. 235–236.

193 Walter 2003, S. 107–109. Vgl. etwa auch Barthold 1855, S. 6: „Im Kreislaufe von zwei Tausend Jahren" ist „das gegenwärtige Geschlechtsalter zur naturgemäßen, menschenwürdigen Wehrverfassung zurückgekehrt".

194 Walter 2003, S. 107. Stein 2010, S. 80, S. 85–87.

195 Verfassung des Deutschen Reiches (Hildebrandt 1992), Art. 57.

196 Boretius 1874, S. 72. Solch eine historische Begründung der Wehrpflicht gibt etwa noch Schnitter 1994, S. 29. Vgl. Hardt 2006, S. 343.

197 S. o. S. 22.

198 Roth 1850, S. 392, vgl. auch S. 42.

Nach Georg Waitz hingegen bildete der Grundbesitz, den er als Voraussetzung politischer Teilhabe in germanischen Gemeinschaften verstand, auch die Grundlage für den Kriegsdienst: „der Kriegsdienst, [stand] wie alles politische Recht, bei den alten Germanen und ebenso im Fränkischen Reich der Merowinger mit dem Grundbesitz im engsten Zusammenhang. Nur wer Land besass war vollberechtigt in der Gemeinde, befugt und verpflichtet in der Heerversammlung zu erscheinen, die nichts anderes war als das Volk".[199] Auch Vasallen seien eben deshalb zum Kriegsdienst verpflichtet gewesen, weil sie über ein Lehen mit Land ausgestattet waren. Allein im Falle eines Angriffes seien alle „waffenfähigen" Männer, ungeachtet ihrer rechtlichen Stellung oder ihres Besitzes, zur „Landwehr", die Waitz in dem Quellenbegriff „lantweri" wiederentdeckte, mobilisiert worden.[200] Im Lauf des 8. Jahrhunderts sei der Kriegsdienst jedoch zunehmend feudalisiert worden, das Volksheer wurde durch das Lehnsheer ersetzt.[201] Kriegsdienst wurde nun nicht mehr auf Grundlage einer öffentlichen Verpflichtung, sondern der personalen Verpflichtung des Vasallen gegenüber seinem Herrn geleistet.[202]

Den wissenschaftlichen Streit zwischen Paul Roth und Georg Waitz um die Grundlagen von Kriegsdiensten im Frankenreich – rechtliche Freiheit (P. Roth) oder Landbesitz (Waitz) – löste Alfred Boretius 1874 auf. Als Teil der Vorarbeiten zu einer neuen Kapitularienedition legte er in diesem Jahr eine Studie zur *Wehrpflicht unter den Karolingern* vor, die den Anspruch hatte, erstmals eine systematische Auflistung und Auswertung aller Kapitularienstellen zu bieten, die nach seiner Einschätzung eine „Wehrpflicht" in der Karolingerzeit betrafen.[203] In dieser wirkmächtigen Untersuchung vereinte Boretius beide Standpunkte: Die rechtliche Grundlage des Kriegsdienstes sei zwar der persönliche rechtliche Status gewesen, der Dienst sei aber auf der Bemessungsgrundlage des persönlichen Besitzes erfolgt.[204] Nur wer materiell in der Lage war, den kostspieligen Kriegsdienst zu leisten, sei auch tatsächlich dazu herangezogen worden. Bei dieser These ging er ausdrücklich von „Artikel 57" der Verfassung des Deutschen Reichs von 1871 aus: „Jeder Deutsche ist wehrpflichtig und kann sich in Ausübung dieser Pflicht nicht vertreten lassen".[205] Dementsprechend bezeichnete er die Kriegsdienste, wie sie Karl der Große beanspruchte, explizit als „Wehrpflicht" und kam zu dem Ergebnis: „Die Wehrpflicht lastete nach deutschen Begriffen und namentlich auch im fränkischen Reich auf allen freien waffenfähigen Männern".[206] Mit der Auflösung der

199 Waitz 1861a, S. 450.
200 Waitz 1861a, S. 480–484.
201 S. o. S. 19.
202 Waitz 1861a, S. 387–388, S. 510.
203 Boretius 1874, S. 69–147, vgl. S. 92.
204 Boretius 1874, S. 142–143.
205 Verfassung des Deutschen Reiches (Hildebrandt 1992), Art. 57.
206 Boretius 1874, S. 142.

alten Ordnung in der Entstehung des Lehnswesens sei Karl der Große ab etwa 800 bemüht gewesen, das alte germanische Gewohnheitsrecht zu novellieren und anzupassen, um die rechtsgemäße Umsetzung der Wehrpflicht unter geänderten Bedingungen weiterhin zu gewährleisten.[207] Deshalb war die germanische Wehrpflicht auch nach Alfred Boretius erst in dem Moment ihres Unterganges, vor allem über die Bestimmungen der Kapitularien, zu erfassen.

Die von Boretius präsentierte Synthese zur rechtlichen Grundlage einer germanisch-fränkischen Wehrpflicht wurde von Heinrich Brunner in seiner *Deutschen Rechtsgeschichte* übernommen. Bewusst strenger rechtssystematisch argumentierend als die Rechtshistoriker seiner Lehrergeneration,[208] formulierte er als Fazit der Debatte um den Kriegsdienst: „Der germanische Grundsatz der allgemeinen Wehrpflicht aller freien und wehrhaften Volksgenossen behielt im fränkischen Reiche seine Geltung", denn eine „verfassungsmäßige Aufhebung" habe es nie gegeben. Praktisch allerdings sei die Wehrpflicht mit der Feudalisierung außer Gebrauch geraten.[209] Die Erzählung der Ablösung des fränkischen, zu Fuß kämpfenden Volksheeres durch das berittene Lehnsheer, das Heinrich Brunner mit seiner These zur Entstehung des Lehnswesens bot, baute so wesentlich auf dem Wehrpflichtmodell auf, wie Alfred Boretius es entwickelt hatte. Die Thesen Heinrich Brunners zu den Anfängen des Lehnswesens wiederum haben international die fränkische und germanische Militärgeschichte nachhaltig geprägt,[210] sodass Darstellungen zum Kriegsdienst im Karolingerreich bis heute letztlich auf die Arbeit Boretius' von 1874 zurückgehen.

Als Hans Delbrück, der Gründervater der Militärgeschichte, ab 1900 seine *Geschichte der Kriegskunst* publizierte,[211] ging er für die germanische und fränkische Zeit von dieser verfassungsrechtlichen Grundlage aus und übernahm damit eine allgemeine Wehrpflicht aller freien germanischen Männer als Selbstverständlichkeit.[212] Entsprechend seiner ihm eigenen Methodik der „Sachkritik", arbeitete er weitgehend ohne Literatur- und Quellenbelege und stützte sich vor allem auf die Übertragung moderner militärischer Prinzipien auf geschichtliche Zeiten.[213] Von der „politisch-sozialen Verfassung" der „Germanen" ausgehend, erschloss er so ihre militärische Organisation. „Ihr Kriegerthum beruhte auf der aus der Barbarei mitgebrachten kriegerischen Naturkraft, dem Zusammenhalt der Geschlechter und der wilden persönlichen Tapferkeit des Einzelnen."[214] Delbrücks sachkritische

207 Boretius 1874, S. 92.
208 S. o. S. 22–23.
209 H. Brunner 1892, S. 202.
210 H. Brunner 1892, S. 202–205.
211 S. o. S. 24.
212 Delbrück 1902, S. 25, S. 43.
213 Vgl. dazu Halsall 2003, S. 6. Vgl. o. S. 25.
214 Delbrück 1902, S. 407.

Methode brachte ihn jedoch zugleich dazu, die Praktizierung einer tatsächlichen allgemeinen Wehrpflicht im Frankenreich für unmöglich zu erklären.

Erstens hätte die Einberufung aller körperlich dienstfähigen Einwohner des Reiches Riesenheere produziert, die nach seinen Überlegungen zur kleinen Zahl mittelalterlicher Heere undenkbar seien,[215] zweitens sei aber auch ein Aufgebot ohne militärische Ausbildung eine „militärische Unmöglichkeit".[216] Den Widerspruch, den die verfassungsrechtlich festgestellte Existenz einer allgemeinen Wehrpflicht und die gleichzeitige militärisch begründete Unmöglichkeit dieses Modells mit sich brachten, löste Hans Delbrück auf, indem er die Wehrpflicht nur für eine schmale Kriegerschicht gelten ließ.[217] In dieser Kriegerschicht habe sich das „ursprüngliche Kriegerthum" bewahrt, und daraus sei schließlich das feudalisierte Vasallenheer hervorgegangen.

Hans Delbrücks Entwurf prägt sowohl wissenschaftliche als auch populäre Vorstellungen der germanischen Militärgeschichte bis heute international maßgeblich, praktisch alle militärhistorisch ausgerichteten Standardwerke haben sich auf seine Darstellung berufen.[218] Das Bild des halbnackten und primitiv ausgerüsteten, durch Abstammung, Kultur und Umwelt aber zu einer natürlichen Kriegsmaschine geschmiedeten germanischen Kriegers übernahm Delbrück zwar im Wesentlichen von seinen rechtshistorischen Vorgängern. Er gab dieser Darstellung aber eine militärisch fundierte Grundlage, die als Spezialistenexpertise nachfolgend kaum noch hinterfragt wurde.[219] So konnte Heinrich Mitteis in *Lehnrecht und Staatsgewalt* 1933 feststellen: „Daß der germanische Heerbann, also die kriegerische Dienstpflicht und als ihr Gegenspiel das Waffenrecht aller waffenfähigen Freien, die Grundlage der fränkischen Wehrverfassung ist, bedarf wohl keines Beweises mehr. Der Grundbesitz war nur Maßstab, nicht Grundlage des Waffendienstes".[220]

Mit der Kritik der sogenannten Neuen Deutschen Verfassungsgeschichte an den Entwürfen der rechtshistorischen Forschung wandten sich Historiker allerdings ab den 1930er Jahren besonders gegen die Gemeinfreienlehre als eine der Grundlagen der älteren Verfassungsgeschichte.[221] Dem altdeutsch-germanischen Staat als genossenschaftlichem „Untertanenverband"[222] stellten sie den *Personenverbandsstaat* gegenüber, das heißt die These, politische Gemeinwesen seien allein in persönlichen

---

215 S. o. 25.
216 Delbrück 1902, S. 417.
217 Delbrück 1902, S. 465, S. 469.
218 Lot 1946, S. 10. Verbruggen 1954. Verwendet in der engl. Übersetzung 1977 (Verbruggen 1977), S. 2. Contamine 1980, S. 12. B. Bachrach 2006, S. 191–192.
219 Vgl. Heinrich Mitteis in einem Forschungsrückblick zu Delbrück: Mitteis 1933, S. 177.
220 Mitteis 1933, S. 178.
221 Vgl. Schmitt 1977, S. 31–34. Zur *Neuen Deutschen Verfassungsgeschichte*: Becher 2009, S. 163–164. Pohl 2006, S. 9–13. S. o. S. 33.
222 Vgl. etwa den Titel der Arbeit Paul Roths *Feudalität und Untertanenverband*, Roth 1863.

Bindungen zwischen König und Adel konstituiert worden, ohne ein Äquivalent zur modernen öffentlich-rechtlichen Staatsorganisation zu kennen.[223] Diese Kritik übertrug Heinrich Dannenbauer 1954 auf den Bereich der militärischen Organisation und stellte damit erstmals das Wehrpflichtmodell grundsätzlich in Frage.[224] Dabei griff er direkt auf den rund 100 Jahre zurückliegenden Streit zwischen Paul Roth und Georg Waitz um die Frage nach der Grundlage des Kriegsdienstes – Freiheit oder Land – zurück.[225] Mit dem Abstand von einem Jahrhundert wies er nun auf die Widersprüchlichkeit der klassischen Lehre hin: Wie hätte sich eine allgemeine, oft drückende Verpflichtung zum Kriegsdienst mit der „berühmten germanischen Freiheit reimen lassen sollen“?[226] Die allgemeine Wehrpflicht erklärte er so zu einer Rückprojektion von „Vorstellungen des 19. Jahrhunderts, man möchte sagen, Ideen von 1813“.[227]

Entscheidend für eine Neudeutung war für Heinrich Dannenbauer die Frage, was in den Kapitularien mit der Bezeichnung der *homines liberi* gemeint sei. Nach der Neuen Deutschen Verfassungsgeschichte war der mittelalterliche Begriff der *Freiheit* nicht im Sinne einer „liberalen Gedankenwelt des 19. Jahrhunderts“ zu verstehen, sondern als Gegenstück zum Begriff *Schutz* zu denken:[228] Nach mittelalterlichem Verständnis und Sprachgebrauch sei damit derjenige frei gewesen, der den höchsten, den wirksamsten Schutz genoss.[229] Die *homines liberi* waren deshalb nach Heinrich Dannenbauer kein „fabelhafter“ Stand der Gemeinfreien, sondern Männer, die auf „Königsland“ angesiedelt waren und deshalb direkt unter dem Schutz des Königs standen, dafür aber auch von ihm abhängig waren und ihm Abgaben und Dienste schuldeten.[230] Diese von Heinrich Dannenbauer sogenannten „Königszinser“, für die sich bald der Begriff der „Königsfreien“ durchsetzte,[231] hätten als „Militärkolonisten“ das Rückgrat karolingischer Heere gebildet, bis sie schließlich durch das „ritterliche Lehensheer“ abgelöst worden seien.[232] Die fränkischen „Militärkolonisten“ sah Heinrich Dannenbauer in einer Traditionslinie mit der Ansiedlung barbarischer Kriegerverbände, *laeti* und *foederati*, im spätrömischen Reich, die Merowinger und später die Karolinger hätten diese Praxis fortgeführt.

---

223 Der Begriff des Personenverbandstaates geht zurück auf Mayer 1939, S. 460. Zum Personenverbandsstaat vgl. Becher 2006, S. 163. Pohl 2003.

224 Vgl. Hechberger 2005, S. 207.

225 Dannenbauer 1954, S. 49.

226 Dannenbauer 1954, S. 50.

227 Dannenbauer 1954, S. 63.

228 Hechberger 2005, S. 45.

229 Hechberger 2005, S. 44–45.

230 Dannenbauer 1954, S. 63.

231 Diesen Begriff hatte Theodor Mayer parallel und fast zeitgleich zu den Überlegungen Dannenbauers geprägt, vgl. Mayer 1955, S. 7–56. Zur sogenannten Königsfreientheorie vgl. Schmitt 1977, S. 26–46. Müller-Mertens 1963, S. 31–39. Einen neueren Überblick bietet: Von Olberg 1998, S. 3–7.

232 Dannenbauer 1954, S. 61–64. Mit ganz ähnlicher Darstellung auch Mayer 1955, S. 20.

Bald wurde allerdings die Königsfreientheorie mit ihrer Grundlage in der Neuen Deutschen Verfassungsgeschichte seit den 1930er Jahren selbst als sehr zeitgebundenes Deutungsmuster dekonstruiert, das wesentlich auf völkischen und führerstaatlichen Ideen aufbaute.[233] Heinrich Dannenbauers Dekonstruktion einer germanischen Wehrpflicht hatte so wenig direkte Auswirkung auf die Militärgeschichte des frühen Mittelalters. Wichtige Grundannahmen der Neuen Deutschen Verfassungsgeschichte, wie etwa die Charakterisierung mittelalterlicher politischer Einheiten als Personenverbandsstaat, haben sich jedoch durchgesetzt und so auch den Bereich der militärischen Organisation nachhaltig geprägt. In deutschsprachigen Arbeiten wird deshalb meist eine Art gemäßigtes Wehrpflichtmodell vertreten, das persönliche Abhängigkeit nach Muster des Personenverbandstaates und Wehrdienst miteinander verbindet, indem die Wehrpflicht nicht mehr als tatsächlich allgemeine Verpflichtung betrachtet wird, sondern als spezielle Verpflichtung.[234] Gleichzeitig besteht, besonders in der militärhistorischen Literatur, die Vorstellung von einer ursprünglichen germanischen Wehrpflicht fort.[235]

Das gilt auch für die internationale Forschung. Klassische, weit rezipierte Arbeiten zum Krieg im Mittelalter sind die Handbücher Ferdinand Lots (1946) und Philippe Contamines (1980), die beide eine Wehrpflichtarmee als Grundlage frühmittelalterlicher Militärorganisation annehmen und einen entscheidenden Wandel in der Feudalisierung dieses Systems im 8. und 9. Jahrhundert sehen.[236] Der amerikanische Historiker Lynn White legte 1962 die Thesen Heinrich Brunners zur Entstehung des Lehnswesens neu auf.[237] Dabei ersetzte er die muslimischen Angriffe auf das Frankenreich, die als Entstehungsursache des Lehnswesens seit jeher weitgehend abgelehnt worden waren,[238] durch eine technikgeschichtliche Erklärung: die Einführung des Steigbügels, der aus den Steppen des Ostens ins Frankenreich gelangt sei. Karl Martell oder seine Berater hätten das militärische Potential der neuen Technik erkannt und umgesetzt.[239] Diese Neuauflage der „Brunner Thesis" löste in der amerikanischen Forschung die sogenannte *Stirrup Controversy* aus.[240] Als Teil

233 Von Olberg 2000, S. 115.

234 Vgl. Fried 2013, S. 149. Prietzel 2006a, S. 11. Prietzel 2006b, S. 27. Abwägend: Kortüm 2010a, S. 119. Ähnlich auch: Kortüm 2001a, S. 320–322.

235 S. o. S. 16.

236 Lot 1946, S. 91–92. Contamine 1980, S. 24. Engl. Übers. Contamine 1984. Neuauflagen zuletzt: Contamine 2003. Contamine 2005. Vgl. Kortüm 2010a, S. 29. Hechberger 2005, S. 208. Bachrach 2006, S. 203–205. France 2008, S. 87. Als weiterhin wirkmächtige italienische Arbeit vgl. Gasparri 1986, S. 667, S. 688–701.

237 White 1962, S. 122.

238 S. o. S. 23.

239 White 1962, S. 38.

240 Eine detaillierte Nachzeichnung der Debatte bieten DeVries/Smith 2012, S. 99–112. Vgl. auch Curta 2008. Kennedy 2006, S. 199–201. Sloan 1994. Mit weiteren Literaturangaben Kaueper 2016, S. 66 Fn. 4.

dieser Diskussion legte Bernard Bachrach 1970 unter dem Titel *Charles Martel, Shock Combat, the Stirrup and Feudalism* eine gründliche Dekonstruktion des ursprünglichen Aufsatzes von Heinrich Brunner, *Der Reiterdienst und die Anfänge des Lehnwesens*, und damit des gesamten Lehnswesen-Modells fränkischer Militärorganisation vor.[241]

Bernard Bachrach hat seine Thesen zur fränkischen Militärorganisation im Folgenden in zahlreichen Publikationen ausgebaut. Seine Arbeiten der 1970er Jahre stellen die erste grundsätzliche Zurückweisung des überkommenen Bildes germanischer, und damit auch frühmittelalterlicher, Militärorganisation dar. Den „half-naked frankish infantryman" wies er als Produkt eines romantisierenden Germanenbildes des 19. Jahrhunderts aus, das er wesentlich auf je einen kurzen Abschnitt im Werk des Procopius von Caesarea († ca. 555) und des Agathias († 582) zurückführen konnte.[242] Damit sah Bernard Bachrach die Zeit Karl Martells († 741) nicht als Phase einer militärtechnischen Revolution, in der ein schlecht bewaffnetes Volksheer von adligen Reiterkriegern abgelöst wurde. Vielmehr sei die militärische Organisation im Frankenreich von spätantiken militärischen Strukturen geprägt gewesen: „Continuity from the later Roman empire through the Middle Ages is the proper focus". Das bedeutet für ihn vor allem die zentrale Stellung einer rigoros gedrillten Infanterie und einer hochstehenden Belagerungstechnik. „The medieval world was dominated by imperial military topography, antique military science, and the militarization of the vast majority of the able-bodied male population."[243] Armeen wurden vor diesem Deutungshintergrund nach Bernard Bachrach auf Grundlage einer allgemeinen Dienstpflicht aufgestellt, die auf die militärische Funktion spätantiker ethnischer Föderatengruppen zurückging. Bernard Bachrachs Interpretation schließt so an diejenige Heinrich Dannenbauers an. Neben diesem Aufgebot weist er dem bewaffneten Gefolge der Magnaten als kleinen, stehenden Kaderkontingenten professioneller „Soldaten" eine wichtige Position zu.[244] In Auseinandersetzung mit Hans Delbrück kommt Bernard Bachrach unter diesen Prämissen auch zu einer ganz gegensätzlichen Einschätzung frühmittelalterlicher Heeresgrößen, die er auf viele 10.000 Mann schätzt.[245]

241 B. Bachrach 1970.

242 Procopius Caesariensis, Historien (Wirth 1963), II, 25, S. 261. Verwendet in dt. Übersetzung: Procopius Caesariensis (Veh 1966), II, 25, S. 391. Agathias Scholasticus, Historien (Keydell 1967), B, 5, S. 46. Verwendet in dt. Übersetzung: Agathias Scholasticus, Historien (Veh 1966), II, 5, S. 1181. Vgl. B. Bachrach 1970, S. 45.

243 B. Bachrach 1994a, S. 133.

244 B. Bachrach 2001a, S. 59: Unterkapitel „Professional Soldiers".

245 B. Bachrach 2013, S. 63, S. 78. B. Bachrach 1999. B. Bachrach 1994a, S. 132. Bachrach konnte sich dabei auf einen Aufsatz Karl Ferdinand Werners stützen, der anhand der Zahlenangaben des *Indiculus loricatorum* (980/81) für das ottonische Gesamtheer „etwa 20.000 Mann" errechnete und von dieser Zahl ausgehend für das Karolingerreich 800–840 eine Gesamtstärke von mindestens 100.000 Mann erschloss, vgl. Werner 1968, S. 822. Indiculus loricatorum (Weiland 1893).

Methodisch und theoretisch hält Bernard Bachrachs bewusst an einer „objektiven Realität" als Erkenntnisgegenstand der Geschichtswissenschaften fest.[246] Sein Ansatz steht damit weitgehend quer zu aktuellen erkenntnisthe oretischen Debatten in den Geschichtswissenschaften, wie sie auf die als *Linguistic Turn* bekannt gewordene Neuausrichtung geisteswissenschaftlicher Fächer seit etwa den 1960er Jahren zurückgehen, insbesondere der Übernahme kulturanthropologischer Theoriebildungen in der anglo-amerikanischen Geschichtswissenschaft.[247] Gegen solch neuere Theorien gegen die er 1994 eine scharfe Kritik richtete, grenzt Bernard Bachrach sich gezielt ab.[248] Diese Kritik lässt sich als Teil einer grundlegenderen wissenschaftlichen Debatte innerhalb der nordamerikanischen Kulturwissenschaften verstehen, die als Konfrontation wissenschaftlicher Objektivitätsansprüche mit postmodernen Theorien umrissen werden kann.[249]

Bernard Bachrach warnte seine mediävistischen Kollegen 1994 davor, sich durch ethnologische Theorien „verführen" zu lassen. Das Fach sei bereits ernsthaft mit einem Mantra von „sexism, racism, and homophobia" infiziert, das die historische Erkenntnis in einem Diktat der „political correctness" auf Irrwege leite.[250] Diese Kritik richtete sich sowohl gegen Theorien zu Beutekrieg und Gabentausch, als auch die Konfliktforschung. Konkret warf er Historikern wie Karl Leyser und Timothy Reuter einen Primitivisierung des mittelalterlichen Krieges vor, indem sie

Vermutlich hat die Berufung Bachrachs auf diesen Aufsatz wesentlich zur Wirksamkeit seiner Thesen zur Heeresgröße beigetragen. Eine von Bachrach angekündigte programmatische Monographie zu mittelalterlichen Heeresgrößen ist bislang nicht publiziert worden, vgl. B. Bachrach 1994, S. 132 Fn. 36. Zur Größe frühmittelalterliche Heere zuletzt Schäpers 2018, S. 353 mit einem umfangreichen Literaturüberblick. Weiterhin Ma. Clauss 2010, S. 111–118, der Zahlenangaben zu Heeresstärken sehr überzeugend als „rhetorisches Motiv" bezeichnet. Aktuelle Schätzungen berufen sich stets auf Wener 1968, vgl. die Zahlenangaben der für die vorliegende Arbeit wichtigen Autoren: Renard 2009, S. 6 (10.000–20.000 Mann als maximale Gesamtstärke einer Armee). Halsall 2003, S. (max. 10.000). Gegen Werner 1968 die Überlegungen Reuter 1999, S. 326 (2.000–3.000), vgl. auch Reuter 1997, S. 36. Vgl. weiterhin als Stellungnahme eines Bachrach-Schülers Petersen 2013, S. 243 mit Fn. 184, der das militärische Gesamtpotential des Karolingerreiches im frühen 9. Jahrhundert mit rund 145.000 Kriegern beziffert.

246 B. Bachrach 2001a, S. 131: „objective reality".

247 Zur Übernahme des *Linguistic Turn* in der deutschen Geschichtswissenschaft und der erkenntnistheoretischen Neuausrichtung des Faches siehe als Diskussionsbeitrag statt vieler: Iggers 1993, S. 87–96 [Neuauflage 2007]. Eine aktuelle Untersuchung zur Übernahme in der deutschsprachigen Mediävistik bietet Jäger 2017, S. 44–56. Als Übersicht zum Fach mit weiterer Literatur: Goetz 2014, S. 337–340.

248 Vgl. als Publikation eines theoretisch-programmatischen Vortrags B. Bachrach 1994b, S. 3–10. Vgl. zu Bachrachs Ansatz Halsall 2003, S. 6 mit Fn. 28.

249 A. Hartmann 2015, S. 1. Hunter/Wolfe 2006, S. 12–14. Den Ausgangspunkt der wissenschaftlichen Debatte bildet Hunter 1991.

250 B. Bachrach 1994b, S. 3: „Before I begin my critique of anthropologists (which is largely a cautionary note to early medievalist, who are in peril of being seduced by anthropological theory), [...]".

Theorien, die in der Erforschung illiterater und technologisch wenig entwickelter Kulturen erarbeitet wurden, auf das frühe Mittelalter übertrügen.[251] Das Bild vom mittelalterlichen Krieg, das auf solchen Grundlagen beruhe, werde den komplexen militärischen Gegebenheiten der Epoche in keiner Weise gerecht. „The primitivizing bias of the anthropologist has entered the early medieval military historian's tent and must be pushed out."[252]

Bernard Bachrach verwendet im Gegenentwurf gezielt eine moderne militärtechnische Sprache, angelehnt an den preußischen General und Militärtheoretiker Carl von Clausewitz († 1831) und spricht etwa von einem karolingischen Generalstab oder der kartographischen Abteilung des karolingischen Militärapparates.[253] Seine Thesen vom prägenden Fortwirken römischer Militärtraditionen stützen sich dabei wesentlich auf die mittelalterliche Überlieferung spätantiker Militärschriftsteller,[254] vor allem das Werk *De re militari* des Vegetius (4. Jahrhundert).[255] Eine Schlüsselstellung nimmt eine kommentierte Zusammenfassung des Werks durch den fränkischen Abt Hrabanus Maurus († 856) ein.[256] Aus diesem Text zieht Bachrach weitreichende Schlüsse, etwa zur phalanxartigen Infanterietaktik karolingerzeitlicher „Soldaten" oder zu frühmittelalterlichen Marschgesängen, die er unter anderem in den Gedichten des Venantius Fortunatus († ca. 600) wiederfindet.[257]

Bernard Bachrach hat so das bislang schärfste Bild einer karolingischen Wehrpflichtarmee gezeichnet. Doch wenn er auch als militärgeschichtlich ausgerichteter Mediävist im Fach anerkannt ist,[258] hat sein Modell als Ganzes wenig Akzeptanz in der wissenschaftlichen Diskussion gefunden. Es wird in der Forschung fast ausschließlich von ihm als Einzelperson vertreten.[259] Das dürfte wesentlich an seiner methodisch-theoretischen Ausrichtung und der Anlehnung an moderne militärtechnische Kategorien liegen.[260] Bernard Bachrachs treffende und gründliche Kritik der klassischen Lehre, die auf das 19. Jahrhundert und die Gemeinfreientheorie zurückgeht, hat

251 B. Bachrach 1994b, S. 4–6.

252 B. Bachrach 1994b, S. 6–7.

253 B. Bachrach 1985, S. 239–255. Vgl. auch B. Bachrach 2013, S. 577. B. Bachrach 2002, S. 313–357.

254 B. Bachrach 1985. Vgl. Brown 2003, S. 455.

255 Vegetius, Epitoma rei militaris (Reeve 2004). Zur Verbreitung des *De re militari* im 9. Jahrhundert vgl. Allmand 2011, S. 66. Wie Bachrach rechnet Allmand mit einer ganz praktischen operativen Nutzung des Textes: Allmand 2011, S. 331.

256 Hrabanus Maurus, De procinctu romanae miliciae (Dümmler 1872). Vgl. B. Bachrach 2001, S. 86–102.

257 B. Bachrach 2001, S. 81–95, S. 131

258 Vgl. die Festschrift zu Bachrachs 75. Geburtstag: Halfond 2015.

259 Für die Ottonenzeit siehe die Arbeiten David Bachrachs, zuletzt D. Bachrach 2015b. D. Bachrach 2015a, vgl. auch das von Vater und Sohn gemeinsam herausgegebene Handbuch B. Bachrach/D. Bachrach 2017. Als Arbeit eines Schülers B. Bachrachs siehe Petersen 2013.

260 Halsall 2003, S. 10 Fn. 42 (S. 237). Eine kompakte Gesamtdarstellung karolingischer Militärorganisation im Anschluss an B. Bachrach bietet Petersen 2013, S. 234–253.

allerdings wesentlich zur deren Aufgabe beigetragen. Auch die Zurückweisung der *Lehre der kleinen Zahl* Hans Delbrücks ist wirksam geworden, sodass die Forschung insgesamt wieder mit größeren Zahlen für frühmittelalterliche Heere rechnet, wenn auch nicht mit solchen Massenheeren wie Bernard Bachrach selbst.[261] Die starke römische Tradition karolingischer Militärorganisation betont, wenn auch auf ganz anderen theoretischen Grundlagen, auch Stefan Esders, der die Grundlage der allgemeinen Verpflichtung zum Kriegsdienst in einem Treueid der männlichen Bevölkerung des Frankenreichs nach Muster römischer „Fahneneide" sieht.[262] Eine modernisierte Variante des klassischen Modells einer Wehrpflicht („conscription") aller freien Männer hat schließlich vor einigen Jahren auch Etienne Renard in einzelnen Aufsätzen vertreten. Er hat erneut die einschlägigen Kapitularien ausgewertet, die er nach einer Interpretation Timothy Reuters als Indizien einer Reform des Kriegsdienstes unter Karl dem Großen ab etwa 800 interpretiert.[263]

Mit dem Ende der Expansion des Frankenreiches habe die militärische Aktivität zunehmend defensiven Charakter angenommen, womit die Teilnahme an Kriegszügen unattraktiv geworden sei, da sie keinen materiellen Gewinn mehr versprach. In dieser Situation habe Karl der Große auf die traditionelle, allerdings außer Gebrauch geratene, Pflicht der „lantweri", der Landesverteidigung, zurückgegriffen, um eine allgemeine Dienstpflicht zu etablieren.[264] Praktische Voraussetzung für diese Reform sei die Einführung einer neuen Flächeneinheit, der „Manse", gewesen, die es einer immer effizienter werdenden karolingischen Verwaltung ab etwa 780 erstmals ermöglicht habe, Besitz systematisch zu erfassen.[265] Erst durch diese Innovation seien Landbesitz und Kriegsdienst miteinander verknüpft worden. Als Krisensymptom fassbar, war dieses neue Aufgebotssystem nach Etienne Renard allerdings nicht sehr erfolgreich. Er sieht eine zunehmende Professionalisierung und Monopolisierung des Waffendiensts durch den Adel, wobei Kriegsdienste zunehmend über die Vasallität organisiert worden seien.[266]

Etienne Renard hat mit diesem Ansatz mehrere Streitfragen der älteren Verfassungsgeschichte aufgegriffen. Seine Deutung entspricht insgesamt einer vorsichtigeren Interpretation der klassischen Darstellung karolingerzeitlicher Militärorganisation, die ihren Ausgang in einer allgemeinen Dienstpflicht nimmt und mit der Umwandlung in ein Vasallenheer ihren Abschluss findet.[267] Jüngst hat Walter Goffart erneut die

261 S. o. S. 43 Fn. 245.

262 Esders 2015, S. 224–237. Esders 2009a, S. 425. Esders 2009b, S. 206–234.

263 Renard 2009, S. 27. Renard 2006, S. 322, vgl. Reuter 1990, S. 260–261 (Neudruck Reuter 2006). Eine allgemeine Dienstpflicht im Verteidigungsfall vertritt auch Coupland 2004, S. 49–70.

264 Renard 2009, S. 9.

265 Renard 2009, S. 21–22. Zur Manse vgl. Sonnlechner 2004, bes. S. 42–43. Mit militärhistorischem Fokus: Goffart 2008, bes. S. 168–173.

266 Renard 2009, S. 27.

267 Renard 2009, S. 20–22, S. 27.

These einer in vorkarolingische Zeit zurückreichenden, allgemeinen Pflicht zum Kriegsdienst vertreten. Seine Arbeit richtet sich damit explizit gegen die von Timothy Reuter etablierte Vorstellung, dass um 800 ein entscheidender Wandel in der karolingischen Militärorganisation festzustellen sei.[268] Konkret lehnt Walter Goffart dabei die auch von Etienne Renard vertretene Vorstellung ab, es habe im Karolingerreich eine „Landwehr“, also eine spezielle, von anderem Kriegsdienst unterschiedene Verpflichtung zur Landesverteidigung gegeben, die breite, sonst nicht am Krieg beteiligte Bevölkerungsschichten aufbot.

2.3 Warband und Beutekrieg: der Anthropological Turn seit Karl Leyser

In den Jahrzehnten nach dem Zweiten Weltkrieg entwickelten britische Historiker ein neues Modell frühmittelalterlicher Militärorganisation, das gegen die herkömmliche Erklärung über eine germanische Wehrpflicht gerichtet war. Diese Modellbildung war Teil einer umfassenden theoretischen Neuausrichtung des Faches, die als „Anthropological Turn“ bezeichnet wird.[269] Seinen Ausgang nahm dieser Prozess, der inzwischen das gesamte Frühmittelalterbild der britischen und daran anschließend auch internationalen Forschung umgestürzt hat, in der Entdeckung der Spätantike als eigenem Forschungsfeld und einer Umdeutung der sogenannten Völkerwanderung.[270] Als intellektuelle Reaktion auf die Erfahrungen des Zweiten Weltkrieges wandte sich diese Neuausrichtung in ihrer theoretischen Grundlage von der klassischen, bislang auch in Großbritannien als vorbildlich geltenden, rechtshistorischen deutschen Forschung ab.[271] Britische Historiker übernahmen stattdessen in den 1950er Jahren ethnologische und soziologische Theorien. In der Zusammenführung zweier solcher Forschungsfelder, des Gabentauschs und der Konfliktforschung, entwickelten sie eine Interpretation frühmittelalterlicher Kriegsorganisation, die auf Forschungen an rezenten Kulturen in den britischen Kolonien der 1950er und 60er Jahre aufbaute.[272]

268 Goffart 2008, S. 167.

269 Leyser 2016, S. 7. Zur *anthropologischen Wende* in der deutschsprachigen Frühmittelalterforschung vgl. Pohl 2006, S. 16–17. Umfassender zu dieser theoretischen Neuausrichtung der Geschichtswissenschaften aus deutscher Forschungsperspektive vgl. Bachmann-Medick 2014, S. 28. Die angloamerikanische *anthropology* entspricht nach deutschem Sprachgebrauch einem kulturanthropologischen Ansatz der Ethnologie oder der Sozialwissenschaften, sodass auf Deutsch die Bezeichnung *ethnologische Wende* oder *sozio-ethnologische Wende* dem englischen *Anthropological Turn* am nächsten kommt.

270 Leyser 2016, S. 9. Wood 2013, S. 287.

271 Leyser 2016, S. 9.

272 Vgl. Leyser 2016, S. 8.

Als wirkmächtig erweist sich im Rückblick besonders ein Aufsatz Michael Wallace-Hadrills, *The Bloodfeud of the Franks* von 1959,[273] der aus Perspektive der aktuellen Mediävistik geradezu als Initialzündung des Anthropological Turn gilt.[274] Michael Wallace-Hadrill war vor allem an der Verschmelzung von Römischem und Germanischem, Barbarischem im Frühmittelalter interessiert. Wie konnte solch eine barbarisierte Gesellschaft funktionieren? Eine Antwort fand er in den Arbeiten seiner ethnologischen Kollegen, besonders der Untersuchung des in Südafrika geborenen Max Gluckman zu *Custom and Conflict in Africa*,[275] der zur gleichen Zeit wie Wallace-Hadrill Professor in Manchester war und ausdrücklich dazu anregte, seine Thesen auf die frühen Epochen der europäischen Geschichte zu übertragen.[276]

Diese Anregung griff Wallace-Hadrill auf und ging mit seiner ethnologischen Grundlage davon aus, dass das Frankenreich nicht über moderne Institutionen zu erfassen, gleichzeitig aber auch nicht als schlicht strukturierte Urgesellschaft zu verstehen sei, sondern eigene, komplexe Strukturen entwickelt hatte.[277] Unter Historikern gilt die Begegnung zwischen Max Gluckman und Michael Wallace-Hadrill in Manchester so als Impulsgeber für die neuen anthropologischen Theoriebildungen in der Geschichtswissenschaft mit geradezu legendärer Wirkung. Doch vermutlich ist diese Begegnung genau das: eine Legende, und zwar nur für Historiker.[278] Für Anthropologen ist die Arbeit Max Gluckmans heute nicht mehr in gleicher Weise anregend, sein funktionalistischer Ansatz ist fachlich längst überholt. Zudem ist nicht klar, ob Wallace-Hadrill und Gluckman wirklich in direktem Kontakt standen.[279] Die Arbeiten Wallace-Hadrills griffen wohl nicht so sehr eine punktuelle Begegnung mit einem einzelnen Anthropologen auf, sondern sind allgemeiner Teil einer theoretischen Neuausrichtung der britischen Mediävistik, die auf ältere, literaturwissenschaftliche Traditionen soziologischer und kulturanthropologischer Fragestellungen zurückging.[280]

Die Ansätze der Konfliktforschung Gluckmans und anderer Ethnologen wurden jedoch durch *The Bloodfeud of the Franks* in der Mediävistik schlagartig bekannt. Wallace-Hadrill übertrug hier ethnologische Theorien zur Funktion der Blutrache in Afrika und Arabien auf das Gallien der *Libri decem historiarum* Gregors von Tours († 594): Eine Welt der Gewalt und des Chaos, die sich gut als Beschreibung einer archaischen

273 Wallace-Hadrill 1959, S. 459–487. Zitiert nach dem besser verfügbaren Neudruck Wallace-Hadrill 1962a, S. 121–147.

274 Cooper/Leyser 2016, S. ix. Leyser 2016, S. 7. Fouracre 2006, S. 488. I. Wood 2006, S. 489.

275 Gluckman 1955, ursprünglich im selben Jahr als Rundfunksendung ausgestrahlt. Vgl. Cooper/Leyser 2016, S. ix.

276 Leyser 2016, S. 7 mit Verweis auf Gluckman 1959, S. 4.

277 So I. Wood 2013, S. 303. Vgl. Wallace-Hadrill 1962a, S. 3.

278 Fouracre 2006, S. 487.

279 Cooper/Leyser 2016, S. ix.

280 I. Wood 2006, S. 500–501.

Kriegergesellschaft lesen lässt.[281] Historiker griffen diesen ethnologischen Ansatz in den 1960ern begeistert auf, weil er aus dem Gefühl heraus, dass die überkommenen, nationalstaatlichen Strukturen gescheitert waren, ein spezielles, zeitgebundenes Interesse bediente: die Frage, wie Gesellschaften jenseits des Nationalstaates funktionieren könnten.[282] Unter dieser Betrachtungsweise stellte sich die sozio-politische Ordnung der fränkischen Welt nicht mehr als dysfunktionaler Staat dar, der von einer königlichen Zentralgewalt mehr schlecht als recht aufrechterhalten wurde, sondern als funktionales Gemeinwesen – dessen Regelungsmechanismen allerdings völlig andersartig waren als die der eigenen Gegenwart.[283] Diese Auseinandersetzung mit Konflikten und staatenlosen Gesellschaften führte auch zu einer Neubewertung des frühmittelalterlichen Krieges.

Eine zweite Traditionslinie, auf der diese Neubewertung gründet, ist die französische sozio-ethnologische Gabentauschforschung, die maßgeblich auf Marcel Mauss' *Essai sur le don* von 1925 zurückgeht.[284] Eine Erweiterung der hier entwickelten Theorien erarbeitete Claude Lévi-Strauss, indem er das Konzept des Gabentauschs auch auf die Bildung von Verwandtschaftssystemen über Heiratsbeziehungen, verstanden als Frauentausch, ausdehnte.[285] 1950 publizierte er eine Neuauflage des *Essai sur le don* mit einem umfassenden Vorwort, die maßgeblich für eine erneute und ausgedehnte Rezeption des Ansatzes Marcel Mauss' wurde.[286] Vor dem Hintergrund kulturanthropologischer Fragestellungen und der Suche nach theoretischer Neuorientierung wurden diese Ansätze in den 1950er Jahren von britischen Historikern übernommen. 1954 erschien eine erste englischsprachige Ausgabe des *Essai sur le don*,[287] die Übersetzung besorgte der Ethnologe Edward Evans-Pritchard, dessen Arbeiten wiederum eine der theoretischen Vorlagen Max Gluckmans bildeten.[288] Als erste historische Arbeit auf Grundlage der Gabentauschtheorie gilt Philip Griersons *Commerce in the Dark Age* von 1959.[289] International wirkmächtig wurden diese Theorien aber vor allem mit Georges

281 Wallace-Hadrill 1959. Zu Gregor von Tours und seiner Darstellung der merowingischen Geschichte in seinen *Libri historiarum decem*: Stadermann 2017, S. 97–102. Jäger 2017, S. 222–227. Hess 2015, S. 85–87.

282 Leyser 2016, S. 9.

283 Zum *Staat* aus mediävistischer Perspektive vgl. als neuere Arbeit Patzold 2012, S. 413.

284 Ursprünglich erschienen als Mauss 1923–1924.

285 Lévi-Strauss 1949, S. 78–80. Lévi-Strauss 2002, S. 71–72.

286 Mauss 1950. Ein Nachdruck dieser Neuausgabe ist zuletzt 2013 erschienen (13. Auflage). Vgl. zum Gabentausch in der mediävistischen Forschung bes. Nelson 2010a, S. 1–2. Für einen forschungsgeschichtlichen Überblick aus mediävistischer Perspektive vgl. Bijsterveld 2001 mit Bijsterveld 2007a und Cowell 2007, S. 16–19. Eine aktuelle deutschsprachige Einführung bietet Althoff/ Stollberg-Rilinger2015, S. 1–3. Zur Forschungsgeschichte S. 3–6.

287 Mauss 1954.

288 Leyser 2016, S. 7.

289 Bijsterveld 2001, S. 127. Vgl. Nelson 2010a, S. 1.

Dubys *Guerriers et paysans* 1973.[290] In einem Kapitel mit der Überschrift „Prendre, donner, consacrer" erklärte Duby hier die Funktionsweisen der Sozialordnungen des 7. und 8. Jahrhunderts maßgeblich über Plünderzüge und die Zirkulation erbeuteter Reichtümer.[291] Spätestens in den 1980er Jahren war der Gabentausch als zentrales Strukturmerkmal barbarischer Gesellschaften in Spätantike und Merowingerzeit in der Forschung international so etabliert, dass er als selbstverständliche Grundlage frühmittelalterlicher Ordnungen galt.[292]

Wie in der Darstellung Georges Dubys ist der Gabe dabei stets eine Form der Gewalt inhärent. Erstens ist, nach den grundlegenden ethnologischen Theorien, die Gabe das Gegenteil von Gewalt: Kontakte zwischen Gruppen können entweder zu freundlichen Beziehungen führen oder zu kriegerischen Auseinandersetzungen. Zweitens kann eine Gabe auch selbst in gewisser Weise ein Akt der Gewalt sein, indem sie so starken sozialen Zwang zur Gegengabe auslöst, dass die Freiwilligkeit des Geschenks faktisch ins Gegenteil verkehrt wird. Diese Dimension ist über das Beispiel des nordwestamerikanischen „Potlatch", das Mauss in seinem *Essai* aufarbeitete, genuiner Teil der Gabentauschtheorie geworden.[293] Neben einer grundlegenden Gegenüberstellung von *Gabe* und *Ware*, die sich vor allem als Mittel zu Abgrenzung der betrachteten, als nicht-modern eingestuften Kultur von der eigenen des ethnologischen Forschers erklären lässt,[294] ist die Gabe so stets in Opposition zur Gewalt gedacht worden. Die mediävistische Forschung zum Gabentausch hat speziell an die gewalttätige Dimension von Tauschsystemen angeschlossen.

Die Verbindung der beiden Forschungsstränge von Konfliktforschung und Gabentausch zu einer Neudeutung frühmittelalterlicher Militärorganisation wird erstmals wohl in den Arbeiten des Oxforder Historikers Karl Leyser fassbar. Er beschrieb die sozio-politischen Gefüge frühmittelalterlicher Herrschaftsverbände als Ordnung, die durch und für den Krieg bestand. Zunächst wandte er dieses Konzept auf die Ungarn der Ottonenzeit an: 1965 publizierte er einen Aufsatz zur Lechfeldschlacht 955, in dem er die Ungarn als nomadische Kriegerelite interpretierte, die ganz auf den Krieg ausgerichtet war und nur durch ständige Kriegsführung Herrschaft und Lebensstil aufrechterhalten konnte.[295] Mitteleuropa stellte für die Ungarn nach dieser Erklärung einen Beuteraum dar, der durch ständige Überfälle ausgebeutet und zugleich auch strukturell militärisch unterlegen gehalten wurde, um die Ausbeutung zu perpetuieren. Mitte des 10. Jahrhunderts aber, so Karl Leyser, sei diese gesellschaftliche Ordnung dysfunktional geworden. Im ottonischen

---

290 Vgl. Keller 2018, S. 12.

291 Duby 1973, S. 63.

292 Als Beitrag zur militärischen Organisation, jedoch ohne expliziten Bezug auf Duby vgl. Le Jan 1995, S. 97–105.

293 Mauss 1923–1924, S. 35–40. Vgl. Cowell 2007, S. 7.

294 Cowell 2007, S. 7, S. 173.

295 Leyser 1965, S. 4.

Reich organisierte sich allmählich gemeinsamer Widerstand, und die nomadische Lebensweise der Ungarn ließ sich innerhalb der territorialisierten Herrschaft im Karpatenbecken nicht mehr beibehalten. Der Ungarneinfall von 955 stellte nach dieser Interpretation den letzten verzweifelten Versuch einer Kriegerelite dar, ihre dysfunktional gewordene Sozialordnung aufrechtzuerhalten.[296] Karl Leyser zufolge verschwinden die Ungarn nach der Niederlage am Lech deshalb als plündernde Reiterkrieger aus den Quellen.

Auf die theoretischen Grundlagen dieser Interpretation gibt Leyser in *The Battle of the Lech 955* kaum Hinweise. Sie lassen sich erst in seinem deutlich späteren *Rule and Conflict* 1979 bestimmen, das als Meilenstein in der Etablierung der mediävistischen Konfliktforschung gilt.[297] Leyser kündigte hier an, ethnologische Forschungsergebnisse anwenden zu wollen, um die Geschichte des ottonischen Reiches besser zu verstehen.[298] Diese ethnologischen Vorbilder sind zum einen Claude Lévi-Strauss' Aufsatz zur Verwandtschaft, vor allem aber die Arbeiten Max Gluckmans, wie sie auch Michael Wallace-Hadrill in seiner *Bloodfeud* zitierte.[299] Grundlage für die Anwendbarkeit solcher ethnologischer Theorien auf seinen Betrachtungsgegenstand war für Karl Leyser die starke Betonung der Fremdheit des Mittelalters, die es vergleichbar mache mit vorindustriellen und vorkolonialen Kulturen indigener Gruppen in den britischen Kolonien. Ein kriegerisches, „heroisches" Normen- und Wertesystem habe die Menschen des frühen Mittelalters in einem beinahe unüberbrückbaren, nicht nachvollziehbaren Bruch der Vorstellungswelt von der eigenen Zeit getrennt.[300] Von der als fremd, weil nicht-christlich-abendländisch, verstandenen Kultur ungarischer Reiternomaden aus, übertrug Karl Leyser in *Rule and Conflict* diese Vorstellungen von einer Ordnung, die maßgeblich über Gewalt und Konflikt organisiert war, auf das ottonischen Reich. Konkret stellte er sich vor, dass der unablässige „gang-warfare" ottonischer Großer in geregelte Bahnen gelenkt worden sei, indem er sich auf die Position des Königs und die Konkurrenz um diese Position zwischen verschiedenen Mitgliedern der Königsfamilie

---

296 Leyser 1965, S. 9: „The attempt to preserve them [i. e. „the razzias and the nomadic organization that went with them"] ended on the banks of the Lech."

297 Brown 2011, S. 137 Fn. 8. Vgl. zur zeitgenössischen Aufnahme der Arbeit: Wormald 1981, S. 596: „We thus arrive at perhaps the most successful application yet in medieval historiography of anthropological ‚conflict-theory'."

298 Leyser 1979, S. 1: „This is not an attempt to classify conflicts anthropologically but rather to employ anthropological insights sparingly, to understand the history of the Saxon empire [...] a little better".

299 Leyser 1979, S. 49 Fn. 9, S. 28 Fn. 36, S. 102.

300 Leyser 1979, S. 1:„The world of the tenth century is, or ought to be, strange to us. [...] And if we ask wherein the strangeness of the tenth century lay [...], the answer must be the heroic mould of its values". Vgl. dazu und zur Konstruktion der Moderne und der Alterität des Mittelalters über die Gabe Cowell 2007, S. 3–5. Cowell hält allerdings an der Alterität des Mittelalters als zentraler Analysekategorie fest, dieser Ansatz muss als überholt gelten, vgl. Patzold 2012b, S. 416.

konzentrierte.[301] Solche konkurrierenden Familiengruppen wiederum seien durch Beziehungen strukturiert worden, deren Funktionsweise man mit Claude Lévi-Strauss als Tauschsystem verstehen könne.

Neben den ethnologischen Adaptionen der englischsprachigen Mediävistik beruhte Karl Leysers Arbeit inhaltlich vor allem auf deutschen Arbeiten. Leyser, geboren 1920 in Düsseldorf, war als Jude 1937 nach England emigriert. Bei Kriegsausbruch trat Leyser in die britische Armee ein und blieb bis zum Kriegsende Soldat. Aus diesem biographischen Hintergrund ergab sich ein hohes Interesse an militärgeschichtlichen Fragestellungen.[302] Als Deutscher sprach er eine Sprache, die nur wenige britische Kollegen seiner Zeit fundiert beherrschten. Er war so praktisch der einzige namhafte britische Mediävist seiner Generation, der zur ottonischen Geschichte forschte und stand in engem Kontakt mit deutschen Historikern.[303] Sowohl in *Battle of the Lech 955* wie auch in *Rule and Conflict* zitiert Karl Leyser, sofern er überhaupt Literatur angibt, fast ausschließlich aktuelle, deutschsprachige Arbeiten.[304] Diese Arbeiten waren in britischen Bibliotheken zum großen Teil nicht vorhanden, sodass *Rule and Conflict* vor allem durch persönliche Kontakte Karl Leysers und Forschungsaufenthalte in Deutschland zustande kam.[305]

Die deutsche Mediävistik wiederum war nach dem Zweiten Weltkrieg zu guten Teilen an der sogenannten Neuen Deutschen Verfassungsgeschichte und ihrer Theorie des Personenverbandsstaats ausgerichtet.[306] Diese Theorie, mittelalterliche Gemeinwesen vor allem über direkte personale Beziehungen zu erklären, spielte bestens mit Gabentausch und Konfliktforschung nach französischer und angloamerikanischer Tradition zusammen.[307] Dass deutsche Historiker schon vor dem Zweiten Weltkrieg den Staat als Grundlage mittelalterlicher Ordnungen dekonstruiert hatten, machte Konzepte wie die Herrschaft Otto Brunners nun in der britischen Forschung, die nationalstaatliche Erklärungsmodelle hinterfragte, anschlussfähig.[308] Die Zusammenführung der verschiedenen britischen, französischen und deutschen Forschungsstränge machte zusammen mit der damit verbundenen Neubewertung das frühe Mittelalter als Forschungsfeld attraktiv und zog aufstrebende

---

301 Leyser 1979, S. 29.

302 Vgl. den Nachruf durch Fuhrmann 1994, S. 32. Bisson/Brown/Benson 1993, S. 939.

303 Bisson/Brown/Benson 1993, S. 939.

304 Karl Schmid, Karl Ferdinand Werner, Reinhard Wenskus. Vgl. das Literaturverzeichnis in Leyser 1979: Schmid 1959 (englische Übersetzung besorgt von Timothy Reuter: Schmid 1979, S. 37–59). Wenskus 1976. Werner 1968.

305 Leyser 1979, S. v.

306 S. o. S. 41.

307 Fouracre 2011, S. 12.

308 Vgl. West 2015, S. 7. Zur Verbindung von Ethnologischer Wende und Neuer Deutscher Verfassungsgeschichte in der Karolingerforschung vgl. als kurzen Überblick auch Jussen 2014, S. 82–83, mit Verweis als grundlegende Arbeit auf Pohl 2006, S. 11–16.

Nachwuchswissenschaftler an.[309] Besonders die sogenannte *Bucknell Group*, eine informelle Arbeitsgruppe, aus der einige der prominentesten britischen Frühmittelalterforscher der Jahrzehnte um 2000 hervorgingen, wie Janet Nelson, Wendy Davies, Timothy Reuter, Chris Wickham und Ian Wood, hat die Forschung seit etwa den 1980er Jahren international entscheidend geprägt.[310]

Im Rahmen dieser Gruppe entwickelte sich auch jenes neue Modell der karolingerzeitlichen Militärorganisation, das Gegenstand des vorliegenden Kapitels ist. 1983 veröffentlichte Janet Nelson einen Aufsatz zum Kriegsdienst der Kirche im 9. Jahrhundert, der den Ausgangspunkt für eine Neudeutung bildete.[311] In dieser Arbeit stellte sie die militärische Bedeutung des Lehnswesens in Frage: Nicht der Vasall, der über ein Lehen mit Land versorgt wurde, sei die Grundlage kirchlicher Kriegerkontingente gewesen, sondern der „military household" der einzelnen Bischöfe und Äbte.[312] Diese „full-time soldiers" seien unmittelbar im Haushalt ihrer Herren versorgt worden, durch Gaben in Form von beweglichen Gütern. Besonders Timothy Reuter († 2002) als Schüler des militärisch interessierten Karl Leysers hat diese Neudeutung weiter ausgebaut. Wie sein Lehrer nahm auch Timothy Reuter als deutschsprachiger Wissenschaftler in der britischen Mediävistik eine Sonderstellung ein und auch er war eng an der deutschen Forschung orientiert, sodass er deren Themen mit britischen Theoriebildungen verband.[313]

Nach Timothy Reuter sind das Karolinger- wie auch das Ottonenreich als „societies largely organized by war" zu verstehen.[314] Diese These stellte er erstmals 1984 in einem Vortrag vor der Royal Historical Society auf, für den ihm der Aufsatz von Janet Nelson 1983 als wichtige Anregung diente.[315] Timothy Reuter beschrieb hier die Franken als Kriegergesellschaft, in der die Stellung der Mächtigen auf der Größe ihres bewaffneten Gefolges beruhte. Die Magnaten banden ihre Krieger nach Deutung Reuters durch Praktiken des Gabentauschs an sich und deshalb waren sie auf einen ständigen Zustrom von Edelmetallen und anderen Luxusgütern angewiesen.[316] Diese Güter hätten fast nur über Gewalt beschafft werden können: Durch Beutezüge und schutzgeldartige Tributerhebungen von den umliegenden Gruppen

309 Fouracre 2011, S. 12.

310 Nelson 2010a, S. 4. Vgl. auch das Vorwort zum Band, S. xi.

311 Nelson 1983a, S. 24. Vgl. die Verweise auf diese Arbeit bei Reuter 1985, S. 75 Fn. 1, S. 82 Fn. 36, S. 82 Fn. 38, S. 83 Fn. 44.

312 Nelson 1983a, S. 22.

313 Fouracre 2011, S. 12. Timothy Reuters Familie stammt aus Deutschland, er war ein Enkel Ernst Reuters († 1953), der als exilierter Sozialdemokrat nach dem 2. Weltkrieg Oberbürgermeister von Berlin wurde, vgl. Süß 2003, S. 467.

314 Reuter 1999, S. 13.

315 In Schriftform erschien der Vortrag 1985 in den *Transactions of the Royal Historical Society*: Reuter 1985. Vgl. als kondensierte Zusammenfassung der Thesen Georges Dubys zu Beute und karolingischer Elite, die bereits einen ganz ähnlichen Entwurf bietet, Duby 1978, S. 186–188.

316 Reuter 1985, S. 91.

wie Langobarden, Sachsen und Awaren.[317] Ein Kriegergefolge wurde damit allein für und durch ständige Kriegszüge zusammengehalten. Reuter bezeichnete solche Gruppen deshalb als „warband“ und sah sie in der Tradition der germanischen Gefolgschaft,[318] wie sie Tacitus († um 120) und später Gregor von Tours († 594) beschrieben.[319] Warbands bestanden nach Reuter vor allem aus sehr jungen Männern einer sozial hervorgehobenen Schicht, gewissermaßen halbstarken Aristokraten, die im Haushalt ihres Herrn lebten. Als Hof eines frühmittelalterlichen Magnaten war dieser Haushalt nicht ortsfest, sondern stets auf Reisen, entweder im Krieg oder zur Herrschaftsausübung. Ähnlich den Ungarn Karl Leysers pflegten die Warbands gewalttätiger junger Männer also einen „semi-nomadischen“ Lebensstil, der um den Krieg kreiste.[320] In Friedenszeiten inszenierten sie ihren Status durch die Zurschaustellung materiellen Reichtums und in rituellen Festgelagen. Der einzelne Krieger erwartete von seinem Herrn die Aufrechterhaltung dieses Lebensstils, das hieß kostspielige Gelage und vor allem die ständige Belohnung in Gold, Silber und prunkvollen Waffen. Da die Haupteinnahmequelle für solche Güter die Ausplünderung anderer Gruppen war, war die Elite der Karolingerzeit strukturell dazu gezwungen, ständig in den Krieg zu ziehen: Sonst schmolz die Warband eines Mächtigen und mit ihr seine eigene Stellung zusammen.

Mit der Dynamik dieses strukturellen Zwangs erklärte Reuter in einem weiteren wirkmächtigen Aufsatz 1990 die enorme fränkische Expansion im 8. Jahrhundert. Den letzten großen Beutezug der Franken stellte nach dieser Darstellung die Zerstörung des Awarenreichs 791–796 dar.[321] Um 800 sei das System des Beutekrieges an die Grenzen seines Wachstums geraten, als nur noch materiell unterentwickelte oder aber militärisch zu starke Gegner übrig blieben.[322] Die fränkische Aristokratie, so Reuter, stellte unter diesen veränderten Rahmenbedingungen ihre Kosten-Nutzen-Rechnung für den Krieg neu auf. Das Ergebnis war eine bewusste Aufgabe der bisherigen jährlichen Beutezüge, die nun nur noch wenig lukrativ, dafür aber immer riskanter geworden seien. Damit war nach Timothy Reuter die militärische Organisation der karolingischen Welt dysfunktional geworden, denn kriegerische Aktionen nahmen nun zunehmend einen defensiven Charakter an. Für Verteidigungskämpfe aber, in denen keine Beute zu erwarten war, ließen sich

317 Reuter 1985 S. 85.

318 Das wissenschaftliche Konzept der Gefolgschaft ist maßgeblich geprägt durch die Arbeiten Walter Schlesingers, grundlegend Schlesinger 1953. Vgl. dazu Jäger 2017, S. 30–34.

319 Jäger 2017, S. 82. Tacitus, Germania (Önnerfors 1983), 4, 6–7, S. 5–6, 13–15, S. 10–12. Gregor von Tours, Decem libri historiarum (Krusch/Levison 1951).

320 Reuter 1985, S. 91: „semi-nomadic existence“.

321 Reuter 1990, S. 403.

322 Reuter 1990, S. 402: „Any explanation [...] has to take into account the fact that the end of expansion was evidently a conscious decision. The capitulary evidence reviewed above makes this very clear.“

beutehungrige Warbands nicht mobilisieren. Der Herrscher hätte deshalb neue Rekrutierungsmodi etablieren müssen – eben jene Aufgebotsbestimmungen, die seit den Jahren kurz nach 800 in den Kapitularien zu fassen sind.[323] Mit diesen Thesen schlug Timothy Reuter griffige Lösungen für die grundlegenden militärgeschichtlichen Probleme karolingischer Geschichtsforschung mindestens seit den Zeiten Paul Roths und Georg Waitz' vor: Er bot anschauliche Erklärungen sowohl für die beispiellose Expansion der Franken im 8. Jahrhundert und ihr für Historiker kaum erklärbares Ende um 800 wie auch für das – aus mediävistischer Perspektive – plötzliche Auftreten der Aufgebotskapitularien etwa zur selben Zeit.[324] Auch zur Infragestellung des Lehnswesens, die in der englischsprachigen Forschung in den 1980er Jahren virulent war, bildete der neue Ansatz Timothy Reuters einen kompatiblen Beitrag. Wie Janet Nelson sah er mit den Warbands das Rückgrat karolingischer Militärorganisation in stehenden Truppenkontingenten, während er Vasallen und Lehen wenig Bedeutung beimaß und sie als Entwicklungen interpretierte, die erst mit dem Ende des Beutekriegs an Bedeutung gewannen.[325] Die Dekonstruktion des Lehnswesens durch Susan Reynolds hielt er in ihrer radikalen Form allerdings für übertrieben.[326]

Die Etablierung eines Modells militärischer Organisation, die maßgeblich auf sozio-ethnologischen Theorien beruhte, rief 1994 die bereits angesprochene scharfe Kritik Bernard Bachrachs hervor. In dieser Form vorgebracht, ist die an sich durchaus bedenkenswerte Hinterfragung ethnologischer Theorietransfers von großen Teilen der Forschung nicht beachtet worden. Der Gabentausch als wichtiges Strukturelement frühmittelalterlicher Gesellschaften ist weiterhin international im mediävistischen Theoriekanon fest etabliert.[327] Die Modelle der Wehrpflicht und der Warband stehen in der Forschung parallel und weitgehend undiskutiert nebeneinander,[328] abgesehen von gelegentlichen persönlichen Angriffen auf die Vertreter

---

323 Reuter 1990, S. 400. Vgl. als Wiederholung dieser Thesen in einer Überblicksdarstellung: Reuter 1997, S. 32–37.

324 Vgl. Nelson 1998, S. 95.

325 Reuter 1985, S. 82, S. 87.

326 Reuter 1997, S. 33. Reuter 1996.

327 Vgl. als jüngsten deutschsprachigen Überblick Althoff/Stollberg-Rilinger 2015, S. 1–6. Einen wichtigen Fluchtpunkt der Verortung im Fach markiert eine Tagung am DHI Paris 1998, vgl. den Tagungsband Algazi/Groebner/Jussen 2003. Vgl. Bijsterveld 2007a, S. 48. Als Arbeiten speziell zum frühen Mittelalter vgl. bes. Davies/Fouracre 2010. Zur Pariser Tagung 1998 vgl. im selben Band Nelson 2010a, S. 2–3. Vgl. auch Florin Curta 2006, S. 671–699.

328 Eine Ausnahme bildet France 2002, S. 61–69, der sowohl Timothy Reuter als auch Bernard Bachrach grundsätzlich in Frage stellt. Doch hat seine Arbeit wenig Einfluss gehabt, vielleicht, weil France ein militärhistorischer Spezialist für die Kreuzzüge und das späte Mittelalter ist, nicht die Merowinger- und Karolingerzeit. Vor diesem Hintergrund scheint er die Tendenz zu haben, das frühe Mittelalter als archaische Frühphase dem ungleich höher entwickelten späteren Mittelalter gegenüberzustellen, vgl. France 2002, S. 82. Zur fehlenden Rezeption vgl. ohne Verweis auf die Arbeit Prietzel 2006a. Halsall 2003. Kortüm 2010. Vgl. jedoch später Kortüm 2014, S. 134–136. Bernard der Gegenposition.[329] In der britischen Forschung hat sich die Neudeutung Timothy Reuters weitgehend durchgesetzt und ist durch die Übernahme seiner Ideen durch Größen des Faches wie Janet Nelson, Wendy Davies und Ian Wood auch international wirksamer geworden als Bernard Bachrachs Modell.[330]

Eine verbreitete Handbuch-Adaption des Warbandmodells als Grundlage frühmittelalterlicher Militärorganisation hat Guy Halsall 2003 publiziert. Unter dem Titel *Warfare and Society* beschreibt er hier eine Welt, in der Krieg und soziopolitische Ordnung eng aufeinander bezogen sind. Eine zentrale Funktion des Herrschers ist nach dieser Darstellung die des Kriegsherrn, militärische Gewalt und martialische Symbole ein wichtiger Teil sozialer und politischer Identität der Eliten.[331] Beute und Gabentausch bilden für Halsall selbstverständliche Grundlagen frühmittelalterlicher Gesellschaften und konstitutive Elemente der sozio-politischen Ordnung bis in das 10. Jahrhundert hinein.[332] Mit dieser Interpretation grenzt er sich scharf von Bernard Bachrach ab.[333] Theoretisch ordnet er dessen Arbeiten einem „normalist approach“ zu, das heißt einem klassisch militärgeschichtlichen Ansatz, der aus der modernen Militärtheorie überzeitliche, universell gültige militärische Prinzipien ableite und sie auf einen Untersuchungszeitraum übertrage. Diesem Zugriff stellt Halsall einen „substantivist approach“ gegenüber, das heißt die Frage nach zeitgenössischen Werten und Normen als formende Strukturen menschlichen Handelns.[334] Seine eigene Arbeit versteht er als poststrukturalistische Modifizierung dieses Ansatzes, indem er Strukturen nicht als gegebene Größen sieht, sondern ihrerseits als Produkt menschlichen Handelns versteht. Dabei verweist er auf die Spieltheorie, nach der kulturelle Spielregeln menschlichen Verhaltens, die Strukturen und konkrete Handlungen, sich reziprok produzieren: Handeln muss bestimmten Regeln folgen, verändert sie aber auch.[335]

Bachrach hat die Arbeit 2013 rezipiert, ohne allerdings auf die Kritik an seinem eigenen Ansatz einzugehen, vgl. B. Bachrach 2013, S. 26 Fn. 89, S. 59, S. 77.

329 Siehe etwa B. Bachrach 2013, S. 63 Fn. 246. B. Bachrach 2001a, S. 246. Als Vertreter der Gegenposition Halsall 2003, S. 10 Fn. 42, S. 119 Fn. 1.

330 Besonders Innes 2000, S. 143–153.

331 Halsall 2003, S. 25–36.

332 Halsall 2003, S. 36.

333 Halsall 2003, S. 10 Endnote 42 (S. 237).

334 Halsall 2003, S. 6–7, Zuweisung Bernard Bachrachs zu diesem Ansatz S. 6 Endnote. 28 (S. 236). In ähnlicher Weise aus gegensätzlicher Perspektive Petersen 2013, S. 235–254, der zwischen „minimalists“ und „maximalists“ (im Hinblick auf die Kontinuität spätantiker militärischer Strukturen) unterscheidet und sich selbst letzteren zurechnet. Während Guy Halsall Bernard Bachrach unwissenschaftliche Arbeitsweisen unterstellt, erhebt Petersen als Bachrach-Schüler denselben Vorwurf gegenüber Guy Halsall und Timothy Reuter.

335 Halsall 2003, S. 8.

Diese Theorie der Spielregeln symbolischer Kommunikation ist in der deutschen Mediävistik besonders mit dem Namen Gerd Althoffs verbunden, dessen Arbeiten auch in der englischsprachigen Forschung breit rezipiert worden sind,[336] sodass sie möglicherweise ihrerseits den Ansatz Guy Halsalls beeinflusst haben.[337] Gerd Althoff hat seit den 1980er Jahren eine deutsche Forschungstradition der neuen verfassungsgeschichtlichen Adelsforschung mit der angloamerikanischen Konfliktforschung verbunden und damit maßgeblich zu einer Neubewertung frühmittelalterlicher politischer Ordnungen beigetragen.[338] Als Teil der symbolischen Kommunikation verstanden, sind Gabentausch und Beute in den Blick der deutschsprachigen Forschung gerückt.[339] Sie sind damit auch hier inzwischen als grundlegende Elemente militärischer Organisation im Frühmittelalter etabliert, werden allerdings stärker auf die Merowingerzeit als auf die Karolingerzeit bezogen.[340] Zur weiteren Verankerung des Modells von Warband und Beutekrieg in der deutschen Frühmittelalterforschung haben wesentlich auch archäologische Arbeiten beigetragen.[341] Die archäologische Quellenbasis besteht dabei vor allem aus Grabfunden, das heißt den prächtigen Waffenbeigaben in Gräbern in den Grenzregionen des (ehemaligen) römischen Reiches zwischen dem 5. und 7. Jahrhundert. Sie zeigen, so die Interpretation, eine Kriegergesellschaft, in der Waffen und kriegerische Tugenden die Stellung des Einzelnen bestimmten.[342] Das gilt auch für den Herrscher und andere Große, die vor allem über ihre Rolle als Anführer in einer martialischen Welt verstanden und damit außerhalb klassischer Kategorien moderner Staatlichkeit erklärt werden.[343] Analog zur Bezeichnung von Kriegergruppen als Warband werden die Anführer solcher Gruppen deshalb oft als „warlord“ bezeichnet, mit

336 Vgl. zur Rezeption im Zusammenhang der Forschergruppe um Janet Nelson, Wendy Davies, Timothy Reuter u. a. Nelson 2010a, S. 2. Siehe auch West 2013, S. 9.

337 Halsall 2003, 8 Fn. 37. Halsall verweist auf Pierre Bordieu und Anthony Giddens: Bordieu 1977. Giddens 1984.

338 Althoff 1990. Vgl. Patzold 1999, S. 199. Aus internationaler Perspektive Bijsterveld 2007b, S. 11.

339 Vgl. Jäger 2017, S. 51. Zur Arbeit Gerd Althoffs vgl. Althoff/Stollberg-Rilinger 2015.

340 Als Forschungsüberblick vgl. jetzt Keller 2018. Zum Stand der Diskussion Sarti 2018a und die übrigen Beiträge im Sammelband Keller/Sarti 2018. Zur Adaption in der deutschen Forschung bes. Sarti 2013. Hardt 2004, S. 303. Sartis Arbeit ist auf Englisch geschrieben, entstand aber bei Hans-Werner Goetz in Hamburg.

341 Bes. Steuer 2003a, S. 843. Auch Laury Sarti und Matthias Hardt (s. vorangehende Fußnote) arbeiten stark archäologisch ausgerichtet.

342 Diese Interpretation problematisiert allerdings schon seit Längerem Sebastian Brather, indem er den performativen Charakter der Beigabensitte betont und damit die Rückbindung der Waffen in Gräbern an eine reale Kriegerkultur in Frage stellt, vgl. Brather 2004, S. 481–499, bes. S. 486. Brather übernimmt trotz seiner Kritik an der üblichen Interpretation von Grabbeigaben das Beute- und Gabenmodell als Grundelement frühmittelalterlicher Ordnung.

343 Vgl. Hardt 2004, S. 302: „Für die Gefolgschaft und das Heer, die Kriegergesellschaft also, wurde der Schatz des Königs, aus dem die Gaben und Geschenke stammten [...] zum zentralen Element des Königtums, um das sich ihre archaische Welt drehte“.

einem Begriff, der als ursprünglich politikwissenschaftliches Konzept auf die Betonung nicht-staatlicher Aspekte von Herrschaft hinweist.[344]

Diese Neuinterpretation frühmittelalterlichen Krieges hat sich seit Anfang der 2000er Jahre in Deutschland in größeren Drittmittelprojekten niedergeschlagen.[345] Sie kann damit als wohl etabliert gelten und ist inzwischen auch als Handbuchwissen verfügbar. Als ein Ergebnis der Forschergruppe *Formen und Funktionen des Krieges im Mittelalter* publizierte Hans-Henning Kortüm 2010 ein Handbuch unter dem Titel *Kriege und Krieger 500–1500*, das in der Darstellung frühmittelalterlichen Krieges auf der von Timothy Reuter angestoßenen Modellbildung beruht.[346] In jüngster Zeit sind mehrere Monographien auf Grundlage des Beutekriegmodells erschienen.[347] Rodolphe Keller hat in seiner Doktorarbeit 2013 das Modell des Beutekrieges auf das gesamte Frühmittelalter zwischen dem 6. und 10. Jahrhundert angewendet. Er sieht Beute nicht nur als konstitutiv für die Organisation von Kriegsdiensten an, sondern auch für die Ausübung von Herrschaft.[348] Seine Arbeit ist auf diese Weise eine groß angelegte Bestätigung und zeitliche Erweiterung der Thesen Timothy Reuters. Beute wird zur bestimmenden Grundlage frühmittelalterlicher Ordnungen. Rodolphe Kellers Arbeit stellt damit die bislang umfassendste Bearbeitung des Beutekriegs im frühen Mittelalter dar, insbesondere die einzige Monographie, die schwerpunktmäßig auf die Karolingerzeit gerichtet ist.

Während die Deutung frühmittelalterlicher Eliten als raue Kriegergesellschaft so einerseits im Kanon der Forschung angekommen ist, werden die Grundlagen dieser Deutung in der angloamerikanischen Forschung andererseits seit Längerem kritisiert und modifiziert. Die Kritik richtet sich erstens gegen die Umsetzung der ethnologischen Gabentauschtheorie in der Mediävistik: Historiker führen ihre Arbeiten zum Gabentausch, sofern sie überhaupt darüber reflektieren, üblicherweise auf Marcel Mauss († 1950) zurück. Dessen grundlegender Aufsatz *Essai sur le don* allerdings erschien schon 1923–1924. Historiker haben seine Theorien mit einer Verspätung von rund 30 Jahren in den späten 1950er Jahren übernommen, wirkmächtig geworden ist diese Umsetzung vor allem seit den 1980ern.[349] Der Vorwurf lautet also: Historiker verwenden einen hoffnungslos veralteten theoretischen Ansatz.[350] Die klassische ethnologische Gabentauschtheorie war vor allem an der Funktion von Strukturen in spezifischen

---

344 S. o. S. 15.

345 S. o. S. 3.

346 Kortüm 2010, S. 118. Vgl. auch als neueren kurzen Überblick Kortüm 2014.

347 Sarti 2013, S. 4. Die Studie ist eine breit angelegte Untersuchung der Bedeutung von Gewalt in der sozio-politischen Ordnung der Merowingerzeit. Mit ihrer These einer hochgradigen Militarisierung der gesamten Bevölkerung bestätigt Sarti die Deutung auf Grundlage des *Anthropological Turn*. Als Untersuchung der „Relevanz des Plünderns für die Organisation von Folgeleistungen" im 5. und 6. Jahrhundert vgl. Jäger 2017, S. 2.

348 Keller 2013, S. 25. Vgl. Keller 2018. Keller 2015. Keller 2012a. Keller 2012b.

349 S. o. S. 48.

350 Bijsterveld 2001, S. 124–125, S. 137–142. Nelson 2010a, S. 1. Cowell 2007, S. 4.

Gesellschaften interessiert und ist damit in der Ethnologie seit Jahrzehnten vom Poststrukturalismus überholt.[351] Diese Probleme sind in der mittelalterlichen Geschichte auch durchaus reflektiert worden,[352] wie etwa der performativ erweiterte Ansatz Guy Halsalls zeigt. Doch wird die Gabentauschtheorie andererseits als inzwischen nicht mehr hinterfragte theoretische Grundlage oft wenig reflektiert verwendet.[353]

Das führt zum zweiten Kritikpunkt an der geschichtswissenschaftlichen Forschung: Aus der Perspektive postkolonialer Theoriebildung sind klassische Gabentauschtheorien kolonialistisch. Marcel Mauss wie auch britische Ethnologen der 1950er-60er Jahre arbeiteten in einem kolonialen Werterahmen und zumeist auch geographisch in den Kolonien ihrer Heimatländer. Bei unreflektierter Verwendung, so die Kritik, übertrügen ihre Theorien eine modernistische und eurozentrische Weltsicht auf das Mittelalter und bewerteten es aus dieser Perspektive im Vergleich zur Moderne und der eigenen Zeit abschätzig.[354] Als archaisches *Dark Age* dient das Frühmittelalter als Kontrastfolie zur zivilisierten, komplexen, modernen eigenen Gegenwart.[355] Auf diese Weise besteht tatsächlich die Gefahr, das Mittelalter zu primitivisieren, die Bernard Bachrach 1994 – wenn auch auf anderer theoretischer Grundlage – beschworen hat.[356]

Eine dritte Ebene der Kritik gilt spezifischer dem Warbandmodell. Janet Nelson als eine der Schöpferinnen dieses Modells hat selbst bereits 1996 auf zwei entscheidende Schwächen hingewiesen: Erstens gebe es kaum Quellenbelege für die Beute und den Beutekreislauf, die die zentralen Bestandteile des Modells bilden. Zweitens sei zwar ständige kriegerische Aktivität sicherlich ein wichtiger Faktor karolingischer Herrschaftsausübung gewesen, aber nur einer unter vielen. Den religiösen und ideologischen Grundlagen dieser Herrschaft etwa komme eine höhere Bedeutung zu.[357] Auch Guy Halsall hat die Bedeutung von Beute in der karolingerzeitlichen Kriegsführung inzwischen in Frage gestellt: Wichtiger als die materielle – in den Quellen kaum belegte – Beute sei der ideelle Gewinn der Kriegszüge.[358] Die Identität fränkischer Herrscher und der Eliten wie auch die Strukturen innerhalb dieser Gruppe seien maßgeblich über die Ausübung kriegerischer Gewalt konstituiert worden.[359]

---

351 Cowell 2007, S. 175. Fouracre 2006, S. 487. Fouracre 2011, S. 12.

352 Vgl. bes. Algazi/Groebner/Jussen 2003.

353 Vgl. zum Problem einer solchen inzwischen oft unreflektierten Rezeption ethnologischer Theorien Hummer 2018, S. 94.

354 Cowell 2007, S. 173–175.

355 Leyser 2016, S. 8.

356 S. o. S. 44.

357 Nelson 1996, S. xxix. Vgl. auch Airlie 2005, S. 91.

358 Halsall 2018, S. 56, S. 60–65. Dieser Vortrag wurde zunächst als Blogeintrag veröffentlicht, https://edgyhistorian.blogspot.de/2012/07/predatory-warfare-moral-and-physical.html (24.08.2012), besucht am 15.04.2019.

359 Halsall 2018, S. 65–68.

Ein vierter Kritikpunkt schließlich betrifft den Begriff des Warlords zur Bezeichnung frühmittelalterlicher Herrscher und Magnaten.[360] In der Politikwissenschaft, aus der Historiker ihn ursprünglich entlehnt haben, ist dieser Begriff als Analyseinstrument in die Kritik geraten, weil er unterdefiniert ist und sich bislang kein Konzept durchgesetzt hat. Zudem ist der Warlord als politikwissenschaftliche Kategorie auf den Nationalstaat des 20. Jahrhunderts bezogen:[361] Warlords bieten ein Erklärungsinstrument für politikwissenschaftliche Fragestellungen dort, wo die Institutionen des Staates nicht (mehr) funktionieren, operieren jedoch immer im Rahmen solcher dysfunktionaler Staaten. Wenn, wie Mediävisten seit langem meinen, der Nationalstaat mit seinen Institutionen keinen sinnvollen Erklärungsansatz für politische Einheiten des frühen Mittelalters bietet, so gilt das auch für den Warlord. All das macht die Übernahme als Analyseinstrument für die Geschichtswissenschaft problematisch. Hinzu kommt, dass politologische Konzepte des Warlords nicht zuletzt auf Analogieschlüssen zum Mittelalter gebildet sind. Die Funktionsweisen mittelalterlicher, als *vormodern* und damit als frühstaatlich eingeordneter Herrschaftsverbände gelten Politikwissenschaftlern als Modellfälle zur Interpretation rezenter, aber wenig staatlicher Ordnungen. Mit der Übernahme des in den 1970er Jahren entwickelten politologischen Konzepts des Warlords findet so eine Art Reimport längst überholter mediävistischer Forschungspositionen statt. Auf diese Weise ist etwa das Lehnswesen in den Politikwissenschaften noch sehr lebendig.[362]

2.4 Fazit: ein Forschungsstand und Folgerungen für den Aufbau der Arbeit

Die zentrale Frage der Militärgeschichte des Frühmittelalters lautet, so lässt sich zusammenfassen, wie wir uns frühmittelalterliche Armeen vorstellen müssen. Handelte es sich um Massenaufgebote einer schlecht bewaffneten Volksmiliz oder um kleine Gefolgschaften hoch professioneller Reiterkrieger? Um diese Frage kreist die Diskussion der militärischen Organisation der fränkischen Welt seit der Institutionalisierung der Geschichtswissenschaften Mitte des 19. Jahrhunderts. Zu ihrer Beantwortung werden in der aktuellen Forschungsliteratur gleichzeitig und weitgehend voneinander losgelöst drei unterschiedliche Modelle als valide Erklärungsansätze vertreten: das Lehnswesen, die Wehrpflicht und der Beutekrieg.

Dieser unübersichtliche Forschungsstand ist maßgeblich durch eine dichotome Gegenüberstellung von Volksaufgebot und Reiterheer geformt. Dahinter stand ursprünglich die grundlegende Frage nach der Auflösung einer politischen Ordnung,

360 Jäger 2017, S. 70. Zum Warlord s. o. S. 14 Fn. 32.
361 Marten 2012, S. 3.
362 Siehe etwa Blaydes/Chaney 2013, S. 17, S. 20. Marten 2012, S. 20–21.

die öffentlich-rechtlich strukturiert war, durch eine Privatisierung politischer Macht. Das Aufgebot gilt als Form einer staatlichen, das heißt öffentlichen, militärischen Organisation, das Reiterheer als Ansammlung privater Gefolgschaften. Auf diese Weise ist die Erzählung einer grundstürzenden Transformation der militärischen Strukturen in der Zeit um 800 eng mit der Entstehung des Modells Lehnswesen verknüpft. Die Vorstellung, der Übergang von der Spätantike zum Mittelalter sei durch den Wandel eines Infanterie- zu einem Reiterheer markiert, ist jedoch auch nach der Dekonstruktion des Lehnswesens wirksam geblieben.[363] Denn auch die jüngeren, alternativen Modelle sind von jener Dichotomie maßgeblich geformt: Beide Modelle haben sich sozusagen jeweils für eine der Varianten, öffentliches Volksheer oder private Kriegergefolge, entschieden. In der Folge stehen sie sich in grundlegenden Fragen diametral gegenüber. Bernard Bachrach rechnet mit sehr großen karolingerzeitlichen Heeren von mehreren 10.000 Kämpfern, die auf Grundlage einer allgemeinen Dienstpflicht der tauglichen, männlichen Bevölkerung aufgestellt worden seien, und hauptsächlich aus Infanterie bestanden.[364] Demgegenüber hat Timothy Reuter das Bild von sehr kleinen Armeen professioneller Gefolgschaftskrieger gezeichnet, die ihrem sozialen Status entsprechend beritten waren.[365] Reuter und ihm folgend auch Guy Halsall drehen zudem die ältere Deutung gewissermaßen einfach um: Nach ihrer Darstellung findet ein Übergang vom Gefolgschaftsheer zum Aufgebotsheer kurz nach 800 statt. Im Grunde genommen verschiebt dieser Ansatz darüber hinaus lediglich die Geburtsstunde des Lehnswesens und der damit verbundenen Vasallenarmee um etwa 60 Jahre nach hinten.[366]

Unser Wissen um den mittelalterlichen Krieg wird so – weitgehend unreflektiert – noch immer maßgeblich von einem wissenschaftlich überholten Modell bestimmt. Doch ohne das Bedürfnis, den Zerfall einer germanischen Urgesellschaft und die Entstehung des Lehnswesens zu erklären, gibt es keinen Grund, eine umfassende taktische Umstellung fränkischer Heere im 8. Jahrhundert anzunehmen. Sowohl das Aufgebot wie auch Strukturen personaler Bindungen lassen sich über eine solide Quellenbasis belegen, ohne dass ein Wandel von einem zum anderen historisch verortet werden könnte. Die Dichotomie von Wehrpflichtaufgebot und Gefolgschaftsstrukturen ist so vor allem eine Frage der Perspektive. Während das Wehrpflichtmodell nach systematisierbaren Normen sucht, erklärt das Warbandmodell vor allem soziale Praktiken. Diese unterschiedlichen Ansätze haben unterschiedliche Bilder erzeugt. Das bedeutet aber nicht, dass sie auch unterschiedliche Dinge sichtbar machen, also militärische Strukturen, die getrennt voneinander bestanden oder einander zeitlich ablösten. Meine These, auf der die folgende Gliederung dieser Arbeit ruht, lautet deshalb: Hinter den Forschungskonzepten von

363 Hofbauer 2015. DeVries 2010, S. 1716.
364 B. Bachrach 2001a, S. 52.
365 Reuter 1997, S. 36. Halsall 2003, S. 118–124, S. 173.
366 Halsall 2003, S. 96. Reuter 1985, S. 82, S. 87.

Aufgebot und Gefolgschaft stehen keine antagonistischen Formen politischer und militärischer Ordnung, sondern unterschiedliche Perspektiven, die ineinander geblendet werden können: Während die eine formale Institutionen zeigt, nimmt die andere die praktische Funktionsweise dieser Institutionen in den Blick. Ziel meiner Arbeit ist es, die Gegenüberstellung von Aufgebot und Gefolgschaft als forschungsformende Grundannahme aufzubrechen.

Den Ansatzpunkt dafür bietet die hinter der Dichotomie von Aufgebot und Gefolgschaft liegende Gegenüberstellung von öffentlichen und privaten Herrschaftsstrukturen, die die militärgeschichtliche Deutung der Karolingerzeit geformt hat. Denn unser Verständnis der politischen Ordnung der Karolingerzeit hat sich in den letzten Jahrzehnten grundlegend verändert. Statt einer klassisch-verfassungsrechtlichen Deutung politischer Geschichte als Machtkampf zwischen Königtum und Adel in Konkurrenz von öffentlicher und privater Gewalt,[367] wird die Ausübung von Herrschaft im frühen Mittelalter inzwischen als komplexes Wechselspiel zwischen königlicher Autorität, politischen Eliten und lokalen Gemeinschaften begriffen.[368] Herrschaft ist nach diesem Verständnis ein Verhandlungsprozess über verschiedene soziale und politische Ebenen, keine reine *top down* Delegation von Macht vom politischen Zentrum aus.[369] Mindestens genauso wichtig wie die Verleihung von Autorität vom Zentrum aus ist die Weitergabe konkreter Einflussnahme auf einzelne Menschen von unten nach oben als *bottom up* Prozess. Der Herrscher bietet als höchste Personifizierung von Autorität den zentralen Bezugspunkt für Machthaber auf niedrigeren Ebenen und integriert so lokale Machtpotentiale in seine Herrschaft. Er ist aber seinerseits auf regional und lokal vernetzte Machthaber angewiesen, um seine Autorität vor Ort wirksam zu machen.[370] Positiv gewendet sind in einer solchen politischen Ordnung institutionalisierte Formen der Herrschaftsausübung gar

367 Reuter 2006b, S. 169–172.

368 Die Initiationsstudie zu diesem Ansatz ist die Arbeit Wendy Davies' zu den „small worlds" lokaler Organisation des frühen Mittelalters, Davies 1988, bes. S. 201–210. Als wichtigen deutschsprachigen Beitrag zu diesem Forschungsansatz vgl. Kohl 2010, der den Begriff als „lokale Gemeinschaften" übersetzt. Den jetzt grundlegenden Neuentwurf der Vorstellungen von öffentlicher Ordnung und öffentlicher Verantwortung in der karolingischen Welt hat als Ergebnis der intensiven Forschungsdiskussion Mayke de Jong vorgelegt, De Jong 2009a. Wichtige aktuelle Beiträge zur Diskussion: Leyser 2016. J. Davis 2015, S. 7–23, S. 293–298. West 2013, S. 1–6, S. 17, S. 19–22. Als konzisen Forschungsüberblick vgl. Airlie 2012, S. vii-xii. Deutschsprachige Forschung: Esders 2015, S. 147–162. Fried 2013, bes. S. 230–244. Einen Überblick zum deutschsprachigen Forschungsstand bietet Ehlers 2014, S. 40–47. Einen wichtigen Bezugspunkt in der deutschsprachigen Debatte als Zwischenfazit bildet Pohl 2006, bes. S. 9–27.

369 Nachhaltig wirkmächtig für die praktische Nutzung dieses Neuentwurfes karolingischer politischer Ordnung war bes. Innes 2000, S. 9–10. Eine sehr gelungenes Beispiel seiner praktischen Anwendung bietet auch Hummer 2005, vgl. hier S. 2–5.

370 Für diese Form politischer Ordnung wird in der britischen Forschung die Bezeichnung des „capillary government" verwendet, vgl. McNair 2018 nach Wickham 2005, S. 122.

nicht notwendig, um Herrschaft vor Ort wirksam zu machen. Das Zentrum um den Herrscher herum hat auch ohne sie starke Einwirkungsmöglichkeiten, indem es auf lokale Machtpositionen zugreifen kann.[371] Nach diesem Verständnis nimmt die Aristokratie die Funktion eines „interface“, einer Schnittstelle zwischen Zentrum und lokalen Gemeinschaften ein.[372] Eine Trennung von königlicher Herrschaft und adliger Herrschaft ist deshalb nicht sinnvoll.

Das soll keine Rückkehr zum rein personal gedachten Personenverbandsstaat der Neuen Deutschen Verfassungsgeschichte bedeuten, sondern vielmehr deutlich machen, dass eine Trennlinie nicht zwischen einer königlichen öffentlichen und einer adligen privaten Form der Herrschaft zu ziehen ist. Formalisierte Institutionen wie Bischofs- und Grafenamt oder Königsboten integrierten lokale Autorität in den größeren Herrschaftsverband. Diese überpersonelle Ordnung kann man durchaus treffend als *öffentlich* im Sinne des *Gemeinwesens* bezeichnen,[373] denn ihr ist eine zeitgenössische Rhetorik der *res publica* zugeordnet.[374] Deren Wirksamkeit wurde jedoch nicht über eine institutionalisierte Bürokratie, sondern über ganz andersartige Mechanismen in Funktion gesetzt. Soziale Beziehungsnetze stellten die Strukturen und Mechanismen politischer und ökonomischer Ordnungen der karolingischen Welt dar, nicht Gegenstrukturen zu formalen politischen Institutionen.

Diesen Ansatz übertrage ich in meiner Arbeit auf den Bereich der militärischen Organisation. Wenn ein karolingischer Herrscher eine Armee aufstellte, dann war er dabei auf die Unterstützung der Magnaten angewiesen.[375] Doch obwohl der Krieg als zentraler Teil frühmittelalterlicher Herrschaft gilt und der Kriegsdienst als eine der wichtigsten Formen der Abschöpfung politischer und ökonomischer Ressourcen, das heißt von Herrschaft, hat die Neubewertung der politischen Ordnung die Interpretation der karolingerzeitlichen Militärorganisation kaum beeinflusst. Das ist über die in diesem ersten Teil meiner Arbeit erschlossene Genese der gegensätzlichen Forschungsmodelle erklärbar, führt aber zu einem dringenden Desiderat in der Forschung zur sozio-politischen Ordnung der karolingischen Welt. Diese Lücke möchte ich in meiner Arbeit schließen.

Die These, die sich aus diesen Überlegungen ergibt, lautet: Kriegergruppen, die weltliche und geistliche Magnaten dem König zuführten, sind nicht vom Aufgebot zu unterscheiden. Die einzelnen Kontingente stellten dabei zwar Netze personaler Bindungen dar, ein solches Netz ist aber weder eine vasallitische Gefolgschaft noch eine Warband. Eine wichtige Anregung zu einer Neudeutung solcher militärischer

---

371 Ich danke für diese positive Wendung der politischen Ordnung der karolingischen Welt Steffen Patzold.

372 Innes 2000, S. 259. Vgl. Airlie 2005, S. 91.

373 Moos 2004, S. 45–46, S. 95–97.

374 Innes 2000, S. 256. De Jong 2009a, S. 12. Zur politischen Sprache in Begriffen der Antike und der *respublica* vgl. jüngst De Jong 2017, S. 110, S. 112.

375 France 2002, S. 65, S. 74, S. 79.

Beziehungsgeflechte bietet Matthew Innes' Studie *State and Society* aus dem Jahr 2000, die auf eine umfassende Neubewertung politischer Ordnungen des frühen Mittelalters nach den theoretischen Verschiebungen der zweiten Hälfte des 20. Jahrhunderts gerichtet war.[376] Diese Arbeit hat einen wesentlichen Beitrag zu jener gerade besprochenen Neubewertung der Rolle von Aristokraten als personale Schnittstellen und der Funktion von Herrschaft als Wechselspiel verschiedener Ebenen von Autorität geleistet. In einem kurzen Kapitel zum Kriegsdienst ordnet Matthew Innes die Thesen Timothy Reuters in diesen breiten Zusammenhang ein. In Auseinandersetzung mit der klassischen, deutsch-verfassungsgeschichtlich geprägten Darstellung nimmt er einen Gegenentwurf der karolingerzeitlichen Organisation von Kriegsdiensten vor, die auf sozialen Bindungen beruht habe, die aber nicht auf Grundlage des Lehnswesens gebildet worden seien.[377] Die Aufgebotsbestimmungen der Kapitularien deutet Innes dabei mit Reuter als Symptom einer Umbruchsphase, in der eine neue Organisationsform mit neuen Verpflichtungen vom Herrscher etabliert werden musste. Betroffen waren von dieser Verpflichtung nach Matthew Innes jedoch nicht alle Freien als Mitglieder einer Statusgruppe, vielmehr sei auch weiterhin auf lokaler Ebene und über fluide soziale Mechanismen verhandelt worden, wer konkret als zum Kriegsdienst verpflichtet betrachtet wurde.[378]

Diese Arbeit ist allerdings bislang ohne großen Einfluss auf die Darstellung militärischer Strukturen der Karolingerzeit geblieben. Wo sie aufgenommen wurde, ist sie bislang im Wesentlichen als Nuancierung des Warbandmodells Timothy Reuters eingeordnet worden, ganz so wie auch Matthew Innes selbst sein Kapitel zum Kriegsdienst verstanden hat.[379] Mein eigener Ansatz verdankt seiner Arbeit jedoch wesentliche Anregungen. Ich nehme die in *State and Society* präsentierten Überlegungen auf und nutze sie als Ansatz für eine grundlegende Neudeutung der militärischen Ordnung der karolingischen Welt. Die Struktur karolingischer Kriegsaufgebote betrachte ich damit nach Innes als fluide, dynamische Netze sozial asymmetrischer Beziehungen, die auf lokaler Ebene zwischen Magnaten und potentiellen Kriegern gebildet wurden.

Diese Herangehensweise bietet den Vorteil, eine Verpflichtung zum Kriegsdienst nicht länger als statische rechtliche Verpflichtung oder als archaische Gefolgschaftsleistung zu begreifen, sondern als Gegenstand ständiger Verhandlung zu verstehen. Einen theoretischen Ansatzpunkt dazu bieten die Begriffe von *Klient* und *Patronage*, auf die Mittelalterhistoriker fast selbstverständlich zurückgreifen, wenn sie eine neutral oder übergeordnete Formulierung suchen, etwa um Bezeichnungen wie

---

376 Innes 2000, S. 11.
377 Innes 2000, S. 151.
378 Innes 2000, S. 144–145.
379 Halsall 2003, S. 77.

Lehnsmann oder *Vasall* zu ersetzen.[380] Allerdings verwenden Mittelalterhistoriker diese Begriffe in aller Regel undefiniert. Denn bislang ist eine mediävistische Definition essentiell vom Lehnswesen ausgegangen: Das Lehnswesen galt gerade als spezifisch mittelalterliche Ausformung eines überzeitlichen Phänomens der Bindungsgestaltung zwischen Hoch und Niedrig. Konkret wurde es als Fortführung der (spät)antiken Institution des römischen Klientelwesens verstanden, das Paul Roth ebenso wie François Louis Ganshof als eine der Wurzeln der Vasallität betrachteten.[381] Mit der Etablierung des juristischen Modells wurden diese Beziehungen allerdings in ein rechtssystematisches Schema des 19. Jahrhunderts gepresst; die Vielfalt und die Dynamik hierarchischer Beziehungen sind so aus dem Blickfeld von Historikern geraten. Wer nun auf Begriffe wie *Klient* und *Patronage* zurückgreift, muss deshalb erneut bestimmen, was darunter in Abgrenzung zum überholten lehnrechtlichen Begriff gefasst ist. Gerade weil jedoch der Rückgriff auf diese Begriffe naheliegt, haben Mittelalterhistoriker bislang wenig über ihren Inhalt reflektiert. Sie mit einer konkreten Bedeutung zu füllen und damit neu zu operationalisieren, ist ein wichtiges Ziel meiner Arbeit. Auf diese Weise wird ein neuer Zugriff auf die Beschreibung hierarchischer Beziehungsgeflechte möglich, um nicht-institutionalisierte Funktionsweisen von Herrschaftsausübung erfassen zu können.[382] Was also sind Klienten und Patrone?

Die *Klientel* ist ein Forschungsbegriff der Alten Geschichte. Wiederbelebt haben die Verwendung des Begriffes in der jüngeren mediävistischen Forschung wohl die Arbeiten Gerd Althoffs zur „Freundschaft" („amicitia") als Schlüsselwort der politischen Sprache des Mittelalters. In Abgrenzung zu freundschaftlich-genossenschaftlichen Bindungen unter Ähnlich- oder Gleichrangigen versteht Althoff unter der Klientel eine herrschaftliche Form von Bindungen. Darunter subsumiert er jedoch entsprechend dem Forschungsstand der 1990er Jahre als wesentliche mittelalterliche Ausprägung solcher Beziehungen auch Lehnsbindungen.[383] Althistoriker verstehen unter *Klientel* hingegen eine ganz spezifische Institution: die starke, vererbliche politische Bindung sozialer Unterschichten an einen stadtrömischen Patrizier in der Zeit der römischen Republik. Die Stellung solcher Klienten rückt sie dabei nach der Definition der Althistoriker in große Nähe von Unfreien, Hörigen, zumal das Wort semantisch auf den Stamm *cluare*, „auf jemanden hören", zurückgeführt wird.[384] Althistoriker verwenden

---

380 Innes 2000, z. B. S. 29. Innes verwendet das Wort *client* regelmäßig statt anderer Bezeichnungen, die vermutlich in älteren Arbeiten gestanden hätten. Zu einem ähnlichen Gebrauch vgl. auch Patzold 2012a, S. 39, S. 88. Reynolds 1994, S. 33, S. 87 u. ö.

381 Roth 1850, S. 106. Ganshof 1947, S. 17. In diesem Sinn, als Vorstufe des Lehnswesens über eine Privatisierung von Macht im spätrömischen Reich, ist die Patronage auch in der Alten Geschichte bis in die 1980er Jahre verhandelt worden, vgl. Krause 1987, S. 1–3.

382 So West 2015, S. 39.

383 Althoff 1997, S. 185–189.

384 Alföldy 2011, S. 26, S. 55. Die Definition die Géza Alföldy hier S. 26 gibt, erinnert frappierend an die Definition des „ursprünglichen" Vasallen im 7. und frühen 8. Jahrhundert als „Knecht" nach François Louis Ganshof (vgl. Ganshof 1989, S. 6–7): Ein Klient geht „ein Treueverhältnis (fides) mit den Begriff der Klientel damit vor allem für die Zeit der Republik und übertragen ihn nicht auf alle möglichen späteren Bindungsformen der Kaiserzeit oder der Spätantike. Solche Bindungen erfassen Althistoriker üblicherweise über den Begriff der Patronage.[385]

Auch in der Alten Geschichte sind jedoch in Folge der verschiedenen *turns* in der theoretischen Grundlage der Geschichtswissenschaften alte Gewissheiten in Frage gestellt und eine „orthodoxe Konzeptualisierung" der Klientel dekonstruiert worden.[386] Seit den 1980er Jahren hat sich eine anthropologisch inspirierte Deutung entwickelt, die sich als althistorische Adaption von Mechanismen wechselseitiger sozialer Verpflichtungen nach der Gabentauschtheorie Marcel Mauss' verstehen lässt. Als Ausdruck dieser Neudeutung ist eine Neudefinition der römischen Patronage durch Richard Saller über die drei Kriterien der Reziprozität, der Dauerhaftigkeit und der Asymmetrie weithin akzeptiert.[387] Auch diese Deutung ist allerdings mit ihrer Grundlage in den Arbeiten Marcel Mauss' eine strukturfunktionalistische Theoriebildung. Sie ist deshalb in jüngster Zeit um eine performative und eine semantische Dimension erweitert worden: Die herkömmliche Darstellung einer Ur-Klientel als Institution der römischen Republik, die mit Ende der Republik in Verfall geriet, beruht vor allem auf Quellen, die in der frühen Kaiserzeit entstanden. Diese Erzählung wird deshalb inzwischen als Teil der Verhandlung von Patronageverhältnissen in der Entstehungszeit jener Texte interpretiert, nicht mehr als Grundlage von Modellbildungen für die frühe Republik.[388] In diesem Sinne richtet sich die aktuelle Forschung mit dem *Linguistic Turn* auf die Frage nach Narrativen und Diskursen der Zeitgenossen und der Sprache, in der sie diese Bedeutungsformationen ausdrückten.[389] Die althistorische Klientel präsentiert derzeit so eher ein aktuelles Forschungs- und Problemfeld, als ein sicheres Erklärungsangebot, dessen sich Mediävisten bedienen könnten. Das ist

dem mächtigen und reichen Adligen ein", dadurch ist er zu „*operae* und *obsequium*" verpflichtet, das heißt „verschiedenen Dienstleistungen wirtschaftlicher und moralischer Natur". Im Gegenzug bietet der *patronus* Schutz und ein Stück Land zur Bebauung für den Klienten. – Diese Ähnlichkeit könnte erstens eine analoge Modellbildung aus Vorstellungen des 19. Jahrhunderts heraus und zweitens eine starke Beeinflussung der germanistischen Rechtshistoriker durch die romanistischen nahelegen. Hier könnte es für die Aktualität des Klientelbegriffes in der alten Geschichte lohnend sein, die Modellbildung von germanistischen und romanistischen Rechtshistorikern im 19. Jahrhundert zu untersuchen.

385 Krause 2010, S. 462.

386 Goldbeck 2010, S. 248–260. Die Kritik geht grundlegend zurück auf Brunt 1988, S. 382–442.

387 Saller 1982, S. 49: „First it involves the reciporocal exchange of goods and services. Secondly, to distinguish it from a commercial transaction in the marketplace, the relationship must be a personal one of some duration. Thirdly, it must be asymmetrical, in the sense that the two parties are of unequal status and offer different kinds of goods and services in the exchange." Vgl. für die deutschsprachige Übernahme: Krause 1987, S. 4. In der aktuellen Forschung: Ganter 2015, S. 4. Zur Gabentauschtheorie nach Marcel Mauss Ganter 2015, S. 10. Nicols 2014, S. 2. Lavan 2013, S. 179, S. 185.

388 Ganter 2015, S. 341.

389 Lavan 2013, S. 184.

aus Sicht der vorliegenden Arbeit allerdings eine gute Nachricht: Althistoriker denken schon länger intensiv über Klientel, Patronage, asymmetrische und symmetrische Bindungen nach, sodass ihre Diskussion Anregungen bieten kann.

Vor dem aktuellen Forschungsstand ist einerseits das Konzept der Klientel als politischer Institution der römischen Republik in Frage gestellt, andererseits ist der Begriff der Patronage als soziologischer Forschungsbegriff kulturell so unspezifisch, dass er im Grunde auf jede menschliche Gemeinschaft und auch auf die eigene Gegenwart jedes Forschers bezogen werden kann.[390] Um die in Frage gestellten, aber in ihren Bedeutungsassoziationen fest verankerten Forschungsbegriffe zu umgehen, sprechen Althistoriker inzwischen abstrakter vom römischen *Bindungswesen*, um Beziehungen zwischen Hoch und Niedrig, Stark und Schwach zu erfassen. Die Rede ist bei ihnen von „vertikalen Bindungsverhältnissen“, „persönlichen Nahbeziehungen“ und „Treu- und Nahverhältnissen“ als Aspekte römischer „Verpflichtungsverhältnisse“.[391] Diese Bezeichnungen lassen sich als konkrete, aber möglichst abstrakte Begriffsbildungen auf die Karolingerzeit übertragen. Wie die Patronage haben sie allerdings den Nachteil, dass sie kulturell sehr unspezifisch sind. Angela Ganter hat deshalb jüngst vorgeschlagen, den Begriff selbst in der Forschungsdebatte als „Patron-Klient-Verhältnisse“ oder „Patron-Klient-Beziehungen“ zu spezifizieren. Diese Begriffsbildung definiert sie als „freiwillig eingegangene persönliche Beziehung von einiger Dauer zwischen zwei Personen unterschiedlichen sozialen Ranges, die auf dem reziproken Austausch materieller oder immaterieller Güter basiert.“[392] Ich übernehme Ganters Definition als Arbeitshypothese, um Beziehungen zwischen Kriegern und ihren Anführern in der Karolingerzeit zu untersuchen. Die einzelnen Kriterien der Definition von Patron-Klient-Beziehungen lassen sich dabei mit Angela Ganter an den Fortgang der theoretischen Diskussionen seit den 1980er Jahren angleichen:

1) Die Freiwilligkeit der Beziehung war relativ, denn den Beteiligten mochte oft keine andere Wahl bleiben. Brauchbar ist dieses Kriterium so vor allem als Mittel der Abgrenzung zu anderen Beziehungen, indem die Verbindung moralisch begründet ist und damit außerhalb einer rechtlich gefassten Verpflichtung steht, anders als etwa die Beziehung zwischen einem Sklaven und seinem Herrn.[393] 2) Die Dauer einer Patron-Klient-Beziehung ergab sich aus einer strukturellen Ungleichheit: Auf Seite des sozial Unterlegenen blieb stets eine Bringschuld gegenüber dem überlegenen Gegenpart, die zu immer neuen Dankbarkeitsgesten und damit einer Reproduktion der Beziehung führte. 3) Die persönliche, affektive Dimension einer solchen Beziehung ist einerseits als semantische Wiedergabe zeitgenössischer Ideale zu verstehen, kann also nicht einfach als Realität angenommen werden. Andererseits hatten solche

390 Nicols 2014, S. 7–8.

391 Goldbeck 2010, S. 246.

392 Ganter 2015, S. 4, die folgende Durchsicht der Definition S. 6–15. Vgl. die Definition von „patronage“ bei Saller 1982, S. 49, s. o. S. 65 Fn. 387.

393 Vgl. Nicols 2014, S. 2.

Bindungen stets den Charakter einer *face-to-face* Beziehung, entweder im tatsächlichen persönlichen Kontakt oder im Falle großer Klientengruppen oder großer Entfernungen über Kontaktmänner. Diese Zwischenstufen persönlicher Vermittlung sind es, die Matthew Innes als *Interface* verschiedener sozialer Ebenen bezeichnet. 4) Die Asymmetrie als Definitionskriterium dient nach dem klassischen Zugriff vor allem zur Abgrenzung von Bindungsformen unter Gleichrangigen, die unter dem Begriff der *amicitia* subsumiert werden. Hier wird es viele Überlappungen zwischen beiden Bereichen geben, so wie beide Arten der Beziehung zwischen sozial Gleichen und Ungleichen vorkommen können. Wichtig ist deshalb der Blick auf die jeweilige sprachliche Erfassung von Beziehungen durch die Quellenautoren. Eine Asymmetrie in einer Beziehung ist zudem nicht statisch, sondern kann sich im Gegenteil grundlegend verändern. 5) Die Reziprozität einer Patron-Klient-Beziehung schließlich muss in Weiterentwicklung einer „rein funktionalen Betrachtungsweise" mit Fragen nach der Performanz und Sprache von Wechselseitigkeit kombiniert werden.[394] Aktuelle Arbeiten zur Funktion von Patronagesystemen weisen auf die hohe Bedeutung hin, die der Semantik solcher hierarchischer Interaktionen zukommt.[395] Sprache ist nicht nur die einzige Ebene, die heute noch sichtbar ist, sondern Bindungen entstehen erst dadurch, dass über sie in Kategorien von Symmetrie oder Asymmetrie, Affekt und persönliche Nähe gesprochen wird. Sprache bezeichnet Bindungen also nicht einfach, sie erzeugt sie und schafft moralische Verpflichtungen. Durch eine gemeinsame Sprache werden so im Detail sehr unterschiedliche Bindungen in einem sprachlichen *cluster* verbunden.

Im Sinne dieser erweiterten Definition wird die Bezeichnung der Patron-Klient-Verhältnisse in dieser Arbeit verwendet. Die Erweiterung der Klientel als Analysekategorie um Performanz und Semantik verschiebt dabei den Untersuchungsgegenstand auf die Praxis, Verhandlung und Inszenierung von Netzen hierarchischer Bindungen. Dieser Ansatz ermöglicht es, solche Bindungen nicht mehr als statische rechtliche Beziehungen zu interpretieren, sondern ihre ständige Neuverhandlung als grundlegenden Mechanismus der Herrschaftsausübung zu verstehen. Damit stehen sich formale und personale Herrschaft nicht antagonistisch als öffentliche und private Herrschaftsansprüche gegenüber, sondern bilden ein aufeinander bezogenes System. Aus diesen theoretischen Überlegungen und der vorgenommenen Historisierung geschichtswissenschaftlicher Modelle militärischer Organisation ergibt sich die Leitfrage meiner Arbeit: Auf welche Weise wurden Beziehungen zwischen Kriegern und ihren Anführern, verstanden als Patron-Klient-Beziehungen, in den Jahrzehnten um 800 von Akteuren verhandelt?

Zu ihrer Beantwortung muss ich mich zunächst mit den beschriebenen Modellen der karolingischen Militärorganisation als aktuellen und in diesem Sinne

394 Ganter 2015, S. 11. Lavan 2013, S. 184–185.
395 Edinger/Müller 2017, S. 8. Ganter 2015, S. 9. Lavan 2013, S. 184.

validen Forschungspositionen auseinandersetzen. Das heißt, dass ich im zweiten Teil dieser Arbeit ihre Gültigkeit an den jeweils zentralen Quellen überprüfen, oder deutlicher gesagt, dekonstruieren muss. Der dritte Teil der Arbeit überführt dann diese Dekonstruktion in eine neue Konstruktion, ist also auf einen Neuentwurf der militärischen Ordnung der karolingischen Welt gerichtet. Auch dabei gibt der spannungsreiche Forschungsstand über die bisherige dichotome Gegenüberstellung von öffentlichem Aufgebot und privater Gefolgschaft die Thesenbildung vor: Ziel des dritten Teils ist es, diese Strukturen ineinander zu blenden.

3 Dekonstruktion

Die drei Modelle, die als valide Erklärungsansätze karolingischer Militärorganisation in der aktuellen Forschung vertreten werden – das Lehnswesen, die Wehrpflicht und der Beutekrieg – sind von der dichotomen Gegenüberstellung von Volksmiliz und Reiterheer geprägt. Diese Dichotomie, so das Ergebnis des vorangehenden ersten Teils meiner Arbeit, hat die Interpretation der Quellen maßgeblich geformt. Sie aufzulösen ist der Ansatz einer Neudeutung, wie ich sie in den beiden folgenden Teilen vornehme. Dazu wird in diesem zweiten Teil die Quellengrundlage der einzelnen Modelle mit je einem eigenen Kapitel in den Blick genommen, um herauszuarbeiten, auf welchen Belegen sie jeweils ruhen. Diese Kritik wird zeigen, welche Ausgangspunkte die drei Modelle für eine Neudeutung bieten.

Das erste Kapitel dieses Teils der Arbeit untersucht die Bedeutung von Vasallen und Lehen für die Organisation von Kriegsdiensten, denn die Dekonstruktion des Lehnswesens ist bislang nicht systematisch auf den militärischen Bereich übertragen worden. In einem zweiten Kapitel werden die Belege für eine allgemeine Verpflichtung zum Kriegsdienst diskutiert, wie sie im vorangegangenen Teil als Modell einer fränkischen Wehrpflicht gefasst wurde. Die Vorstellung irgendeiner Art solch öffentlicher Verpflichtung ist allen besprochenen Deutungsansätzen als tiefverwurzeltes Forschungswissen immanent. Da die Entstehung des Lehnswesens als Feudalisierung der fränkischen Militärorganisation wesentlich über die sogenannten Kapitularien belegt wurde, ist die Dekonstruktion auf diese Quellengruppe als zentrale Basis der bestehenden militärgeschichtlichen Modelle gerichtet. Das dritte Kapitel analysiert schließlich die Quellenbasis für die Warband und das Beutekrieg-Modell, das mit seiner anthropologischen Grundlage einen Gegenentwurf zur rechtsgeschichtlichen Forschung gebildet hat.

3.1 Das Lehnswesen: Vasallen und Kriegsdienste

Trotz seiner grundlegenden Dekonstruktion hält sich das Lehnswesen als Erklärungsmodell im Bereich der Militärgeschichte. Vasallen und Lehen gelten hier weiterhin als zentrale Elemente mittelalterlicher Ordnung.[1] Wie die verfassungsgeschichtlich ausgerichteten Geschichtsentwürfe des 19. Jahrhunderts insgesamt stützt sich dabei die karolingische Militärgeschichte im Ganzen, wie auch die These einer Feudalisierung militärischer Strukturen, besonders auf die sogenannten Kapitularien.[2] Diese

1 S. o. S. 16.

2 Als Überblick s. Hofbauer 2015, S. 83–95. Fried 2013, S. 150. Halsall 2003, S. 93–95.

https://doi.org/10.1515/9783110629071-003

Gruppe kapitelweise gegliederter Texte, die als Instrument spezifisch karolingischer Herrschaftspraxis gilt, ist mit wenigen Vorläufern und Spätstücken eng auf die Jahre zwischen etwa 780 und 890 begrenzt.[3]

Die wissenschaftliche Einordnung der Kapitellisten allerdings hat sich seit etwa den 1960er Jahren grundlegend verschoben: Ihre zentrale Stellung in einer rechtssystematisch geprägten Forschung gründete darauf, in ihnen einen Korpus von Normtexten zu sehen, die analog zur Gesetzgebung moderner Staaten das Wertesystem einer Gesellschaft abbilden würden.[4] Inzwischen versteht die Forschung die Kapitellisten jedoch als Produkt einer „pragmatischen Schriftlichkeit" und betont die Schwierigkeit, sie als Quellengruppe zu definieren.[5] Denn als *capitulare* oder *capitula* haben die Zeitgenossen alle möglichen Texte bezeichnet, die in Kapitel eingeteilt sind, vom königlichen Erlass bis hin zur Bibel.[6] Übergänge zu benachbarten Quellengruppen sind dementsprechend nicht scharf zu bestimmen.[7] Welcher Text der Forschung heute als Kapitular gilt, hängt letztendlich allein davon ab, ob ein Text in die bis heute aktuelle Kapitularienedition der MGH durch Alfred Boretius von 1883 aufgenommen wurde. Dazu gehören auch Briefe, Urkunden und Synodalakten. Steffen Patzold als einer der Bearbeiter einer neuen Kapitularien-Edition hat deshalb vor einigen Jahren eine andere, sehr offene Definition vorgeschlagen:

> Listen von Einzelpunkten, die in unterschiedlichen Phasen der Beratungen karolingischer Könige mit ihren Großen entstanden sind, in ihrer heute bekannten Form jedoch nicht vom Hof, sondern von den [Empfängern] dokumentiert und tradiert wurden.[8]

Als Überrest der Beratungen des Königs mit den Mächtigen verstanden, nicht als realitätsferne, oft wirkungslose Formulierung abstrakter Normen,[9] zeigen die Kapitellisten Herrschaftswissen, politische Diskussionen und Tagesordnungen.[10] Fassen lässt sich in ihnen so die Praxis karolingischer Herrschaft. Sie stecken den Bereich ab, der diese Herrschaft ausmachte, indem sie festhalten, welche Themen im

---

3 Schmitz 2012, Sp. 1604–1612. Patzold 2007, S. 331–332.

4 Mit einem ausführlichen Forschungsüberblick vgl. Mischke 2013, S. 9. Vgl. auch Schmitz 2012, Sp. 1605.

5 Schmitz 2012, Sp. 1608. Konzise, umfassende und aktuelle Überblicke zum Forschungsstand bieten auch Van Rhijn 2013, S. 157–159. Tsuda 2013, S. 209–214.

6 So schon Ganshof 1958, S. 5, vgl. als aktuelle Arbeiten zur Bedeutung des Wortes *capitula* bes. Tsuda 2013, S. 212–217. Patzold 2007, S. 333.

7 Schmitz 2012, Sp. 1604.

8 Patzold 2007, S. 334.

9 Vgl. J. Davis 2015, S. 278–289. Patzold 2007, S. 331–334. Patzold (unpubliziert), S. 38. Siehe auch Schmitz 2012, Sp. 1604–1609.

10 Patzold 2008, S. 65.

Zentrum der Macht diskutiert wurden, welche Probleme den Herrscher und sein Umfeld beschäftigten und wie man versuchte, sie zu lösen.

Dazu gehörte zweifellos als zentrales Thema auch der Krieg. So finden sich zwar in recht vielen der als Kapitularien edierten Texte neben allen möglichen anderen Inhalten auch solche Kapitel, die in irgendeiner Weise mit kriegerischen Themen befasst sind.[11] Etwa die wenigen Verweise im umfangreichen *Capitulare de villis* von wohl 794,[12] die bestimmen, dass die Verwalter der königlichen Güter Werkzeuge und Fässer für den Heereszug bereithalten und neben anderen Handwerkern auch Schildmacher (*scutores*), in ihren Diensten haben sollen.[13] Oder dass sie für die Kriegszüge des Königs gut gebaute Karren bereitstellen müssen, die in der Lage sind, Flüsse schwimmend zu durchqueren.[14] Solche Kapitel können interessante und lebendige Details karolingischer Kriegsführung zeigen: Offenbar zogen die Franken Karls des Großen mit einer Art schwimmfähiger Planwagen ins Feld. Die Forschung hat solche einzelnen Kapitel aus ganz unterschiedlichen Kontexten kombiniert, ihre Bestimmungen abstrahiert und so eine große, stimmige Collage des karolingischen *Heerwesens* entworfen. Aber in ihrer Knappheit und oft auch Unverständlichkeit können diese verstreuten Bestimmungen kein systematisches Bild ergeben. Sie zeigen, dass der König und seine Berater über den Krieg gesprochen haben, dass die jährlichen Feldzüge in ihren Überlegungen regelmäßig und selbstverständlich eine Rolle spielten, dass der König Kriegsdienst von den freien Männern erwartete. Doch wenn man in den Listen nicht länger Gesetzesnovellen sieht, lassen sich die einzelnen Kapitel nicht zu einem Gerüst karolingerzeitlicher Normen zusammenfügen, das eine fränkische „Wehrverfassung" ergäbe.[15]

Die Neubewertung der Kapitellisten ist jedoch bislang im Feld der Militärgeschichte kaum wirksam geworden. In ihrer Interpretation als militärgeschichtliche Quellen wirken damit alte Deutungen fort. Diese sind maßgeblich ausgehend vom Modell des Lehnswesens mit seiner militärischen Entstehungsgeschichte gebildet worden. Auch in der Diskussion im Anschluss an Susan Reynolds haben die karolingischen Kapitellisten trotz ihrer zentralen Stellung in der Rechtsgeschichte bislang kaum eine Rolle gespielt. Die Dekonstruktion des Lehnswesens ist hauptsächlich anhand anderer Quellen erfolgt. Mit der zentralen Bedeutung, die den

---

11 Insgesamt enthalten 67 der 204 als Kapitular edierten Texte aus der Zeit Karls des Großen und Ludwigs des Frommen (768–840) mindestens ein Kapitel mit irgendeiner Bestimmung oder Überlegung, die Kriegsdienste, Waffen oder eine andere thematische Verbindung zum Krieg beinhaltet.

12 Capitularia, 1 (Boretius 1883), Nr. 32, S. 82–91. Eine Neuedition bietet Capitulare de villis (Brühl 1971). Zur Datierung zuletzt Landau 2018, S. 260–264. Vgl. auch Mischke 2013. S. 35–36. Campbell 2010, S. 243–264. Hägermann 2003, S. 670 weist den Text der Spätzeit Karls des Großen oder erst Ludwig dem Frommen zu.

13 Capitularia, 1 (Boretius 1883), Nr. 32, 42, S. 87. *scutores*: Nr. 32, 45, S. 87. Fässer: Nr. 32, 68, S. 89.

14 Schwimmfähige Wagen: Capitularia, 1 (Boretius 1883), Nr. 32, 64, S. 89. Vgl. hierzu Waitz 1861a, S. 524.

15 So der Titel des Unterkapitels zur militärischen Organisation bei Mitteis 1933, S. 176.

Kapitellisten als Quellengrundlage in allen beschriebenen militärgeschichtlichen Deutungsmodellen zukommt, ist eine Übertragung der Thesen Reynolds' auf diese Quellengruppe und ihre Verbindung mit der Neubewertung der Kapitellisten ein dringendes Forschungsdesiderat. Auf die Schließung dieser Lücke ist das vorliegende Kapitel zu Vasallen und ihrer kriegerischen Bedeutung gerichtet. Eine exemplarische Untersuchung der karolingischen Kapitellisten als zentrale militärgeschichtliche Quellenbasis soll so das Lehnswesen auch in diesem Bereich auflösen. Welche Rolle spielten also Vasallen und ihre Lehen für die Organisation von Kriegsdiensten?

Den Aufbau einer Panzerreiterarmee durch Karl Martell und seine Söhne, der als Ursprungsort des Lehnswesens galt, setzte die ältere Forschung in die Jahrzehnte um die Synode von Estinnes im Jahr 743 oder 744. In den Akten dieser Versammlung hat man den Beweis für die „Säkularisationen" gesehen, die der Versorgung der Panzerreiter mit Lehen gedient hätten.[16] In diesen Jahren seien die Karolinger dazu übergegangen, vasallitische Krieger mit Lehen auszustatten. Den ältesten bekannten Beleg für Vasallen mit *beneficia*, dem Wort, das die Forschung üblicherweise als Lehen übersetzt hat, bietet die Gründungsurkunde des Klosters Murbach von 735 oder 737.[17] Der nächste mögliche Nachweis für eine Verbindung der bislang getrennten Rechtsinstitute von Lehen und Vasallität findet sich rund zwanzig Jahre später in einer Kapitelliste, die auf die Synode von Compiègne im Mai 757 zurückgeht.[18] Diese Synode ist für die inzwischen überholte Erzählung von der Entstehung des Lehnswesens von höchster Bedeutung gewesen: Sie galt als erstes Anzeichen der Durchdringung von Herrschaftsstrukturen durch die Vasallität. Vor den Augen der Versammlung in Compiègne nämlich habe sich Herzog Tassilo III. von Bayern in die Vasallität des fränkischen Königs Pippin begeben und sei damit der erste hohe Amtsträger gewesen, der zum Vasall eines Königs wurde.[19] Gleichsam spiegelbildlich sah man auf niedrigerer Ebene im neunten Kapitel der Konzilsakten von 757 das Lehnswesen am Ort seiner Entstehung aufblitzen:

> Ein Franke (*homo francus*) hat von seinem *senior* ein Lehen angenommen und er hat seinen Vasallen mit sich geführt. Später ist der *senior* eben dort gestorben und hat den Vasallen entlassen. Und danach hat ein anderer Mann dieses Lehen angenommen, und damit er jenen Vasallen besser haben kann, hat er ihm eine Frau von eben jenem Lehen gegeben, und diese

16 Zur Säkularisation s. o. S. 18–20. Vgl. Ganshof 1947, S. 30–31, vgl. auch Patzold 2012a, S. 26. Den entsprechenden Quellenbeleg bildet Concilia aevi Karolini 2, 1 (Werminghoff 1906), Nr. 2, 2, S. 7.

17 Regesta Alsatiae, 1 (Bruckner 1949), Nr. 127, S. 67. Vgl. Salten 2013, S. 2.

18 Capitularia, 1 (Boretius 1883), Nr. 15, S. 37–39. Zur Synode vgl. W. H artmann 1989, S. 73. Siehe auch Ubl 2008, S. 265. Deutinger 2008, S. 15–16.

19 Ann. Fuldenses a. 757 (Kurze 1891), S. 15. Zur Kommendation 757 vgl. Salten S. 76, mit weiterer Literatur. Patzold 2012a, S. 35–37. Als Ausgangspunkt der neueren Diskussion um Tassilo vgl. Becher 1993, S. 35–45.

> hatte er eine Zeit lang. Dann ist er, nachdem er sie verlassen hatte, zu den Verwandten seines toten *seniors* zurückgekehrt und hatte dort eine Ehefrau angenommen, und jetzt hat er diese. Es ist bestimmt worden, dass er jene, die er zuletzt angenommen hat, haben soll.[20]

Geregelt wird hier offenbar in einer Falllösung ein eherechtliches Problem:[21] Ein bereits verheirateter Mann hatte seine Frau verlassen und später erneut geheiratet. Welche dieser Ehen war die gültige? Das Problem der gleichzeitigen Ehe mit mehreren Frauen scheint auf der Versammlung von 757 einen zentralen Verhandlungspunkt dargestellt zu haben. Es wird auch in den zwei unmittelbar folgenden Kapiteln sowie drei weiteren behandelt.[22] Ähnliche Fragen der Ehe waren zu dieser Zeit offenbar in der fränkischen Welt virulent, die Synode von Compiègne schloss in ihren Bestimmungen direkt an eine Synode des Vorjahres in Verberie an.[23] Und auch für die Kopisten der folgenden Jahrhunderte war die Verfügung Pippins in diesem eherechtlichen Zusammenhang von Interesse. In fünf der sieben erhaltenen Handschriften stehen die Kapitel der Synoden von Verberie 756 und von Compiègne 757 direkt hintereinander.[24]

Die moderne Forschung hingegen interessierte sich für das zitierte Kapitel von 757 in erster Linie als Quelle zum karolingischen Lehnrecht.[25] Interessant war neben der vermeintlichen Verbindung von Vasallität und Lehen dabei vor allem die Frage, ob der

---

20 Capitularia, 1 (Boretius 1883), Nr. 15, 9, S. 38: „Homo Francus accepit beneficium de seniore suo, et duxit secum suum vassallum, et postea fuit ibi mortuus ipse senior et dimisit ibi ipsum vassallum; et post hoc accepit alius homo ipsum beneficium, et pro hoc ut melius potuisset habere illum vassallum, dedit ei mulierem de ipso beneficio, et habuit ipsam aliquo tempore; et, dimissa ipsa, reversus est ad parentes senioris sui mortui, et accepit ibi uxorem, et modo habet eam".

21 Oelsner 1871, S. 312.

22 Capitularia, 1 (Boretius 1883), Nr. 15, 10–11, 13, 17–18, S. 38–39.

23 Capitularia, 1 (Boretius 1883), Nr. 16, S. 39–41, hier noch auf „758–768?" datiert. Die Datierung auf 756 ist umstritten, vgl. W. Hartmann 1989, S. 73, der für 756 plädiert. Nach Hartmann können die Kapitel beider Synoden wiederum auf die Synode in Soissons 744 bezogen werden, deren Überlegungen sie praktisch umsetzten, vgl. W. Hartmann 1989, S. 74. Zur Synode siehe Deutinger 2008, S. 76–77. Zur Frage, wie sich die als *Decretum Vermeriense* und *Decretum Compendiense* bekannten Kapitellisten zueinander verhalten vgl. Ubl 2008, S. 267. Ubl erklärt die zahlreichen Wiederholungen in den Synodaltexten damit, dass in Verberie 756 nur eine Bischofsversammlung stattfand, während die Versammlung in Compiègne eine Reichsversammlung gewesen sei. Das angesprochene Publikum habe sich also 757 beträchtlich erweitert, sodass es sinnvoll gewesen sei, die Bestimmungen noch einmal zu wiederholen.

24 Laon, Bibliothèque Municipale, 265, fol. 162^{r-v}. München, Bayerische Staatsbibliothek, Clm 3853, fol. 257^{v}-259^{r}. Paris, Bibliothèque nationale de France, Ms. lat. 9654, fol. 2^{r}-3^{v}. Vatikan, Biblioteca Apostolica Vaticana, Pal. lat. 582, fol. 6^{r}-7^{r}. Vesoul, Bibliothèque Municipale, 79 (73), fol. 53^{r-v}. In einer weiteren Handschrift (Paris, Bibliothèque nationale de France, Ms. lat. 2796, fol. 152^{v}) sind die ersten drei Kapitel einer weiteren Synode unter Pippin III. vorangestellt, die den Inzest zum Gegenstand haben (Ver 755, vgl. Capitularia, 1 (Boretius 1883), Nr. 13, 1–3, S. 31).

25 Vgl. Kienast 1990, S. 118. Magnou-Nortier 1976, S. 41. Ganshof 1937, S. 187–188. Zu dieser Kapitelliste als Quelle zum Eherecht vgl. Ubl 2008, S. 265–270.

hier genannte Vasall frei oder unfrei war.[26] Ablesen ließe sich an diesem Kapitel dann nicht nur die Entstehung einer systematischen Verbindung von Vasallität und Lehen, sondern auch der Bedeutungswandel des Wortes *vassus* vom unfreien Knecht hin zum freien und sozial hoch stehenden Berufskrieger.[27] Dabei wirft jedoch die Übersetzung des Textes Verständnisprobleme auf. Die Interpretation dieses Kapitels hat deshalb immer wieder Schwierigkeiten bereitet.[28] Wie ist nämlich der zugrunde liegende Fall zu rekonstruieren? Auf den ersten Blick präsentiert sich das Geschehen so: Ein Franke (A) bekommt ein *beneficium* von seinem Herrn (B), seinem *senior*. A begibt sich zu diesem *beneficium* und nimmt einen Mann (C) dorthin mit, der ein Vasall des A ist. Hält man sich nun strikt an die erstmalige Benennung der beteiligen Personen, muss die Geschichte folgendermaßen fortgesetzt werden: Der Senior (B) stirbt und entlässt den Vasallen (C). Später bekommt eine weitere Person (D) das *beneficium*. D möchte C, der sich offenbar immer noch auf den verliehenen Besitzungen befindet, an sich binden und verheiratet ihn deshalb mit einer Frau (E) die von dort stammt. C verlässt E aber und begibt sich zu den Verwandten des toten Herrn (B), wo er erneut heiratet.

Bei einer lehnrechtlichen Interpretation ergeben sich aus dieser Nacherzählung des Geschehens verschiedene Probleme: Wieso wird Vasall (C) entlassen, wenn der *senior* (B) stirbt, der aber gar nicht der Herr von C ist (dessen Herr ist A)? Was wird aus A? Wenn er noch lebt, warum kehrt sein Vasall C später zu den Verwandten des B zurück, mit denen C in keiner lehnrechtlichen Verbindung steht?[29] Diese Schwierigkeiten zeigen, dass die Konzepte der Lehnsforschung von *Vasall*, *Lehen* und *Vasallität* nicht auf den Sprachgebrauch des 8. Jahrhunderts zu übertragen sind. Das Modell des Lehnswesens passt nicht auf dieses Kapitel: Der Mann des Seniors wird als *homo Francus*, nicht als Vasall bezeichnet, der Vasall ist nicht derjenige, der das *beneficium* erhält, und Fragen nach der Funktion des Vasallen lassen sich überhaupt nicht beantworten. Dafür, dass er ein Krieger ist, gibt es keinerlei Anhaltspunkte.

---

26 Vgl. Ganshof 1937, S. 187–188, demzufolge homo Francus grundsätzlich als „freier Mann" zu übersetzen ist; vgl. auch Kienast 1990, S. 118. Kienast zitiert zur älteren Forschung: Mitteis 1933, S. 34 Fn. 62. H. Brunner/von Schwerin 1928, S. 354, Fn. 34. Beide sehen in Capitularia, 1 (Boretius 1883), Nr. 15, 9 einen eindeutigen Beleg für einen unfreien Vasallen Mitte des 8. Jahrhunderts. Anders Waitz 1856 [Neudruck Waitz 1896], S. 182–183, der keinen Beweis für die Unfreiheit des Vasallen sieht.

27 Diese Deutung zuletzt bei: Magnou-Nortier 1976, S. 41–42.

28 Ehrenberg 1877, S. 14–16. Magnou-Nortier 1976, S. 41–42. Kienast 1990, S. 119. Magnou-Nortier führt die Stelle hier auch als Quelle für Kommendation und Vasallität vor der Zeit Karls des Großen an.

29 Wegen dieser Verständnisschwierigkeiten hat Alfred Boretius in der MGH Kapitularien-Edition von 1883 den Hinweis eingefügt, dass mit dem zweiten *senior*, demjenigen der stirbt, der *homo Francus* gemeint sei, vgl. Capitularia, 1 (Boretius 1883), S. 38 Fn. 1. Elisabeth Magnou-Nortier hat einen alternativen Interpretationsvorschlag gemacht und die Stelle dabei genau entgegengesetzt aufgelöst. Sie sieht mit dem *vassallus* des Texts den *homo Francus* bezeichnet. Diese Interpretation beruht auf der Einordnung von *senior* und *vassus* als streng systematische Termini des Lehnrechts: Wenn der *homo Francus* einen *senior* hat, so müsse er ein Vasall sein, vgl. Magnou-Nortier 1976, S. 42.

Ebenso wie dieser frühe Beleg für *vassus* und *beneficium* nicht eindeutig verständlich ist und einen vereinzelten Beleg für die gemeinsame Verwendung beider Worte darstellt, so ist die Quellenbasis für Vasallen und Benefizien in den Kapitellisten insgesamt sehr dünn, entgegen der zentralen Stellung, die sie nach dem Modell des Lehnswesens in der politischen Ordnung des Frankenreiches seit der Zeit Karls des Großen eingenommen haben müssten. Diese Schieflage zwischen Quellenbefund und Modell macht zunächst einmal eine quantitative Aufstellung deutlich: Nur in 36 der knapp 200 als Kapitularien edierten Quellen aus der Zeit Karls des Großen und Ludwigs des Frommen, das heißt 768 bis 840, wird überhaupt irgendeine Form des Wortes *vassus* verwendet, also in rund 18 % der Stücke.[30] Noch seltener ist ein Zusammenhang von Vasallen mit einem *beneficium*, dem lateinischen Wort, das üblicherweise als *Lehen* übersetzt wurde. Insgesamt sind aus diesem Zeitraum nur 13 Kapitel überliefert, in denen beide Worte zusammen stehen.[31] Auch das heißt aber noch nicht zwingend, dass ein Zusammenhang zwischen beidem bestehen muss, wie das gerade besprochene Beispiel gezeigt hat. Eindeutig als Besitz von Vasallen sind *beneficia* in sieben Fällen genannt.[32]

Ein solches *beneficium*, das den Empfänger dem Ausgebenden verpflichtete, wird in den Kapitellisten als eine Besitzform von anderen unterschieden, vor allem vom Eigengut, meist *proprium* oder *allodium* genannt, oder Erbgut, *hereditas*.[33] In dieser Gegenüberstellung lässt es sich so als *Leihegut* übersetzen, das die Zugehörigkeit des Besitzes zu einer weiteren Person ausweist. In den Kapitellisten ist das fast immer der

30 Die Angabe von Prozentzahlen ist nur bedingt aussagekräftig, da die Einteilung der Kapitellisten in durchnummerierte Texte kaum die handschriftliche Überlieferung wiedergibt und der Textumfang der einzelnen Nummern stark variiert. Die angegebenen Zahlen sollen dennoch einen ersten, qualitativen Eindruck der Bedeutung von vassi und beneficia geben. Sie sind das Ergebnis der Volltextsuche der digitalen MGH (www.dmgh.de) nach vassus, bassus, vasallus, vassaticum und dem Vergleich mit dem Stichwortverzeichnis der Kapitularienbände, vgl. Capitularia, 2 (Boretius u. a. 1897), S. 713–714. Hier sind im Übrigen auch Stellen unter vassallus aufgelistet, an denen das Wort nicht steht, sondern z. B. nur von seniores und ihren homines oder von einer Kommendation die Rede ist, vgl. etwa Capitularia, 1 (Boretius 1883), Nr. 77, 16, S. 172, Nr. 159, 3–4, S. 321.

31 In folgenden Kapiteln stehen Formen der Wörter vassus und beneficium: Capitularia, 1 (Boretius 1883), Nr. 15, 9, S. 38, Nr. 20, 9, S. 48, Nr. 25, 4, S. 66, Nr. 49, 3, S. 136, Nr. 74, 7, S. 167, Nr. 80, 7, S. 177 [Neuedition: Neuf capitulaires (De Clerq 1968), S. 67], Nr. 132, 6, S. 262 [Neuedition: Urkunden Ludwigs des Frommen, 2 (Kölzer 2016), Nr. 47, S. 124, Z. 8–9], Nr. 136, 9, S. 272, Nr. 141, 26, S. 291, Nr. 148, 4, S. 300, Nr. 162, 1, S. 325. Capitularia, 2 (Boretius u. a. 1897), Nr. 191, 9, S. 13–14, Nr. 202, 8, S. 64. Die *Epistola in Italiam emissa* (780) ist als Brief aus der Zählung herausgenommen, vgl. zu diesem Text Mordek 2005, S. 11. Eine Volltextsuche im Editionstext der MGH würde diesen Text als Treffer für vassallus und beneficium im selben Textabschnitt ausweisen, doch gibt es keine Kapiteleinteilung und beide Worte stehen nicht aufeinander bezogen, vgl. Capitularia, 1 (Boretius 1883), Nr. 97, S. 203.

32 Capitularia, 1 (Boretius 1883), Nr. 15, 9, S. 38, Nr. 20, 9, S. 48, Nr. 49, 3, S. 136, Nr. 74, 7, S. 167, Nr. 132, 6, S. 262 [Neuedition: Urkunden Ludwigs des Frommen, 2 (Kölzer 2016), Nr. 47, S. 124 Z. 8–9], Nr. 162, 1, S. 325. Capitularia, 2 (Boretius u. a. 1897), Nr. 202, 8, S. 64.

33 Capitularia, 1 (Boretius 1883), Nr. 136, 9, S. 272. Zur – irreführenden – Gleichsetzung von beneficium/Lehen vgl. Auge 2016, Sp. 723.

König.[34] Diese Übersetzung liegt selbstverständlich etymologisch nah am *Lehen*. Ein Leihegut wird jedoch erst durch den vorausgesetzten systematischen Verbund mit der Vasallität zum *Lehen* nach der rechtshistorischen Definition: einem Stück Land, das seinen Besitzer in die Lage versetzte, als Panzerreiter Kriegsdienst zu leisten und dessen Besitz gemäß dem Modell des Lehnswesens spezifische rechtliche Folgen hat.[35] Genau gegen diesen Zusammenhang hat sich die Kritik Susan Reynolds gerichtet. Zudem wird in den Kapitellisten meist überhaupt nicht deutlich, was ein *beneficium* genau ist. Nur selten kann es direkt als Land identifiziert werden,[36] auch ein Kloster oder eine Kirche konnten ein Leihegut sein.[37]

Daneben ist das Wort auch in seiner ganz grundsätzlichen Bedeutung als Wohltat im weitesten Sinne verwendet worden.[38] Das Bedeutungsspektrum in den karolingischen Kapitellisten ist also sehr weit. Wenn Besitz damit gemeint ist, dann kann das Besitz aller möglichen Leute sein. Als Besitzer begegnen sämtliche königlichen und geistlichen Funktionsträger wie Grafen, Bischöfe, Äbte, Äbtissinnen und Richter – und gelegentlich auch Vasallen.[39] Weitaus häufiger aber werden die Besitzer von *beneficia* anders genannt. Sie können ganz unspezifisch als *homines* und *fideles* des Königs oder anderer Großer bezeichnet werden,[40] so wie im Eingangsbeispiel der *homo Francus* ein Benefizium empfängt, das später ein anderer Mann (*homo*) bekommt.[41] Diese Vielfältigkeit der Wortbedeutungen und die fehlende Verbindung von *vassi* und *beneficia* hat den Hauptgegenstand der Kritik am Lehnswesen gebildet.[42]

---

34 Vgl. als Beispiele Capitularia, 1 (Boretius 1883), Nr. 34, 10, S. 100, Nr. 35, 49, S. 104. Vgl. zu solch einer Bedeutung von *beneficium* Fouracre 2010, S. 88. Vgl. die Einleitung des Bandes, Nelson 2010a, S. 9.

35 Vgl. die klassische Definition des Lehnswesens o. S. 4.

36 Capitularia, 1 (Boretius 1883), Nr. 34, 11, S. 100 [Neuedition: Neuf capitulaires (De Clerq 1968), S. 53], Nr. 46, 6, S. 131 [Neuedition: Neuf capitulaires (De Clerq 1968), S. 63], Nr. 148, 9, S. 300.

37 Capitularia, 1 (Boretius 1883), Nr. 95, 6, S. 201, Nr. 49, 4, S. 136. Capitularia, 2 (Boretius u. a. 1897), Nr. 187, S. 12, Z. 39, Nr. 191, 2, S. 12.

38 Capitularia, 1 (Boretius 1883), Nr. 159, S. 320.

39 *Iudices*: Capitularia, 1 (Boretius 1883), Nr. 20, 9, S. 48. *comites*: Nr. 46, 6, S. 131 [Neuedition: Kapitulariensammlung Bischof Ghaerbalds (Eckhardt 1955), S. 87], Nr. 49, 3, S. 136, Nr. 80, 7, S. 177 [Neuedition: Neuf capitulaires (De Clerq 1968), S. 67], Nr. 102, 6, S. 210, Nr. 141, 26, S. 291. Geistliche Große: Nr. 80, 7, S. 177 [Neuedition: Neuf capitulaires (De Clerq 1968), S. 67], Nr. 141, 26, S. 291.

40 *homo, homines*: Capitularia, 1 (Boretius 1883), Nr. 44, 6, S. 123, Nr. 45, 9, S. 128, Nr. 46, 6, S. 131 [Neuedition: Neuf capitulaires (De Clerq 1968), S. 63], Nr. 49, 3, S. 136. *liber homo*: Capitularia, 1 (Boretius 1883), Nr. 50, 1, S. 137. *fideles*: Nr. 77, 20, S. 171, Nr. 102, 6, S. 210. Auch *saxones*: Nr. 34, 11, S. 100 [Neuedition: Neuf capitulaires (De Clerq 1968), S. 53]. Vgl. zu *homines* und *fideles* Deutinger 2006, S. 75–107.

41 Capitularia, 1 (Boretius 1883), Nr. 15, 9, S. 38.

42 Reynolds 1994, S. 12–13, S. 93. Patzold 2012a, S. 26–27.

Auch eine feste Verbindung der beiden Worte mit dem Kriegsdienst lässt sich schon allein quantitativ kaum stützen. Nur 5 der 13 Kapitel, in denen von *vassi* und *beneficia* die Rede ist, treffen zugleich auch Bestimmungen zu irgendeiner Form von militärischem Dienst.[43] Eines dieser Kapitel gilt als Musterbeispiel für die Bedeutung vasallitischer Panzerreiter unter Karl dem Großen.[44] Es ist Teil einer Liste, die als Bestimmung zu einem Untertaneneid auf Karl den Großen von 789 bekannt ist.[45] Der betreffende Text legt recht detailliert fest, wer im Einzelnen dem König einen Treueid leisten muss. Beginnend mit Bischöfen, Äbten und Grafen werden alle Eidpflichtigen hierarchisch absteigend aufgeführt. Im 4. Kapitel folgen nachgeordnete Funktionsträger und schließlich „die Gesamtheit des Volkes" (*cunctas generalitas populi*):

> Darauf die Vögte und Vikare, die Centenare und die Priester, die außerhalb einer kanonischen Gemeinschaft leben[46] und auch die Gesamtheit des Volkes, von denen im Knabenalter ab 12 Jahren bis hin zu den Greisen, die zur Versammlung kommen und den Befehl der *seniores* erfüllen und bewahren können, gleichviel ob sie Gaubewohner sind oder Männer der Bischöfe und Äbtissinnen und der Grafen. Und so auch die Männer der Übrigen, Fiskalinen und Kolonen und die Unfreien der Kirchen und die Sklaven, die ehrenvoll *beneficia* oder Ämter haben und durch die Vasallität mit ihrem Herrn geehrt sind und Pferde, Rüstungen, Schild und Lanzen, Schwert und Kurzschwert zu haben vermögen: Sie alle sollen schwören.[47]

Hier wird die Gesamtheit all derjenigen definiert, die dem König die Treue schwören sollen. Aufgezählt werden darunter auch Unfreie wie Fiskalinen, Kolonen und Sklaven. Im Folgenden ist der sprachliche Aufbau unklar: Nach einer Aufzählung verschiedener Arten von Unfreien folgt ein *qui*-Satz, der entweder als eigene inhaltliche Einheit diejenigen aufzählt, die Benefizien oder Ämter haben und Vasallen sind. Wahrscheinlicher aber erläutert der *qui*-Satz den Teil der zuvor aufgezählten Unfreien genauer, der schwören soll. In ähnlicher Weise ist zuvor mit einem *qui*-Satz „die Gesamtheit des Volkes" näher erläutert worden.

---

43 Capitularia, 1 (Boretius 1883), Nr. 25, 4, S. 67, Nr. 49, 3, S. 136, Nr. 74, 7, S. 167, Nr. 162, 1, S. 325. Ansegis (Schmitz 1996), IV, 4, S. 621.

44 Bernard Bachrach wertet diesen Text als Schlüsselzeugnis für eine bereits Ende des 8. Jahrhunderts wohl etablierte Praxis, Unfreie als Elitekrieger auszubilden, um das eigene Gefolge zu vergrößern, vgl. B. Bachrach 2001a, S. 63–64. Zum Treueid vgl. Esders 2015, S. 221. Esders 2009a, S. 425.

45 Capitularia, 1 (Boretius 1883), Nr. 25, 4, S. 66. Matthias Becher hat diese Liste auf 789 datiert, vgl. Becher 1993, S. 79–85.

46 Zu dieser Übersetzung von „fore censiti presbiteri" vgl. Capitularia, 1 (Boretius 1883), S. 66 Fn. 4.

47 Capitularia, 1 (Boretius 1883), Nr. 25, 4, S. 67: „Deinde advocatis et vicariis, centenariis sive fore censiti presbiteri atque cunctas generalitas populi, tam puerilitate annorum XII quamque de senili, qui ad placita venissent et iussionem adimplere seniorum et conservare possunt, sive pagenses, sive episcoporum et abbatissuarum vel comitum homines, et reliquorum homines, fiscilini quoque et coloni et ecclesiasticis adque servi, qui honorati beneficia et ministeria tenent vel in bassallatico honorati sunt cum domini sui et caballos, arma et scuto et lancea spata et senespasio habere possunt: omnes iurent".

Die Liste, deren Teil das Kapitel ist, ist nur in einer im 10. Jahrhundert in Italien entstandenen Handschrift überliefert.[48] Diese Handschrift stellt nach Ausweis Hubert Mordeks, eines der besten Kapitularienkenner, einen „ungewöhnlich stark korrumpierten Tradenten dar“, das Resultat einer „ruinösen Reproduktion“.[49] Die Texte, die diese Handschrift enthält, sind wie die Bestimmungen zur Eidesleistung durch eine ziemlich wilde Grammatik und sinnentstellende Verschreibungen auch an zahlreichen anderen Stellen weitgehend unverständlich geworden. Immerhin scheint ein Zusammenhang zwischen der Eidleistung und Kriegsdiensten über das sechste Kapitel der Liste recht deutlich zu sein:

> Dass die Boten gemeinsam mit den Grafen, die in ihrem Botschaftsbezirk eingesetzt sind, den Kriegsdienst vorbereiten, damit in diesem Jahr alle kriegsmäßig zur Hilfe des Herrn Königs kommen, wenn das sein Befehl sein sollte.[50]

Dieser Zusammenhang ist tatsächlich aber höchst unsicher, denn es ist unklar, ob beide Kapitel ursprünglich Teil derselben Liste waren. Viele Kapitellisten in dieser Handschrift wurden offenbar von einem Redaktor neu zusammengestellt, parallel überlieferte Texte zeigen starke Abweichungen.[51] So ist fraglich, inwieweit die heute bekannte Version der Liste insgesamt wie auch die Bestimmungen zum Treueid im Einzelnen einer ursprünglichen Fassung entsprechen. Möglicherweise wurde der ursprüngliche Sinn der Bestimmungen von einem Schreiber des 10. Jahrhunderts – vor dem Hintergrund seiner eigenen Zeit – umgeformt und ursprünglich nicht zusammengehörige Kapitel, die ihm inhaltlich verbunden schienen, zusammengeführt. Ein Zusammenhang zwischen den Bestimmungen zur Eidleistung und dem Aufgebot im letzten Kapitel der Liste, mithin der Zusammenhang von Vasallität und Kriegsdiensten, ist also nicht zwingend. Hinzu kommt, dass die Handschrift auch physisch stark beschädigt ist. Gerade der Editionstext des sechsten Kapitels zum Kriegsdienst geht nahezu zur Hälfte auf Emendationen der ersten MGH-Kapitularienedition von 1835 zurück.[52] All das macht die Interpretation dieser Stelle höchst unsicher, ja als belastbaren Beleg für (unfreie) Vasallen-Panzerreiter im Jahr 789 unbrauchbar.

An diesen Bestimmungen zum Treueid wird exemplarisch die komplexe Überlieferung vieler der Kapitellisten und die Schwierigkeiten deutlich, die daraus für eine klassische militärgeschichtlich-lehnrechtliche Deutung auf Grundlage des Editionstextes resultieren. Die überlieferten Kapitellisten stellen vielfach Neuredaktionen dar, die bis in das hohe Mittelalter hinein zusammengestellt wurden. Etwas überspitzt formuliert

48 Paris, Bibliothèque nationale de France, Ms. lat. 4613, fol. 67^{v}-69^{r}.

49 Mordek 2004, S. 173.

50 Capitularia, 1 (Boretius 1883), Nr. 25, 6, S. 67: „Ut parata servitia habeant ipsi missi una cum comitibus qui in eorum ministeriis fuerint, ut omnes generaliter hoc anno veniant hostiliter in solatio domni regis sicut sua fuerit iussio“.

51 Patzold 2007, S. 338.

52 Capitularia regum Francorum (Pertz 1835), S. 52, 9.

ist selbst noch die Kapitularienedition Alfred Boretius' für viele der dort abgedruckten Texte genau solch eine Neuredaktion verschiedener handschriftlicher Vorlagen.[53] Wie im Beispielsfall des Treueides ist unter solch einer Betrachtung in vielen Fällen nicht mehr sicher, ob eine Kapitelliste einen Text des 8. Jahrhunderts bietet oder eher als Quelle für die Zeit der Neuredaktion karolingerzeitlicher Listen im 10. oder 11. Jahrhundert zu verstehen ist.[54] Die Kapitellisten können deshalb nicht ohne weiteres als geschlossenes Textkorpus betrachtet werden, sondern lassen sich nur auf Grundlage ihrer je eigenen Überlieferungsgeschichte interpretieren.

Genauso zeigt das Beispiel mit seiner Bedeutung als Nachweis für vasallitische Panzerreiter die Formung militärhistorischer Quellendeutungen durch das Lehnswesen als wissenschaftliches Modell: Wer nach lehnrechtlich verpflichteten Panzerreitern in seinem Sinne sucht, für den wird das Kapitel einen handfesten Beleg bieten. Andersherum kann das Kapitel mit den beschriebenen Schwierigkeiten der Quellenkritik aber kaum dazu dienen, ein solches Modell zu entwickeln. Erst, wer mit einem vorgefertigten Deutungsmuster auf die Stelle blickt, wird darin eine Bestätigung finden. Genau dies ist die lehnrechtliche „Brille", die den Blick von Historikern Susan Reynolds zufolge verzerrt hat.[55]

Was damit gemeint ist, soll ein weiteres Beispiel aus der Reihe jener fünf Kapitel deutlich machen, die sowohl die Worte *vassus* und *beneficium* enthalten, als auch Kriegsdienste behandeln: In der zweiten Hälfte des Jahres 811 hielt sich Karl der Große im heutigen Grenzgebiet zwischen Frankreich und Belgien auf, nicht zuletzt offenbar, um die Abwehr von Wikingerangriffen zu organisieren.[56] Vor diesem Hintergrund entstand im Oktober 811 in Boulogne-sur-Mer eine Kapitelliste,[57] die sich aus Bestimmungen zusammensetzt, die alle in irgendeiner Weise mit der Verpflichtung, dem königlichen Aufgebot zum Kriegsdienst Folge zu leisten, zusammenhängen.[58] Das thematische Spektrum reicht dabei von einer Strafe, die im Falle des Nichterscheinens beim Heer zu zahlen ist, bis zum Verbot, auf dem Feldzug zu trinken.[59] Das siebte Kapitel der Liste lautet in diesem Tenor:

---

53 So Patzold (unpubliziert), S. 3.

54 Vgl. als weiteres Beispiel zur Verbindung von Vasallität und Lehnswesen mit einer ähnlichen Überlieferungssituation Capitularia, 1 (Boretius 1883), Nr. 49, S. 135–136. Auch die Kapitel dieser Liste waren wohl ursprünglich nicht verbunden, vgl. Mordek 1995, S. 562–563, S. 780–781.

55 Reynolds 1994, S. 3. Vgl. dieses Zitat o. S. 5.

56 Ann. regni Francorum a. 811 (Kurze 1895), S. 135.

57 Datierung und Verortung richten sich nach einer entsprechenden Zuweisung in der handschriftlichen Überlieferung. Die älteste bekannte Handschrift ist Paris, Bibliothèque Nationale, Ms. lat. 4995, fol. 33^{v}-35^{r} (10. Jahrhundert, Nordfrankreich), vgl. Mordek 1995, S. 549. Hier lautet die Überschrift: „ITEM Capitula que domnus imperator consitituit bononiae que est in littore maris anno regni sui XLIIIIor mense octobrio indiccione V".

58 Capitularia, 1 (Boretius 1883), Nr. 74, S. 166–167.

59 Capitularia, 1 (Boretius 1883), Nr. 74, 6–7, S. 166–167.

> Über die herrschaftlichen Vasallen, die bisher im Haus dienen und von denen bekannt ist, dass sie dennoch *beneficia* haben, ist folgendes festgelegt worden: Dass jeder von ihnen, der mit dem Herrn Kaiser zu Hause zurückbleibt, seine *vassalli casati* nicht mit sich zurückhält, sondern ihnen erlaubt, mit dem Grafen, dessen Gaubewohner sie sind, auszuziehen.[60]

Hier werden kaiserliche Vasallen beschrieben, die im Haus des Kaisers dienen, und die „beneficia" haben. Das ist als Besonderheit formuliert – „tamen beneficia habere noscuntur". Der Besitz eines Leiheguts bestimmt in diesem Fall die Position von Vasallen und dient als Unterscheidungsmerkmal. Die Verpflichtung zur Teilnahme an einem Heerzug ist hier jedoch nicht darüber begründet, auch wenn die Stelle üblicherweise als Beleg für den Verbund von Vasallität, Lehen und Kriegsdienst angeführt wird.[61] Denn die Regelung betrifft gar nicht die kaiserlichen Vasallen selbst; sie sollen ohnehin aus nicht näher erläuterten Gründen beim Kaiser bleiben. Eigentlicher Regelungsgegenstand des Kapitels sind vielmehr bestimmte Vasallen der kaiserlichen Vasallen. Diese sind näher beschrieben als *vassalli casati*, was üblicherweise als „belehnter Vasall" übersetzt wird. Als Beleg für diese Bedeutung von *casatus* wird unter anderem genau diese Stelle in den Lexika angeführt.[62]

Die Übersetzung als „belehnt" im Zusammenhang mit Vasallen ist jedoch ein Zirkelschluss: Wenn ein Vasall Land erhält, dann muss das Land ein Lehen sein, weil der Besitzer ein Vasall ist. Die im Text angesprochenen Besitzer der *beneficia* sind aber nicht die *vassalli casati*, sondern deren Herren, die *vassi dominici*. Was genau ein *casatus* ist, ist damit unklar.[63] Diese Bezeichnung steht sonst meist im Zusammenhang mit Sklaven oder Dienern, dann wird sie als „mit Haus und Hof ausgestattet" oder „behaust" übersetzt. Diese Eigenschaft scheint an der zitierten Stelle das Kriterium zu sein, das die Vasallen der königlichen Vasallen 811 zum Kriegsdienst verpflichtete. Entscheidend könnte dabei die Zuweisung zu einem Stück Land, einem Hof, sein, der die *vassalli casati* einem bestimmbaren Bezirk zuweisbar machte. Deshalb sollten sie wie die übrigen Einwohner dieses Bezirks, eines Gaues (*pagus*), mit dem örtlichen Grafen in den Krieg ziehen. Da der Großteil der Liste von 811 auf den Umgang mit der Verweigerung von Kriegsdiensten gerichtet ist, könnte dieses Problem auch hinter der Regelung für die *vasalli casati* stehen: Männer verwiesen beim Aufgebot darauf, nicht dienstpflichtig zu sein, weil sie zu einem der königlichen Vasallen gehörten, die vom Kaiser persönlich davon ausgenommen worden waren.

---

60 Capitularia, 1 (Boretius 1883), Nr. 74, 7, S. 167: „De vassis dominicis, qui adhuc intra casam serviunt et tamen beneficia habere noscuntur, statutum est, ut quicumque ex eis cum domno imperatore domi remanserit, vassallos suos casatos secum non retineat, sed cum comite, cuius pagenses sunt, ire permittat".

61 Salten 2013, S. 151–152. Wie auch H. Brunner/von Schwerin 1928, S. 282. Waitz 1861a, S. 496.

62 Niermeyer 2004, s. v. casatus 2. Prinz 1999, s. v. casatus II, S. 323. Zur Bedeutung von casatus in solchen wie den hier angesprochenen Zusammenhängen vgl. auch Reynolds 1994, S. 100.

63 Als weitere Belegstellen in der Kapitularienedition vgl. Capitularia, 1 (Boretius 1883), Nr. 50, 4, S. 37, Nr. 80, 5, S. 177.

Die Bestimmung ist damit sichtlich bemüht, eine Regelung für eine genauer definierte Gruppe von Vasallen, die *casati*, zu treffen. Eine Grundsatzentscheidung, in der vasallitischer Kriegsdienst ursächlich mit dem Lehen verbunden wurde, wird man in ihr aber nur finden, wenn man sie durch das Modell des Lehnswesens betrachtet. Ein synallagmatischer Zusammenhang von Vasallität, Leihgütern und Kriegsdienst lässt sich damit, so das Fazit, auch in den Kapitellisten nicht finden. Leihegüter im Besitz von Vasallen scheinen allerdings ein durchaus gängiger Fall gewesen zu sein, der immer wieder geregelt wurde. In den karolingischen Kapitellisten sind solche Vasallen meistens Männer in direkter Beziehung zum König, ganz gelegentlich auch Vasallen anderer Menschen. Der Besitz von Leihgütern, die, wenn sie in den Kapitellisten behandelt sind, in aller Regel durch den König verliehen wurden, war ein Merkmal, das die Pflichten oder die Position dieser Menschen beeinflusste. Dieser Eindruck geht jedoch auch auf die Quellenauswahl zurück, denn sie ist genau von der Suche nach diesem Zusammenhang von *vassi* und *beneficia* bestimmt gewesen. Die Quellenbasis für solch einen Zusammenhang ist jedoch äußerst schmal und zeigt, dass beides nicht systematisch verbunden wurde.

Statt als Kriegerschicht, die von den Karolingern gezielt aufgebaut wurde, lassen sich die Vasallen der Kapitellisten als (fast stets) königliche Funktionsträger verstehen, wie Bischöfe, Äbte, Äbtissinnen, Grafen, Richter und königliche Boten sie darstellten.[64] Blickt man über die fünf Einzelkapitel, die *vassi* und *beneficia* gemeinsam enthalten, hinaus, so werden Vasallen fast stets in einem solchen Zusammenhang besprochen.[65] So verbot Karl der Große zum Beispiel im sogenannten *Capitulare missorum generale* von 802 – zum wiederholten Male – die Jagd in den königlichen Wäldern.[66] Das Verbot war an die Allgemeinheit gerichtet (*nemine audeat*), besonders aufgezählt werden aber Grafen, Zentenare und *bassi* sowie die übrigen *ministeriales*.[67] Diese Leute werden hier als Diener oder Funktionsträger des

---

64 Capitularia, 1 (Boretius 1883), Nr. 33, 39, S. 98 [Neuedition: Neuf capitulaires (De Clerq 1968), S. 53], Nr. 48, 3, S. 135, Nr. 49, 3, S. 136, Nr. 61, 5, S. 148, Nr. 78, 7, S. 177, Nr. 93, 6, S. 197, Nr. 94, 4, S. 198, Nr. 102, 10, S. 210, Nr. 104, 3, S. 213, Nr. 133, S. 264, Z. 4–7 [Neuedition. Urkunden Ludwigs des Frommen, 2 (Kölzer 2016), Nr. 88, S. 216, Z. 7], Nr. 139, 18, S. 285, Nr. 140, 5, S. 287, Nr. 152, S. 310, Z. 6–9, Nr. 168, 8, S. 336. Capitularia, 2 (Boretius u. a. 1897), Nr. 191, 9, S. 13–14.

65 Capitularia, 1 (Boretius 1883), Nr. 33, 39, S. 98 [Neuedition: Neuf capitulaires (De Clerq 1968), S. 53], Nr. 48, 3, S. 135, Nr. 49, 3, S. 136, Nr. 61, 5, S. 148, Nr. 78, 7, S. 177, Nr. 93, 6, S. 197, Nr. 94, 4, S. 198, Nr. 102, 10, S. 210, Nr. 104, 3, S. 213, Nr. 133, S. 264, Z. 4–7 [Neuedition. Urkunden Ludwigs des Frommen, 2 (Kölzer 2016), Nr. 88, S. 216, Z. 7], Nr. 139, 18, S. 285, Nr. 140, 5, S. 287, Nr. 152, S. 310, Z. 6–9, Nr. 168, 8, S. 336. Capitularia, 2 (Boretius u. a. 1897), Nr. 191, 9, S. 13–14.

66 Capitularia, 1 (Boretius 1883), Nr. 33, 39, S. 98 [Neuedition: Neuf capitulaires (De Clerq 1968), S. 53]: „Ut in forestes nostras feramina nostra nemine furare audeat, quod iam multis vicibus fieri contradiximus". Zu diesem Kapitel vgl. Mischke 2013, S. 70–71.

67 Capitularia, 1 (Boretius 1883), Nr. 33, 39, S. 98: „Si quis autem comis vel centenarius aut bassus noster aut aliquis de ministerialibus nostris feramina nostra furaverit omnino ad nostra presentia perducantur ad rationem. Caeteris autem vulgis, qui ipsum furtum de feraminibus fecerit, omnino quod iustum es conponat".

Königs von dessen restlichen Untertanen (*vulgus*) unterschieden, und nur sie sollen bei Zuwiderhandlung vor den König persönlich gebracht werden. Die königlichen Vasallen sind damit Teil einer besonderen Gruppe von Personen, an die sich königliche und kaiserliche Erlasse richteten. Für diese Gruppe gelten oft besondere Befehle, Bestimmungen oder Ermahnungen.[68] In solchen Aufzählungen stehen die Vasallen immer erst nach Bischöfen, Äbten und Grafen, sodass sich eine Rangfolge ablesen lässt.[69] Sehr deutlich vorgenommen wird eine solche Trennung etwa um 819 bei der Festlegung von Verpflegung, die die königlichen Boten empfangen sollten.[70] Die Vasallen bekamen hier deutlich weniger Nahrungsmittel und Vieh zugewiesen.

Mit diesen Beobachtungen ist im Grunde eine erschöpfende Definition der königlichen Vasallen in den Kapitularien getroffen, wie sie ähnlich auch Susan Reynolds schon 1997 aufgestellt hat:[71] Königliche Vasallen sind eine Kategorie von Laien, die Dienste für den König verrichten, und innerhalb der Gruppe königlicher Funktionsträger ist ihr Rang niedriger als der von Bischöfen, Äbten, Äbtissinnen und Grafen. Spezifischer lässt sich ihre Stellung kaum fassen, vor allem da sie insgesamt so selten genannt werden.

Die Aufgaben von Vasallen können meistens nur indirekt erschlossen werden. Für sie gilt zunächst einmal das Gleiche wie für die übrigen königlichen Funktionsträger: Sie kamen in allen möglichen königlichen oder kaiserlichen Belangen zum Einsatz, und damit auch im Krieg. Insofern hatten sie um 800 eindeutig auch eine militärische Funktion. Das Wort *vassus* bildete aber keinen Begriff militärischer Organisation und lässt sich auch nicht als Bezeichnung für karolingische Berufskrieger verstehen. Das Ergebnis dieses Kapitels ist so zunächst einmal rein destruktiv. Die Zurückweisung der klassischen rechtsgeschichtlichen Deutung enthält jedoch zugleich den Anknüpfungspunkt für eine Neudeutung: Dieser Anknüpfungspunkt besteht in der Betonung der Vielfältigkeit der Aufgaben karolingischer Funktionsträger. Die militärische Organisation bildete, so die These, keine klar abgrenzbare Sphäre, sondern wurde über dieselben Personen und dieselben Formen der Bindungen zwischen ihnen in Funktion gesetzt, wie andere Bereiche karolingischer Herrschaft.

---

68 Für Belege von vassi als Teil der Gruppe königlicher Amtsträger vgl. z. B. Capitularia, 1 (Boretius 1883), Nr. 80, 7, S. 177 [Neuedition: Neuf capitulaires (De Clerq 1968), S. 67], Nr. 94, 4, S. 198, Nr. 152, S. 310.

69 Vgl. Patzold 2012a, S. 37.

70 Capitularia, 1 (Boretius 1883), Nr. 141, 29, S. 291. Zur Datierung abweichend von Boretius vgl. Ganshof 1955, S. 510.

71 Reynolds 1997, S. 35: „Carolingian royal vassi, as they appear to me in the sources of the time, were lay royal servants, with general but primarily military duties, often in support of counts". Vgl. auch die Definition bei Patzold 2012a, S. 38.

3.2 Die allgemeine Heerespflicht: Kapitularien als militärgeschichtliche Quelle

Das wissenschaftliche Modell einer fränkischen Wehrpflicht ist essenziell mit der urgermanischen Verfassung verbunden, die als übergeordnetes Erkenntnisinteresse die rechtshistorische Forschung des 19. Jahrhunderts geleitet hat. Der historische Entwurf einer fränkischen Wehrpflicht ist damit Teil der Verhandlung des werdenden deutschen Nationalstaats, dessen Identität wesentlich über die Gleichsetzung von *deutsch* und *germanisch* konstruiert wurde.[72] Unter dieser Prämisse war auch eine Kontinuität der germanischen *Verfassung* von der Antike bis ins frühe Mittelalter hinein mitgedacht. So konnte die gesamte germanisch-deutsche Geschichte bis zur Entstehung des Lehnswesens, in der die alte germanische Ordnung zersetzt worden sei, als kohärentes, ahistorisches Kontinuum betrachtet werden.

Auf dieser Grundlage ließen sich Quellen ganz unterschiedlicher Zeiten und Räume kombinieren, um ein Bild über den Urzustand der Germanen zu gewinnen, vom kaiserzeitlich-römischen Tacitus († um 120) über das altenglische Beowulfepos, das allein in einer Handschrift der Zeit um 1000 überliefert ist, bis hin zu den isländischen Sagas des 13. und 14. Jahrhunderts.[73] Die Franken waren nach dieser Deutung auch zur Zeit Karls des Großen noch Germanen und deshalb war ihre sozio-politische Ordnung jene, die bei den alten Germanen geherrscht hatte.[74] Nahe an ihrem Urzustand, vor dem Beginn einer ganz allmählichen Verformung unter römisch-antiken Einflüssen, konnte man diese Ordnung samt einer Art urgermanischen Wehrpflicht am Übergang von der Antike zum Mittelalter bei Autoren wie Ammianus Marcellinus († um 395) und Gregor von Tours († 594) beschrieben finden.[75]

Wie Bernard Bachrach gezeigt hat, geht die wissenschaftliche Darstellung fränkischer Heere als Massenaufgebote schlecht bewaffneter Fußkämpfer noch konkreter maßgeblich auf je eine kurze Passage im Werk der oströmischen Geschichtsschreiber Procopius von Caesarea († ca. 555) und Agathias († 582) zurück, die nichtrömische Heere in einer römischen Tradition als Barbaren beschrieben.[76] Die Forschung setzte diese Barbaren mit den Germanen gleich und übernahm ihre

---

72 S. o. S. 10–11.

73 Vgl. Jäger 2017, S. 13–14. Zur Bedeutung des Beowulfepos für die Geschichtswissenschaft und das Mittelalterbild der Moderne vgl. Wood 2013, S. 161–168. Für einen Überblick zum Epos selbst vgl. Sauer 2016, S. 62–64. Die Datierung des Textes ist äußerst umstritten und variiert zwischen dem 7. und 11. Jahrhundert. Zur Datierung zuletzt Neidorf 2014, S. 1–16. Zu den isländischen Sagas vgl. Isländersagas, 5 (Böldl 2011), S. 9–19. Böldl 2011, S. 20–29.

74 H. Brunner 1892, S. 201.

75 Vgl. H. Brunner 1887. Gregor von Tours, Decem libri historiarum (Krusch/Levison 1951). Ammianus Marcellinus, Res gestae, 1–2 (Seyfarth u. a. 1978). Tacitus, Germania (Önnerfors 1983).

76 B. Bachrach 1970, S. 45. Vgl. H. Brunner 1887, S. 2.

Beschreibung als kampfesmutige und ungestüme, ihrer urtümlichen Zivilisationsstufe entsprechend aber primitiv bewaffnete Krieger. Das Heer bildeten nach dieser Darstellung alle freien Männer eines Stammes, einfache Bauern, die zum größten Teil als Fußkämpfer in den Krieg zogen.[77] Wenn nun Karl Martell, Pippin III. und selbst noch Karl der Große ein Heer aufstellen wollten, dann mussten sie im Grunde auf dieses alte germanische Volksaufgebot zurückgreifen.[78] Auf solchen Prämissen baut die Vorstellung von germanischen Volksheeren letztlich auf, ohne dass ein Aushebungssystem, das dem modernen Konzept der Wehrpflicht gleicht, in irgendeiner antiken Quelle konkret beschrieben wäre.

Die These einer allgemeinen Wehrpflicht im Frankenreich stützt sich deshalb vor allem auf eine Rückprojektion der Bestimmungen der karolingischen Kapitellisten. Allein in dieser Quellengruppe finden sich, hin und wieder, konkrete Bestimmungen zum Kriegsdienst der „freien Männer“ (*homines liberi*).[79] So erließ Karl der Große 807 eine Aufgebotsbestimmung, die forderte, dass „jeder Freie, der fünf Einheiten Land besitzt“, zum Heer einrücken solle;[80] Ludwig der Fromme ordnete 829 an: „Wir wünschen und befehlen, dass unsere Boten sorgfältig untersuchen, wie viele freie Männer in den einzelnen Grafschaften leben, die von sich aus den Kriegszug unternehmen können“.[81]

Solche Bestimmungen, verstanden als normsetzende königliche Rechtstexte, brachten Rechtshistoriker des 19. und 20. Jahrhunderts mit Vorstellungen vom altgermanischen Volkskriegertum und der Gemeinfreiheit zusammen. Die karolingischen Kapitellisten und die hier fassbare Verpflichtung freier Männer zum Kriegsdienst konnten so als schriftliche Ausformulierung uralter Normen gelten und damit in vorgeschichtliche Zeit rückprojiziert werden. Bis heute bilden die Kapitellisten die maßgeblichen Belege für die These einer allgemeinen Verpflichtung zum Kriegsdienst im Karolingerreich.[82]

Wie im Fall der militärischen Bedeutung der Vasallität ist jedoch die Quellengrundlage auch dafür sehr dünn: In den zwei Bänden der Kapitularienedition mit insgesamt 304 Nummern sind nur vier Kapitellisten enthalten, die ausführlich und konkret Bestimmungen über die Aufstellung eines Heeres treffen und die man deshalb als Aufgebotskapitularien bezeichnen könnte. Sie sind unter ihren

---

77 Diese Deutung bezieht sich besonders auf Tacitus, Germania (Önnerfors 1983), 4, 6–7, 13–15, S. 5–6, S. 10–12. Procopius, Historien (Wirth 1963), II, 25, S. 261. Verwendet in dt. Übersetzung, Prokop, Gotenkriege (Veh 1966), II, 25, S. 391. Agathias, Historien (Keydell 1967) B, 5, S. 46. Verwendet in dt. Übersetzung: Agathias, Historien (Veh 1966), II, 5, S. 1181.

78 Boretius 1874, S. 143.

79 Besonders Capitularia, 1 (Boretius 1883), Nr. 48, S. 134–135, Nr. 50, S. 137–138, Nr. 73, S. 164–165, Nr. 162, S. 324–325. Capitularia, 2 (Boretius u. a. 1897), Nr. 186, 7, S. 7.

80 Capitularia, 1 (Boretius 1883), Nr. 48, S. 134–135.

81 Capitularia, 2 (Boretius u. a. 1897), Nr. 186, 7, S. 7.

82 B. Bachrach/D. Bachach 2017, S. 110–111. Goffart 2016, S. 25. Renard 2009, S. 6. Prietzel 2006a, S. 11–14.

Kunsttiteln, die Alfred Boretius in seiner Kapitularienedition 1883 geprägt hat, bekannt geworden:[83]

- *Memoratorium de exercitu in Gallia occidentali praeparando* (Nr. 48) von 807.[84]
- *Capitulare missorum de exercitu promovendo* (Nr. 50) von 808.[85]
- *Capitula de expeditione Corsicana* (Nr. 162) von 825.[86]
- *Constitutio de expeditione Beneventana* (Nr. 218) von 866.[87]

Vor allem die ersten drei Texte sind in der karolingischen Militärgeschichte seit jeher ausführlich diskutiert worden.[88] Auf diesen Texten beruhte maßgeblich das Bild der fränkischen Heeresorganisation, wie es die Forschung des 19. Jahrhunderts entworfen hat und das bis heute äußerst prägend nachwirkt. Die Liste von 866 ist weitgehend unbeachtet geblieben, vermutlich weil sie lediglich als Reflex älterer Verordnungen in einem längst zerfallenden Karolingerreich verstanden wurde. Als der bei weitem umfangreichste der drei genannten Texte hat besonders das sogenannte *Capitulare missorum de exercitu promovendo* als nahezu idealtypisches Aufgebot die militärgeschichtliche Forschung geprägt.[89] Zur Verdeutlichung und Dekonstruktion dieses alten Entwurfs wird im Folgenden zunächst erneut der Inhalt des Textes kurz durchgegangen. Daran werden die Probleme dieser Deutung sichtbar werden.

Unter der Überschrift „Eine Liste der Kapitel, welche die königlichen Boten haben sollen, um das Heer aufzustellen" erfolgt im ersten Kapitel das Aufgebot aller freien Männer:

> Dass jeder freie Mann, der vier bestellte Hofstellen entweder zu Eigen oder von irgendjemandem als Benefizium hat, sich selbst ausrüste und selbstständig zum Heer komme. Entweder mit seinem Senior, wenn der Senior auszieht oder mit seinem Grafen. Wer aber drei Hufen zu Eigen hat, werde mit einem verbunden, der eine Hufe hat und jenem soll er Unterstützung gewähren, sodass jener für beide ausziehen kann. Wer aber nur zwei Hufen zu Eigen hat, werde mit einem verbunden, der ebenfalls zwei hat und einer von diesen, vom andern unterstützt, ziehe ins Heer. Wer aber nur eine Hufe zu Eigen hat, soll mit dreien verbunden werden, die

83 Capitularia, 1 (Boretius 1883), Nr. 162, S. 325.

84 Capitularia, 1 (Boretius 1883), Nr. 48, S. 134–135.

85 Capitularia, 1 (Boretius 1883), Nr. 50, S. 136–138.

86 Capitularia, 1 (Boretius 1883), Nr. 162, S. 324–325.

87 Capitularia, 2 (Boretius u. a. 1897), Nr. 218, S. 94–96.

88 Reuter 1990, S. 255–256, S. 261–262. Prietzel 2006a, S. 11–16. Mit kurzer Diskussion der Liste von 866 vgl. Halsall 2003, S. 93–98. Prägende ältere Werke: Contamine 1980, S. 2. Lot 1946, S. 91. Delbrück 1907, S. 28–29, S. 42, S. 50. H. Brunner 1892, S. 204–206. Waitz 1861a, S. 449, S. 471–479. Roth 1850, S. 392–395.

89 Auch einer modernen Betrachtung durch Etienne Renard gilt dieser Text als „compte du système ‚normal' de conscription", Renard 2009, S. 10. Vgl. zu dieser Kapitelliste auch Esders 2009b, S. 208–209.

> genauso viel haben und diese sollen ihn unterstützen, und allein jener gehe; die drei aber die ihn unterstützen, sollen zu Hause zurückbleiben.[90]

Bedingung für die Verpflichtung zum Kriegsdienst war nach diesem ersten Kapitel ein gewisser Mindestbesitz, der mit vier *mansi* schon recht ansehnliche Ländereien dargestellt haben dürfte.[91] Männer mit weniger Grundbesitz wurden zu sogenannten Gestellungsverbänden zusammengeschlossen, die gemeinschaftlich einen Krieger stellten. Dieser Zusammenschluss ärmerer freier Männer zur Stellung eines Kriegers gilt als zeitspezifisches Merkmal der Organisation von Kriegsdiensten im Karolingerreich um 800 und wird üblicherweise als Indiz für eine „Heeresreform"[92] Karls des Großen diskutiert.[93] Ganz ähnliche gemeinschaftliche Organisationsformen lassen sich allerdings auch in anderen spätantiken und frühmittelalterlichen politischen Ordnungen finden,[94] sodass solch eine Vergemeinschaftung militärischer Lasten ein wenig spezifisches Phänomen zu sein scheint.

Das zweite Kapitel der Liste ahndet die Verweigerung des Kriegsdienstes. In Ergänzung des Aufgebotsbefehls im ersten Kapitel weist es die Boten an, Dienstverweigerer mit einer Strafzahlung zu belegen, dem „Heerbann" (*haribannus*) in Höhe von 60 *solidi*, was wohl etwa 1,2 kg Silber entsprochen haben dürfte:[95]

> Wir wünschen und verfügen, dass die Boten gleichfalls sorgsam untersuchen, wer im vorigen Jahr dem einberufenen Heer ferngeblieben ist, entgegen jener Regelung, nach der wir, wie

---

90 Capitularia, 1 (Boretius 1883), Nr. 50, 1, S. 137: „Ut omnis liber homo, qui quatuor mansos vestitos de proprio suo sive de alicuius beneficio habet, ipse praeparet et per se in hostem pergat, sive cum seniore suo si senior eius perrexerit sive cum comite suo. Qui vero tres mansos de proprio habuerit, huic adiungatur qui unum mansum habeat et det illi adiutorium, ut ille pro ambobus possit. Qui autem duos habet de proprio tantum, iungatur illi alter qui similiter duos mansos habeat, et unus ex eis, altero illum adiuvante, pergat in hostem. Qui etiam tantum unum mansum de proprio habet, adiungantur ei tres qui similiter habeant et dent ei adiutorium, et ille pergat tantum; tres vero qui illi adiutorium dederunt domi remaneant".

91 Zur Hufe/Manse vgl. Rösener 2012. Renard 2009, S. 21–22. Kasten 2008. Sonnlechner 2004.

92 Diesen Begriff etablierte Fleckenstein 1981, S. 85.

93 Vgl. als traditionsbildende Arbeiten etwa Waitz 1861a, S. 472. H. Brunner 1892, S. 205, anders Alfred Boretius, der in den Bestimmungen zum gemeinschaftlichen Kriegsdienst keine Neuerung und damit keine Reform sah, sondern lediglich die Verschriftlichung uralter Regelungen, vgl. Boretius 1874, S. 73. Der Begriff des Gestellungsverbandes dürfte in den 1920er Jahren aufgekommen sein, vgl. die Neuausgabe der Brunnerschen *Rechtsgeschichte*, die ihn anders als die Erstauflage von 1892 verwendet; H. Brunner/von Schwerin 1928, S. 273.

94 Esders 2009b, S. 206–234. Zur Diskussion eines ähnlichen Rekrutierungssystems für das byzantinische Imperium zu Beginn des 9. Jahrhunderts Cosentino 2017.

95 Die Ansetzung des Heerbanns auf 60 *solidi* beruht auf der mehrfachen Wiederholung dieser Angabe in den Kapitellisten: Capitularia, 1 (Boretius 1883), Nr. 74, 1, S. 166, Nr. 77, 9, S. 171, Nr. 98, 2, S. 205, Nr. 110, 8, S. 224, Nr. 165, 1, S. 239. 1 Solidus dürfte als karolingische Recheneinheit 12 Denare mit je einem Gewicht von 1,7 g Silber umfasst haben; 60 Solidi also 1,2224 kg. Dazu vgl. als Übersicht Tabernero 2013, S. 198–201. Weiterführend Hatz 1995, S. 355–356. Witthöft 1984, S. 87–94, grundlegend immer noch Grierson 1959, S. 58–67.

> vorher beschrieben, befohlen haben, mit den Freien und den ärmeren Männern zu verfahren. Und jeder, der ausfindig gemacht wird, der weder seinesgleichen bei der Teilnahme am Feldzug unterstützt hat noch ausgezogen ist, soll unseren vollen Heerbann zahlen und die Zahlung nach dem Gesetz beschwören.[96]

Umstritten ist seit langem, ob unter dem Heerbann eine tatsächliche Strafzahlung zu verstehen ist, oder eine Ablösesumme als eine Art Steuer, die man zahlen konnte, um keinen Kriegsdienst leisten zu müssen.[97] Das Wort *haribannus* konnte offenbar beides bezeichnen: während an einigen Stellen damit deutlich eine steuerähnliche Zahlung benannt ist,[98] bietet das hier zitierte Kapitel einen der klassischen Belege für die Interpretation als Strafzahlung. Nachdem so in den ersten Kapiteln Dienstforderung und Verweigerungsstrafe formuliert sind, führen die folgenden Kapitel speziellere Regelungen und Ausnahmen an: Die Grafen sollen ihre Macht bei der Auswahl der Krieger nicht missbrauchen oder sich bestechen lassen (c. 3. c. 5–6). Den Grafen und Bischöfen wurde gestattet, jeweils eine kleine, genau geregelte Zahl „ihrer Männer“ zurückzulassen, die nicht die dafür an sich vorgesehene Strafe leisten mussten, um ihre Aufgaben zu versehen (c. 4). Den Heerbann sollten die königlichen Boten von allen Männern einsammeln, die nach diesen Bestimmungen Kriegsdienst hätten leisten müssen, es aber nicht getan hatten (c. 7). Ausgenommen waren Männer, die auf Befehl des Königs nicht ausgezogen waren (c. 9). Interessant für Historiker ist der Text schließlich auch deshalb, weil das achte Kapitel einen Einblick in die Verbreitung der Kapitellisten eröffnet:[99]

> Wir wünschen, dass von diesen Kapiteln vier Exemplare geschrieben werden: Und eines davon sollen unsere Boten haben, ein weiteres der Graf, in dessen Amtsbezirken diese Kapitel auszuführen sind, damit sowohl unser Bote als auch der Graf nichts anderes tun als das, was durch unsere Kapitel festgelegt ist; das dritte Exemplar sollen die Boten haben, denen das Heer unterstellt werden wird, das vierte soll unser Kanzler haben.[100]

In dieser Liste lassen sich so all die Bestandteile, die nach klassischer Lehre die Grundelemente fränkischer Militärorganisation gebildet haben, finden: Sie bietet zunächst einmal einen sehr handfesten Beleg für die Existenz irgendeiner Form der öffentlichen Verpflichtung freier Männer zum Kriegsdienst. Anders wird man die Bestimmungen kaum interpretieren können. Die Liste führt zudem die Staffelung der Dienstpflicht nach Landbesitz auf, den Heerbann als Strafzahlung bei Dienstverweigerung, die Institution der königlichen Boten als Organ der praktischen Durchführung des Aufgebots; und sie lässt sich schließlich auch als Beleg für die

96 Capitularia, 1 (Boretius 1883), Nr. 50, 2, S. 137.

97 Eine neuere Diskussion der Frage bieten Guy Halsall (Strafzahlung) und Matthew Innes (Steuer), vgl. Halsall 2003, S. 55. Innes 2000, S. 153–156. Zur älteren Diskussion vgl. H. Brunner 1892, S. 212.

98 Etwa Capitularia, 1 (Boretius 1883), Nr. 99, 13, S. 207. Vgl. Innes 2000, S. 154 Fn. 49.

99 Schmitz 2012, Sp. 1605.

100 Capitularia, 1 (Boretius 1883), Nr. 50, 8, S. 138.

Ausbreitung des Lehnswesens in der Heeresorganisation lesen. In der Formulierung des Besitzmaßstabs von vier Hofstellen als „proprium suum sive de alicuius beneficium" sah die lehnrechtliche Forschung eine gesetzgeberische „Gleichachtung" von „Beneficium" und „Eigengut" verwirklicht, die als Maßnahme gegen die Ausbreitung des Lehnswesens zu verstehen sei.[101] Für Historiker, die an gesetzgeberischen Normen mit möglichst umfassender Geltung interessiert waren, lag es also nahe, diese Liste als Schlüsselquelle zu verstehen.

Überlieferung und Datierung des Textes haben dabei allerdings seit jeher Probleme bereitet, denn die Liste enthält selbst keinerlei Datierung. Alfred Boretius hat den Text in den Vorarbeiten zu seiner Kapitularienedition mit inhaltlichen Argumenten in das Jahr 808 gesetzt, die Forschung ist ihm seither in diesem Vorschlag gefolgt. Diese Einordnung ruht jedoch auf sehr unsicherer Basis und war zur Zeit der Neuedition des Textes auch durchaus noch umstritten.[102] Erst durch die Publikation der Edition 1883 hat sich die in ihr angegebene Datierung gewissermaßen normativ durchgesetzt. Sie beruht auf der Vermutung, dass sich das *Capitulare missorum de exercitu promovendo* direkt auf jene Kapitelliste beziehe, die Boretius als *Memoratorium de exercitu in Gallia occidentali praeparando* (Nr. 48) ediert hat, das heißt auf die älteste der oben genannten Aufgebotslisten. Dieser Text lässt sich über die handschriftliche Überlieferung recht sicher in das Jahr 807 datieren.[103] Im oben wiedergegebenen zweiten Kapitel des *Capitulare missorum de exercitu promovendo* (Nr. 50) verweise der König nun, so Boretius' Argument, explizit auf eine Bestimmung des Vorjahres. Nach seiner Übersetzung lautet die Passage:

> Wir wünschen und befehlen, dass unsere besagten *missi* genau ermitteln sollen, wer im vergangenen Jahre dem Heeresaufgebot sich entzogen hat, jener Anordnung zuwider, welche wir in *vordem* angegebener Weise in Betreff der freien und ärmeren Leute haben ergehen lassen.[104]

Die hier zitierte Anordnung könne, so Alfred Boretius, nur in den Bestimmungen der Nr. 48 vorliegen. Er sah den Bezug im lateinischen Text eindeutig hergestellt: „super illam ordinationem quam modo superius comprehenso". Der Verweis auf eine „ordinatio" sei als direktes Zitat der Liste von 807 (Nr. 48) zu verstehen: „Memoratorium qualiter ordinavimus propter famis inopiam". Die wörtliche Überschneidung

101 Waitz 1861a, S. 480. Zur Unterscheidung von *beneficium* und *proprium* s. o. S. 75.

102 Boretius 1874, S. 84–88. Ablehnend, mit Datierung auf 811, vgl. Abel 1883, S. 373 Fn. 3.

103 Boretius 1874, S. 82–83. Die Datierung beruht auf der Überschrift „Iste capitulus fuit datus in anno septimo ad Aquis palatium", die in beiden Handschriften, die den Text überliefern, enthalten ist: Paris, Bibliothèque nationale de France, Ms. lat. 9654 fol. 20^{r}. Vatikan, Biblioteca Apostolica Vaticana, Pal. lat. 582 fol. 23^{r}.

104 Hier ist anders als oben die Übersetzung Alfred Boretius' wiedergeben, vgl. Boretius 1874, S. 85.

ordinatio – *ordinare* konnte nach Alfred Boretius keinesfalls zufällig sein, sondern sei nur durch direkte Textabhängigkeit zu erklären. Einen sprachlichen Bezug der Passage „super illam ordinationem" auf das erste Kapitel der Liste Nr. 50, also die Übersetzung von *superius* als *oben*, schloss er aus. Die Kriegsdienstpflichtigen, so seine Argumentation, hätten „doch nicht nach Massgabe einer jetzt erst ergehenden Bestimmung über das Heeresaufgebot, sondern nur nach einer im Vorjahre schon geltenden Verordnung bestraft werden" können.[105]

Diese Argumentation baut wesentlich auf der Bewertung der Kapitellisten als systematische Gesetzestexte auf: Allein unter dieser Prämisse ist die Überlegung folgerichtig, dass die kriegsdienstpflichtigen Männer nur nach einer „schon im Vorjahre geltenden Verordnung bestraft werden konnten", dass solche Verordnungen nach einem offiziellen Titel zitiert wurden und dass solch ein Verweis sich überhaupt zwangsläufig auf eine schriftlich fixierte Verordnung beziehen müsse. Nach dem derzeitigen Diskussionsstand zu Entstehung, Charakter und Verbreitung der karolingischen Kapitellisten spricht aber wenig dafür, dass mit dem Verweis auf eine vorige Anordnung wirklich genau die Kapitelliste des Jahres 807 gemeint ist. Zwar treffen beide Listen ähnliche Regelungen, sodass sie inhaltlich aufeinander bezogen sein könnten, doch nichts spricht dafür, in Kapitellisten wie dem *Capitulare missorum de exercitum promovendo* (Nr. 50) eine allgemein gültige, der schriftlichen Normierung dienende Gesetzesnovelle zu sehen. Der Verweis auf eine Anordnung könnte sich genauso gut auf eine Regelung beziehen, die entweder gar nicht schriftlich festgehalten wurde oder nicht erhalten ist. Mindestens ebenso plausibel ist jedoch die von Boretius verworfene Deutung von *superius* als Verweis auf das erste Kapitel der Liste. Dort wäre in diesem Fall die Regelung eines Problems festgehalten worden, das sich bei der Aufstellung eines Heeres im letzten Jahr ergeben hatte: die Frage, wer zum Kriegsdienst verpflichtet war und wer nicht. Mit der Kapitelliste, die am Hof in Beratungen entwickelt worden war, hatten die Boten des Königs dann eine Maßgabe an die Hand bekommen.

Die Datierung allein über den Verweis im zweiten Kapitel ist also höchst unsicher, und auch die Überlieferung des Textes bietet kaum Hinweise. Er ist nur in einer Handschrift des 10. oder 11. Jahrhunderts erhalten, die vermutlich aus St. Gallen stammt.[106] Über eine Edition des 16. Jahrhunderts lässt sich ein einziger weiterer, heute verlorener Textzeuge erschließen.[107] Die noch erhaltene St. Gallener Handschrift ist eine Rechtssammlung, die mit der *Lex Alamannorum* eröffnet wird und anschließend die 827 angelegte Kapitulariensammlung des Abtes Ansegis von

---

105 Boretius 1874, S. 85.

106 Stuttgart, Württembergische Landesbibliothek, Cod. Iur. 4° 134, fol. 174^{v}-177^{r}.

107 Originum ac Germanicarum antiquitatem libri (Herold 1557), S. 320–321. Der Humanist Johannes Herold verwendete den Stuttgarter Cod. Iur. 4° 134 für die Erstellung seines Textes. Nach Gerhard Schmitz muss er aber für die Seiten um das *Capitulare missorum de exercitu promovendo* noch eine andere Vorlage zur Verfügung gehabt haben, vgl. Ansegis (Schmitz 1996), S. 398.

Fontenelle und zwei verschiedene Exzerpte dieser Sammlung bietet.[108] In diese Ansegis-Kompilation ist allerdings auch einiges zusätzliches Material eingefügt, unter anderem die Kapitelliste mit den Bestimmungen zum Aufgebot. Einen Anhaltspunkt für eine Datierung bietet diese handschriftliche Überlieferung höchstens sehr indirekt: Die Kapitel des *Capitulare missorum de exercitu promovendo* folgen hier auf zwei Kapitel, die Ansegis als Nummer 13 und 14 in das vierte Buch seiner Sammlung aufnahm.[109] Nach dem *Capitulare missorum* wird die Sammlung des Ansegis mit dem 15. Kapitel fortgesetzt. Das vierte Buch des Ansegis enthält nun, wie die Vorrede erklärt, solche Kapitel, die er Ludwig dem Frommen (814–840) und Lothar I. (817–855) zuordnete, und so könnte die Einreihung unter deren Kapitel darauf hindeuten, dass die Autoren der Handschrift in der Aufgebotsbestimmung eine Verfügung Ludwigs des Frommen oder Lothars I. sahen. Dieser Zusammenhang ist aber rein hypothetisch und gerade die Vorrede zum vierten Buch des Ansegis findet sich in dieser Handschrift nicht.

Einen anderen Zusammenhang könnte der Inhalt der umstehenden Ansegis-Kapitel bieten: Die Kapitel 13–14 des vierten Buches legen Strafzahlungen an den König für bestimmte Vergehen fest, im Latein der Kapitellisten *bannus* genannt. Auch die Kapitel 16–17 treffen Bestimmungen zur Zahlung von Bußen für bestimmte Vergehen. Und da auch der größte Teil der Kapitel des *Capitulare missorum de exercitum promovendo* Regelungen zur Zahlung des Heer*bannes* trifft, sah der Kompilator vielleicht hier einen Zusammenhang oder jedenfalls den rechten Ort, diese Kapitel in die Sammlung des Ansegis einzufügen. Ob die Schreiber des 10. Jahrhunderts dabei eine ältere Vorlage kopierten oder selbstständig eine Rechtssammlung zusammenstellten, ist nicht ganz sicher. Immerhin aber enthält die Handschrift ausschließlich karolingerzeitliche oder vorkarolingische Texte,[110] deren jüngster die Fortsetzung des *Breviarium regum Francorum* durch Notker Balbulus ist, die wohl kurz vor 882 entstand.[111] Es könnte sich deshalb gut um die Kopie einer in der Karolingerzeit angelegten Vorlage handeln. Erhalten aber ist diese Vorlage nicht und so haben Historiker die Kompilation bislang meist als Werk des 10. Jahrhunderts gewertet.[112]

---

108 Ansegis (Schmitz 1996), S. 153–155.

109 Ansegis (Schmitz 1996), S. 625–628. Diese Kapitel übernahm Ansegis aus einer unter dem Editionstitel als *Capitula legibus addenda* bekannten Liste von 818/819, Capitularia, 1 (Boretius 1883), Nr. 139, 1–2, S. 281.

110 Ein Fragment einer Grammatik aus dem 10. Jahrhundert auf den Folia 200^{r}-201^{v} ist einem anderen Codex entnommen, vgl. http://www.leges.uni-koeln.de/mss/handschrift/stuttgart-wlb-iur-4-134/.

111 Das *Breviarium regum Francorum* von 826, fortgesetzt von Notker Balbulus, Erchanbert, Breviarium (Pertz 1829), S. 328–330, dazu vgl. Wattenbach/Löwe 1957, S. 349–350.

112 Mordek 1995, S. 725.

Zusammengenommen bedeutet das Fehlen belastbarer Anhaltspunkte sowohl im Inhalt als auch in der Überlieferung des Textes: Das *Capitulare missorum de exercitu promovendo* lässt sich über eine allgemeine Einordnung in die Kapitularienepoche hinaus, das heißt etwa die Zeit zwischen 780 und 890, nicht genauer datieren. Art und Stil des Textes machen es darüber hinaus wahrscheinlich, ihn in eine besonders intensive Phase der Nutzung von Kapitellisten als Herrschaftsinstrument einzuordnen, die von den letzten Jahren Karls des Großen bis 829 mit dem Beginn des ersten Aufstandes gegen Ludwig den Frommen reicht. Das ist jedoch eher eine subjektive Einschätzung als ein belastbares Indiz. Doch trotz seiner äußerst unsicheren Datierung hat der Text das Bild von der karolingischen Militärorganisation wie beschrieben maßgeblich geprägt.

Die zeitlich relativ enge Folge der drei – gängiger Weise – auf 807, 808 und 825 datierten Aufgebotslisten ohne ähnliche Vorgängertexte scheint das nach Besitz gestaffelte Aufgebot nämlich als militärische Reform Karls des Großen auszuweisen. Mit diesen Maßnahmen habe er versucht, die Leistungsfähigkeit der Freien aufrechtzuerhalten, die durch die Feudalisierung der sozio-ökonomischen Ordnung zunehmend unter Druck geraten seien.[113] Diese Heeresreform wurde als ein Aspekt eines weit umfassenderen „imperialen“ Programms nach der Kaiserkrönung am Weihnachtstag 800 verstanden.[114] Als wichtiges Indiz dieses Programms galt jener Zeitraum der intensiven Produktion von Kapitularien zwischen etwa 780 und dem Todesjahr Karls 814, in den auch die Aufgebotslisten von 807 und – nach der gängigen Datierung – 808 fallen.[115] In Nachahmung der spätantiken Kaiser sei Karl der Große nun besonders darum bemüht gewesen, schriftliche Gesetze zu erlassen. Mit der veränderten Bewertung der Kapitellisten und mit der Betonung der fortwährend hohen Bedeutung von Schriftlichkeit über das gesamte Frühmittelalter hinweg wurde diese Deutung inzwischen relativiert.[116]

Dennoch lassen sich die Kapitellisten als eine spezifische Nutzung der Möglichkeiten schriftlicher Fixierung verstehen, die erst Ende des 8. Jahrhunderts entwickelt wurde.[117] Auf die Beschlüsse der Versammlung in Herstal 779 als erstes Schriftstück dieser Art folgen nur wenige vergleichbare, zumeist nicht sicher zu datierende Texte.[118]

---

113 Waitz 1861a, S. 489–490. H. Brunner 1892, S. 207–209. Fleckenstein 1981, S. 84–87. So zuletzt Renard 2006, vgl. auch Esders 2009b, S. 208. Auch Timothy Reuters Neudeutung der Aufgebotslisten stellt letztlich eine Modernisierung solch einer Reform-Theorie dar, vgl. Reuter 1990, S. 260–261.

114 Die Referenzarbeit für diese Deutung bildet Ganshof 1963.

115 Ganshof 1961, S. 150–151.

116 McKitterick 1995, S. 236. Als weitere grundlegende Arbeiten für die aktuelle Bewertung der Schriftlichkeit in der Karolingerzeit vgl. Nelson 1990.

117 Patzold 2005, S. 94–97.

118 Zum *Kapitular von Herstal* vgl. Haack 2014.

Ab 789 nimmt ihre Dichte dann stark zu, mit der ersten Rebellion gegen Ludwig den Frommen bricht ihre Nutzung als Herrschaftsinstrument nach 829 zunächst ab.[119] So lässt sich unabhängig von der Kaiserkrönung im Jahr 800 der Zeitraum zwischen 789 und 829 insgesamt als Phase der besonders intensiven Nutzung schriftbasierter Normierung als Herrschaftsinstrument verstehen.[120] Dabei sind die frühen Listen durch eine große sprachliche und formale Varianz gekennzeichnet. Mit der größeren numerischen Dichte in der Zeit nach 800 und besonders unter Ludwig dem Frommen nimmt die literarische Qualität insgesamt deutlich zu.[121]

Man könnte also sagen, dass Karl der Große und seine Berater den Einsatz dieses Instruments erst lernen mussten, während es im letzten Jahrzehnt seiner Herrschaft zunehmend versiert eingesetzt wurde und Ludwig der Fromme es auf der gesammelten Erfahrung aufbauend zunächst besonders intensiv nutzen konnte. Diese Entwicklung lässt sich in die Bemühungen um eine dem Anspruch nach umfassende Ordnung und Systematisierung sämtlicher Lebensbereiche einordnen, die Historikern unter den Schlagworten der *correctio* und *emendatio* seit einiger Zeit als Kernkategorien politischen Denkens der Karolingerzeit gelten.[122] In der Herrschaftszeit Karls des Großen ideologisch begründet, gewann dieser Prozess unter Ludwig dem Frommen zunehmend an Zugkraft, bis er in der Rebellion im Frühjahr 830 gleichsam überhitzte.[123] Charakteristisch für das zeitgenössische Verständnis dieser Ordnung und *Verbesserung* ist besonders die kleinteilige Regelung von Problemfällen, die darauf gerichtet war, alle Eventualitäten vorwegzunehmen.[124] Auch die Aufgebotslisten mit ihrem sichtlichen Bemühen um die Erfassung aller denkbaren Eventualfälle lassen sich als Teil dieses Systematisierungsbestrebens verstehen. Sie könnten damit nicht so sehr Indizien für tiefgreifende Wandlungsprozesse im militärischen Bereich sein,[125] als vielmehr für einen Wandel der schriftlichen Kultur als Teil einer im Wandel begriffenen Konzeption politischer Herrschaft. Die Listen sind so zuvorderst als Regelungen eines gegebenen Zustandes zu verstehen, allerdings von dem Anspruch ausgehend, Bestehendes zu systematisieren und zu verbessern.

119 Zur Periodisierung der Kapitellisten vgl. McKitterick 2008, S. 233–236. Patzold 2007, S. 332–333.

120 Patzold 2007, S. 332.

121 J. Davis 2015, S. 319. Tsuda 2013, S. 228. Vgl. auch Mordek 1986, S. 36.

122 Das Wortpaar *correctio* und *emendatio* ist hier zitiert nach Van Rhijn 2013, S. 171.

123 De Jong 2009a, hier bes. S. 150–151. Sie bietet die aktuelle, inzwischen klassische Interpretation der Ereignisse 828–830, die schließlich zur ersten Rebellion gegen Ludwig den Frommen führten. Weitere prägende Arbeiten für diesen Neuentwurf karolingischer Geschichte sind McKitterick 2008, hier bes. S. 292–294. Patzold 2008, hier bes. S. 133–134. Aktuelle umfassende Neudeutungen vor diesem wissenschaftlichen Hintergrund bieten J. Davis 2015, S. 17–22, S. 128–131. West 2013, S. 1–9. Als Neuerzählung aus Perspektive Einhards vgl. Patzold 2009.

124 Patzold 2005, S. 77–81.

125 Goffart 2016, S. 23.

Mit der Einordnung der Listen als Überrest von Herrschaftspraxis lässt sich eine hohe Intensität ihrer Verschriftlichung als Anzeichen besonderer herrscherlicher Aktivität interpretieren. Ihre Produktion scheint um Krisenmomente herum zu clustern.[126] In ähnlicher Weise könnten auch die Aufgebotslisten auf Situationen zurückgehen, in denen die Aufstellung einer Armee mit besonderen Schwierigkeiten verbunden war. Solche Ausnahmezustände stellten die königlichen Boten und Grafen als diejenigen, die für die Aufbietung von Kriegern verantwortlich waren, vor Schwierigkeiten, die auf Versammlungen diskutiert wurden. So beginnt die oben angesprochene Liste von 807 als *memoratorium*, „Erläuterung": Wie konnte angesichts der „großen Hungersnot" die königliche Anordnung umgesetzt werden, „dass alle jenseits der Seine in den Krieg ziehen müssen"?[127] Hintergrund dieser Anordnung waren Missernten und in ihrer Folge Lebensmittelknappheit und Seuchen in den Jahren 805 und 806, die offenbar im Jahr 807 die Leistungsfähigkeit der Freien einschränkte.[128]

Diesem Befund entsprechend haben Forscher seit jeher weitgehend übereinstimmend darauf hingewiesen, dass die überlieferten konkreteren Aufgebotsbestimmungen zunächst als Einzelfallregelungen zu verstehen sind.[129] Dennoch haben sie gewöhnlich versucht, diese einzelnen Listen zu einem schlüssigen System übergeordneter Normen des karolingischen Aufgebots zusammenzufügen, insbesondere verstanden als Heeresreform Karls des Großen. Mit der Neubewertung der Kapitularien als Überreste einer Herrschaftspraxis, die Stichpunktlisten, Entwürfe und Agenden auf verschiedensten Stufen der Konsensbildung nutze, bricht die Grundlage für dieses stimmige Bild weg. Auch wenn die Kapitel oft den Eindruck erwecken, allgemeine Bestimmungen zu formulieren, scheinen sich dahinter eher ganz konkrete Einzelfälle zu verbergen.[130] Diesen Charakter der Kapitellisten muss eine Deutung ernster nehmen als bisher. Eine solche Herangehensweise wird einen wichtigen Ansatz im dritten und letzten Teil dieser Arbeit bieten, der eine Neudeutung karolingischer Militärorganisation entwirft.

---

126 Buck 1997, S. 6. Müller-Mertens 1963, S. 55, mit Verweis auf Ganshof 1961, S. 124.

127 Capitularia, 1 (Boretius 1883), Nr. 48, S. 134: „Memoratorium qualiter ordinavimus propter famis inopiam, ut de ultra Sequane omnes exercitare debeant". *Jenseits* gibt vermutlich die kaiserliche Perspektive von Aachen aus wieder, und ist damit als *westlich* zu verstehen; noch konkreter scheint damit im zeitgenössischen Sprachgebrauch die Region zwischen Seine und Loire bezeichnet worden zu sein, vgl. Boretius 1874, S. 102 mit Abel 1883, S. 373 Fn. 3.

128 Zur Hungersnot vgl. Jörg 2010, S. 38–51.

129 Vgl. zuletzt etwa Esders 2018, S. 140–144. Der Fallcharakter der Aufgebotslisten war auch in der älteren rechtsgeschichtlichen Forschung anerkannt, vgl. für 807 mit der Einordnung als Fallreaktion auf die Hungersnot schon Boretius 1874, S. 103, siehe auch S. 140–144. Weiterhin etwa H. Brunner 1892, S. 206. Waitz 1861a, S. 476, S. 478 Fn. 4.

130 McKitterick 2008, S. 271.

Als Verschriftlichung von Wissen um die Organisation von Kriegsdiensten am Hof verstanden, belegen die Kapitellisten, dass der Herrscher von den Objekten seiner Herrschaft vielfältige Leistungen forderte, unter anderem auch Kriegsdienste. Diese Forderung traf Männer deshalb, weil der König der Franken sie als seine *fideles* verstand. Eine Bezeichnung dieser Verpflichtung als *Wehrpflicht* transportiert einen zu spezifisch juristisch-völkerrechtlichen Staatsbegriff, um eine sinnvolle Bezeichnung zu sein. Als eine öffentliche, überpersonelle Verpflichtung der vollberechtigten Mitglieder des politischen Verbandes jedoch lässt sie sich charakterisieren. Ihre Grundlage war keine persönliche Bindung, die Leistung erfolgte nicht freiwillig. Die Kapitellisten lassen sich dabei als schriftbasierte Praxis der Organisation dieser öffentlichen Verpflichtung interpretieren. Mit diesem Ansatz steht das Aufgebot der Praxis personaler Patron-Klient-Bindungen nicht länger entgegen: Beides stellt, so die These, keinen Gegensatz dar, sondern unterschiedliche Aktionsformen auf verschiedenen sozialen Ebenen. Ziel dieser Arbeit ist es, im dritten Teil beide Ebenen in den Blick zu nehmen und zu verbinden.

3.3 Das Ende der Warband: die anthropologische Deutung

Die Warband bietet derzeit wohl das attraktivste Modell karolingerzeitlicher Militärorganisation. Es stellt Kriegergruppen als aristokratische Gefolge dar, die einen martialischen Lebensstil pflegten und über materielle Belohnungen an ihren Herrn als Goldgeber gebunden waren, stets bereit, den Herrn zu wechseln, falls die Beute ausblieb.[131] Mit dem Blick auf symbolische Kommunikation und soziale Praktiken bietet dieses Modell ein auf theoretischer Ebene aktuelles und zugleich farbenprächtiges Bild des frühen Mittelalters, in dessen Zentrum feierfreudige, raubeinige Recken stehen. Das Modell ist damit auch anschlussfähig für die Gewaltästhetik eines populären Mittelalterbildes, wie es etwa die Fernsehserie *Game of Thrones* oder die Wikinger-Romane Bernard Cornwells bieten.[132] Wenigstens in der britischen Forschung ist dieses Modell mit einem ähnlichen, heroisierenden Bild frühmittelalterlicher Krieger auch wissenschaftlich prägend. In den letzten Jahren sind eine Reihe von Arbeiten mit ähnlichen Deutungen vor allem der Merowingerzeit auch in Deutschland und Frankreich erschienen.[133]

Neben seiner Attraktion für ein populäres Mittelalterbild ist das Modell für Karolingerhistoriker auch deshalb so überzeugend, weil es sowohl die enorme

---

131 S. o. S. 50.

132 *The Saxon Stories*. Band 1: Cornwell 2004. Seit 2015 auch als Fernsehserie verfilmt, *The Last Kingdom*, BBC, letzter Band derzeit Cornwell 2018.

133 Keller/Sarti 2018. Jäger 2017. Sarti 2013. Keller 2013.

Expansion des Karolingerreiches als auch deren aus historischer Perspektive beinahe abruptes Ende um 800 erklären kann: Die selbstbefeuernde Dynamik der Warband trieb die Franken des 8. Jahrhunderts in immer neue Beutekriege, mit dem Versiegen der Beute brach das System in sich zusammen. Dabei ist die wissenschaftliche Grundlage dieses Modells jedoch sehr brüchig. Janet Nelson, die als seine Initiatorin gelten kann,[134] hat selbst schon vor längerem seine Quellengrundlage in Frage gestellt.[135] Darin ist ihr vor einigen Jahren Guy Halsall als prominenter wissenschaftlicher Vertreter eines Beutekriegmodells gefolgt.[136] Zwar berichten etwa die Reichsannalen als Teil der ständigen Kriegszüge der Franken regelmäßig von der Verwüstung des Feindeslandes mit „Feuer und Stahl" und man darf annehmen, dass die fränkischen Krieger dabei auch allerlei an sich genommen haben.[137] „Plunder and Tribute" werden aber längst nicht in dem Maß erwähnt, wie sie nach dem Entwurf Timothy Reuters vorhanden gewesen sein müssten.[138] Die Reichsannalen berichten lediglich von drei großen Beutezügen der Franken: der Eroberung der langobardischen Königsstadt Pavia 774 mit dem Königsschatz, der Zerstörung des sächsischen Heiligtums der Irminsul 772 samt der Erbeutung der dort zusammengetragenen Schätze und schließlich dem Hort der Awaren 796.[139]

Sonst aber wird Beute kaum erwähnt. Große Mengen von Edelmetallen als Ertrag des Krieges scheinen also die Ausnahme gewesen zu sein, nicht die Regel.[140] Guy Halsall hat deshalb die Frage aufgeworfen, was im Verheerungskrieg der Karolingerzeit, wie ihn die Reichsannalen beschreiben, überhaupt materiell zu gewinnen gewesen sein könnte.[141] In den Siedlungen der Zeit waren nach Ausweis archäologischer Forschungen kaum Wertgegenstände zu erbeuten. Vieh und Sklaven hätten kaum in großer Menge über weite Strecken transportiert werden können. Schmuck, Kleidung, prächtige Waffen und Pferdegeschirr, wie sie das Modell des Beutekrieges als Gegenstände des Gabentauschs voraussetzt, trugen frühmittelalterliche Aristokraten mit sich. Wenn überhaupt, so Halsall, sei Beute deshalb in offenen Feldschlachten zu erringen gewesen – die aber in den Quellen äußerst selten

---

134 S. o. S. 52.

135 Nelson 1996, S. xxix. Reuter akzeptierte diese Kritik, Reuter 2006c, S. 444 Fn. 51.

136 Hallsall 2018, S. 56, S. 60–65. Vgl. J. Davis 2015, S. 368–369. Airlie 2005, S. 91.

137 Als Beispiel vgl. etwa den Bericht über einen Feldzug Karls des Großen gegen die Wilzen: Ann. regni Francorum a. 789 (Kurze 1895), S. 85: „Ipse fluvio transito [. . .] exercitum ducit ingressusque Wiltzorum terram cuncta ferro et igni vastari iussit." Vgl. zur Plünderung von Bedarfsgegenständen Czock 2018, 113–115. Zur Verwüstung des gegnerischen Gebiets als Kernelement frühmittelalterlicher Kriegsführung Halsall 2003, S. 136–140.

138 Reuter 1985.

139 Ann. regni Francorum a. 772, a. 774, a. 796 (Kurze 1895), S. 34, S. 38, S. 100.

140 Vgl. Keller 2013, S. 481.

141 Halsall 2018, S. 56–58.

genannt werden. Auch die Tribute, die nach Timothy Reuters Entwurf neben der Beute einen ständigen Zustrom von Prestigegütern in das Frankenreich garantierten, sind in den annalistischen Quellen zwar häufig belegt, bildeten aber längst nicht eine solch regelmäßige Einnahmequelle, wie sie es hätten sein müssen, um einen ständigen Gabenkreislauf anzutreiben.[142] Der „jährliche" Tribut von 7.000 *solidi* etwa, den Ludwig der Fromme nach dem Bericht der Reichsannalen 814 dem süditalienischen Herzogtum Benevent abpresste, ist nach der einmaligen Zahlung dieses Jahres nie wieder belegt.[143] Eine hohe, direkte materielle Gewaltrendite der ständigen fränkischen Kriegszüge, wie sie die Voraussetzung für das Modell der Warband bildet, ist also nicht belegbar. Ritueller Gabentausch und die damit verbundene symbolische Sichtbarmachung von Hierarchien haben in der karolingischen Welt zwar zweifellos eine hohe Bedeutung gehabt und die Gabentauschtheorie bietet auch weiterhin ein höchst interessantes Analyseinstrument, um solche Transaktionen als Formen symbolischer Kommunikation zu verstehen. Auf der Ebene eines umfangreichen Tauschsystems zwischen einzelnen Kriegern und ihren Anführern aber lässt sich solch ein System in keiner Weise fassen.

Die Gewinne, die karolingischen Kriegern winkten, sind vermutlich vorrangig immateriell gewesen:[144] Ruhm, Ehre, die Aufmerksamkeit eines großen Magnaten oder gar des Königs selbst. Eine Elite, deren soziale Identität zu einem guten Teil kriegerisch bestimmt war, reproduzierte sich über ständige Kriegszüge. Für die Beschaffung von Edelmetallen und andere Prestigegüter dürfte der Krieg hingegen unmittelbar keine vorrangige Bedeutung gehabt haben. Eher ließ sich immaterielles Kapital in die Abschöpfung von Ressourcen umsetzen. Hinzu kommt, dass die Belege, die Timothy Reuter selbst 1985 für die karolingische Warband angeführt hat, alle erst aus dem mittleren oder späteren 9. Jahrhundert stammen. Zu dieser Zeit aber war das System nach seiner Deutung längst dysfunktional geworden.[145] Man kann diese Belege nicht einfach auf die Zeit des 8. Jahrhunderts rückprojizieren, denn das Modell lebt wesentlich gerade davon, das Ende der fränkischen Expansion um 800 zum gravierenden Bruch gesellschaftlicher Organisation zu erklären.[146] Die Quellenbasis jedoch wird maßgeblich durch die Verbindung späterer

142 Nelson 1996, S. xxix.

143 Ann. regni Francorum a. 814 (Kurze 1895), S. 141.

144 Halsall 2018, S. 65. Airlie 2005, S. 95. Nelson 1996, S. xxix.

145 Vgl. die Belege für bewaffnete Gefolgschaften, Reuter 1985, S. 83–84: Astronomus, Vita Hludowici Pii imperatoris (Tremp 1995), 45, S. 633 (Bericht zum Jahr 830; Entstehungszeit des Textes 840–845). Nikolaus I., Epistolae (Perels 1925), Nr. 105, S. 615 (861). Hinkmar von Reims, De ordine Palatii (Gross u. a. 1980), S. 82, Z. 455–458 (882). Paschasius Radbertus, Epitaphium Arsenii (Dümmler 1900), S. 83 (um 855). Ann. Bertiniani a. 864 (Grat u. a. 1964), S. 113–114 (zeitgenössisch aufgezeichnet). Abbo, De bellis Parisiacae urbis (Waquet 1964), S. 48–50, Z. 442–459 (Bericht zum Jahr 885, Enstehungszeit 890er Jahre).

146 S. o. S. 54.

Belege für Kriegergruppen mit den oben aufgeführten Berichten der Reichsannalen über die enormen Kriegsbeuten der Franken im Langobardenschatz 774 und dem Awarenhort 796 gebildet.[147]

Nachrichten über die Verteilung dieser Beute an Krieger finden sich jeweils erst in überarbeiteten Versionen des Annalenwerkes. Zusätzliche Informationen zum Jahr 774 bietet das sogenannte *Chronicon Laurissense breve*, eine kurze Geschichte der karolingischen Herrscher seit 687, die Anfang des 9. Jahrhunderts in Lorsch entstand. Der Text beruht wesentlich auf den Reichsannalen, fügt aber an einigen Stellen Informationen hinzu.[148] Dem Lorscher Bericht zufolge gab Karl der Große nach seinem Einzug in Pavia den erbeuteten „Schatz" an „sein Heer".[149] Zum Jahr 796 und dem Awarenhort enthält eine als *Annales qui dicuntur Einhardi* bekannte Überarbeitung der Reichsannalen, die zwischen 814 und 817 entstand, weitere Details: Der Heerführer Erich von Friaul habe die Awarenbeute dem König gesandt. Dieser habe seinerseits einen großen Teil an den Papst weitergeleitet, den Rest aber unter den Großen und den Höflingen wie auch „ceterisque in palatio suo militantibus" verteilt.[150] Karl der Große habe also, so die Interpretation, die Beute an sein eigenes Kriegergefolge weitergegeben.[151]

Das sei weiterhin eine Praxis, die sich als gängiges Handlungsmuster karolingischer Könige belegen lasse. Denn davon berichte später auch Notker der Stammler, ein Mönch aus St. Gallen, der Mitte der 880er Jahre eine Lebensbeschreibung Karls des Großen verfasste und ihr auch einige Exkurse zu Ludwig dem Frommen beifügte. Nach Notker beschenkte Ludwig jährlich zum Ostertag „cunctos in palatio ministrantes" mit reichen Gaben.[152] Diese Gaben des Herrschers wiederum hat Timothy Reuter mit den sogenannten *annua dona* zusammengeführt: regelmäßigen und wohl nur formal freiwilligen Gaben, die karolingische Könige auf großen Versammlungen von den Anwesenden entgegennahmen.[153] So entsteht das Bild eines umfassenden, wechselseitigen Systems des Gabentauschs.

---

147 Reuter 1985, S. 80–81.

148 Kaschke 2010, S. 360.

149 Chronicon Laurissense breve (Von Carolsfeld 1911), S. 31: „Revertente Carolo rege a Roma Longobardi obsidione pertaesi civitate cum Desiderio rege egrediuntur ad regem. Rex vero alia die cum hymnis et laudibus ingrediens thesauros regum ibidem repertos dedit *exercitui* suo."

150 Ann. regni Francorum a. 796 (Kurze 1895), S. 99: „ad sanctum Petrum magnam partem thesauri, quem Ericus dux Foroiuliensis spoliata Hunorum regia [...] eodem anno regi de Pannonia detulerat, misit; reliquum vero inter optimates et aulicos ceterosque in palatio suo militantes liberalis manu distribuit."

151 Reuter 1985, S. 81.

152 Notker Balbulus, Gesta Karoli (Haefele 1959), II, 21, S. 92: „In qua etiam cunctis in palatio ministrantibus et in curte regia servientibus iuxta singulorum personas donativa largitus est."

153 Reuter 1985, S. 81 Fn. 36. Eine Auflistung von Belegen für diese Praxis bietet die ältere rechtsgeschichtlichen Forschung, vgl. etwa Waitz 1885, S. 107–108. H. Brunner/Von Schwerin 1928, S. 91–93. Jüngere Beiträge zum Phänomen sind Nelson 2010b, S. 140–146. Curta 2006, S. 687–689.

Die Verknüpfung der *annua dona* mit dem Unterhalt karolingischer Warbands beruht dabei maßgeblich auf dem Traktat *De ordine palatii* Hinkmars von Reims, einer Abhandlung über die rechte Ordnung des Hofes, die der Reimser Erzbischof kurz vor seinem Tod am 21. Dezember 882 schrieb. Er richtete dieses Werk an Karlmann, den jungen westfränkischen König, und mehr noch wahrscheinlich an dessen Berater.[154] Der alte Erzbischof, der einer der einflussreichsten Ratgeber Karls des Kahlen († 877) gewesen war, beschrieb hier die ideale Funktionsweise eines karolingischen Königshofes. Teil dieser idealen Ordnung waren nach seinen Angaben die „dona annua militum“, für deren regelmäßige Verteilung der „camerarius“ und die Königin zuständig gewesen seien.[155] Unter diesen *dona* könnte man im Rahmen der Gabentauschtheorie Jahresgaben des Königs an seine Krieger, die *milites*, verstehen,[156] ganz so wie Hinkmar an anderer Stelle auch von den *dona* berichtet, die der König seinerseits auf den großen Versammlungen entgegennahm.[157] Einige Absätze nach den „dona annua militum“ schilderte Hinkmar außerdem die Funktion einer Gruppe am Hof, deren Mitglieder er als „milites expediti“ bezeichnete und die sich als Empfänger der „dona anua militum“ verstehen lassen. Nach Hinkmars Darstellung waren sie Teil einer „großen Schar“, die sich stets am Hof aufhielt und von der „Güte und Fürsorge hoher Herren bald mit Nahrung, bald mit Kleidung, bald mit Gold, bald mit Silber, bald mit Pferden oder anderen Ehrengaben versorgt“ wurde.[158] Diese „milites expediti“ werden üblicherweise als eine Art karolingische Spezialeinheit gedeutet, eine jederzeit einsatzbereite Truppe bestens ausgerüsteter Reiterkrieger am Hof Karls des Großen.[159] In der Zusammenschau mit den „dona annua militum“ kann man in den „milites expediti“

---

154 Hinkmar von Reims, De ordine Palatii (Gross u. a. 1980), S. 32 Z. 1. Nach dem Tod seines älteren Bruders, Ludwigs III. am 5. August 882 hatte Karlmann am 9. September die Nachfolge in dessen Teilreich angetreten, sodass nun auch Reims in seinem Herrschaftsbereich lag. Über diese Daten lässt sich die Entstehungszeit des *De ordine palatii*, in dem Hinkmar Karlmann als „unseren neuen König“ bezeichnet, auf ein enges Zeitfenster Ende 882 eingrenzen, vgl. Hinkmar von Reims, De ordine Palatii (Gross u. a. 1980), S. 32–34, Z. 16–17. Zur Entstehungszeit vgl. das editorische Vorwort S. 10, zum Entstehungskontext Liu 2015, S. 152, S. 162–165.

155 Hinkmar von Reims, De ordine Palatii (Gross u. a. 1980), S. 72, Z. 361.

156 Reuter 1985, S. 81.

157 Hinkmar von Reims, De ordine Palatii (Gross u. a. 1980), S. 83–84, Z. 474–479: „In quo placito generalitas universorum maiorem [. . .] conveniebat, seniores propter consilium ordinandum, minores propter idem consilium suscipiendum [. . .] ceterum autem propter dona generaliter danda.“

158 Hinkmar von Reims, De ordine Palatii (Gross u. a. 1980), S. 80, Z. 439: „Et ut illa multitudo, quae in palatio semper esse debet, indeficienter persistere posset, his tribus ordinibus fovebatur. Uno videlicet, ut absque ministeriis expediti milites, anteposita dominorum benignitate et sollicitudine, qua nunc victu, nunc vestitu, nunc auro, nunc argento, modo equis vel ceteris ornamentis interdum specialiter, aliquando prout tempus, ratio et ordo condignam potestatem administrabat, saepius porrectis, in eo tamen indeficientem consolationem nec non ad regale obsequium inflammatum animum ardentius semper habebant.“

159 Kortüm 2010a, S. 129. B. Bachrach 2001a, S. 66. Reuter 1985, S. 82.

eine Warband sehen, die im Rahmen des Gabentauschs im königlichen Haushalt unterhalten wurde.

Diese Interpretation beruht allerdings auf drei Prämissen: erstens der Rückprojektion des *ordo palatii* Hinkmars von Reims von 882 auf die Zeit der karolingischen Expansion vor 800; zweitens der Einordnung der *dona militum* als Praxis zum Unterhalt von bewaffneten Gefolgschaften; drittens der Deutung der *milites* als solch einer professionellen Kriegertruppe. Alle diese Annahmen sind jedoch weniger stichhaltig, als die gängige Interpretation glauben machen könnte.

1) Zunächst einmal ist fraglich, ob *De ordine palatii* eine verlässliche Quelle für die Zeit um 800 bietet. Grundlage dieser Annahme ist die Angabe Hinkmars, seine Arbeit beruhe zu einem guten Teil auf einem – heute nicht mehr erhaltenen – kleinen Werk, das Adalhard von Corbie († 826), ein Vetter und enger Vertrauter Karls des Großen, verfasst habe.[160] Der Text von 882 könnte sich so als direktes Zeugnis über die Zustände am Karlshof und damit der Hochphase der karolingischen Expansion lesen lassen. Die entscheidende Frage ist also, wie getreu Hinkmar seine Vorlage übernommen oder wie stark er sie verändert hat.[161] Während man die Existenz dieser Vorlage Hinkmars wohl mit ziemlicher Sicherheit annehmen kann, ist das Maß ihrer Überarbeitung höchst umstritten. Die ersten Teile des erhaltenen Textes gehen eindeutig auf Hinkmar zurück (c. 1–12). Er schildert hier zunächst das rechte Verhältnis von königlicher Gewalt und bischöflicher Autorität, eine Frage, die in seinen späten Arbeiten virulent ist.[162] Dann folgt eine konkretere und detaillierte Schilderung verschiedenster Abläufe und Funktionen bei Hof (c. 13–36).[163] Hier könnte nun inhaltlich oder gar wörtlich die Arbeit Adalhards wiedergegeben sein.[164]

---

160 Hinkmar von Reims, De ordine Palatii (Gross u. a. 1980), S. 54, Z. 220. Zur Datierung des Traktats Adalhards vgl. Kasten 1986, S. 79, die eine Entstehungszeit 810–814 annimmt, das heißt in der Zeit nach dem Tod König Pippins von Italien und dem Herrschaftsantritt seines Sohnes Bernhard, dessen führender Berater Adalhard war. Mit weiterer Einengung auf 812 in Fortführung dieser Argumentation vgl. Nelson 2001, S. 227.

161 Die Möglichkeit, dass Hinkmar seine Vorlage „erfunden" hat, um seinem eigenen Text Autorität zu verleihen, hat Halphen 1938 eingebracht. Diese These ist allgemein auf Ablehnung gestoßen, vgl. zuletzt mit einem Forschungsüberblick Patzold 2008, S. 278 Fn. 155. Nelson 2001, S. 226–228. Eine ausführliche Aufarbeitung des Forschungsstandes bietet B. Bachrach 2001b, S. 4–15.

162 Patzold 2008, S. 275–279.

163 Hinkmar von Reims, De ordine Palatii (Gross u. a. 1980), S. 11, zur Überlieferung S. 12–17. Der Text wird im Folgenden mit den durchlaufenden Zeilennummern und ohne Kapitelzählung zitiert. Die üblicherweise in der Literatur angegebenen Kapitelnummern (1–37) richten sich nach dem Druck des Johannes Busaeus von 1602, der bis zur Entdeckung einer Handschrift durch Karl Christ in Basel 1930 (Basel, Universitätsbibliothek, O II 29; 2. Hälfte 16. Jh.) den einzigen bekannten Textzeugen des *De ordine palatii* darstellte. In der Neuedition 1980 wurde hingegen die Kapitelgliederung der Baseler Handschrift übernommen (1–7), die alternative Zählung allerdings als Glosse angegeben.

164 So besonders B. Bachrach 2001b, S. 3–6, S. 23–24; ganz ähnlich kurioserweise im selben Jahr auch Nelson 2001, S. 226–227, gegen deren ältere Meinung Bachrachs Beitrag in teils sehr

Doch auch in diesem Teil hat Hinkmar nachweislich – und zum Teil gravierend – in seine Vorlage eingegriffen, stellenweise hat er andererseits möglicherweise wenig verändert.[165] Mit dem Verlust der Vorlage dürfte jedoch kaum noch sicher zu klären sein, welche Passagen und Sätze im Einzelnen unverändert auf Adalhard zurückgehen.[166] Die überlieferte Arbeit Hinkmars ist so zuvorderst als Diskussionsbeitrag des Jahres 882 zu verstehen, in dessen Kontext der Erzbischof eine *admonitio* an seinen neuen König richtete.[167] Der Text lässt sich als Teil der Bemühungen Hinkmars einordnen, sich als politischen Berater zu empfehlen und im Umfeld des neuen Königs Karlmann zu platzieren. Denn während er unter Karl dem Kahlen und auch dessen ältestem Sohn Ludwig dem Stammler einer der einflussreichsten Männer bei Hof gewesen war, gehörte er seit dem Tod Ludwigs 879 nicht mehr zum engen Zirkel um den Herrscher. Nun stellte Hinkmar seinen Wert unter Beweis, indem er auf seine langjährige intime politische Erfahrung verwies und betonte, sogar noch an die allmählich legendär werdende Herrschaftszeit Karls des Großen anknüpfen zu können – die „Zeit der Größe und Einheit des Reiches“, wie er sie nannte.[168]

2) Zweitens ist neben dem Problem der zeitlichen Rückbindung der Angaben Hinkmars auch umstritten, ob es sich bei den *dona militum* um regelmäßige Gaben *an* die oder *von* den *milites* handelte.[169] Da sie im Zusammenhang der Aufgaben der Königin aufgeführt sind, zu denen Hinkmar die Versorgung des Hofes rechnet, könnte hier der Unterhalt auch der königlichen Warband beschrieben sein. Andererseits ist nicht nur die Versorgung des Hofes als Aufgabe der Königin formuliert, sondern im umfassendsten Sinne die Sorge für seine angemessene Ausstattung, vor allem für den „Schmuck“ des Königs.[170] So wäre auch die Entgegennahme symbolischer

polemischer Art vorrangig gerichtet ist. Nelson hatte zuvor dafür plädiert, *De ordine palatii* vorrangig als Text des Jahres 882 zu verstehen, der die Erfahrungen Hinkmars von Reims am Hof Karls des Kahlen in den 860er und 870er Jahren reflektiert, nicht als authentische Quelle für den Hof Karls des Großen, vgl. Nelson 1983b, S. 217–220. Vgl. auch Nelson 2010b, S. 140 Fn. 76.

165 Vgl. Nelson 2001, S. 227–228.

166 Die entscheidenden Beiträge zur Diskussion um die Anteile Adalhards und Hinkmars sind: Schmidt 1962, S. 53, der versuchte, die jeweiligen Anteile Adalhards und Hinkmars detailliert zu unterscheiden und Löwe 1972, S. 202, S. 225. Löwe betonte, dass eine präzise Zuweisung einzelner Passagen und Sätze nicht möglich sei.

167 Liu 2015, S. 156–158. So Patzold 2008, S. 275–278. Ähnlich Halsall 2003, S. 97 Endnote 154 (S. 262).

168 Hinkmar von Reims, De ordine palatii (Gross u. a. 1980), S. 32, Z. 7–9: „rogatis exiguitatem meam [...] qui negotiis ecclesiasticis et palatinis, quando in amplitudine et unitate regni prospere agebantur, interfui.“

169 Timothy Reuter ging davon aus, dass die Königin im Namen des Königs die *milites* beschenkte, vgl. Reuter 1985, S. 81 Fn. 36. Er folgt damit Waitz 1860, S. 458. Die Editoren der jüngsten Ausgabe des *De ordine palatii* deuten die Gaben hingegen als eine Art Steuer, die die „Kronvasallen“ jährlich leisteten, vgl. Hinkmar von Reims, De ordine palatii (Gross u. a. 1980), S. 72 Fn. 165.

170 Hinkmar von Reims, De ordine palatii (Gross u. a. 1980), S. 72, Z. 360: „De honestate vero palatii seu specialiter ornamento regalis nec non et de donis annuis militum [...] ad reginam [...] pertinebat.“

Ehrengaben inhaltlich passend. Auch diese Frage wird sich nicht endgültig in die eine oder andere Richtung entscheiden lassen. Bei aller Uneindeutigkeit lässt sich die Textstelle sicherlich zusammen mit anderen Belegen, wie etwa der oben aufgeführten Erzählung Notkers des Stammlers zum Ostertag, über die Gabentauschtheorie sinnvoll erfassen:[171] Symbolische und rituelle Gaben, wie sie die Forschung als *annua dona* bezeichnet, haben auf den Versammlungen karolingischer Könige mit ihren Großen zweifellos eine wichtige Rolle gespielt. Ein System zum Unterhalt von Warbands im Reuterschen Sinne ist das allerdings nicht. Solche Gaben lassen sich nicht als Belohnung und materieller Unterhalt für Berufskrieger verstehen, sondern als Teil symbolischer Kommunikationsformen, bei dem der Austausch ganz entsprechend der Gabentauschtheorie wechselseitig ist. Ebenso wie der untergeordnete Part einer auf diese Weise inszenierten Bindung Gaben empfing, musste er selbst geben. Gaben flossen nicht nur von oben nach unten, sondern genauso von unten nach oben.[172] Die *annua dona* belegen zudem ein Ritual jährlicher Gaben, nicht ein System, in dem ein Herr die Treue beutehungriger Krieger ständig aufs Neue erkaufte.

3) Drittens ist grundsätzlich fraglich, ob die besprochenen Textstellen überhaupt als Beleg für den Unterhalt stehender Kriegerkontingente an karolingischen Königshöfen gelten können. Im ersten oben aufgeführten Beispiel, der Eroberung der langobardischen Königsstadt Pavia 774, verteilte Karl der Große die Beute nach dem Bericht des *Chronicon Laurissense Breve* an sein „Heer".[173] Im zweiten Beispiel, der Erbeutung des Awarenhortes von 796, verteilte er diesen Schatz an die Großen, die Höflinge und alle übrigen „in palatio suo militantes".[174] Timothy Reuter hat nun angenommen, dahinter verberge sich die im *De ordine palatii* als *milites expediti* am Hof fassbare Warband des Königs, das heißt eine Gruppe ständig verfügbarer, professioneller Krieger.[175] Das ist aber alles andere als eindeutig. Denn *militare* kann in einem ganz allgemeinen Sinn *dienen* bedeuten, ohne stets einen Bezug zu militärischem Dienst zu haben. Seit der Spätantike hatte sich die Semantik des Wortes verschoben und erweitert und war nicht mehr auf ein kriegerisches Feld

171 Vgl. Reuter 1985, S. 81 Fn. 36 und die Auflistung ähnlicher Belege in der älteren rechtsgeschichtlichen Forschung wie Waitz 1885, S. 107–108. H. Brunner/Von Schwerin 1928, S. 91–93.

172 So in Kritik am Modell Timothy Reuters Halsall 2018, S. 65.

173 Chronicon Laurissense breve (Von Carolsfeld 1911), S. 31: „Revertente Carolo rege a Roma Longobardi obsidione pertaesi civitate cum Desiderio rege egrediuntur ad regem. Rex vero alia die cum hymnis et laudibus ingrediens thesauros regum ibidem repertos dedit *exercitui* suo", siehe oben S. 97.

174 Ann. regni Francorum a. 796 (Kurze 1895), S. 99: „ad sanctum Petrum magnam partem thesauri, quem Ericus dux Foroiuliensis spoliata Hunorum regia [...] eodem anno regi de Pannonia detulerat, misit; reliqum vero inter optimates et aulicos ceterosque in palatio suo militantes liberalis manu distribuit" siehe oben S. 97.

175 Diese Deutung entspricht der kurzen Behandlung der Quellenstelle bei Delbrück 1907, S. 52–53.

beschränkt. Besonders für Dienste am Kaiserhof hatte sich die Bezeichnung *militare* etabliert, ursprünglich wohl als Übernahme aus dem militärischen Bereich, bald aber davon gelöst.[176] Dementsprechend wurden auch die Träger von Hofämtern als *milites* bezeichnet. In der Merowingerzeit hatte sich der Sprachgebrauch weitgehend zur Betonung des Dienstes hin verlagert, losgelöst von der ursprünglichen eng militärischen Bedeutung.[177] Für das späte 8. und das 9. Jahrhundert lässt sich erneut zuweilen eine militärische Bedeutung belegen, zunächst vor allem im Bemühen um den Rückgriff auf ein klassisches Latein.[178] In solch einer antikisierenden Weise verwendete auch Hinkmar das Wort in Auseinandersetzung mit den Überlegungen des Augustinus zum gerechten Krieg.[179] Doch im *ordo palatii* beschrieb Hinkmar keine militärischen Organisationsstrukturen, sondern die ideale Funktionsweise des Hofes. Gerade in diesem Zusammenhang ist deshalb eine Bedeutung im Sinne der spätantiken Begriffsbelegung mit dem Dienst am Kaiser wahrscheinlich, so wie Hinkmar auch seine eigene Idealposition am Hof unter Rückgriff auf das spätantike Amt des Apocrisiars formulierte.[180] In den Kapitellisten, die auf die Beratungen und Versammlungen an karolingischen Höfen zurückgingen, wurde das Wort *miles* praktisch nicht verwendet, und wo doch, steht es stets als *miles Christi*.[181] Als spezifischer Terminus für die Benennung von Kriegern wurde das Wort vom Herrscher und seinem Umfeld also nicht verwendet.

---

176 Dänzer/Georges 2013, Sp. 3084–3085 s. v. mīlitia. Mīlito. Vgl. auch Hinkmar von Reims, De ordine palatii (Gross u. a. 1980), S. 80 Fn. 186. Niermeyers *Mediae Latinitatis Lexicon Minus* führt als Übersetzung für das Wort *militare* die Bedeutung „kämpfen" nicht an, vgl. Niermeyer 2004, s. v. militare o. S. (digitale Ausgabe).

177 Sarti 2018b, S. 107. Sarti 2013, S. 158. Evergates 1975 S. 43. Zur Bedeutung der Bezeichnung mit Übersicht der Belege im 8. und 9. Jahrhunderts vgl. Salten 2013, S. 48–54. Seine Deutung von *milites* als „unfreie Berufskrieger" scheinen mir die zitierten Belege jedoch nicht zu stützen, vgl. Salten 2013, S. 50. Sie legen eher eine Deutung als Bezeichnung für untergeordnete Funktionsträger nahe, die zugleich eine Art Rangbezeichnung darstellt, vgl. die Belege bei Salten 2013, S. 51, S. 54. Zur Begriffsgeschichte des Wortes *miles* siehe Johrendt 1976, zur Karolingerzeit hier S. 421. Mit der These, die Bezeichnung *miles* sei im 10. Jahrhundert als terminus technicus für „paid fighting men" verwendet worden vgl. D. Bachrach 2015a, S. 340.

178 Sarti 2018b, S. 111. Sarti 2013, S. 158. Belegstellen nach Niermeyer 2004, o. S. (digitale Ausgabe), s. v. miles: Alkuin, Epistolae (Dümmler 1895), Nr. 136, S. 205, Z. 29, siehe etwa auch Notker, Gesta Karoli (Haefele 1959), II, 17, S. 85, Z. 4. Vgl. Hrabanus Maurus, De procinctu romanae miliciae (Dümmler 1872).

179 Hinkmar von Reims, De regis persona (Patrologia latina, 125), 7, Sp. 840 (vermutlich um 870 entstanden).

180 Löwe 1972, bes. S. 203–206, S. 220.

181 So auch Evergates 1975, S. 43. Bei der Durchsicht der Bände der Kapitularienedition könnte man auf zwei Belege für weltliche *milites* stoßen: Capitularia, 2 (Boretius u. a. 1897), Appendix, 22, S. 525, 39, S. 526. Hier handelt es sich jedoch gerade um den Abdruck des *De ordine palatii*, von Alfred Boretius als Kapitular eingeordnet. Die Neuedition teilt diese Einordnung nicht mehr, vgl. Hinkmar von Reims, De ordine palatii (Gross u. a. 1980), S. 73 (Übersetzung „Vasallen"), S. 81

Diejenigen, die am Hof, wie Hinkmar ihn schildert, *militia* leisteten, müssen damit keine professionellen Krieger gewesen sein. Konkret beschrieb Hinkmar im fünften Abschnitt seiner kurzen Schrift die Hierarchie der verschiedenen Funktionen am Hof und den Sinn dieser Ordnung: „Der Sinn all dieser Regelungen war aber der, daß es niemals am Hof mangelte an genügend geeigneten und zahlreichen Bediensteten".[182] So war am Hof der guten alten Zeit, die Hinkmar beschrieb, stets gewährleistet, dass jeder Bittsteller und Hilfsbedürftige mit Aufnahme und Unterstützung rechnen konnte. Die *milites expediti* stellten dabei den obersten von drei Rängen jener Bediensteten dar, die nicht Inhaber eines der gesondert aufgezählten Hofämter waren. Dementsprechend sind sie in der jüngsten Edition des Textes als „Bedienstete ohne bestimmtes Amt" übersetzt worden. *De ordine palatii* zeigt so zunächst einmal nur einen karolingischen Hof, an dem stets dienstwillige Personen anwesend waren, die für alle möglichen Aufgaben eingesetzt werden konnten.

Eine solche Bewertung hat Konsequenzen weit über wortgeschichtliche Nuancen hinaus. Zu den Aufgaben der „Bediensteten ohne Amt" wird sehr wahrscheinlich unter anderem gehört haben, für den König zu kämpfen, genauso wie auch die *optimates* und hohen Hofbeamten, ebenso die Grafen, Bischöfe und Äbte in den Krieg gezogen sind. Eine Warband ist das allerdings nicht. Denn die Warband ist ein sehr genau definiertes Konzept.[183] Es müsste sich über ganz bestimmte Kriterien als historisches Phänomen nachweisen lassen, oder aber der Begriff bietet keinen historischen Erkenntniswert. Nach dem Forschungsstand bezeichnet er Gruppen professioneller Krieger, das heißt mit ausschließlich militärischer Funktion, die über weitere Merkmale von anderen Typen von Kriegergruppen abgesetzt werden. 1) Eine Warband begleitet als militärischer Teil des Haushalts eines Königs, Herrschers oder Magnaten diesen Anführer stets und bildet so eine Art stehender Truppe. 2) Für die Mitglieder dieses militärischen Gefolges stellt ihr Waffendienst die materielle Lebensgrundlage dar. Sie haben keine weiteren Einkunftsquellen.[184] 3) Warbands bestehen (vorrangig) aus sehr jungen Männern, für die die Zeit als Krieger eine bestimmte Lebensphase darstellt, eine Art Transitionsbereich zum Status als vollberechtigtem Mitglied der politischen Gemeinschaft.[185] 4) Mit dieser

(„Bedienstete"). Belege für *milites Dei*, … *Christi*, … *ecclesiastici*: Capitularia, 1 (Boretius 1883), Nr. 29, S. 79. Capitularia, 2 (Boretius u. a.), Nr. 196, 19, S. 35, 39, S. 40.

182 Hinkmar von Reims, De ordine palatii (Gross u. a. 1980), dt. Übersetzung S. 79, lat. S. 78, Z. 408–410: „Sensus autem in his omnibus talis erat, ut nunquam palatio tales vel tanti deessent ministri."

183 Die folgende Definition beruht auf Reuter 1985, S. 81–82. Erweiterungen oder wissenschaftliche Weiterentwicklungen sind zusätzlich angegeben.

184 Vgl. Kortüm 2014, S. 143.

185 Reuter 1997, S. 33. Diesen Aspekt hat nach Reuter vor allem Matthew Innes weiter ausgearbeitet, Innes 2003, bes. S. 62–64.

Lebensphase ist ein bestimmter Lebensstil verbunden, der um Gewaltausübung, die Inszenierung martialischer Werte und symbolisch aufgeladene Festgelage kreist.

All diese Merkmale lassen sich über Hinkmars *De ordine palatii* nicht belegen – angefangen bei der Frage, ob es sich bei den *milites* am Hof überhaupt um Krieger handelt. Und so ist auch das Modell Timothy Reuters hintergründig maßgeblich auf Grundlage anderer Quellen gebildet: Er verbindet die Warband als Kriegergefolge mit Tacitus († um 120) und Gregor von Tours († 594).[186] Den germanischen *comitatus*, die Gefolgschaft junger Krieger germanischer Fürsten bei Tacitus, sieht er in den merowingischen *antrustiones* fortgesetzt, und diese in der karolingischen Warband. Ein Bild des archaischen Lebensstils solcher Kriegergefolgschaften wiederum bieten nach Reuter nicht die intellektuellen Schriften der Karolingerzeit, die vom Rückgriff auf antike Vorlagen bestimmt sind, sondern volkssprachliche Heldendichtungen, wie sie in Beowulf oder den isländischen Sagas überliefert sind.[187] Eine ähnlich heroische Gesellschaft lasse sich für die Karolingerzeit schemenhaft in den Dichtungen des *Hildebrandslieds* und des *Waltharius* fassen.[188] Die Entstehungszeit beider Texte ist allerdings sehr unsicher und variiert in ihrer Datierung zwischen etwa 800 und 1000.[189] Die Warband ist damit im Grunde genommen die Kombination sehr verschiedenartiger Quellen aus den unterschiedlichsten Zeiten, Räumen und Zusammenhängen zu einem geschlossenen Bild.[190]

Eine Bestätigung für die Existenz professioneller Kriegergruppen könnten allerdings, wenn auch von einem anderen Hintergrund ausgehend, die Arbeiten Bernard Bachrachs bieten. Denn auch er rechnet fest damit, dass es stehende Truppenverbände im frühen Mittelalter gegeben hat. Wie Timothy Reuter stützt er sich dabei wesentlich auf Hinkmars *De ordine palatii*, sodass er sich auch die Versorgung dieser Truppen letztlich über die Gaben der Großen vorstellt,[191] auch wenn er die Idee der Warband und den Gabentausch als anthropologische Theoriebildungen ablehnt.[192] Einen besonders anschaulichen Beleg für eine stehende Truppe

186 Reuter 1985, S. 82.

187 S. o. S. 83.

188 Reuter 1985, S. 91. Darin sieht Reuter jene *Carmina antiquissima et barbarissima*, die Karl der Große nach Einhard aufzeichnen ließ, vgl. Einhard, Vita Karoli Magni (Holder-Egger 1911), 29, S. 33. Zur Datierung beider Texte vgl. www.geschichtsquellen.de s. v. „Hildebrandslied" und „Waltharius" (besucht am 15.04.2019).

189 Einen konzisen, weiterführenden Überblick zur Heldendichtung als Quelle für die Karolingerzeit aus historischer Perspektive und speziell zur Einordnung des *Hildebrandslieds* bietet. Föller 2016, S. 8. Zum *Waltharius* vgl. Rio 2015, S. 41–42.

190 Fanning 1997, S. 17. Vgl. Jäger 2017, S. 13–14.

191 B. Bachrach 2001a, S. 65–66.

192 S. o. S. 43.

scheint nach seiner Forschung eine Kavallerieeinheit von rund 100 Mann zu bieten, die das nordfranzösische Kloster Saint-Riquier, nahe Amiens, unterhalten habe.[193] Die Abtei habe diese „Soldaten" als schnell verfügbare Einsatztruppe mit Waffen, Pferden und aller weiteren Ausrüstung versorgt und in einem *vicus militum*, einer Art Militärsiedlung oder Kaserne, nahe dem Kloster angesiedelt. Den Beleg dafür bietet nach Bernard Bachrach eine Quelle, die er als „Polyptychon" der Abtei Saint-Riquier von 831 ausweist.[194] Dieser Text ist allerdings nur in einem Exzerpt des späten 11. Jahrhunderts überliefert und bietet lediglich eine Auflistung von Orts- und Personennamen.[195] Die im Exzerpt gegebene Datierung einer Vorlage auf 831 ist höchst unsicher, ja vermutlich falsch.[196] In einer weiteren Aufzeichnung von Besitzungen des Klosters Saint-Riquier in der gleichnamigen Klostersiedlung, die unabhängig von dem Exzerpt überliefert ist, haben Historiker die vollständige Fassung dieses Polyptychons gesehen.[197] Nur diese Liste führt einen *vicus militum* auf. Sie ist allerdings allein in einer Handschrift des 13. Jahrhunderts überliefert und gibt

193 B. Bachrach/D. Bachrach 2017, S. 107–108. B. Bachrach 2001a, S. 62–63.

194 B. Bachrach 2001a, S. 63.

195 Hariulf, Chronicon Centulense (Lot 1894), S. 86–97. Hariulf († 1143), ab 1105 Abt von Oudenbourg, zuvor Mönch in Saint-Riquier, legte Ende des 11. Jahrhunderts eine Sammlung aller Texte zur Geschichte seines Klosters an, die für ihn greifbar waren. Dabei führte er an, auch eine Besitzliste von 831 wiederzugeben, die auf Geheiß Ludwigs des Frommen angelegt worden sei (Hariulf, Chronicon Centulense (Lot 1894), S. 86). Seine Vorlage kürzte er allerdings ab, da es allzu „langwierig und mühsam" gewesen sei, alle Besitzungen aus seiner Vorlage abzuschreiben (Hariulf, Chronicon Centulense (Lot 1894), S. 97). Die Exzerpte der originalen Liste verband er mit eigenen, überleitenden Passagen. In einem solchen Abschnitt kündigt Hariulf an, im Folgenden die Namen derjenigen aufzuzählen, die von Saint-Riquier Benefizien halten, „quique cum sibi subditis militibus nostro abbati [...] serviebant" (Hariulf, Chronicon Centulense (Lot 1894), S. 96). Die Bezeichnung als *milites* dürfte auf Hariulf zurückgehen und damit dem Sprachgebrauch des 11. Jahrhunderts, nicht des frühen 9. Jahrhunderts entsprechen, vgl. Evergates 1975, S. 41. Wenn hinter Hariulfs Exzerpt tatsächlich eine karolingerzeitliche Vorlage steht, gab er vermutlich eine Liste von Benefizienbesitzern wieder, die Leihegut des Klosters empfangen hatten. Sie wurden in karolingerzeitlichen Güterverzeichnissen oft nach den übrigen Besitzungen des Klosters aufgeführt.

196 Die Datierung des Polyptychons beruht ausschließlich auf der Einordnung Hariulfs (siehe vorangehende Fußnote). Es gibt jedoch gewichtige Indizien, dass seine Zuweisung nicht richtig ist, vgl. Evergates 1975, S. 39–41: 1) In dem Exzerpt sind eine Reihe von Ortschaften als Besitz des Klosters genannt, die nach dem urkundlichen Befund erst nach 831 in dessen Besitz kamen. 2) Die Bücherliste in dem Verzeichnis wäre für das 9. Jahrhunderts außerordentlich umfangreich und hätte Saint-Riquier nur drei Jahrzehnte nach seiner Gründung (um 800) wohl zur größten Bibliothek des Frankenreiches gemacht. 3) Teil der Bücherliste ist eine „Mönchsregel des Augustinus", die als solche vermutlich erst im 11. Jahrhundert entstand. Ablehnend zu den Einwänden Evergates vgl. Bachrach 2001a, S. 62 Fn. 96 unter Berufung auf Rabe 1995, S. 192 Fn. 42; das „Polyptychon" wird hier allerdings nicht behandelt.

197 So Ferdinand Lot in seiner Edition des Textes, Hariulf, Chronicon Centulense (Lot 1894), S. XXVII. Edition: Appendix VII, S. 306–308. Zur Spätdatierung vgl. Evergates 1975, S. 39–41. Der Interpretation Lots folgend: B. Bachrach 2001a, S. 62–63 mit Fn. 95 u. 96, vgl. dazu auch die vorangehende Fußnote.

sich dabei auch nicht als Kopie einer älteren Liste aus.[198] Weder der handschriftliche Befund noch der Inhalt des Textes bieten damit Indizien, ihn als Abschrift eines älteren Originals zu verstehen. Die Liste ist deshalb samt dem dort genannten *vicus militum*, der analog zu anderen, handwerklich oder nach Tätigkeit geordneten Stadtvierteln aufgelistet wird, am besten als Verzeichnis des 13. Jahrhunderts zu deuten.

Zusammengenommen bedeuten diese Überlegungen zu den Arbeiten Timothy Reuters und Bernard Bachrachs, dass ständige Kriegergefolgschaften als stehende Truppenkontingente, wie sie die anglophone Forschung als Warband oder als „household troops" bezeichnet,[199] für die Karolingerzeit nicht nachzuweisen sind.[200] Hinzu kommt, dass man über die Haushaltung karolingerzeitlicher Magnaten kaum etwas weiß. Eine Schilderung ihrer Funktionsweise, ähnlich wie sie Hinkmars *De ordine palatii* für den Königshof bietet, existiert nicht. Die Existenz der Hauskrieger in der wissenschaftlichen Literatur beruht damit weniger auf zeitgenössischen Quellen des Betrachtungszeitraums als auf Tacitus und Beowulf.

Eine wichtige Rolle dürfte dabei das unbewusste Mittelalterbild von Forschern spielen, im Fall der Warband besonders die Gefolgschaft als Konezpt der Neuen Deutschen Verfassungsgeschichte.[201] Das gilt auch für die Deutung der Warband als Transitionsphase zwischen Jugend und Erwachsenenleben in einer Kriegergesellschaft. Tacitus schildert den germanischen *comitatus* als Zusammenschluss junger Männer; ihre martialische und ausschweifende Lebensweise zeigen Beowulf und Waltharius.[202] Junge, aufstrebende Männer am Hof, die dort weiter ausgebildet wurden, hat es zwar sicherlich gegeben.[203] Diejenigen Höflinge, die sich als längerfristige Begleiter des Herrschers einigermaßen biographisch fassen lassen, waren jedoch keine Berufskrieger. Vorstellen kann man sich Lebensläufe wie

198 Vatikan, Biblioteca Apostolica Vaticana, Reg. lat. 235, fol. 84^{v}.

199 Vgl. etwa B. Bachrach/D. Bachrach 2017, S. 69. Halsall 2003, S. 77. Reynolds 1994, S. 425.

200 Vgl. France 2002, S. 65, S. 75.

201 Schlesinger 1953. S. o. S. 53.

202 Innes 2003, S. 64–65. Reuter 1985, S. 91.

203 Vgl. zu dieser Frage auch B. Bachrach 2001a, bes. S. 71, S. 84, S. 87–103, mit der Untersuchung eines Vegetius-Exzpertes, das Hrabanus Maurus († 856) zugeschrieben wird. Trotz der insgesamt eher ablehnenden Haltung seinen Arbeiten gegenüber hat die am „Warband-Modell" orientierte Forschung diese Quelle aufgegriffen, vgl. Halsall 2003, S. 116. Innes 2003, S. 61. Der Text gilt als wichtige und authentische Quelle für die karolingerzeitliche Militärgeschichte, ohne dass jedoch eine quellenkritische Auseinandersetzung mit dem Text stattgefunden hätte, vgl., z. T. ohne Angabe des Textes selbst, Allmand 2011, S. 214. Halsall 2003, S. 116 Fn. 35. Innes 2000, S. 145. Bachrach 1985, S. 241. Die Zuweisung des Textes zu Hrabanus, die rein inhaltlich begründet ist, und damit seine Datierung mag plausibel sein, eine gründliche Aufarbeitung der Überlieferung des Textes ist aber ein dringendes Desiderat. Seit der Entdeckung des Textes durch den Trierer Domkapitular Jakob Marx und seiner zweiseitigen Abhandlung hat es keine quellenkritische Auseinandersetzung gegeben, vgl. Marx 1856, S. 84–86. Marx verband das Exzerpt mit einem Schreiben des Hrabanus an Lothar II., Hrabanus Maurus, Epistolae (Hampe 1899), Nr. 57, S. 514–515.

denjenigen Einhards, des Autors der *Vita Karoli Magni*, der im Alter von etwa 20 Jahren in den 790er Jahren an den Hof kam und dort bis etwa 815 blieb. Der kleinwüchsige Einhard war alles andere als ein wilder Krieger.[204] Diesem Bild könnte eher noch Wilhelm, der Sohn des Grafen Bernhard von Barcelona, entsprechen. Er bietet ein prominentes Beispiel für einen jungen Aristokraten am Königshof, weil seine Mutter Dhuoda für ihn in dieser Lebensphase eine Art Handbuch verfasste, das in den letzten Jahrzehnten viel wissenschaftliche Aufmerksamkeit erfahren hat.[205]

Wilhelm kam 841 im Alter von knapp 16 Jahren an den Hof Karls des Kahlen. Sein Vater Bernhard war ein Patensohn Karls des Großen und wurde 829 zum wichtigsten Vertrauten Ludwigs des Frommen. Die erste Rebellion gegen Ludwig Anfang 830 dürfte sich maßgeblich gegen die Position Bernhards gerichtet haben, der seine beherrschende Stellung verlor.[206] In den folgenden Jahren war Bernhard unter verschiedenen Seitenwechseln in die Auseinandersetzungen innerhalb der Königsfamilie verwickelt. Zunächst unterstützte er die Herrschaftsansprüche Pippins II. in Aquitanien gegen Karl den Kahlen, nach dem Sieg Karls in der Schlacht von Fontenoy im Juni 841, von der Bernhard sich bewusst ferngehalten hatte, sandte er jedoch seinen Sohn zu ihm als dem Sieger der Schlacht.[207] Gleichzeitig unterstütze Bernhard weiterhin Pippin. In dieser unübersichtlichen Situation gelangte Wilhelm an den Hof. Seine Mutter Dhuoda verfasste von Ende 841 bis 843 ihr Handbuch für ihn und gab ihm damit einen vor allem moralischen Leitfaden für das Leben am Hof an die Hand.[208] Über eine militärische Ausbildung verliert Dhuoda dabei kein Wort.[209] Wilhelm stellte zwar später durchaus kriegerische Qualitäten unter Beweis, als er nach der Hinrichtung seines Vaters Karl den Kahlen verließ und seinem vormaligen Herrn am 14. Juni 844 bei Angoulême gemeinsam mit Pippin II. eine

---

204 Vgl. Patzold 2013, S. 23–26, S. 51–52.

205 Dhuoda, Liber manualis (Riché 1975). Zu Dhuoda und ihrem *Liber manualis* zuletzt bes. Hummer 2018, S. 213–226. Nelson 2015. Meyers 2014. Bis in die 1970er Jahre hinein weitgehend unbeachtet, rückte Dhuodas Handbuch zunächst im Zuge der Frauenforschung in den Blick mediävistischer Untersuchungen, vgl. Nelson 1992, S. 453. Die aktuelle Interpretation des Werkes maßgeblich geprägt hat Le Jan 2007. Vgl. zum Text zuletzt Booker 2016, S. 181–213. Zum Hof als Zentrum der Erziehung junger Aristokraten vgl. Innes 2003, S. 68.

206 Zu Bernhard und seiner Karriere vgl. Depreux 1997, S. 137–139. Zu seinem Aufstieg zum einflussreichsten Berater Ludwigs des Frommen 829 und seiner Rolle in der ersten Rebellion gegen Ludwig den Frommen wie in den folgenden Jahren vgl. De Jong 2009a, bes. S. 41–44, S. 148–149.

207 Nithardus, Historiarum libri quattuor (Glansdorf u. a. 2012), III, 2, S. 94. Zur Schlacht von Fontenoy Ma. Clauss 2010, S. 67–79.

208 Der *Liber manualis* ist einerseits als persönliches Werk an Wilhelm gerichtet, mindestens ebenso sehr lässt sich die Arbeit jedoch andererseits als öffentliches Werk lesen, das die Treue der Familie Wilhelms gegenüber Karl dem Kahlen zum Ausdruck bringt, vgl. Le Jan 2007, S. 119–122. Nelson 2004, S. 194.

209 Vgl. Le Jan 2007, S. 112–113.

schwere Niederlage beibrachte,[210] Wilhelm starb 850 in weiteren Kämpfen gegen Karl.[211] In seiner Zeit am Hof kann man seine Rolle jedoch trotz dieses kriegerischen Lebenslaufes kaum als Mitglied einer königlichen Warband verstehen, sondern eher als eine Mischung aus hochrangigem Novizen im politischen Zirkel und Geisel. Solche ambivalenten Positionen sollte man ernster nehmen, wie auch den Hof als intellektuelles Bildungszentrum. Die Polyvalenz des Hofpersonals verkörpert anschaulich Nithard, der Sohn der Kaisertochter Bertha und des Abtes Angilbert. Vermutlich am Hof aufgewachsen, ist er über sein Geschichtswerk der *Vier Bücher Geschichte* bekannt; er starb jedoch als Krieger, vermutlich im Kampf gegen Wikinger 844.[212]

Der Hof bildete das entscheidende Gremium konsensualer Entscheidungsfindung und stellte damit zugleich ein Instrument dar, das den Herrscher mit Funktionsträgern und Erfüllungsgehilfen versorgte; eine soziale Gemeinschaft, die um einen instabilen Kern herum sehr dynamisch zusammengesetzt war. Als politisches Zentrum übte diese Gemeinschaft, solange sie ihre Funktion erfüllte, eine große Anziehungskraft aus, die dafür sorgte, dass stets Menschen anwesend waren, auf deren Dienste der König für alle möglichen Aufgaben zurückgreifen konnte. In diesem Sinn war der Hof ein Ausbildungszentrum für begabte oder hochgeborene junge Männer. Diese jungen Männer werden ein bedeutsames Gewaltpotential gebildet haben und auch für Kriegsdienste eingesetzt worden sein. Genauso sind bewaffnete Gruppen im Gefolge mächtiger Männer, sowohl von Laien als auch Klerikern, fraglos vielfältig belegt:[213] kleine Kriegertrupps, wie sie die Reichsannalen volkssprachlich *scarae* oder, wahrscheinlich als dessen lateinische Übersetzung, *manus* nennen.[214] In negativer Perspektive werden solche Gruppen in den Kapitellisten der Kapitularien als *trustis* oder *collecta* bezeichnet und mit Räuberbanden gleichgesetzt.[215] Die Frage ist jedoch, wie solche Gruppen organisiert wurden. Sie als stehende Truppenverbände nach modernem Muster zu erklären, greift

---

210 Ann. Bertiniani a. 844 (Grat u. a. 1964), S. 48. Vgl. Nelson 1992, S. 141.

211 Nelson 1992, S. 161.

212 Nelson 1986, S. 235.

213 Vgl. die Belege bei Reuter 1985, S. 82. Le Jan 1995, S. 103. Nelson 1983a, S. 21–23.

214 Vgl. z. B. Ann. regni Francorum a. 784 (Kurze 1895), S. 66–67: „Ibi consilio inito, [...] ut per Toringiam de orientale parte introisset super Ostfalaos et filium suum domnum Carolum dimisisset una cum scara contra Westfalaos“, a. 785, S. 68: „Et dum ibis resideret, multotiens scaras misit et per semetipsum iter peregit; Saxones [...] depraedavit et castra cepit“, a. 806, S. 122: „Missa est et manus de Baioaria et Alamannia atque Burgundia sicut anno superiore in terram Beeheim vastataque terrae non minima portione [...] regressa“.

215 Etwa das forschungsgeschichtlich bedeutsame Beispiel des Kapitulars von Herstal 779, Capitularia, 1 (Boretius 1883), Nr. 20, 14, S. 50: „De truste faciendo nemo praesumat“, 17, S. 51: „De iterantibus, qui ad palatium aut aliubi pergunt, ut eos cum collecta nemo sit ausus adsalire“. Vgl. Reuter 1985, S. 82. Zum Verbot Le Jan 1995, S. 102. Mit einer diskurstheoretischen Interpretation Föller 2016, S. 7.

zu kurz. Hinter bewaffneten Gruppen stehen in den Quellen vielfältige und ambivalente Formen personaler Bindung, die mit ebenso vielfältigen Praktiken wie Landleihe, Gabentausch, Eiden und anderen symbolischen Handlungen verbunden gewesen sein dürften. Solche Praktiken als Strukturierung von Patron-Klient-Beziehungen zu erfassen, über die unter anderem die Leistung von Kriegsdiensten organisiert wurde, ist der Ansatz dieser Arbeit.

3.4 Fazit: Ansätze für einen Neuentwurf

Die drei in der mediävistischen Forschung existierenden Modelle zur militärischen Organisation der karolingischen Welt sind theoretisch überholt und das heißt, dass sie sich an den Quellen dekonstruieren lassen. Entscheidende Charakteristika und Prämissen all dieser verschiedenen Ansätze lassen sich nicht belegen, wobei jedes der Modelle unterschiedliche Probleme aufweist: Das Lehnswesen als ursächliche Verbindung von Vasallität und Lehen ist auch im militärischen Bereich nicht nachweisbar. Beide Konzepte sind zudem als karolingerzeitliches Phänomen nicht in der Form fassbar, wie sie die klassische rechtsgeschichtliche Forschung vorausgesetzt hat. Sowohl Vasallen als auch Leihegüter sind darüber hinaus um 800 nicht systematisch mit Kriegsdiensten verbunden gewesen.

Das als Wehrpflicht bezeichnete Modell projiziert moderne staatliche und militärische Strukturen auf das frühe Mittelalter. Grundlage dafür sind vor allem Germanenbilder des 19. Jahrhunderts gewesen, die einen Verschnitt unterschiedlichster Quellen darstellen, von Tacitus über byzantinische Historiographen hin zu althochdeutschen Heldengedichten. Auch die Warband hat ihre Grundlagen zum Teil in solch einem Germanenbild, besonders über das Konzept der Gefolgschaft vermittelt. Vor allem aber lässt sich der materielle Unterhalt von Kriegern über ein Gabentauschsystem wie auch Beute als dessen maßgebliche Quelle nicht belegen.

Die auf dieser Kritik aufbauende Dekonstruktion der beschriebenen Modelle lässt sich in drei Punkten bündeln, die als Thesen Anknüpfungspunkte für den dritten und letzten Teil dieses Buchs bieten: 1) Die vermutlich wichtigste und widersprüchtrachtigste These lautet, dass sich Berufskrieger für die Zeit um 800 nicht nachweisen lassen. Stehende Kontingente professioneller Krieger scheint es nicht gegeben zu haben, weder als Warband noch in anderen Formen. Auch den karolingerzeitlichen Vasallen, die man früher als eine Art Protoritter angesehen hat, lässt sich eine solche Funktion nicht mehr zuweisen. Mit Susan Reynolds muss man sie viel mehr weit umfassender als königliche Funktionsträger verstehen,[216] die ganz ähnlich wie Bischöfe und Grafen in allen Feldern herrschaftlicher Aktivität agierten. Gerade diese Aufgabenvielfalt könnte kennzeichnend auch für die militärische Organisation der karolingischen Welt

216 Reynolds 1997, S. 35.

sein: So wie der König oft in den Krieg zog und damit nach Definition dieser Arbeit ein Krieger war, nahm er zugleich zahlreiche andere Funktionen ein, die für seine Position zum Teil noch zentraler gewesen sein dürften. Das gleiche gilt zumindest für jenen Teil kriegerischer Akteure, den die Forschung bislang vielfältig in den Blick genommen hat: hohe Geistliche und hochstehende Laien wie Grafen und Vasallen. Analog wird man auch auf niedrigeren Ebenen mit einer Verbindung unterschiedlicher Aufgaben in denselben Personen rechnen müssen.

2) Die zweite These, die sich aus den vorangehenden Überlegungen ergibt, lautet damit: Männer, die in den Krieg zogen, hatten außerhalb des Krieges andere Aufgaben und Positionen. Sie wurden für einen bestimmten Kriegszug zu Kriegern.[217] Gerade diesen Prozess, die Organisation zeitweiliger Kriegsdienste für konkrete Aktionen, gilt es zu untersuchen. Ihn über Patron-Klient-Bindungen zwischen Mächtigen und weniger Mächtigen, sozial Starken und Schwächeren, zu erfassen, ist der Ansatz meiner Arbeit für den Entwurf einer Neudeutung.

3) Die Strukturen, über die Krieger aktiviert wurden, so legt die Untersuchung des Warband-Modells als dritte These nahe, waren zwar sicherlich völlig andere als die des modernen Staats, dennoch sind sie nicht als *privat* zu verstehen. Der König forderte Kriegsdienste als König, nicht als Herr von Einzelpersonen. Es scheint also eine Vorstellung *öffentlicher* Verpflichtungen gegenüber dem Gemeinwesen, das vor allem in einem politischen Vokabular der Spätantike erfasst wurde, gegeben zu haben.

Auf Grundlage dieser Thesen wird im folgenden dritten Teil der Arbeit ein Neuentwurf der Organisation von Kriegsdiensten in der karolingischen Welt um 800 erarbeitet. Er fragt nach der sozialen Stellung der Gewaltakteure, den Prozessen ihrer Aktivierung für Kriegsdienste, der dabei stattfindenden Interaktion verschiedener sozio-ökonomischer Ebenen und nach der Formgebung dieser Prozesse als Strukturen einer politischen Ordnung.

217 Vgl. mit einem ähnlichen Ansatz Jäger 2017, S. 69–70, S. 218–220.

4 Konstruktion

Darstellungen der militärischen Organisation der karolingischen Welt haben bislang wesentlich auf Grundlage einer Trennung zwischen *öffentlichem* Aufgebot und *privater* Gefolgschaft argumentiert. Meine These lautet als Gegenentwurf dazu, dass diese Trennung nicht sinnvoll ist und personale Bindungen in der karolingischen Welt integraler Teil der Strukturierung gemeinschaftlicher Aktion waren. Auch Kriegsdienste wurden damit über ein vielstufiges System personaler Verbindungen organisiert. Das bedeutet aber nicht, dass wir karolingische Armeen als personengebundene Privatarmeen begreifen müssen, sondern nur dass eine zeitgebundene Perspektive des 19. und 20. Jahrhunderts, die personale Bindungen im Gegensatz zu staatlichen Strukturen als privat begreift, eine irreführende Dualität zwischen institutionellen und personalen Strukturen erzeugt.

In diesem Teil der Arbeit werde ich zeigen, wie Kriegsdienste als gemeinschaftliche Verpflichtung in der sozialen und politischen Ordnung der karolingischen Welt um 800 über Netze von Patron-Klient-Bindungen organisiert wurden. Dazu untersuche ich zunächst, wie in den Kapitellisten der Kapitularien, die seit jeher im Zentrum wissenschaftlicher Diskussion um die karolingerzeitliche Militärgeschichte stehen, diejenigen benannt wurden, die für Kriegsdienste herangezogen wurden. In den folgenden drei Kapiteln nehme ich diese Gewaltakteure, die Krieger, und ihre Organisierung für Kriegsdienste in einer *bottom up* Perspektive in den Blick. Das geschieht zunächst exemplarisch über die Analyse eines Patronagenetzes anhand der Briefe Einhards, dessen Position als Kirchenpatron und Abt die Untersuchung im folgenden dritten Kapitel auf die Bedeutung der großen Kirchen in der Organisation von Kriegsdiensten lenkt. Dieses Kapitel beleuchtet die Funktion, die Bischofskirchen und Klöster als eine zentrale Schnittstelle der karolingischen Welt zwischen Lokalem und Zentrale einnahmen, auch im kriegerischen Bereich. Im vierten Kapitel nimmt die prosopographischen Untersuchung eines aquitanischen Landbesitzers, der Ende des 8. Jahrhunderts als kleinerer militärischer Anführer für Ludwig den Frommen aktiv war, Laien auf einer sozialen Akteursebene zwischen kleinen Landbesitzern und Führungselite in den Blick. Der letzte Teil der Untersuchung ist in zwei weiteren Kapiteln auf die Praxis herrschaftlicher Organisation in der Aufstellung von Heeren gerichtet. Diese herrschaftliche Seite erfasse ich, indem ich untersuche, wie die Aktivierung solcher Bindungen für die Leistung von Kriegsdiensten am Kaiserhof beraten und geregelt wurde. Das geschieht zunächst in einer Fallstudie zu einem Aufgebot Lothars, das im Jahr 825 angesichts einer schweren, wetterbedingten Notsituation für einen Feldzug nach Korsika erging. Abschließend zeichne ich auf Grundlage der handschriftlichen Überlieferung die zeitgenössische Diskussion nach, die im Vorfeld der ersten Rebellion gegen Ludwig den Frommen, und damit in einem weiteren Krisenmoment der karolingischen Geschichte, im Lauf des Jahres 829 um die Leistung von Kriegsdiensten geführt wurde.

https://doi.org/10.1515/9783110629071-004

4.1 Seniores und homines: die Krieger der Kapitularien

Die karolingischen Kapitellisten stehen seit jeher im Zentrum militärgeschichtlicher Diskussionen. Diese zentrale Stellung lag vor allem in der Einordnung der Quellengruppe als Rechtstexte begründet, auf deren Grundlage Historiker meinten, die militärische *Verfassung* der Karolingerzeit aus ihnen herauslesen zu können.[1] Doch auch mit der grundsätzlich gewandelten Bewertung der Kapitellisten als Überreste von Beratungen und Versammlungen bleiben sie für die Fragestellung dieses Buches höchst interessant: Wie wurde im politischen Zentrum, am Hof und bei den Versammlungen der Mächtigen, über Krieger gesprochen und Kriegsdienst verhandelt? Und wer war davon betroffen? Wer waren die Krieger der Karolinger?

Diejenigen, von denen Kriegsdienste erwartet wurden, werden in den Kapitellisten stets schlicht als *homines liberi* oder noch allgemeiner nur als *homines* bezeichnet.[2] Das bedeutet: Ein spezifisches Wort wie Krieger, Soldaten oder Kämpfer stand für die Beratungen, wie sie in den Kapitellisten sichtbar werden, entweder nicht zur Verfügung oder wurde nicht für notwendig erachtet. Auch das Wort *vassus*, das von der älteren Forschung als Synonym für den karolingischen Berufskrieger verstanden wurde, hat diese Funktion offenbar nicht erfüllt.[3] Das klassisch-lateinische *miles* wiederum wurde in den Kapitellisten praktisch nicht verwendet.[4] Wer aber die aufgebotenen *homines* waren, die für die militärische Organisation solch eine hohe Bedeutung hatten, ist eine vieldiskutierte Frage.[5]

Die klassische, schon seit Ende des 18. Jahrhunderts entwickelte, rechtshistorische Lehre sah in den *liberi homines* die letzten Überreste jener freien und gleichen germanischen Urgesellschaft, die in der Karolingerzeit untergegangen sei. Dagegen wandte sich etwa ab den 1930er Jahren die sogenannte *Königsfreientheorie*, die in den *liberi homines* die direkte Kriegergefolgschaft des Königs verstand: Damit seien diejenigen bezeichnet worden, die in einer rein privatrechtlichen, das heißt nichtstaatlichen, persönlichen Beziehung direkt dem König unterstanden.[6] Entsprechend seinem Rang und seinen Ressourcen habe der König über sehr viele solcher Gefolgsleute verfügt, die er überall in seinem Reich strategisch verteilt habe. Auch diese Gegenposition zur rechtsgeschichtlichen Lehre des 19. Jahrhunderts wurde jedoch ab den 1950er Jahren als zeitgebundenes Deutungsmuster dekonstruiert, das wesentlich auf völkischen und führerstaatlichen Ideen aufbaute. Besonders der ostdeutsche Historiker Eckhard Müller-Mertens trat der Königsfreientheorie 1963 mit

1 S. o. S. 70.
2 S. o. S. 40.
3 S. o. S. 82.
4 S. o. S. 102.
5 Schmitt 1977. Müller-Mertens 1963.
6 S. o. S. 40.

einer einflussreichen Studie entgegen.[7] Er sah in den *homines liberi* den Stand freier Männer unterhalb des Adels, eine sozial und wirtschaftlich sehr inhomogene Gruppe, „bei aller Verschiedenartigkeit" aber charakterisiert als „kleine königliche Leistungsträger".[8]

Zunächst hätten diese Freien eine breite Schicht der fränkischen Bevölkerung gebildet, seien dann aber zunehmend unter den Druck der entstehenden Aristokratie geraten und im Zuge der Feudalisierung der karolingischen Gesellschaft schließlich verschwunden. Damit griff Eckhard Müller-Mertens die sogenannte *Depressionslehre* des 19. Jahrhunderts auf,[9] deutete sie aber im Rahmen des Historischen Materialismus, der offiziellen marxistischen Geschichtstheorie, als grundlegende Umwandlung der „Produktionsverhältnisse": Die Auseinandersetzung zwischen freier Bauernschicht und feudalem Adel war nach dieser Deutung ein Klassenkampf und damit die Triebfeder der Entstehung der neuen Gesellschaftsformation des Feudalismus.

Während diese historisch-materialistische Deutung Müller-Mertens nicht übernommen wurde, da sie als allzu „offensichtlich von forschungsgeschichtlichen Implikationen belastet" galt, hat die Forschung seiner sozialen Charakterisierung der Freien seither grundlegend zugestimmt.[10] Zentral ist dabei die Erkenntnis, dass es sich bei ihnen anders als Gemeinfreienlehre oder Königsfreientheorie voraussetzten, um eine sehr heterogene Gruppe handelte, die kleinere Bauern genauso umfasste wie Großgrundbesitzer. Oft bewirtschafteten die Freien Eigenbesitz, aber auch alle möglichen Formen von abgeleitetem Grundbesitz.

Jüngst hat Charles West erneut die Frage nach den *homines liberi* aufgeworfen: Auch er hält sie für eine breite und sehr heterogene Schicht der Bevölkerung der karolingischen Welt,[11] geht in der Charakterisierung aber noch einen Schritt weiter als Müller-Mertens und bietet gewissermaßen eine modernisierte Variante der Königsfreientheorie: Die *homines liberi* seien diejenigen gewesen, die der König als die direkten Objekte seiner Herrschaft betrachtete. Der Herrscher habe unmittelbar in ihre Belange eingegriffen und auch Leistungen von ihnen erwartet. Dabei hätten diese Männer aber nicht zwingend in einem personalen Abhängigkeitsverhältnis zum König gestanden oder königliches Land besessen. Ihre Beziehung zum König habe ganz einfach darauf beruht, dass sie freie Franken waren und er der Herrscher der Franken.[12] Nach West drückte die Bezeichnung als *homines liberi* genau das aus und diente dazu,

---

7 Zur ideologischen Fundierung der Königsfreientheorie vgl. Müller-Mertens 1963, S. 37–39. Handbuchdarstellungen basieren im Punkt der Freien oft beinahe ausschließlich auf Müller-Mertens, vgl. z. B. Schneider 2001, S. 142–145.

8 Müller-Mertens 1963, S. 88, S. 143.

9 Müller-Mertens 1963, S. 10–13.

10 Schmitt 1977, S. 102.

11 West 2015, S. 24–25.

12 West 2015, S. 26.

sie von Unfreien, die als *servi*, *coloni* oder *villani* bezeichnet wurden, zu unterscheiden. Die volle politische Integration bedeutete einerseits öffentliche Verpflichtungen gegenüber dem König, wie den Kriegsdienst. Umgekehrt könnte die wirtschaftliche, soziale und rechtliche Befähigung zu solchen Diensten aber gerade das ausgemacht haben, was den Freien von einem Unfreien unterschied.[13]

Dienstansprüche des Herrschers stellten die wichtigste Interaktionszone zwischen ihm und den Mitgliedern des politischen Verbandes dar.[14] Dementsprechend werden die *homines liberi* in den Kapitellisten meistens im Zusammenhang öffentlicher Verpflichtungen sichtbar. Eine wichtige Kategorie war dabei der Kriegsdienst. Doch die freien Männer wurden auch für vielfältige andere öffentliche Aufgaben herangezogen,[15] etwa für die Instandhaltung von Verkehrswegen,[16] insbesondere von Brücken, oder die Bereitstellung von Unterkunft, Verpflegung und Pferden für königliche Boten.[17] In den verschiedensten Einzelkapiteln der Kapitellisten werden verschiedenste Arten von Besitz, wie Eigengut, Leihgut und abgabenpflichtiges Pachtland mit ihnen verbunden.[18] Sozial und ökonomisch zeigen auch die Aufgebotslisten die Freien als heterogene Schicht. Sie werden vorangig als Landbesitzer angesprochen, doch gab es auch solche, die kein Land besaßen oder sogar als arm, *pauper*, galten.[19] Der schmale Bestand der Aufgebotslisten bestätigt jedoch bei aller Heterogenität die Definition der Freien als königliche Leistungsträger, wie auch eine sehr einheitliche Verwendung der Bezeichnung *homines liberi* für die Objekte der Verpflichtung zum Kriegsdienst.

Gleichzeitig hatte das Wort *homo* eine Doppelbedeutung, wie Charles West am Beispiel der *homines* Bischof Hinkmars von Laon († 879) dargestellt hat: Die *homines liberi* traten in hierarchische Beziehungen zu sozial Stärkeren, Bischöfen, Äbten oder Grafen und anderen Magnaten, und wurden dann von ihnen als *homines mei* betrachtet. Auch in dieser Bedeutung diente die Bezeichnung nach West dazu, die *homines* von anderen Arten von Untergebenen wie Abhängigen und Sklaven zu

13 So Innes 2000, S. 83.

14 Vgl. Müller-Mertens 1963, S. 58.

15 In der folgenden Darstellung der Aufgaben der *homines liberi* stimme ich überein mit und richte ich mich nach der älteren Forschung, vgl. bes. Müller-Mertens 1963, S. 60. Die klasischen Arbeiten sind auch hier H. Brunner/Von Schwerin 1928, bes. S. 303–312. Waitz 1885, bes. S. 11–40.

16 Capitularia, 1 (Boretius 1883), Nr. 143, 3, S. 294–295. Als Verpflichtung der *pagenses*: Nr. 148, 11, S. 301.

17 Urkunden Ludwigs des Frommen, 2 (Kölzer 2016), Nr. 47, S. 123, Z. 14–19 [= Capitularia, 1 (Boretius 1883), Nr. 132, 1, S. 262]

18 Die folgenden Beispiele nach Müller-Mertens 1963, S. 66, S. 72: Leihegut (*beneficium*): Capitularia, 1 (Boretius 1883), Nr. 34, 10, S. 100. Eigengut (*hereditas*): Nr. 139, 1, S. 281. (*proprietas*): Nr. 157, 2, S. 316–317. Abgabenpflichtiges Land als Teil des *fiscus*: Nr. 32, 62, S. 89 [Neuedition: Capitulare de villis (Brühl 1971)]. Im Besitz von Königsland (*terra dominica*): Capitularia, 2 (Boretius u. a. 1897), Nr. 193, 6, S. 19.

19 Capitularia, 1 (Boretius 1883), Nr. 48, 1, S. 134, Nr. 50, 1–2, S. 137, Nr. 162, 3, S. 325.

unterscheiden, ebenso auch vom klerikalen Gefolge eines geistlichen Großen. Personen, die als gleich- oder höherrangig betrachtet wurden, seien hingegen nie als *homines mei* bezeichnet worden.[20]

Beide umrissene Bedeutungen von *homo*, als Objekt königlicher Herrschaft und als Klient eines Großen, zeigt in einer instruktiven Dopplung das dritte Kapitel des oben besprochenen *Capitulare missorum de exercitum promovendo* (Nr. 50), das eine der Hauptquellen für die These einer öffentlichen Verpflichtung zum Kriegsdienst bildet:[21]

> 3. Falls aber ein Mann angeben sollte, dass er auf Befehl seines Grafen, Vikars oder Zentenars das, womit er sich selbst ausrüsten muss, diesem Graf oder Vikar oder Zentenar oder irgendeinem ihrer Männer übergeben und deshalb den Heerzug verlassen hat, dann soll – wenn unsere Boten herausfinden, dass es wahr ist – derjenige, der das angeordnet hat, den Bann zahlen, einerlei, ob er Graf, Vikar oder der Gehilfe eines Bischofs oder Abtes sei.[22]

Hier steht *Mann* (*homo*), einerseits für denjenigen, der aufgeboten wird und andererseits bezeichnet es alle möglichen Gehilfen von Funktionsträgern. Die Zeitgenossen hatten offenbar keine Schwierigkeiten damit, für beides solch eine unspezifische Bezeichnung zu verwenden. *Homo* ist damit kein klar systematisierbarer Begriff, mit dessen Verwendung ein ganz spezifischer Status oder ganz spezfische Verpflichtungen und Rechte ausgedrückt wurden. Vielmehr konnte die Bezeichnung verwendet werden, um alle möglichen Formen von Bindung und Abhängigkeit auszudrücken. Welche Rahmenbedingungen im Einzelfall hinter der Bezeichnung als Mann eines anderen stehen, wird in den meisten Fällen dabei gar nicht deutlich.[23] Eine genauere begriffliche Bestimmung war in den Kapitellisten offenbar selten nötig.

Das Gegenstück zum *homo* bildete in den Aufgebotsbestimmungen sein *senior*:[24] „jeder Freie Mann der vier Mansen besitzt, [...] muss zum Heer kommen, entweder mit seinem *senior*, wenn der *senior* auszieht oder mit seinem Grafen".[25]

20 West 2015, S. 10.

21 S. o. S. 85.

22 Capitularia, 1 (Boretius 1883), Nr. 50, 3, S. 137: „Quod si forte talis homo inventus fuerit qui dicat, quod iussione comitis vel vicarii aut centenarii sui hoc quo ipse semetipsum praeparare debeat eidem comiti vel vicario aut centenario vel quibuslibet hominibus eorum dedisset et propter hoc illud demisisset iter et missi nostri hoc ita verum esse investigare potuerint, is per cuius iussionem ille remansit bannum nostrum rewadiet atque persolvat, sive sit comes sive vicarius sive advocatus episcopi atque abbatis."

23 Capitularia, 1 (Boretius 1883), Nr. 49, 4, S. 136, Nr. 132, 6, S. 262 [Neuedition: Urkunden Ludwigs des Frommen, 2 (Kölzer 2016), Nr. 47, S. 123, Z. 14–19, Z. 7–8], Nr. 73, 7, S. 164, Nr. 45, 9, S. 128.

24 Vgl. zum Begriff *senior*: Deutinger 2006, S. 79–81.

25 Capitularia, 1 (Boretius 1883), Nr. 50, 1, S. 137: „Ut omnis liber homo, qui quatuor mansos vestitos de proprio suo sive de alicuius beneficio habet, ipse praeparet et per se in hostem pergat, sive cum seniore suo si senior eius perrexerit sive cum comite suo." Vgl. o. S. 85.

Das Wortpaar ist dabei nicht immer *senior* – *homo*, manchmal wird der Anhang eines Herren auch noch unspezifischer einfach als *personae* oder „die Seinen" bezeichnet.[26] Für den Herrn kann auch *dominus* stehen,[27] oder etwa *capitanei* für die Anführer von Kriegern.[28] Als häufigste Bezeichnungen ist das Wortpaar *senior* – *homo* jedoch geeignet, so die These im Folgenden, eine hierarchische Polarität auszudrücken. Orientiert an den aktuellen Arbeiten der althistorischen Forschung zur Klientel lässt es sich verwenden, um aus Forschunsperspektive die zwei Pole eines sprachlichen *clusters* karolingerzeitlicher Patron-Klient-Beziehungen zu benennen.[29] Wie lässt sich nun dabei der hierarchisch übergeordnete Pol, der Herr als Patron, in den Kapitellisten verstehen?

Im Gegensatz zu den *homines liberi* kreist um die Bedeutung der Bezeichnung *senior* keine kontroverse wissenschaftliche Diskussion. Die lehnrechtlich geprägte Forschung hat das Wort ohne große Schwierigkeiten im Zusammenhang mit *homo* als Lehnsherr verstanden.[30] Schon Paul Roth hatte in der Entstehung des *Seniorats* ein Kernelement der Feudalisierung der mittelalterlichen Welt gesehen und darin ist ihm die Forschung seither gefolgt.[31] Mit der Dekonstruktion des Lehnswesens als Ausgangspunkt der vorliegenden Arbeit ist die Übersetzung als *Lehnsherr* allerdings gegenstandslos geworden, die Bezeichnung *senior* muss begrifflich neu gefasst werden. Das semantische Feld des Wortes kann in den Kapitellisten in zwei Richtungen abgesteckt werden. In einer ersten Bedeutung lässt es sich nach den bisher zitierten Stellen als *militärischer Anführer* verstehen. Die Bezeichnung als *senior* war aber keineswegs auf die Beziehung zwischen Kriegern beschränkt, wie es die alte Deutung als Lehnsherr mit der ursprünglichen Verortung des Lehnswesens im militärischen Bereich nahelegen würde. Die Bezeichnung wurde etwa auch in kirchlichen Hierarchien oder zur Bezeichnung der führenden Magnaten verwendet.

Ein Beispiel für die Verwendung im kirchlichen Kontext geben die Beschlüsse einer Synode, die im Juni 829 in Paris tagte. Die Synode trat im Bewusstsein einer schweren Krise zusammen, die von den Führungsschichten der karolingischen Welt auf den Zorn Gottes zurückgeführt wurde. Sie hatten sich nach eigenem Empfinden gegen Gott versündigt, und so strafte er die Franken, deren Führung ihnen oblag, seit Beginn der 820er Jahre in stetiger Steigerung mit Hungersnöten,

---

26 Capitularia, 1 (Boretius 1883), Nr. 105, 7, S. 217, Nr. 150, 17, S. 305. So kann Ansegis dieses Kapitel (Nr. 150, 17) mit der Rubrik „ut qui in hostem pergunt suos, qui in suo obsequio sunt unuquisque cognoscat" überschreiben, vgl. Ansegis, Collectio Capitularium (Schmitz 1996), II, 15, S. 518, S. 531.

27 Capitularia, 1 (Boretius 1883), Nr. 50, 5, S. 137, Nr. 62, 10, S. 150.

28 Capitularia, 1 (Boretius 1883), Nr. 48, 3, S. 135.

29 S. o. S. 65.

30 Niermeyer 2004, s. v. senior 9. Ganshof 1989, S. 71.

31 Roth 1850, S. 356. Vgl. mit Ablehnung des Begriffes des *Seniorats* Waitz 1856, S. 6.

militärischen Misserfolgen und anderem Übel aller Art.[32] Eine Zusammenfassung der Pariser Synode zeigt,[33] wie sich die Bischöfe vor diesem Hintergrund ausführlich auch mit ihren eigenen Fehlern beschäftigten. Im Rahmen einer „Theorie der Verantwortlichkeit" hatte jeder einzelne durch sein Verhalten Anteil am Wohl der gesamten Gemeinschaft,[34] ganz besonders aber die Bischöfe gemeinsam mit dem König als Leiter der Christenheit.[35] Der einzige Weg aus der Krise war, die Franken endlich wieder auf den rechten Weg, das rechte Verhalten vor Gott zu bringen, um so seinen Zorn zu besänftigen. Teil der bischöflichen Selbstkritik ist ein Kapitel, das das Verhältnis von Priestern zu ihren *seniores* behandelt:[36]

> Über die Priester und ihre Kirchen: In unseren Besprechungen sind vier Ursachen dafür offenbar geworden, dass Bußen versäumt werden und Sünden entstehen. Zuvorderst, weil einige Priester, wenn sie erst einmal in gesicherter Stellung sind, nicht einmal das, was zum Gottesdienst gehört, ausführen. Genausowenig kümmern sie sich um die Instandhaltung und Beleuchtung der Kirchen, noch erweisen sie ihren *seniores* die gebührende Achtung. Darüber hinaus plündern sie ihre Kirchen aus und übertragen sie in ihr Eigengut. All dies ist, wie wir erkannt haben, Teil der Nachlässigkeit der Bischöfe. Und wenn dies einmal hingenommen wurde, dann lassen sich auch ihrerseits die *seniores* [der Priester] dazu verleiten, dass sie es wagen, sie [die Priester] unehrenhaft und respektlos zu behandeln.[37]

Die Priester haben hier also wie die Krieger, die in den Aufgeboten angesprochen wurden, Herren, die *seniores sui*. Im respektlosen Umgang mit diesem bestand eine Gefahr für das Allgemeinwohl. Dieser Vorwurf wird gleichrangig mit 1) der Vernachlässigung des Gottesdienstes, 2) dem Verfall der Kirchen und 3) der Entfremdung kirchlicher Besitzungen genannt. Das respektlose Verhalten der Priester führt dazu, dass dann auch die *seniores* die Priester nicht auf die angemessene

---

32 Vgl. die Vorrede des Textes Capitularia, 2 (Boretius u. a. 1897), Nr. 196, S. 27–28. Zu dieser Bedrohungswahrnehmung vgl. als aktuelle Arbeiten bes. De Jong 2009, S. 38–44. Patzold 2013, S. 176–181.

33 Capitularia, 2 (Boretius u. a. 1897), Nr. 196, S. 26–51, die sogenannte *Episcoporum ad Hludowicum imperatorem relatio.*

34 Zur Theorie der Verantwortlichkeit vgl. Patzold 2013, S. 156–158.

35 Patzold 2008, S. 179–180.

36 Das betreffende Kapitel hat in den Synodalakten von Paris 829 keine Entsprechung, sodass es vermutlich auf eine der Teilsynoden zurückgeht, die 829 parallel an anderen Orten stattfanden. Diesen Hinweis verdanke ich Andreas Öffner, der in Tübingen eine Neuedition der *Episcoporum ad Hludowicum imperatorem relatio* vorbereitet.

37 Concilia aevi Karolini 2, 2 (Werminghoff 1897), Nr. 56, 30, S. 712: „De presbiteris et eorum aecclesiis, unde multa negleguntur et scandala generantur, in nostra discussione quattuor nobis pericula apparuerunt. Primo quia nonnulli eorum ex ipsis sacerdotibus quadam securitate accepta nec ea, quae ad cultum divinum pertinent, faciunt neque in restauratione et luminaribus ecclesiae studium habent nec etiam senioribus suis debitam reverentiam exhibent et insuper ecclesias suas expoliant et in prediola sua propria transferunt. Quae omnia ad neglegentiam episcoporum pertinere deprahendimus. Ob id vero quadam occasione accepta seniores eorum permoti in tantam audatiam prorumpunt, ut eos etiam inlicite et inhonestae atque inreverenter tractare praesumant."

Weise behandeln. Das scheint ein gewichtiges Problem zu sein, denn darin bestand eine Verkehrung der rechten Ordnung. Dieses Problem schließlich wurde den Bischöfen zugewiesen: „all dies ist, wie wir erkannt haben, Teil der Nachlässigkeit der Bischöfe“. Und sie sind es auch, die hier vor allem mit *seniores* gemeint sind, in dem Sinne, dass damit insgesamt die kirchlichen Vorgesetzten der raubgierigen Priester angesprochen sind. So konnten als *senior* alle Ranghöheren in einer kirchlichen Hierarchie bezeichnet werden.[38] Damit ist das erste Bedeutungsfeld der Bezeichnung *senior* umrissen: Es konnte für jeden Ranghöheren in hierarchischen Beziehungen stehen, sowohl die Vorgesetzten von Priestern als auch von Kriegern.

Zweitens konnte *senior* auch in einer Weise verwendet werden, die als *die Großen* übersetzt werden müsste und in einem spezifischen Kontext die Gruppe der führenden Magnaten bezeichnete. Diese Bedeutung zeigt eine Kapitelliste, die wohl bald nach dem Regierungsantritt Ludwigs des Frommen 814 entstand.[39] Bei dem Text handelt es sich um Anweisungen an die Amtsträger im kaiserlichen Palast in Aachen, dort Zucht und Ordnung durchzusetzen. Dabei wurden die Bischöfe, Äbte, Grafen und königliche Vasallen zusammen als *seniores* bezeichnet: Den Amtsträgern wurde aufgetragen nachzuforschen, ob sich irgendwo Männer fänden, die niemandem zugeordnet werden könnten, oder ob in der Pfalz gar Prostituierte versteckt gehalten würden.[40] Zunächst sollten sie unter ihren eigenen Männern (*homines suos*) nachforschen, dann bei ihresgleichen (*pares suos*). Der Quartiermeister (*mansionarius*) der Pfalz und seine Gehilfen (*iuniores*) erhielten nun die Anweisung, die Häuser der Bischöfe, Äbte, Grafen und königlichen Vasallen zu durchsuchen, und zwar „solange sich diese *seniores* nicht in ihren Häusern aufhalten“.[41]

Die beiden umrissenen Bedeutungen von *senior* sind nun nicht rein phonetisch übereinstimmende Bezeichnungen für ganz unterschiedliche Dinge, sondern eng aufeinander bezogen. Der komparativen Grundbedeutung des Wortes als *Älterer* entsprechend, ist die Bezeichnung *senior* vor allem eine relative, nach der ein Mensch in einer bestimmten Beziehung zum *senior* wird. Anschaulich deutlich wird diese relative Bedeutung in der sogenannten *Ordinatio imperii*, der erste Nachfolgeregelung

---

38 Anders mit der klassischen Deutung der *seniores* als Eigenkirchenherren vgl. Wood 2006, S. 809 Fn. 40. Zur Bedeutung als *kirchlicher Vorgesetzter* vgl. auch Capitularia, 1 (Boretius 1883), Nr. 28, 27, S. 76. Mit dieser Übersetzung vgl. King 1987, S. 229.

39 Das sogenannte *Capitulare de disciplina palatii Aquisgranensis*, Capitularia, 1 (Boretius 1883), Nr. 146, S. 297–298. Vgl. zum Text Boshof 1996, S. 103–104. Patzold 2013, S. 112.

40 Capitularia, 1 (Boretius 1883), Nr. 146, 1 (ohne Zählung), S. 298: „Unusquisque ministerialis palatinus diligentissima inquisitione discutiat primo homines suos et postea pares suos, si aliquem inter eos vel apud suos igrotum hominem vel meretricem latitantem invenire possit.“

41 Capitularia, 1 (Boretius 1883), Nr. 146, 2, S. 298: „Mansionarius autem faciat simili modo [...] per mansiones episcoporum et abbatum et comitum [...] et vassorum nostrorum, eo tempore quando illi seniores in ipsis mansionibus non sunt.“

Ludwigs des Frommen von 817.[42] Der Text war das Ergebnis einer großen Versammlung in Aachen, seine Bestimmungen regelten umfangreich das Verhältnis der drei Söhne Ludwigs nach dem Tod ihres Vaters. In einer ausführlichen Vorrede wird berichtet, wie Lothar von den Versammelten als Erstgeborener zum Kaiser gewählt worden sei, nachdem sie mit Fasten und Beten den Willen Gottes erforscht hatten. Dann habe man in gemeinsamer Beratung die folgenden Kapitel beschlossen und festgehalten, auf welche Weise die jüngeren Brüder unter ihrem älteren Bruder die Herrschaft in ihren Königtümern ausüben sollten: „sub seniore fratre regali potestate potiantur".[43] Die Bezeichnung als *senior frater*, die einerseits natürlich mit der Grundbedeutung des Wortes als älterer Bruder übersetzt werden kann, zeigt andererseits die hierarchische Beziehung zwischen dem Kaiser und den ihm untergeordneten Königen an.[44] Sichtbar gemacht wurde die Hierarchie zwischen den Brüdern rituell und symbolisch: In Anerkennung ihres untergeordneten Ranges mussten die Könige einmal jährlich mit Geschenken zu ihrem kaiserlichen Bruder kommen, um „in brüderlicher Liebe alle für das Gemeinwohl notwendigen Dinge zu besprechen".[45] Im Gegenzug wurde festgehalten, dass „der ältere Bruder sie seinerseits in frommer und brüderlicher Liebe noch großzügiger beschenken solle, so wie ihm nach dem Willen Gottes die größere Macht gegeben ist" (c. 5).[46] Die Vorrangstellung des *seniors* gegenüber den so nachgeordneten Brüdern bedeutete ferner auch, dass ihm eine Schutzfunktion ihnen gegenüber zugewiesen wurde (c. 6) und dass die jüngeren Brüder ohne seinen Rat nicht mit fremden Völkern verhandeln oder gar Kriege beginnen durften (c. 6–7); auch bei der Heirat mussten sie seinen Rat beachten (c. 13).[47]

Senior bezeichnet hier die Vorangstellung in einer stark hierarchisch gedachten Beziehung, die aber auch dazu führt, dass der Patron für den Untergeordneten verantwortlich ist. Zwar stellt die *Ordinatio imperii* als Nachfolgeordnung des Kaisers einen absoluten Sonderfall dar. Doch konnte die hierarchisch überlegene Position im Rangverhältnis zwischen mehreren Herrschern mit demselben Terminus erfasst werden wie auch der übergeordnete Part in geistlichen Hierarchien oder Kriegergruppen. Semantisch betont wird mit der Vorrangstellung damit zugleich die Verantwortung, die mit dem Vorrang einhergeht. Solche auf Ungleichheit der

---

42 Capitularia, 1 (Boretius 1883), Nr. 136, S. 270–273. Zur *Ordinatio* imperii vgl. Schäpers 2018, S. 73–85. Patzold 2013, S. 122–123. Hägermann 2008, S. 291–299. Kaschke 2006, S. 324–353, hier bes. S. 331–332.

43 Capitularia, 1 (Boretius 1883), Nr. 136, S. 271.

44 Vgl. Schäpers 2018, S. 17, S. 76. Hägermann 2008, S. 293–294.

45 Capitularia, 1 (Boretius 1883), Nr. 136, 4, S. 271: „Item volumus ut semel in anno [. . .] visitandi et videndi et de his quae necessaria sunt et quae ad communem utilitatem vel ad perpetuam pacem pertinent [. . .] tractandi gratia ad seniorem fratrem cum donis suis veniant."

46 Capitularia, 1 (Boretius 1883), Nr. 136, 4, S. 271: senior frater, quando ad eum [. . .] cum donis, sicut praedictum est, venerint, sicut ei maior potestas Deo annuente fuerit adtributa, ita et ipse illos pio fraternoque amore largiori dono remuneret.

47 Capitularia, 1 (Boretius 1883), Nr. 136, 6–8, 13, S. 271–272.

Beteiligten basierende Beziehungen lassen sich nach der oben gegebenen Definition als Patron-Klient-Beziehungen erfassen: „Freiwillig eingegangene persönliche Beziehungen von einiger Dauer zwischen zwei Personen unterschiedlichen sozialen Ranges, die auf dem Austausch materieller oder immaterieller Güter basieren".[48]

Dabei machte die Zuordnung eines *homo* zu seinem *senior* einen zentralen Bestandteil karolingerzeitlicher Patron-Klient-Beziehungen aus, nicht zuletzt auch als Teil jener Verteilung von Verantwortlichkeiten, die eine maßgebliche Kategorie in den oben besprochenen Beschlüssen der Synode von Paris 829 war und um die die politische Diskussion der Eliten der karolingischen Welt bis zum krisenhaften Kulminationspunkt der Rebellion 830 immer schneller kreiste. So wandte sich Ludwig der Fromme 825, schon in vollem Bewusstsein der gottgewollten Katastrophen, die die Franken nach seinem Verständnis auf sich herabbeschworen hatten, in einem brieflichen Appell an die Gesamtheit all derer, die seiner Herrschaft unterstanden.[49] In dieser dringenden Warnung, die rechte gottgewollte Ordnung in allen Dingen einzuhalten, wandte er sich auch an die *seniores*:[50] Im Falle eines Kriegszuges, den die ringsum drohenden Feinde der Christenheit höchstwahrscheinlich werden ließen, solle jeder *senior* jeden Einzelnen, der in seinem Gefolge (*obsequium*) in den Krieg zog, kennen – „egal ob es die seinen sind oder die eines anderen". Wichtig war in diesem Punkt, wie im Falle der Untersuchungen in der Aachener Pfalz, dass der Anführer den Mann kannte und der Mann so einem der Anführer zugeordnet werden konnte. Beging einer ihrer Männer dennoch auf dem Feldzug eine Straftat, dann wurde er nicht nur selbst bestraft, sondern auch der Herr, der ihn nicht unter Kontrolle hatte halten können. Diese Ermahnung verbindet die beiden umrissenen Bedeutungen des Wortes: *Seniores* waren diejenigen, die anderen übergeordnet und damit für sie verantwortlich waren. Als Große, als führende Mitglieder der Elite, waren sie zugleich ihrerseits dem Kaiser direkt verantwortlich.

Patron-Klient-Beziehungen zwischen karolingischen *seniores* und ihren *homines* lassen sich so als mehrstufiges Vermittlungsverhältnis verstehen, dessen Stufen über Individuen als Schnittstellen verbunden wurden, als Interfaces nach dem

48 Ganter 2015, S. 4. Die folgende Durchsicht der Definition hier S. 6–15. Vgl. die Definition von „patronage" Saller 1982, S. 49, s. o. S. 65.

49 Capitularia, 1 (Boretius 1883), Nr. 150, S. 303–307. Zur *Admonitio ad omnes regni ordines* vgl. Patzold 2013, S. 156–158. Die Bezeichnung als *Admonitio* ist auch in diesem Fall eine moderne Benennung. Zur Datierung des Textes vgl. Guillot 1990, S. 460–461. Die Datierung ist nicht sicher, der Text könnte eventuell auch aus dem Jahr 823 stammten, vgl. dazu mit Plädoyer für 825 Patzold 2013, S. 332 Fn. 40.

50 Capitularia, 1 (Boretius 1883), Nr. 150, 17, S. 305: „Deinceps tamen omnibus notum fore volumus, ut cognoscat unusquisque omnes qui in suo obsequio in tali itinere pergunt, sive sui sint sive alieni, ut ille de eorum factis rationem se sciat redditurum [...]; ea scilicet conditione, ut pacis violator primum iuxta facinoris qualitatem ... poenas persolvat, et senior qui talem secum duxerit [...] pro illius neglegentia [...] honore suo privetur, ut scilicet neuter illorum sine iusta vindicta remaneat".

Sprachgebrauch der anglophonen Forschung.[51] Die Beziehung zwischen einem Herrn und seinem Mann wurde damit als *face-to-face* Verhältnis imaginiert, als persönliche Nahbeziehung, über die die Bekanntheit und Vertrautheit zwischen Personen wirksam wurde. Ein Beispiel für solch ein Verhältnis bietet eine Liste, die aus den letzten Regierungsjahren Karls des Großen stammt und Anweisungen an königliche Boten formuliert.[52] Die Boten sollten neben anderen Bestimmungen auch folgende Kapitel überall bekannt machen: Niemand solle ein Pferd, einen Ochsen oder ein anderes Tragetier von einem ihm unbekannten Mann kaufen, es sei denn, der Käufer wisse, woher der Verkäufer stamme oder wer dessen *senior* sei. Außerdem wollte der König wissen, wie viele Fremde es im Auftragsgebiet jedes Boten gebe und wer deren Herren seien.[53] Die Person des Herrn, die Bindung an einen solchen, war offenbar zentral für die gesellschaftliche Bewertung eines Mannes. Ein benennbarer Patron vermittelte die persönliche Bekanntschaft mit dem Mann selbst und konnte sie damit ersetzen. Ein „unbekannter Mann",[54] das heißt ein Mann, der nicht über andere Personen zugeordnet und eingeschätzt werden konnte, war hingegen wie im Falle der Untersuchungen in der Aachener Pfalz eine potenzielle Bedrohung für den geordneten Zustand der Gemeinschaft.

Die Grundlagen einer solchen Zuordnung als *homo* und *senior* zeigen die Kapitellisten kaum. Da die Beziehungen, die hinter diesen Bezeichnungen stehen, vielfältig, fluide und unbestimmt waren, ist es nicht wahrscheinlich, dass mit Bindungen zwischen (militärischen) Klienten und ihren Patronen ein spezifisches Ritual verbunden war, wie es die lehnrechtliche Forschung in Handgang und Treueid gesehen hat.[55] Die hohe Bedeutung von Ritualen und symbolischen Handlungen in der sozio-politischen Ordnung des frühen Mittelalters macht es zwar höchst wahrscheinlich, dass Patron-Klient-Beziehungen, wie sie die Aufgebotskapitularien zeigen, von solchen Handlungen geprägt waren. Doch werden sie so vielfältig gewesen sein, wie diese Bindungen selbst.

Was die Kapitellisten darüber hinaus erkennen lassen, ähnelt den Formen und Verpflichtungen, wie sie die ältere Forschung mit dem Lehnswesen verbunden hat: Der Mann muss mit dem Herrn in den Krieg ziehen, er ist, so könnte man sagen, ihm gegenüber zur Treue verpflichtet. Der Herr wiederum ist für seinen Mann verantwortlich, sei es auf dem Kriegszug oder im täglichen Leben. Die Vorstellungen über Treue und personale Bindungen, wie sie die wissenschaftliche Vorstellung von der Welt der Karolinger mindestens seit dem 18. Jahrhundert geprägt haben, sind insofern nicht von der Hand zu weisen – diese Phänomene haben in der Gesellschaft der Zeit um 800 eine wichtige Rolle gespielt. Die Bezeichnung *Mann* und

---

51 S. o. S. 62.

52 Capitularia, 1 (Boretius 1883), Nr. 67, 3, S. 157.

53 Capitularia, 1 (Boretius 1883), Nr. 67, 4, S. 157.

54 Capitularia, 1 (Boretius 1883), Nr. 146, 1 (ohne Zählung), S. 298: „igrotum hominem".

55 Vgl. West 2015, S. 20. Deutinger 2006, S. 92.

Herr drückt jedoch keine feste Form der Bindung aus, sondern entsprechend dem relativen Charakter der Begriffe *senior* und *homo* alle möglichen Formen einer hierarchischen Beziehung, die verschiedene Grundlagen haben konnte. So unspezifisch solche Bindungen zwischen Herr und Mann oft ausgedrückt wurden und so vielfältig die einzelnen Fälle einer so bezeichneten Verbindung sein konnten – für die Zeitgenossen Karls des Großen und Ludwigs des Frommen hatte die Bezeichnung *homo* und *senior* eine handfeste Bedeutung. Die Vertrauenswürdigkeit eines Handelspartners konnte davon ebenso abhängen wie die Auflösung einer Ehe.[56] Und die Bezeichnung als Herr und Mann stellten für den Herrscher und sein Umfeld auch hinreichend praktikable Begriffe dar, um bei der Formulierung von Agenden und Verordnungen in der Organisation von Kriegsdiensten darauf zurückzugreifen.

4.2 Die Männer Einhards: ein Patron-Klient-Netz

Irgendwann wohl in den Jahren kurz vor 830 schrieb Einhard, der spätere Biograph Karls des Großen, einen Brief an einen Freund am Kaiserhof, Geboin, seinen „geliebten Bruder und ruhmreichen Pfalzgrafen".[57] Einhard schrieb im Interesse eines „pagensis", nach heutigem Verständnis eine Art Nachbarn, namens David. Dieser David hoffte, über Einhards Fürsprache und die Vermittlung des Pfalzgrafen letztendlich Zugang zum Kaiser, Ludwig dem Frommen, zu bekommen. Einhard gab der Hoffnung Ausdruck, sein „geliebter Bruder" Geboin werde das Anliegen Davids geneigt aufnehmen und schloss sein kurzes Schreiben mit einem Hinweis an den Empfänger, den man als guten Rat oder auch als Warnung verstehen kann: „David ist nämlich ein Mann des Herrn Lothar, und deshalb solltest Du ihm nicht so sehr auf Grund meiner Bitte, sondern aus Ehrerbietung und Liebe seinem Herrn gegenüber helfen". Damit verwies Einhard auf den ältesten Sohn und Mitkaiser Ludwigs des Frommen. Der Verweis empfahl David dem Pfalzgrafen, machte gleichzeitig aber auch deutlich, dass David über einen mächtigen Patron verfügte, den man sich besser nicht zum Feind machte. Der Brief offenbart ein mehrschichtiges Beziehungsgeflecht zwischen Einhard, einem Pfalzgrafen und zwei Kaisern, das die Vielfältigkeit und die hohe Bedeutung solcher persönlicher Beziehungen in der karolingischen Welt deutlich macht. Er bietet damit Einblick in genau jene Netze der Patron-Klient-Beziehungen, deren Protagonisten in den karolingischen Kapitellisten als *seniores* und *homines* zu sehen sind, ohne dass jedoch ihre Beziehungen

---

56 S. o. S. 73.

57 Einhard, Epistolae (Hampe 1899), Nr. 6, S. 112 [= Grabowsky/Haack/Kohl/Patzold 2018, Nr. 9, S. 88]: „DILECTISSIMO FRATRI GEBOINO GLORIOSO COMITI PALATII E[INHARTUS] IN DOMINO SALUTEM. Rogo dilectionem tuam, ut hunc pagensem nostrum nomine David necessitates suas tibi referre volentem exaudire digneris, [...] Est enim idem homo domni Hlutharii, et ideo [...] propter honorem et amorem senioris sui debes illum adiuvare".

untereinander dort im Detail erfasst wären. Die Analyse eines solchen Netzes über die Sammlung der Briefe Einhards ist das Ziel dieses Kapitels.[58]

Überliefert ist die Sammlung in einer einzigen Handschrift,[59] sie enthält insgesamt 62 Schreiben, die auf Einhard zurückgehen.[60] In seiner heutigen Form wurde dieser Codex wohl Anfang des 10. Jahrhunderts von Klerikern der Kathedralschule von Laon zusammengestellt, die unter Rückgriff auf Bestände der örtlichen Bibliothek eine Formelsammlung anlegten, die ihnen als Vorlage bei der Abfassung eigener Briefe, Urkunden und anderer Schriftstücke diente.[61] Neben Kopien aus verschiedenen Vorlagen wurde dabei auch ein bereits existierendes Konvolut von sechzehn Blättern in den neuen Codex eingebunden, das als *libellus epistolarum* überschrieben ist.[62] Dieses „Briefbüchlein“, das mit den Briefen Einhards beginnt, die mit fünfundzwanzig Seiten auch seinen größten Teil ausmachen, [63] ist also älter als der Gesamtcodex; paläographisch wird es in das zweite Viertel des 9. Jahrhunderts datiert.[64] Zudem ist die Frage, wie die Briefsammlung in die Bibliothek der Kathedrale von Laon gelangte, denn zu dieser Kirche hatte Einhard keine bekannte Verbindung. Mit einiger Sicherheit lässt sich vermuten, dass die Sammlung ursprünglich im Kloster St. Bavo in Gent entstand, dessen Abt Einhard kurz nach dem Regierungsantritt Ludwigs des Frommen 814 wurde.[65]

---

58 Zu den Briefen Einhard jetzt Grabowsky/Haack/Kohl/Patzold 2018, mit einer überarbeiteten lateinischen Ausgabe der Briefe, deutscher Übersetzung und Kommentar.

59 Paris, Bibliothèque nationale de France, Ms. lat. 11379, fol. 3^r-15^r.

60 Die Briefsammlung enthält 70 Briefe, von denen 57 von Einhard geschrieben wurden, vgl. Grabowsky/Haack/Kohl/Patzold 2018, S. 17 Fn. 2: Einhard, Epistolae (Hampe 1899), Nr. 1–2, Nr. 4–9, Nr. 13–19, Nr. 23–36, Nr. 39–65. Ein Brief an Ludwig den Frommen mit einer Erläuterung der – unheilkündenden – Bedeutung des Halley'schen Kometen (837) ist ohne Absender verfasst (Nr. 40, S. 130). Zur Zuweisung dieses Briefes an Einhard vgl. Hampe 1896, S. 626 Fn. 4. Ein Brief ist an Einhard gerichtet (Nr. 3 nach der Edition Hampe 1899), zwei Briefe hat Einhards Frau Imma geschrieben (Nr. 37–38), vier weitere sind im Namen Ludwigs des Frommen abgefasst (Nr. 12, Nr. 20–22). Da sie Eingang in die Sammlung gefunden haben, sind sie vermutlich im Auftrag des Kaisers von Einhard geschrieben worden, vgl. Declerq/Verhulst 1997, S. 239. Hampe 1986, S. 606. Angeschlossen sind 6 weitere Briefe (Nr. 66–71), die bei der Erstellung des *libelli epistolarum* in St. Bavo offenbar ebenfalls als Vorlagen für interessant gehalten wurden, aber nicht mit Einhard in Verbindung stehen. Ein weiterer Brief Einhards hat unabhängig von der St.-Bavoer Sammlung Eingang in den Pariser latinus 11379 gefunden (fol. 20^r-20^v): Einhard, Epistolae (Hampe 1899, Nr. 10, S. 113–114. Hinzu kommt ein Brief der Senser Domkleriker an Einhard, der in der Briefsammlung Bischofs Frohtar von Toul erhalten ist, sowie Einhards Korrespondenz mit Abt Lupus von Ferrières, vgl. Frothar von Toul, Epistolae (Hampe 1899), Nr. 14, S. 286. Lupus von Ferrières, Epistolae (Dümmler 1925), Nr. 1–5, S. 7–17. Einhard, De adoranda cruce (Hampe 1899), S. 146–149.

61 Contreni 1973, S. 28. Vgl. auch Grabowsky/Haack/Kohl/Patzold 2018, S. 22–25.

62 Paris, Bibliothèque nationale de France, Ms. lat. 11379, fol. 3–18. Vgl. Declerq/Verhulst 1997, S. 238

63 Contreni 1973, S. 25.

64 Bischoff 2014, Nr. 4677, S. 172.

65 Ganshof 1926, S. 16.

St. Bavo wird in den Briefen gelegentlich erwähnt,[66] genauso wie in einem weiteren Text, der noch zu jenem ursprünglichen, geschlossen übernommenen Teil der ersten sechzehn Blätter gehört und vermutlich von derselben Hand geschrieben wurde wie die Briefe Einhards.[67] Auf den Raum Gent weisen in diesem Textkonvolut auch die Erwähnung eines Bischofs Immo, der wohl Immo von Noyon und damit der zuständige Bischof für Gent sein dürfte,[68] und schließlich die küstennahe Lage hin, die Einhards Brief an einen königlichen Boten mit der darin behandelten Küstenwache nahelegt.[69] Von St. Bavo gelangte die Briefsammlung Einhards vermutlich 851 oder 879 nach Laon, als der Genter Konvent vor Wikingerüberfällen dorthin flüchtete.[70] In Laon konnte der Kompilator des Pariser Latinus 11379 Anfang des 10. Jahrhunderts in der örtlichen Bibliothek auf den *libellus epistolarum* zusammen mit den weiteren Vorlagen für die Anlage seines Codex' zurückgreifen.

Die Kleriker von St. Bavo waren an den Briefen ihres berühmten Abts wohl als Stilvorlage interessiert oder auch als praktische Musterbriefe für Situationen, die bei der Verwaltung eines Klosters wiederholt auftreten mochten.[71] Diese Funktion der Briefsammlung hat dazu geführt, dass in den Briefen die meisten Namen durch den Platzhalter „N" ersetzt oder auf die Initiale reduziert wurden, sodass sich oft nicht bestimmen lässt, an wen ein Brief ursprünglich gerichtet war. Genauso ist auch die Datierung der Briefe oft sehr unsicher und meist nur nach inhaltlichen Anhaltspunkten möglich, da sie keine expliziten Datumsangaben tragen.[72]

Trotz dieser Einschränkungen bieten die Briefe Einhards für die Suche nach personalen, hierarchischen Bindungen in der ersten Hälfte des 9. Jahrhunderts eine fast einzigartige Teststrecke. Sie gewähren einen lebhaften Einblick in die Alltagssorgen

---

66 Einhard, Epistolae (Hampe 1899), Nr. 55, S. 137, Nr. 68, S. 143 [= Grabowsky/Haack/Kohl/Patzold 2018, Nr. 12, S. 94, Nr. 67, S. 246]. Vgl. auch den Verweis auf das Fest des heiligen Bavo, Nr. 56, S. 137 [= Grabowsky/Haack/Kohl/Patzold 2018, Nr. 24, S. 120].

67 Paris, Bibliothèque nationale de France, Ms. lat. 11379, fol. 15^v-16^v. Angaben nach Declerq/Verhulst 1997, S. 238 mit Contreni 1973, S. 29.

68 Formulae Turonenses (Zeumer 1886), Nr. 2, S. 513, vgl. Grabowsky/Haack/Kohl/Patzold 2018, S. 22.

69 Einhard, Epistolae, ed. Hampe 1899, Nr. 23, S. 121: „homines nostri [...] ad custodiam maritimam fuerunt" [= Grabowsky/Haack/Kohl/Patzold 2018, Nr. 22, S. 116].

70 Meist wird die erste Flucht, 851, als Datum der Überführung der Briefsammlung nach Laon angegeben, vgl. Stratmann 1997, S. 324. Contreni 1973, S. 29. Georges Declerq hält hingegen 879 für wahrscheinlicher, allerdings u. a. auf Grundlage einer paläographischen – mündlichen ? – Datierung des Textes auf das Endes des 9. Jahrhunderts durch Bernhard Bischoff 1970. In seinem „Katalog der festländischen Handschriften" datiert Bischoff die Hs. jedoch auf „IX. Jh., 2. Viertel", vgl. Bischoff 2014, Nr. 4677, S. 172. Declerq/Verhulst 1997, S. 238. Der Bearbeiter der jüngsten Edition der Einhardbriefe, Karl Hampe, hat die Handschrift eher an das Ende als in die Mitte des 9. Jahrhunderts gesetzt, vgl. Einhard, Epistolae (Hampe 1899), S. 105.

71 Ganz 2007, S. 38. Declerq/Verhulst 1997, S. 238.

72 Zur Datierung der Briefe Grabowsky/Haack/Kohl/Patzold 2018, S. 40–42 und bei den jeweiligen Einzelstücken. Vgl. als Überblick auch Patzold 2013, S. 105 Fn. 54.

und -geschäfte eines karolingischen Großen, seine Interaktion mit verschiedenen sozialen Straten und damit die vielfältigen Formen der Patron-Klient-Beziehungen, die Einhards Welt strukturierten.[73] Auch die Scharnierfunktion von Eliten auf verschiedenen Stufen als Interface zwischen lokalen Gemeinschaften und politischem Zentrum ist in den Briefen Einhards bestens fassbar. Als Höfling, Abt und Mulinheimer Kirchenpatron zugleich war Einhard sowohl in das Umfeld des Kaisers, in die regionalen Beziehungsnetze seiner Klöster in Gent und Maastricht wie auch in die ländliche Gemeinschaft in Mulinheim, dem heutigen Seligenstadt, eingebunden. Die Briefe decken damit die ganze Bandbreite jener sozialen Schicht der Freien ab, die im vorangehenden Unterkapitel als Elite der fränkischen Welt beschrieben wurde: Eine relative Elite, die ökonomisch und sozial extrem heterogen war, sich insgesamt aber als Schicht freier Landbesitzer und Interaktionsobjekte königlicher Herrschaft definieren lässt.[74] Sie umfasste ein breites Spektrum, dessen unteres Ende vor allem in der lokalen Abgrenzung zu anderen, die nicht als frei galten, zu einer Elite wird. Die Bandbreite dieser Schicht bildet Einhard auch in seinem eigenen Werdegang ab: Geboren wurde er wohl in eine Familie, die zwar lokal als sozial herausgehoben betrachtet werden muss, sich aber aus Sicht des Hofes unbedeutend ausnahm.[75] Seine Bildung und seine Fähigkeiten führten ihn an den Kaiserhof und in jene Kreise, die den politischen Verband dominierten und die als Großgrundbesitzer von immensem Reichtum weit überregional aktiv waren.

Nun war Einhard sicherlich kein Warlord. Als Gefolgschaftsführer und Herrn rauer Gelage kann man sich den kleinwüchsigen, gelehrten Laienabt kaum vorstellen, den seine Eltern wohl für kriegerisch untauglich hielten und deshalb zur Ausbildung ins Kloster gaben.[76] Dennoch war Einhard ein Gewaltakteur:[77] Seine Briefe zeigen ihn im Dienst Ludwgis des Frommen auch militärisch aktiv.[78] Als unkriegerischer Laie, der Männer für militärische Dienste bereitstellte, liegt Einhards Person dabei in interessanter Weise quer zu bisherigen Forschungskategorien, seien sie über das Lehnswesen eine Wehrpflicht oder die Warband gewonnen. Seine Briefe bieten so ein äußerst vielversprechendes Beispiel für die Untersuchung der Organisation von Kriegsdiensten über das personale Netz eines einflussreichen und begüterten Magnaten, eines *senior*.

Die Briefsammlung von St. Bavo zeigt Einhard sowohl als hierarchisch über- wie auch untergeordneten Teil solcher Beziehungen. Brigitte Kasten hat 1997 in einer

73 Vgl. bes. Innes 2000, hier S. 3, S. 80. Da Matthew Innes aber am Rheintal, nicht der Gegend um Gent interessiert ist, berührt auch diese Arbeit die Briefe Einhards im Kapitel zum Kriegsdienst (Kap. 5 Military service) nur ganz am Rande.

74 Vgl. jetzt Kohl 2019, S. 321–322, S. 328–332.

75 Patzold 2013, S. 29–30.

76 Patzold 2013, S. 26.

77 Zu diesem Begriff s. o. S. 8.

78 Patzold 2013, S. 247. Halsall 2003. Coupland 2004, S. 51. Declerq/Verhulst 1997, S. 239–241.

Untersuchung der Briefe Einhards drei verschiedene Ranggruppen von Adressaten herausgearbeitet, die Einhard je anders ansprach.[79] Gegenüber Kaisern und Königen und deren Frauen verwendete Einhard die Anrede *dominus* und *domina*, die er sonst nur sehr selten gegenüber Bischöfen verwendete, von denen er eine Gefälligkeit erbat.[80] Die Bezeichnung *dominus* wird auch für den Herrn eines Unfreien verwendet,[81] ist sonst aber vor allem Gott vorbehalten. Als Anrede brachte es die größtmögliche Hochachtung zum Ausdruck, möglicherweise mit einer Konnotation der Unterwerfung verbunden. Einhard selbst sah sich im Verhältnis zu den Herrschern als *fidelis* oder, gegenüber der Kaiserin Judith, auch als *servus*, eine Bezeichnung, die Brigitte Kasten als Ausdruck der „größtdenkbaren Entfremdung“ versteht.[82] Hochgestellte Personen wie Grafen, Bischöfe und Äbte, mit denen er vertraut war, sprach Einhard als *frater* an,[83] meist ergänzt um die Attribute *dilectissimus* und *gloriosus*, sonst, als Zeichen geringerer Vertrautheit, als *magnificus et honorabilis vir illuster*.[84] Als dritte Ranggruppe hat Brigitte Kasten schließlich die Untergebenen Einhards ausgemacht, die er als *homines* oder, etwas seltener, seinerseits als seine *fideles* ansprach.[85] Auch die Bezeichnung *vasallus* verwendet Einhard dabei zweimal.[86] In aller Regel war allerdings in den Briefen wie in den herrscherlichen Kapitellisten die Zuordnung als *Mann* einer anderen

---

79 In der Unterscheidung dieser Ranggruppen und den angeführten Belegen in den Einhard-Briefen gebe ich Forschungsergebnisse Brigitte Kastens wieder: Kasten 1997, S. 249. Zur besseren Nachvollziehbarkeit sind die jeweiligen Belege in Einhards Briefen im Folgenden als Wiedergabe dieser Arbeit hier ausgewiesen.

80 Einhard, Epistolae (Hampe 1899), Nr. 1, S. 109,. Nr. 2, S. 109, Nr. 6, S. 112, Nr. 16, S. 118 [= Grabowsky/Haack/Kohl/Patzold 2018, Nr. 1, S. 72, Nr. 31, S. 142, Nr. 9, S. 88, Nr. 43, S. 178]. Vgl. Kasten 1997, S. 249.

81 Einhard, Epistolae (Hampe 1899), Nr. 37, S. 128 [= Grabowsky/Haack/Kohl/Patzold 2018, Nr. 15, S. 102].

82 Einhard, Epistolae (Hampe 1899): *dominus* (Nr. 37, S. 128). *fidelis* (Nr. 11, S. 114). *servus* (Nr. 13, S. 116) [= Grabowsky/Haack/Kohl/Patzold 2018, Nr. 15, S. 102, Nr. 34, S. 152, Nr. 40, S. 170]. Vgl. Kasten 1997, S. 249.

83 Einhard, Epistolae (Hampe 1899), Nr. 1, S. 109 (an Ansegis v. Saint-Wandrille). Nr. 6, S. 112 (an Pfalzgraf Geboin). Nr. 18, S. 119 (vermutlich ebenfalls an Geboin). Nr. 24, S. 122 (an die hochrangigen Würzburger Kleriker Egilolf und Hunebert) [= Grabowsky/Haack/Kohl/Patzold 2018, Nr. 1, S. 109 (Ansegis), Nr. 9, S. 88 (Geboin). Nr. 45, S. 186 (Geboin). Nr. 6, S. 82 (Egilolf)]. Vgl. Kasten 1997, S. 249.

84 Einhard, Epistolae (Hampe 1899), Nr. 7, S. 112 (an Graf Hruotbert). Nr. 8, S. 112 (an Graf Poppo) [= Grabowsky/Haack/Kohl/Patzold 2018, Nr. 11, S. 92 (Hruotbert). Nr. 13, S. 96 (Poppo)]. Vgl. Kasten 1997, S. 249.

85 Einhard, Epistolae (Hampe 1899), Nr. 1, S. 109: „pro [. . .] N., quondam hominis nostri, nunc autem hominis domni Lotharii, intercedo“, Nr. 7, S. 112: „quid vobis placeat, ut modo fieri debeat de causa Alahfridi hominis nostri“ [= Grabowsky/Haack/Kohl/Patzold 2018, Nr. 1, S. 72, Nr. 11, S. 92].

86 Einhard, Epistolae (Hampe 1899), Nr. 62, S. 140: „vasallus noster“, Nr. 64, S. 141: „Vasallus iste nomine < . . . > theo propinquus meus est“ [= Grabowsky/Haack/Kohl/Patzold 2018, Nr. 58, S. 222, Nr. 60, S. 228].

Person eine hinreichend genaue Angabe des Bindungsverhältnisses.[87] Bei der Anrede und in der Korrespondenz mit *seinen* Männern verzichtete Einhard üblicherweise auf schmückende Adjektive und Demutsbezeugungen. Je geringer die Vertrautheit mit und je größer der Rangunterschied zu einer Person war, desto großartiger fielen, so kann man schließen, die preisenden Attribute aus. Die hierarchisch höherstehende Person konnte auf solche Rituale der Unterordnung verzichten. Die Zuordnung wie die Betonung der Treue ist dabei nicht nur als Formel zu verstehen, oder gar als Ausdruck einer spezifisch germanischen Treuevorstellung, wie sie die ältere rechtshistorische Forschung darin gesehen hat,[88] sondern ein wesentlicher Teil der affektiven, moralischen Erfassung von Patron-Klient-Beziehungen im frühen 9. Jahrhundert.

Solche Klientelbeziehungen erfüllten für Einhard viele Funktionen. Soziale, politische und wirtschaftliche Aufgaben wurden über sie ausgeführt. Das zeigen etwa Schreiben Einhards von Mulinheim aus an die Verwalter seiner auswärtigen Besitzungen. Vermutlich aus der Zeit vor 830, als Einhard regelmäßig den Winter über am Hof des Kaisers in Aachen zu verbringen pflegte,[89] stammt ein Brief an den Verwalter seiner Abtei St. Servatius in Maastrich, in der Nähe von Aachen.[90] Einhard sprach den Verwalter als „vicedominus et fidelis“ an und teilte ihm dann mit, er wünsche, dass alles für seinen Aufenthalt vorbereitet, „unsere Häuser ausgebessert und in Stand gesetzt“ und die nötigen Lebensmittel und alles Übrige von St. Servatius dorthin gebracht werde. „Teile all das den Untergebenen des E. mit und befehle ihnen nach unserer Mitteilung diese Aufgaben zu erfüllen, wie wir sie dir aufgetragen haben. Leb wohl“, so schließt Einhard im Befehlston an diesen Getreuen. Einen weiteren Brief schrieb er zu einer nicht näher besimmtbaren Zeit an „seine Getreuen“, den Priester Liuthard und den Verwalter („vicedominus“) Erembert in Gent: Er wünsche, dass sie den Überbringer des Briefes bei der Erfüllung der Aufgabe, die Einhard ihm übertragen hatte, unterstützten. Der Bote, ein Priester namens Willibald, sollte die Abgaben der Männer („homines nostri“), die Einhard über die Genter Klöster St. Bavo und St. Peter unterstanden, „in gutem Silber“ eintreiben.[91] Die Verbindung zwischen Einhard und seinen Männern war hier eine sehr formale, nach der sie verpflichtet waren, ihm eine Abgabe zu leisten; vermutlich, weil

87 S. o. S. 116.
88 Vgl. für die klassische Sicht Waitz 1856, S. 65. Die Dekonstruktion dieser Vorstellung ausgelöst hat Graus 1959, S. 71–122.
89 Vgl. Einhard, Translatio (Waitz 1887), II, 11, S. 251.
90 Einhard, Epistolae (Hampe 1899), Nr. 5, S. 111 [= Grabowsky/Haack/Kohl/Patzold 2018, Nr. 23, S. 118]. Vgl. Patzold, Einhard 2013, S. 105.
91 Einhard, Epistolae (Hampe 1899), Nr. 55, S. 137 [= Grabowsky/Haack/Kohl/Patzold 2018, Nr. 12, S. 94]: „IN CHRISTI NOMINE. E[INHARTUS] ABBAS LIUTHARDO PRESBITERO ET EREMBERTO VICEDOMINO FIDELIBUS NOSTRIS IN DOMINO SALUTEM. Notum sit vobis, quod nos Willibaldo presbitero, fideli ut credimus nostro, iniunctum habemus, ut censum nostrum recipiat ab hominibus nostris tam apud sanctum Bavonem, quam in Blandinio monasterio. [...] volumus, ut vos illum hoc adiuvetis, ut eundem censum [...] in bono argento recipiat“.

sie Leihegut aus dem Besitz der Genter Klöster empfangen hatten. Ähnliche Besitzübertragungen sind über zwei Urkunden der Abtei St. Peter überliefert, ausgestellt von Einhard als Abt der Gemeinschaft.[92] Um die Einsammlung solcher Abgaben zu gewährleisten, wandte Einhard sich an lokale Funktionsträger wie Liuthard und Erembert. Die Erhebung selbst führte jedoch ein Mann aus Einhards eigenem Umfeld durch.

Die Briefsammlung von St. Bavo zeigt Einhard auch selbst in der Rolle desjenigen, dem Dienste abverlangt wurden, nämlich als Briefschreiber für Ludwig den Frommen.[93] In der angespannten Situation zu Beginn des Jahres 830, die sich schließlich zum ersten der Aufstände der Söhne Ludwigs des Frommen gegen ihren Vater auswuchs, wurde Einhard von Ludwig gezwungen, an den ältesten Sohn und Mitkaiser Lothar I. zu schreiben, den er als seinen „allerfrömmsten Herrn“ ansprach.[94] Einhard war dem jungen Kaiser in der Zeit nach dessen Erhebung 817 als enger Ratgeber verbunden gewesen und so sprach er den Kaiser persönlich an, auch wenn Lothar klar gewesen sein dürfte, dass der Inhalt des Briefes auf seinen Vater zurückging. Einhard begann den Brief mit einer Beteuerung seiner Liebe und Verehrung für Lothar, dem gegenüber er sich selbst als *pusillitas*, als Winzigkeit, beschrieb, fuhr dann aber mit der eindringlichen Mahnung fort, Lothar solle sich nicht gegen Ludwig stellen.

Weniger unangenehm, geschäftsmäßiger dürften Briefe zu schreiben gewesen sein, in denen der Kaiser Aufträge erteilte. Einem Grafen „G.“ befahl er, sich zum 18. Dezember 829 in Heilbronn einzufinden und zu tun, was ihm der Kaiser dort über „andere Grafen oder Getreue“ auftragen werde, weil wir auch auf „Deine Treue vertrauen“.[95] Einem solchen Getreuen trug der Kaiser dann auf, einen seiner Söhne, „die unsere Vasallen sind“, für Botendienste zur Verfügung zweier königlicher Gesandter zu halten. Hier ging es um die Organisation von Botendiensten – Aufgaben, die man sich ähnlich vorstellen kann wie die des Priesters Willibald in Friesland im

92 Diplomata Belgica (Gysseling u. a. 1950), Nr. 50–51, S. 139–141. Hier handelt es sich allerdings um sehr geringe Zinsbeträge, zwei und vier Denare im Wert von wenigen Gramm Silber, die wohl als Anerkennungszins zu verstehen sind. Neben der Anerkennung der Ableitung von Besitz vom Kloster manifestierten solche Abgaben aber zugleich auch die hierarchische Bindung zwischen Ausgeber und Empfänger. Vgl. zum Gegenwert oben die Angaben zum Heerbann S. 86.

93 Patzold 2013, S. 223. Declerq/Verhulst 1997, S. 239. Vgl. Hampe 1986, S. 606. Einhard, Epistolae (Hampe 1899), Nr. 12, S. 115–116, Nr. 20–22, S. 120–121, Nr. 41, S. 130–131 [= Grabowsky/Haack/Kohl/Patzold 2018, Nr. 39, S. 166, Nr. 19–21, S. 110–116].

94 Einhard, Epistolae (Hampe 1899), Nr. 11, S. 114 [= Grabowsky/Haack/Kohl/Patzold 2018, Nr. 34, S. 152]: „VIVAT DOMINUS MEUS PIISSIMUS AUGUSTUS IN PERPETUUM. [...] aeque vos atque piissimum dominum meum, patrem vestrum, semper dilexi et aequaliter ambos salvos esse volui, [...]“.

95 Einhard, Epistolae (Hampe 1899), Nr. 20, S. 120. Zu diesem und dem folgenden Brief (Hampe Nr. 22) und ihrer Datierung, die von der Edition (832) abweicht, vgl. Grabowsky/Haack/Kohl/Patzold 2018, Nr. 19, S. 110, Nr. 21, S. 114. Patzold 2013, S. 223.

Namen Einhards. Botengänge, Schreibaufträge und Verwaltungsprozesse liefen über die Aktivierung personaler Bindungen. Ein Bote oder ein Schreiber war nicht einfach ein Werkzeug; in einer Welt der persönlichen Kontakte war seine Person entscheidend, zumal in einer Situation wie der um die Jahreswende 829/830. Gegenüber seinem „Getreuen“ fügte der Kaiser in dieser Situation hinzu: „Trage Sorge, dass Du in dieser Sache keine Nachlässigkeit zeigst, wenn Du unsere Gnade haben willst“.[96] In ähnlich unfreundlicher Sprache hatte Einhard sich vor 830 an seinen Verwalter in Fritzlar gewandt: „Wenn Dir an unserer Gunst auch nur das Geringste gelegen ist, so ermahnen wir Dich, dass Du Dich bemühst, Deine Nachlässigkeit wieder gut zu machen“.[97] Dies war die unfreundliche Seite einer über Semantiken der Liebe und Treue konstituierten Beziehung. So wichtig ein einflussreicher Fürsprecher in dieser Welt war, so sehr war die Unterordnung unter einen Patron für den hierarchisch untergeordneten Part eine handfeste Realität.

Eine Patron-Klient-Beziehung verpflichtete aber auch den Patron in sozialem Zwang. So stellte es Einhard in einem weiteren Brief dar, den er zu einer nicht näher bestimmbaren Zeit an einen „fidelis“ schrieb: „Ich zweifle nicht, dass Du Dich daran erinnerst, wie Du Dich und die Deinen mir anvertraut hast. Und so oblag es fortan mir, Dich und die Deinen auf jede Weise angemessen zu unterstützen“. Hier trat Einhard als Vermittler und Bittsteller gegenüber seinem Klienten auf. Einhard wünschte, dass die Ehe der Tochter des namenlosen „fidelis“ mit einem Vasallen („vasallus“) Einhards von dem „fidelis“ gestattet werde.[98] Gerade Einhards eindringliche Betonung seiner Liebe und die Erinnerung an seinen unermüdlichen und vorbehaltslosen Einsatz für den Klienten wird dabei den Druck, dem Wunsche des Patrons zu entsprechen, enorm gesteigert haben.

Wer aber waren die Männer Einhards? Man wird seine Männer nicht als militärisches Gefolge oder als Warband beschreiben können. Einhard verfügte nicht über das, was die anglophone Forschung „household troops“ nennt.[99] Er hatte keinen Anhang von Vollzeitkriegern, die in seiner Halle saßen, Met tranken und darauf warteten, in den nächsten Kampf geschickt zu werden. Im gesamten Werk Einhards ist ein stehendes militärisches Gefolge nirgends sichtbar, obwohl etwa

---

96 Einhard, Epistolae (Hampe 1899), Nr. 21, S. 120–121 [= Grabowsky/Haack/Kohl/Patzold 2018, Nr. 20, S. 112]: „Vide, ut nullam exinde habeas negligentiam, si gratiam nostram velis habere“.

97 Einhard, Epistolae (Hampe 1899), Nr. 9, S. 113 [= Grabowsky/Haack/Kohl/Patzold 2018, Nr. 37, S. 162]: „si tibi de gratia nostra ulla cura sit, rogamus, ut neglentiam tuam emendare studeas“.

98 Einhard, Epistolae (Hampe 1899), Nr. 62, S. 140 [= Grabowsky/Haack/Kohl/Patzold 2018, Nr. 58, S. 222]:„Memorem te esse non dubito, qualiter tu te tuumque mihi commisisti; et quoniam, [ut] ita se haberet, tua propria decrevit voluntas, mea utique deinceps est, ut ubicumque oportunum fuerit, tibi tuisque condignum suffragium, in quantum nosse et posse accesserit, omnibus modis inpendam“. Zum Brief vgl. Innes 2000, S. 91. Kasten 1997, S. 255.

99 Zur Verwendung des Begriffs s. o. S. 106.

in der *Translatio Marcellini et Petri* auch die mittleren und unteren Schichten einer ländlichen Bevölkerung und die Diener Einhards fassbar sind.[100] Als Einhard sich anschickte, die Reliquien seiner Heiligen, Marcellinus und Petrus, die fortan Lebensmittelpunkt und -aufgabe Einhards darstellten, in Rom rauben und über die Alpen nach Mulinheim bringen zu lassen, sandte er nicht einen Trupp hartgesottener Krieger auf die Reise, sondern seinen Notar Ratleik mit dessen Diener („puer") Reginbald.[101]

Nach den Arbeiten von Matthew Innes und Charles West muss man das Beziehungsgeflecht, wie es in den Briefen Einhards fassbar wird, als Patronagesystem verstehen, das vielfältige, fluide Beziehungen umfasste. Die *homines* Einhards sind das, was man in dieser offenen Bedeutung als Klienten bezeichnen kann, ähnlich wie sie Charles West für Hinkmar von Laon in den 860er Jahren rekonstruiert hat.[102] West sieht in den *homines* Laien, die in verschiedenartigen Bindungen zu Hinkmar von Laon standen und in der Regel frei waren. Sie bildeten jene relative Elite, die als Grundbesitzer in einer lokalen Gemeinschaft eine herausgehobene Stellung einnahmen, während sie aus Sicht des politischen Zentrums zum Teil vermutlich als „Arme", *pauperes*, verstanden werden konnten.[103] Diese verschiedenen sozialen und politischen Niveaus der karolingischen Welt interagierten über personale Schnittstellen wie Einhard.

Die Vielschichtigkeit der Interaktionen zwischen Mächtigen und weniger Mächtigen in der Organisation von Kriegsdiensten illustriert ein Brief, den Einhard an den Abt von Fulda, Hrabanus Maurus, schrieb. Einhard setzte sich für einen Mann Namens Gundhart ein, den er gegenüber Hrabanus als „homo vester" bezeichnete.[104] Der Brief ist nur über den Abbatiat des Hrabanus in Fulda und die Lebensdaten Einhards zu bestimmen und damit grob in die Zeit zwischen 822 und 840 zu setzen. Gundhart hatte sich an Einhard gewandt, weil er von der Pflicht befreit

---

100 Einhard, Translatio (Waitz 1887). Vgl. hier etwa die Wunder, die die Heiligen in Mulinheim wirken (Buch III, 1–18, S. 248–255) oder den aus St. Bavo überbrachten „libellus" mit den Wundertaten der Heiligen in der Region um das Kloster (IV, 11–12, S. 260–261). Für eine kommentierte Auflistung aller 75 in der *Translatio* genannten Personen vgl. die Datenbank „Nomen et Gens" (www.neg.uni-tuebingen.de, aufgerufen am 15.04.2019). Zur *Translatio* vgl. die dt.-lat. Neuausgabe: Seminar für mittelalterliche Geschichte 2015.

101 Einhard, Translatio, ed. Waitz 1887, I, 1–2, S. 245–246.

102 S. o. S. 113.

103 Innes 2000, S. 84, vgl. o. S. 114.

104 Einhard, Epistolae (Hampe 1899), Nr. 42, S. 131 [= Grabowsky/Haack/Kohl/Patzold 2018, Nr. 17, S. 106–107]: „Quidam homo vester nomine Gundhartus rogavit nos pro se apud vestram sanctitatem intercedere, ut [...] sibi liceat iter exercitale, quod praesenti tempore agendum est, omittere [...] pro eo quod faidosus sit et cum inimicis suis et his, qui vitae eius insidiantur, hoc iter agere non audeat, presertim cum illo comite, cum quo ire iubetur, quem sibi dicit esse inimicissimum. Ideo rogat ut eum in tantum periculum uestrae iussionis auctoritas non inpellat sibi curae esse seque providere, ut cum exactore heribanni [...] sine vestro labore se pacificet." Zum Brief vgl. auch Innes 2000, S. 129–130, S. 146–147.

werden wollte, an einem „Heerzug, dessen Zeit nun gekommen ist," teilzunehmen. Gundhart sah sein Leben bedroht, denn bei der Versammlung des Heeres, so fürchtete er, würde er auf jene Leute treffen, die ihm nach dem Leben trachteten. Besonders gelte das für den Grafen, „mit dem zu ziehen ihm befohlen wurde". Dieser sei der schlimmste seiner Feinde.

Interessant ist nun die Vielschichtigkeit der Konstellation, in der Gundhart, Hrabanus Maurus, der Graf, Einhard und schließlich noch ein weiterer Funktionsträger des Kaisers stehen:[105] Gundhart wird als „Mann" (*homo*) des Abtes von Fulda bezeichnet, an dem Feldzug musste er „Kraft eines Befehls" des Abtes teilnehmen. Den Befehl seines Herren stellte Gundhart als sehr bindend dar: Er musste ihm Folge leisten, selbst wenn er dadurch sein Leben bedroht sah. Zu dem betreffenden Grafen wiederum stand Gundhart zwar in einer sehr persönlichen Beziehung, war aber nicht dessen Mann; gleichzeitig sollte er in dem von ihm geführten Kontingent in den Krieg ziehen.[106] Bei Verweigerung des Kriegsdienstes sah Gundhart voraus, als Strafe den königlichen Heerbann leisten zu müssen, jene Strafzahlung die für das Versäumnis eines königlichen Aufgebotes fällig wurde. Über diese Strafzahlungen war eine weitere Person in den Fall verwickelt, der „exactor heribanni". Und um Vermittlung in dem Fall wandte Gundhart sich schließlich an Einhard. Einhard stellte einen erfolgversprechenden Vermittler dar, weil er zur gleichen Zeit wie der etwas jüngere Hrabanus Maurus im Kloster Fulda ausgebildet worden und also ein alter Bekannter, möglicherweise gar ein Vorbild für den Abt war.[107] Gundhart selbst war kein ganz unvermögender Mann: Er bot an, sich mit dem Eintreiber des Heerbannes selbst zu vergleichen. Bei dieser Leistung ging es üblicherweise um eine Strafe von immerhin 60 *solidi*,[108] das heißt den Gegenwert von etwa 1,2 kg Silber.[109] Und Gundhart war bedeutend genug, einen Konflikt mit einem regionalen Grafen ausfechten zu können. Zudem ist er wohl identisch mit einem gleichnamigen Zeugen, der in den 820er Jahren eine Reihe von Landschenkungen an das Kloster

---

105 Vgl. Wickham 1995, S. 531–532. Wickham deutete Gundhart hier noch als „Vassal" Hrabanus Maurus; so die ältere Forschung nach der Bezeichnung als „homo", vgl. Stratmann 1997, S. 337, die Gundhart als „Lehnsmann" des Klosters Fulda sieht.

106 Der betreffende Graf könnte zudem der Bruder des Hrabanus Maurus, Guntram, sein, oder ein weiterer Verwandter, Rupert. Sie sind als Grafen in der Region um Fulda zwischen 822–840 bezeugt, vgl. Innes 2000, S. 202. Der Brief bietet auf die Identität des Grafen aber keinen Hinweis, sodass solch eine Verbindung spekulativ bleibt.

107 Patzold 2013, S. 23–24.

108 S. o. S. 86.

109 Zum Vergleich: Einhard kaufte um 830 Blei für das Dach seiner Kirche in Mulinheim im Wert von 50 Pfund („libra") Silber, das heißt nach der karolingerzeitlichen Verwendung des Pfunds etwa 20,4 kg. Einhard, Epistolae (Hampe 1899), Nr. 36, S. 127–128. Vgl. Grabowsky/Haack/Kohl/Patzold 2018, Nr. 46, S. 190–193. Das Pfund dürfte als Angabe einer Geldsumme eine Recheneinheit von 20 solidi á 12 Denaren entsprechen, das heißt 240 Silbermünzen mit je einem Gewicht von 1,7 g Silber, das entspricht 408 g pro Pfund.

Fulda bezeugte.[110] Wie die meisten Fuldaer Urkundenzeugen wird man ihn damit als Teil jener lokalen Elite von kleineren und mittleren Landbesitzern verstehen können, als „well-to-do proprietor in a loose patron-client relationship with Fulda".[111]

Männer wie Gundhart bildeten die Krieger der karolingischen Heere. Matthew Innes hat über das Urkundenbuch des Klosters Lorsch in dem Stifter und Urkundenzeugen Ripwin den Prototypen solcher lokaler Grundbesitzer als „Mannschafter" karolingischer Armeen erarbeitet.[112] Eine Reihe von Urkunden lassen bruchstückhaft den Besitz Ripwins und seiner Familie rekonstruieren. Er und seine Brüder besaßen mehrere Landstücke im heutigen Südhessen bei Bensheim, außerdem auch kleinere Besitzungen bei Dossenheim, nahe Karlsruhe und Dienheim bei Mainz. 792 übergab Ripwin sein Land an seinen Bruder Giselhelm,[113] weil er mit dem königlichen Heer nach Italien zog, für den Fall, dass er nicht zurückkehren sollte. Doch Ripwin kehrte zurück, bezeugte in den folgenden Jahren mehrfach Urkunden im Kloster Lorsch und schenkte dem Kloster schließlich 806 mehrere Parzellen Land.[114] Es ist die Welt der Ripwins, lokaler, freier Landbesitzer und zum Teil auch der von ihnen rechtlich Abhängigen, in welche die Briefe Einhards Einblick gewähren.

Diese Briefe zeigen Patron-Klient-Beziehungen als Mechanismen sozio-politischer Organisation, die in face-to-face Beziehungen über mehrere Schnittstellen in Funktion gesetzt wurden. So schrieb Einhard Ende 832 oder 834 einen Brief an einen königlichen *missus*, dessen Name dem Formelcharakter der Briefsammlung aus St. Bavo entsprechend auf die Initiale „A." verkürzt wurde, sodass sich die Person nicht mehr identifizieren lässt. Der Brief hat ein Heeresaufgebot Ludwigs des Frommen zum Hintergrund, das vermutlich im Zusammenhang mit einem der Aufstände seiner Söhne steht und damit sowohl 832 gegen Ludwig den Deutschen als auch 834 gegen Lothar I. gerichtet gewesen sein könnte.[115] Einhard war, so muss

---

110 Die Schenkungen liegen alle im *pagus Grabfeld*, wohl dem heutigen Nordheim (Grabfeld), vgl. Codex diplomaticus Fuldensis (Dronke 1850), Nr. 423–426, S. 190–191, Nr. 435, S. 194.

111 Innes 2000, S. 147.

112 Innes 2000, S. 147–151. Vgl. Halsall 2003, S. 2 mit der Bezeichnung Ripwins als „rank and file", vgl. auch S. 77: „Frankish career soldier".

113 Codex Laureshamensis, 2 (Glöckler 1933), Nr. 257, S. 43. Die Urkunde ist auf das „25. Jahr unseres Königs Karls des ersten" „mit dem ich [Ripwin] ausziehen werde" datiert, doch zog Karl der Große 792 nicht persönlich nach Italien, sondern schickte seine Söhne Pippin und Ludwig zu einem Feldzug gegen das Fürstentum Benevent. Die persönliche Führung Karls könnte ursprünglich geplant gewesen sein, oder das Herrschaftsjahr ist falsch angegeben, vgl. zur Datierung Innes 2000, S. 147 Fn. 29.

114 Codex Laureshamensis, 2 (Glöckler 1933), Nr. 259, S. 44. Schenkung Ripwins 806. Zu den übrigen urkundlichen Nachweisen Ripwins und seiner Familie vgl. Innes 2000, S. 108, S. 147–151.

115 Der Brief gibt an, Ludwig sei nach Orléans gezogen, was sowohl für das Jahr 832 als auch für 834 zutrifft. Ein weiterer im Brief angegebener Ortsname ist bis auf die letzten Buchstaben nicht mehr lesbar. Karl Hampe hat „Tribur" als Ziel des Feldzuges konjiziert, vgl. Einhard, Epistolae (Hampe 1899), Nr. 23, S. 121. Dieses süddeutsche Ziel würde für die Datierung des Briefes auf das Jahr 832 mit einem Feldzug gegen Ludwig den Deutschen sprechen. So schon: Einhard, Epistolae man aus diesem Schreiben schließen, unabhängig vom Aufgebot damit betraut worden, eine Küstenwache zu organisieren, wohl zur Abwehr von Wikingerangriffen. Dieser militärische Einsatz Einhards verbindet seine Briefsammlung mit den oben besprochenen Aufgebotsbestimmungen der Kapitellisten: Der von Einhard angeschriebene namenlose königliche Bote hatte von den Männern, die Teil der Küstenwache gewesen waren, den Heerbann gefordert. Diese Forderung veranlasste Einhard, zur Feder zu greifen und bei dem Boten zugunsten seiner Männer zu intervenieren:

> Dem geliebtesten Bruder und Freund A., dem königlichen Boten, wünscht Einhard immerwährendes Heil im Herrn.
>
> Ich war der Meinung, Dir sei wohl bekannt, dass unsere Männer, die wir in dieser Gegend haben, gemäß der Anordnung und dem Befehl des Herrn Kaisers am Meer Wache gehalten haben. Und zwar nicht nur, als jener nach [...]oria ging, sondern auch, als er nach Orléans zog. Und daher scheint es mir nicht gerecht zu sein, dass Männer, die doch nirgends anders waren als dort, wohin der Kaiser selbst sie befohlen hatte, den Heerbann zahlen müssen. Ich bitte also Deine Liebe, dass Du uns Zeit gibst, bis der Herr Kaiser kommt, sodass wir ihn seines Befehls erinnern können. Und er wird daraufhin entscheiden, wie es ihm gefällt. Ich hoffe, dass es Dir stets wohlergehen möge im Herrn.[116]

Einhard wird hier als Teil eines Beziehungsgeflechts in einer militärischen Funktion sichtbar. Ein – kleiner – Teil militärischer Organisation wurde über „seine Männer" (*homines nostri*) ausgeführt. Diese Männer leisteten 832 oder 834 Kriegsdienste im Auftrag des Kaisers.[117] Dann trat eine Situation ein, wie sie als regelungsbedürftiger Streitfall wiederholt Eingang in die Kapitellisten der Beratungen und Versammlungen am Hof fand: Ein königlicher Bote verlangte eine Strafzahlung von ihnen, weil sie nicht mit dem Kaiser gezogen und damit nicht dem Aufgebot gefolgt waren.

(Teulet 1843), Nr. 22, S. 34. Einhard, Epistolae (Jaffé 1867), Nr. 18, S. 455. Mit Sicherheit feststellen lässt sich der Ortsname allerdings nicht mehr. François Louis Ganshof schlägt so die Datierung auf 834 vor, denn zu disem Jahr sind Wikingerangriffe auf die friesische Küste belegt, vgl. Ganshof 1926, S. 26 Fn. 4 mit Ann. Xantenses a. 834 (Von Simson 1909), S. 9. Ihm folgend Declerq/Verhulst 1997, S. 240 Fn. 117. Vgl zur Datierung Grabowsky/Haack/Kohl/Patzold 2018, Nr. 22, S. 117.

116 Einhard, Epistolae (Hampe 1899), Nr. 23, S. 121 [= Grabowsky/Haack/Kohl/Patzold 2018, Nr. 22, S. 117]. „DILECTO FRATRI ET AMICO A. MISSO DOMINICO E[INHARTUS] SEMPITERNAM IN DOMINO SALUTEM. Putabam tibi bene cognitum esse, quod homines nostri, quos in istis partibus habemus, secundum ordinationem et iussionem domni imperatoris ad custodiam maritimam fuerunt, non solum eo tempore, quando ille [ad] < . . . > oriam profectus est, sed etiam quando Aurelianos perrexit. Et ideo non videtur mihi iustum esse, ut heribannum solvere debeant, qui non aliubi fuerunt, nisi ubi ipse imperator precepit. Et ideo precor dilectionem tuam, ut nobis spacium inde dones, donec domnus imperator venerit, et nos illum ammonebimus de iussione sua, et ille tunc preceperit, qualiter illi placuerit. Opto, ut semper bene valeatis in Domino."

117 Zur Datierung des Briefes Grabowsky/Haack/Kohl/Patzold 2018, Nr. 22, S. 117.

Dem Grafen, der als Bote des Königs die Strafzahlung eintreiben sollte, gab dieser Auftrag ein Instrument an die Hand, das den Zugriff auf Zahlungen ermöglichte oder auch als Druckmittel (miss)brauchbar war. Dieser Zusammenhang macht deutlich, welche Bedeutung die Beziehung zu Einhard für seine Männer hatte: Aus Sicht der Betroffenen war die Forderung der Strafzahlung ungerechtfertigt, waren sie doch auf den Befehl des Kaisers selbst zurückgeblieben und hatten noch dazu durchaus Kriegsdienst geleistet. So mobilisierten sie gegen die ungerechtfertigte Forderung die Unterstützung eines sehr bedeutenden Mannes: Ihres Patrons Einhard, Abt eines örtlichen Klosters mit engen Beziehungen zum Kaiser, der die Möglichkeit hatte, den Streit an den Herrscher selbst heranzutragen. Der Verweis im Brief direkt auf den Kaiser ist so vielleicht vor allem als Warnung an den adressierten Boten zu verstehen, in einem bestimmten Fall Machtmöglichkeiten nicht auszureizen. Der Brief könnte allerdings auch noch anders interpretiert werden:[118] Sowohl aus Sicht der betroffenen Krieger als auch Einhards selbst lässt er sich als Versuch lesen, sich in der politisch höchst unsicheren Situation der 830er Jahre von Schwierigkeiten fernzuhalten. Mit dem Verweis auf den Küstenschutz ließ sich umgehen, dem Aufgebot folgen zu müssen und damit in den Auseinandersetzungen zwischen Ludwig dem Frommen und seinen Söhnen Position zu beziehen. Die Beziehungen zwischen Klienten und Patronen stellt sich auf diese Weise als höchst dynamisch einsetzbares Instrument sozialer Interaktion dar.

Die Kleriker in St. Bavo haben noch ein weiteres Schreiben, das den Heerbann betrifft, in ihre Sammlung der Briefe Einhards aufgenommen. Für eine Gemeinschaft wie das Genter Kloster gehörte die Auseinandersetzung um diese Zahlung offenbar zum Alltagsgeschäft, die Kompilatoren der Sammlung rechneten damit, dass diese Schreiben für sie und ihre Nachfolger hilfreich werden könnten. Das Schreiben ist an zwei namentlich nicht mehr identifizierbare königliche Boten gerichtet. Einhard dankte seinen „geliebten Brüdern in Christus und Freunden, den ruhmreichen königlichen Boten, dem Grafen N. und dem Richter N.“, dass „Ihr unsere Männer beschützt und schont, soweit ihr sie zu schonen vermögt; sowohl wenn der Heerbann erhoben wird, als auch in anderen Dingen, die eurem Auftrag zugeordnet sind“.[119] Der Brief ist kaum näher datierbar, allein ein Verweis auf die Fürsprache für Graf und Richter auch bei „den Heiligen“ deutet darauf hin, dass Einhard bereits im Besitz der Reliquien der heiligen Marcellinus und Petrus war, die er Anfang 828 nach Mulinheim bringen ließ.[120] Ob er auf den oben besprochenen Brief (Nr. 23)

118 Hier folge ich einer Idee Stuart Airlies (Glasgow), dem ich herzlich für diese Anregung danke.
119 Einhard, Epistolae (Hampe 1899), Nr. 51, S. 135 [= Grabowsky/Haack/Kohl/Patzold 2018, Nr. 33, S. 150]. „Homines nostri [...] solent nobis narrare de bona voluntate [...] vestra erga nos, in eo quod homines nostros servatis et eis parcitis, in qualicumque loco illis parcere potestis, tam in heribannis, quam in aliis causis ad vestrum missaticum pertinentibus“.
120 Zur Datierung Grabowsky/Haack/Kohl/Patzold 2018, Nr. 33, S. 151. Zur Translation der heiligen Marcellinus und Petrus und zur Chronologie des Reliquienraubes vgl. Seminar für mittelalterliche Geschichte Tübingen 2015, S. 150–151.

und die Bitte um Aufschub bei der Leistung des Heerbannes Bezug nimmt und Einhards Dank für die Erlassung der dort verhandelten Zahlung darstellt, ist nicht zu sagen. Räumlich stehen beide Briefe in der Sammlung nicht im Zusammenhang. Bislang sind beide Briefe so nicht verbunden worden, was auch daran liegen dürfte, dass im ersten Brief (Nr. 23) nur ein königlicher Bote angesprochen wird, der zudem die Initiale „A." trägt, im zweiten (Nr. 51) hingegen zwei Boten, die beide als „N." abgekürzt sind. Der Kopist der Briefsammlung ist bei seiner Tilgung der Namen allerdings sehr unsystematisch vorgegangen, zum Teil hat er Namen stehen lassen, zum Teil nur den ersten Buchstaben, zum Teil hat er Namen durch ein „N." ersetzt. Die unterschiedliche Abkürzung heißt deshalb nicht unbedingt, dass die angesprochenen Grafen „A." und „N." verschiedene Person sind. Die Anrede als „geliebtester Bruder in Christus und Freund" ist zumindest beiden Briefen gemeinsam und in genau dieser Kombination einzigartig für die Briefsammlung; andererseits reicht diese Anrede allein als deutliches Verbindungsmerkmal nicht aus. So lässt sich eine genauere Verortung dieses zweiten Briefes zum Heerbann nicht gewinnen.

Die große Mehrzahl dieser Briefe Einhards ist, so kann man einwenden, nicht mit kriegerischen Belangen befasst. Doch das soziale Patronagenetz Einhards ist nicht von dem militärischen zu trennen. Die Bezeichnungen für die Klienten ist in beiden Sphären dieselbe, meistens als *homo meus* oder, seltener, *fidelis*. Beide Bezeichnungen sind Teil eines semantischen Feldes, dessen Sprachregelungen verschiedenartige Beziehungen in einem „cluster" karolingerzeitlicher Patron-Klient-Beziehungen verbinden.[121] In welcher Beziehung die *homines* im Detail zu Einhard standen und wo sie zum Kriegsdienst herangezogen wurden, lassen beide Briefe nicht erkennen. Das erste Schreiben (Nr. 23) allerdings gibt immerhin an, dass sie diesen Dienst am Meer leisteten, *custodia maritima*. Ein genauerer Ort wird nicht genannt, Einhard spricht lediglich von den Männern, die er in „dieser Gegend" hat. Der Zusammenhang mit dem Küstenschutz macht es allerdings warscheinlich, eine Verbindung zwischen Einhard und den Kriegern über Einhards Genter Abteien zu sehen. Auch eine Verbindung über das Kloster Saint-Wandrille nahe Rouen, deren Abt Einhard gleichfalls zwischen 816 und 822 war, könnte in Frage kommen. Da die Briefsammlung vermutlich jedoch in St. Bavo entstand, ist ist die Verortung von Einhards Kriegern in der Region um Gent wahrscheinlicher.

Ein Besitzverzeichnis der Abtei St. Bavo vom Beginn des 9. Jahrhundert zeigt nun, wie man sich die Einbindung von Laienäbten wie Einhard in die Organisation von Kriegsdiensten vorstellen kann. Der Text, der nur als Palimpsest erhalten ist, wurde möglicherweise unter dem Abbatiat Einhards angelegt, könnte aber auch

121 Vgl. Lavan 2013, S. 185, s. o. S. 136.

kurz zuvor in den Jahren 800 bis 814 entstanden sein.[122] Zwischen 810 und 825 war das Verzeichnis aber offenbar ins bayrische Kloster Benediktbeuren gelangt, sodass dieser Zeitraum einen terminus ante quem für die Entstehung der Auflistung angibt. In Benediktbeuren wurde das ursprünglich als Textrolle angelegte Dokument in zwei Blätter zerschnitten und die Schrift abgeschabt, um das Pergament neu zu beschreiben und mit anderen Blättern zu einem Codex binden zu können.[123] Der Text des ursprünglichen Besitzverzeichnisses ist wegen dieser Sekundärverwendung nur noch schwer zu rekonstruieren. Bei der Zuschneidung der Schriftrolle zu zwei einzelnen Blättern ist zudem ein Teil des Textes völlig verloren gegangen. Erhalten geblieben ist jedoch eine Beschreibung des Schmucks eines Grabes des heiligen Bavo.[124] Diese Beschreibung weist den Text als Besitzinventar eines Klosters aus, die üblicherweise mit dem Kirchenschatz beginnen und dabei zuerst den Grabschmuck des Klosterpatrons beschreiben.[125]

Das Grab des heiligen Bavo wurde Anfang des 9. Jahrhunderts in der gleichnamigen Genter Abtei verortet, wie die Immunitätsurkunde zeigt, die Ludwig der Fromme dem Kloster 819 auf Bitten Einhards ausstellte.[126] Der Beschreibung des Grabes und des Kirchenschatzes ist eine Auflistung der Besitzungen des Klosters angeschlossen, die nach verschiedenen „Gauen" (*pagi*) und Orten gegliedert ist. Zunächst werden einzelne „villae" aufgezählt, das heißt landwirtschaftliche Einheiten, die das Kloster selbst bewirtschaftete, mit ihrem Bestand an Ländereien, Vieh und Getreideertrag. Dann folgen Güter, die das Kloster als Leihegut („beneficium") ausgegeben hatte und die zum großen Teil aus Marschland („mariscus") bestanden.[127] Das Besitzverzeichnis aus St. Bavo ist erst seit 1930 als Text verfügbar, schon bei der ersten gründlichen Untersuchung und Textrekonstruktion durch Adriaan Verhulst 1971 wurde es mit der Leistung von Kriegsdiensten in Verbindung gebracht. Verhulst argumentierte, dass Verzeichnis sei von einem königlichen

---

122 Grundlegend zu diesem Text: Besitzverzeichnis Sankt-Bavo (Verhulst 1971). Vgl. zu dem Text und Einhard auch Patzold 2013, S. 104. Die Datierung beruht ausschließlich auf der paläographischen Expertise Bernhard Bischoffs, vgl. Bischoff 1967, S. 36 (Datierung: um 800). Bischoff 1965, S. 235 (Datierung: bis 814).

123 Besitzverzeichnis Sankt-Bavo (Verhulst 1971), S. 195. Signatur der Handschrift: München, Bayerische Staatsbibliothek, Clm 6333, fol. 31^v, 36^r, 77^v, 84^r. Die zwei Blätter, die aus der Schriftrolle aus St. Bavo zugeschnitten wurden, bilden in dem Codex jeweils das äußere Blatt einer vierblättrigen Lage, sodass der ursprüngliche Palimpsesttext nicht mehr zusammenhängt.

124 Besitzverzeichnis Sankt-Bavo (Verhulst 1971), S. 205. Edierter Text: S. 232, Z. 1. Das folgende nach Verhulst.

125 Vgl. Elmshäuser 1989, S. 343. Vergleichsstücke bieten das *Staffelseer Urbar* und das *Urbar von Bergkirchen*. Editionen: Capitulare de villis (Brühl 1971), S. 49. [= Capitularia, 1 (Boretius 1883), Nr. 128, 2, S. 250]. Traditionen Freising (Bitterauf 1905), Nr. 652, S. 550–551. Zum *Staffelseer Urbar* siehe unten S. 146.

126 Urkunden Ludwigs des Frommen (Kölzer 2016), Nr. 156, S. 389.

127 Besitzverzeichnis Sankt-Bavo (Verhulst 1971), S. 234.

Boten in den Jahren zwischen 800 und 814 angelegt worden, um die Leistungen zu erfassen, die das Kloster St. Bavo an Panzerreitern, Vieh und Viehfutter für das königliche Heer zu stellen hatte.[128] Diese Interpretation beruht auf der Vermutung, dass das Verzeichnis nicht den gesamten Besitz der Abtei aufführte. So enthält die Liste zum Beispiel kein Geflügel, das in vergleichbaren Inventarlisten sonst oft aufgenommen ist. Zudem hält das Verzeichnis zwar ortsgenau fest, wieviele Hofstellen St. Bavo jeweils besaß, bestimmt aber den rechtlichen Status dieser Landeinheiten nicht genauer als freie oder unfreie Hofstellen (*mansi ingenuiles, serviles*), wie es in vergleichbaren Besitzverzeichnissen oft üblich ist.

Zur Fixierung landwirtschaftlicher Dienstleistungen nach unterschiedlichen Besitzkategorien, wie Klöster sie von Leihgut forderten, das sie ausgegeben hatten, taugt das Verzeichnis also nicht.[129] Adriaan Verhulsts Argument lautet nun: Gerade weil keine Dienstleistungen in dem Verzeichnis festgehalten sind, muss hinter der Aufzeichnung des Dokuments ein anderer Zweck stehen – die Erfassung des militärischen Kontingents, das St. Bavo dem König stellen musste. Allerdings fehlt auch die Zuweisung bestimmter militärischer Dienstleistungen zu Hofstellen (*mansi*), wie andere karolingerzeitliche Urbare und Polyptycha sie bieten. Der enge Zusammenhang, den Adriaan Verhulst zum Kriegsdienst herstellt, beruht deshalb auf einer anderen, von ihm nicht reflektierten Grundlage: dem Lehnswesen. Aus der Nennung von *beneficia*, die im letzten Teil des Verzeichnisses aufgeführt und an *homines franci* verliehen sind,[130] leitet er weitgehende Folgerungen ab. In den *homines franci* sieht er „Vasallen des Klosters St. Bavo“, Militärkolonisten, die ursprünglich aus dem fränkischen Kernland stammten und als Besatzungstruppen und zugleich zur Wikingerabwehr in Friesland angesiedelt worden seien. Der König versorgte sie nach dieser Deutung mit Benefizien aus Klosterbesitz, um sie fortan als Panzerreiter in den Krieg schicken zu können.[131] Solch eine Deutung aber wird nur auf Grundlage des Modells Lehnswesen plausibel. Ohne einen postulierten Zusammenhang von Panzerreitern, Benefizien, die als militärischen Lehen verstanden werden und der Vasallität gibt es in dem Besitzverzeichnis keinerlei Hinweise auf ein System der Ansiedlung belehnter Panzerreiter.

Auch ohne einen Zusammenhang mit der Leistung von Kriegsdiensten konnte für ein Kloster eine Aufzeichnung seiner Besitzungen aus verschiedensten Gründen wichtig sein: Zur Sicherung von Besitzansprüchen, zur Verzeichnung von Abgaben, als Inventarisierung des eigenen wirtschaftlichen Potentials. Möglicherweise legte

128 Besitzverzeichnis Sankt-Bavo (Verhulst 1971), S. 213, S. 219.

129 Besitzverzeichnis Sankt-Bavo (Verhulst 1971), S. 206.

130 Besitzverzeichnis Sankt-Bavo (Verhulst 1971), S. 234.

131 Besitzverzeichnis Sankt-Bavo (Verhulst 1971), S. 215–217. Ähnlich wie Verhulst argumentiert für die Gegend um Chur: Reynolds 1994, S. 101 mit Fn. 112. Sie verweist hier auf: Urbar Churrätien (Meyer-Marthaler/Perret 1955), S. 375–396. Zur Gleichsetzung von Benefizienbesitzern und Militärkolonisten vgl. Müller-Mertens 1963, S. 75.

Einhard das Verzeichnis als Bestandsaufnahme bei Antritt seines Abbatiats in St. Bavo an, allerdings ist die Zuordnung zu Einhard nicht fest nachweisbar.[132] Auch für seinen Vorgänger mochte solch ein Verzeichnis in vielerlei Hinsicht nützlich sein, zumal als Teil jener Dynamik der Verschriftlichung und Systematisierung, die Historiker als *karolingische Renaissance* bezeichnen. Die Aufzeichnung des St. Bavoer Besitzes ist damit nicht direkt als militärisches Leistungsverzeichnis nutzbar. Für die Suche nach Netzen von Patron-Klient-Beziehungen aber ist es eine höchst interessante Quelle. Sie zeigt, auf welche Weise ein Kloster mit freien Männern in Beziehung treten konnte. Diese Beziehungen sind in dem Text nicht scharf definiert, gerade das aber könnte sie auch in der Karolingerzeit bestimmt haben. Soweit der Text erkennen lässt, lebten „freie Männer" (*homines franci*) in Orten, an denen das Kloster Gutshöfe (*villae*) besaß. Solche Männer hielten außerdem auch Besitzungen, die St. Bavo als Leihgut ausgegeben hatte. Das waren in diesem Fall räumlich entlegenere oder landwirtschaftlich weniger wertvolle Güter, Marschland, das als Schafweide genutzt wurde und sich nicht als Gutskomplex verwalten ließ.[133] Auch die Gegenleistung, die diese Männer für ihr Leihgut erbrachten, ist in dem Verzeichnis durchaus aufgeführt: Sie zahlten dem Kloster eine Gebühr in Form von Mänteln.[134]

Über Beziehungsgeflechte wie das hier fassbare nahmen ein Kloster und sein Abt eine wichtige Rolle in der Organisation von Kriegsdiensten ein. Ein Wachtrupp an der Küste wurde vom Herrscher unter dem Zugriff auf jene Männer gebildet, die in der betreffenden Gegend lebten. Das heißt aber nicht, dass diese Männer dort als Militärkolonisten erst angesiedelt worden waren, sondern, dass bestehende Strukturen aktiviert wurden. Ein Beispiel für solch ein Vorgehen bietet eine in mehreren Varianten erhaltene Kapitelliste, die auf Beratungen zurückgehen, die im Vorfeld einer Versammlung unter Karl dem Großen in Boulogne-sur-Mer im Oktober 802 stattfanden.[135] Die Listen hielten fest, dass an der Küste Schiffe bereit zu halten seien und dass „die Männer, die in Küstenorten leben" unter Strafe zur Abwehr möglicher Angriffe herbeigerufen werden würden.[136] Um solche Maßnahmen vor Ort praktisch umzusetzen, wandte der Herrscher sich an jene Leute, die an seinem Hof verkehrten, aber Verbindungen in die betroffenen Regionen hatten. Die politische Ordnung der karolingischen Welt funktionierte über „face-to-face"

---

132 Patzold 2013, S. 104.

133 Besitzverzeichnis Sankt-Bavo (Verhulst 1971), S. 215.

134 Besitzverzeichnis Sankt-Bavo (Verhulst 1971), S. 234: „soluunt cottas".

135 Vgl. Patzold 2007, S. 344–345.

136 Capitularia, 1 (Boretius 1883), Nr. 34, 13a-b, S. 100: „De liberis hominibus qui circa maritima loca habitant: si nuntius venerit, ut ad succurrendum debeant venire, et hoc neglexerint, unusquisque solidos viginti conponat". Vgl. zu dieser Maßnahme, auch mit Verweis auf die Männer Einhards, Declerq/Verhulst 1997, S. 241.

Beziehungen.[137] Wenn Einhard militärische Pflichten zu erfüllen hatte, dann tat er das über die Aktivierung solcher Patron-Klient-Beziehungen, wie sie hier greifbar werden, ebenso wie sich umgekehrt auch die Männer an der Küste an den Abt des Klosters St. Bavo wandten. Das gilt nicht nur für Einhard, sondern für karolingische Magnaten insgesamt. Patron-Klient-Beziehungen waren der Mechanismus kriegerischer Organisation. Die Rolle der Großen in der Organisation von Kriegsdiensten muss deshalb auf dieselbe Weise gedeutet werden, wie die Forschung sie inzwischen in der politischen Spähre versteht: Magnaten bildeten das Interface zwischen politischem Zentrum und lokalen Gemeinschaften. Gruppen karolingerzeitlicher Krieger waren Teile sozialer Beziehungsnetze. Diese Netze waren nicht rein militärischer Funktion, sondern im Gegenteil in umfassende sozio-politische Patronagesysteme eingebunden.

4.3 Der Kriegsdienst der Kirchen: Zentrum und lokale Gemeinschaften

Wie die kleine Mönchsgemeinschaft in St. Bavo, so ordneten in der Zeit ab etwa 800 zahlreiche Klöster der karolingischen Welt ihre Besitzungen neu. In dieser Zeit entstanden die ersten jener karolingerzeitlichen Besitzverzeichnisse, die in der Forschung nach Quellenbegriffen meist als *Polyptycha* oder *Urbare* bezeichnet werden.[138] Diese Verzeichnisse beruhten nicht zuletzt auf einer neuen Systematisierung von Landbesitz, die in den Jahren kurz vor 800 in Gebrauch kam,[139] eben jener Bezeichnung *mansus*, die auch in den Aufgebotslisten zur Bestimmung der Dienstpflicht herangezogen wurde.[140] Auf diese Weise trug, so die These des vorliegenden Kapitels, die Verzeichnung von Kirchengütern um 800, ganz ähnlich den Aufgebotslisten, zur Systematisierung von Kriegsdiensten bei. Wie die neue Bezeichnung für Einheiten von Landbesitz im Umfeld des Herrschers eine systematischere Formulierung etwa von Vorschriften für ein Aufgebot ermöglichte, so erlaubte sie auch

---

137 Innes 2000, S. 139.

138 Zur Begriffsbestimmung Renard 2012, S. 8–10. Devroey 2003, S. 15. Vgl. Hägermann 1989, S. 48 mit der Remonstration, dass eine trennscharfe Typenbildung (Hubenlisten, Inventare, Heberollen, Polyptycha) nicht möglich sei. Einen Forschungsüberblick bietet Morimoto 2008a als Zusammenstellung zahlreicher Aufsätze des Autors mit einer einleitenden Einordnung, Morimoto 2008b. Als Überblick vgl. weiterhin noch immer Verhulst 2002, S. 37–41, hier auch eine umfangreiche, wenn auch ohne Anspruch auf Vollständigkeit gegebene, Liste urbarialer Quellen. Für die italienischen Verzeichnisse vgl. Tomei 2012, eine Auflistung hier S. 570–571.

139 Renard 2009, S. 21, vgl. auch Sonnlechner 2004, S. 43. Den ersten bekannten Beleg bietet die *Capitulatio de partibus Saxoniae* (Capitularia, 1 (Boretius 1883), Nr. 26, 15, S. 69), die inzwischen auf 795 datiert wird, dazu Hen 2006, S. 38–44. Vgl. Patzold 2013, S. 63 Endnote. 55 (S. 316).

140 Renard 2009, S. 21. S. o. S. 86.

eine systematischere Erfassung der Besitzungen großer Grundbesitzer, in aller Regel von Bischofskirchen und Klöstern.

In den Besitzverzeichnissen wurde dabei meist nicht nur Umfang und Art der Güter verzeichnet, sondern möglichst umfassend alle Spezifika der Besitzungen: Erträge und Viehbestand ebenso wie bei Leihegut die Verpflichtungen, die mit der Leihe verbunden waren. Oft sind sogar die Namen der einzelnen Landbesitzer angegeben. So bietet etwa das in den 820er Jahren angelegte Polyptychon der Abtei Saint-Germain-des-Prés bei Paris, das umfangreichste erhaltenen Verzeichnis der Karolingerzeit und zudem das einzige, das im Original erhalten ist,[141] die Namen mehrerer tausend Landpächter, ihre Rechtsstellung und die Abgaben und Leistungen, die sie dem Kloster schuldeten.[142] Anlass der Aufzeichnungen war hier vermutlich die Einrichtung einer *mensa fratrum* in Abgrenzung zu jenen Klostergütern, über die der Abt verfügen konnte.[143] Ortsweise gegliedert listet das Verzeichnis die Besitzungen der Abtei auf, wobei die Beschreibung jedes Ortes im Codex ein eigenes Heft bildet. Ihre Reihenfolge gibt offenbar die Reiseroute mehrerer Inspektionskommissionen wieder, die die Ländereien des Klosters bereisten und die vor Ort angetroffenen Besitzverhältnisse verschriftlichten.[144] Details wie diese zu Besitz, Status, Rechten und Pflichten einer bäuerlicher Bevölkerung weit unterhalb der Sichthöhe der zeitgenössischen Historiographie machen die Besitzverzeichnisse für die Frage nach Patron-Klient-Beziehungen zu äußerst ergiebigen Quellen.

Menschen, die Land an eine Kirche schenkten, meist um es dann zur Bewirtschaftung zurückzuerhalten,[145] traten damit nach zeitgenössischem Verständnis in eine persönliche Beziehung zu dem Heiligen, dem das betreffende Kloster geweiht war und dem das Land als Mittler zu Gott gehörte. Sie wurden Teil der *familia* des heiligen Klosterpatrons und galten fortan als seine *homines*.[146] Die *familia* eines

141 Zum Polyptychon umfassender zuletzt Devroey 2012, hier S. 53.

142 Im Polyptychon sind mehr als 3.600 Personen namentlich erfasst, dazu als prosopographische Auswertung. Goetz/Haubrichs 2014, S. 151. Goetz 1987.

143 Die Datierung ist über das erhaltene Original des Polyptychons maßgeblich paläographisch fundiert, vgl. Polyptychon Saint-Germain (Hägermann 1993), S. V-VI. Die Einrichtung einer *mensa fratrum* bestätigte Ludwig der Fromme 829, diese Urkunde bietet wohl einen terminus ante quem für die Entstehung des Verzeichnisses, vgl. Urkunden Ludwigs des Frommen (Kölzer 2016), Nr. 276, S. 686–689.

144 Zu diesem Entstehungsprozess vgl. Devroey 2012, S. 53–54. Polyptychon Saint-Germain (Hägermann 1993), S. VIII-X.

145 Zu dieser Praxis vgl. Patzold 2012, S. 18–19. Kasten 1998, S. 248.

146 Liber Possessionum Wizenburgenses (Dette 1987), S. 104: „numero primo et principaliter quod *homines Sancti Petri* in terminis predicte emunitatis residentes solvunt“. Vgl. auch die in Saint-Germain-des-Prés gängige Noitz, etwa Polyptychon Saint-Germain (Hägermann 1993), I, 2, S. 1: „Uualateus colonus et uxor eius colona, nomine Framengildis, *homines sancti Germani*, habent secum [infantes] II, his nominibus Uualantrudis, Nadilindis. Tenet mansum ingenuilem I.“

Heiligen verband Menschen sehr unterschiedlicher sozialer und rechtlicher Stellungen zu einer Gemeinschaft, Unfreie, die schon als Besitz eines Klosters zur Welt gekommen waren, ebenso wie Freie, die ihre Besitzungen aus freien Stücken übertragen und sich damit dem Klosterpatron anvertraut hatten. Neben der grundsätzlichen Unterscheidung von Freien und Unfreien lassen die Polyptycha dabei zahlreiche Zwischenstufen geminderter Freiheit erkennen, die etwa als „coloni“ oder „lidi“ bezeichnet wurden und deren Unterscheidung aus heutiger Perspektive kaum möglich ist,[147] wohl aber auch für die Zeitgenossen nicht immer scharf zu fassen war.[148] Die Gegenleistung für die Landleihe einer Kirche bestand üblicherweise in Abgaben sehr unterschiedlicher Höhe und auch Arbeitsdiensten wie dem Pflügen oder Ernten auf den Ländereien des Grundherren.[149] Zu den Leistungen, die dabei festgehalten sind, gehörten immer wieder auch Kriegsdienste.[150]

Die Besitzverzeichnisse halten auf diese Weise die Gestaltung von Patron-Klient-Bindung zwischen kirchlichen Großgrundbesitzern über die Vergabe von Land und ihre Rolle in der Organisation von Kriegsdiensten fest. Wie im Fall des Klosters St. Bavo sind die Verzeichnisse sogar immer wieder als vorrangig militärische Leistungsverzeichnisse gedeutet worden.[151] Sie dienen auf diese Weise zum Beleg militärischer Strukturen, nicht nur an der friesischen Küste, sondern etwa auch für fränkische Besatzungstruppen im Alpenraum oder das Panzerreiterkontingent der Abtei Saint-Riquier.[152] In all diesen konkreten Fälle sind jedoch weder Kriegsdienste noch eine militärische Funktion der aufgeführten Landbesitzer in irgendeiner Weise vermerkt.

Die militärische Deutung der Besitzverzeichnisse beruht deshalb weniger direkt auf den einzelnen Quellentexten als auf einer umfassenderen Einordnung der

147 Vgl. als Beispiel etwa die Zuweisungen im Polyptychon von Saint-Germain. Die überragende Mehrzahl der aufgelisteten Landbesitzer wird als „colonus“ bezeichnet, daneben gibt es jedoch auch „liberi“, „servi“, „mancipia“, „ancillae“ oder „lidi“, vgl. Polyptychon Saint-Germain (Hägermann 1993), II, 38, S. 9: „Ebrulfus colonus et uxor eius ancilla, nomine Ermenildis, homines sancti Germani“, II, 76, S. 12: „Bertegarius es uxor eius libera, nomine Sigrida“, II, 114, S. 16: „Leodardus, lidus sancti Germani“.

148 Zu Abstufungen der „Minderfreien“ vgl. Kohl 2010, S. 39–46. Schipp 2009, S. 569–575. Besonders vielfältige Bezeichnungen bieten die um 790 und 800 entstandenen Besitzverzeichnisse der Salzburger Bischofskirche, Notitia Arnonis (Lošek 2006). Breves Notitiae (Lošek 2006), vgl. Kohl 2010, S. 41–42.

149 Renard 2012, S. 20.

150 Einen Überblick bietet zuletzt Renard 2009.

151 S. o. 137.

152 Reynolds 1994, S. 101 mit Verweis auf Bündner Urkundenbuch, 1 (Meyer-Marthaler u. a. 1955), S. 375–396. Bei diesem Text handelt es sich um das sogenannte *Churrätische Reichsurbar*, vgl. Metz, Reichsgut 1960, S. 60. Die These der Ansiedlung germanischer Militärkolonisten im Alpenraum nach der fränkischen Eroberung dürfte zurückgehen auf Dannenbauer 1955, S. 61. Vgl. dazu Müller-Mertens 1663, S. 75. Auf Basis der Arbeit Dannenbauers argumentiert für „Militärsiedlungen“ im Weißenburger *Liber possessionum* Schäfer 1966, S. 35. Zu Saint-Riquier s. o. S. 105–106.

karolingerzeitlichen Polyptycha als offiziöse, parabürokratische Texte. Insbesondere gelten sie als Fortführung antik-römischer Steuersysteme.[153] Diese These hat maßgeblich Jean Durliat am Beispiel des Polyptychons von Saint-Germain-des-Prés entwickelt.[154] Auch hier ist die Leistung von Kriegsdiensten zwar nicht in direkter Form verzeichnet, dafür aber sehr regelmäßig eine Abgabe „für das Heer", „ad hostem" oder „hostilicium" genannt.[155] Sie ist sowohl gelegentlich unter den Verpflichtungen einzelner Landbesitzer festgehalten als üblicherweise auch in der summarischen Aufzählung der Besitzungen des Klosters in einem Ort.[156] Dabei ist die Leistung in aller Regel als Geldsumme angegeben,[157] zumeist aber als Alternative auch die praktische Stellung von Ochsen und „Karren" festgehalten.[158] Da das *hostilicium* im Polyptychon von Saint-Germain-des-Prés nach Beobachtung Durliats gut die Hälfte der erfassten Abgaben ausmacht und in den summarischen Aufzählung stets zuerst genannt ist, hat er geschlussfolgert, dass die Fixierung dieser Abgabe einen vorrangigen Zweck nicht nur dieses Polyptychons sondern der karolingischen Besitzverzeichnisse überhaupt dargestellt habe.[159] In der Zahlung sieht Durliat eine Form der Kopfsteuer, die zur Finanzierung der Armee über die Klöster für den „Staat" erhoben worden seien.[160]

Diese Interpretation hat insgesamt wenig Zustimmung gefunden, zu stark geht der Ansatz von modernen staatsrechtlichen Kategorien aus.[161] Trotzdem aber

---

153 So bes. Goffart 1972, S. 376–383. Vgl. erneut Goffart 2008, S. 190.

154 Durliat 1983.

155 Als ersten Beleg im Text vgl. Polyptychon Saint-Germain (Hägermann 1993), I, 42, S. 3: „Habet [monsaterium sancti Germani] in Gaugiaco mansos ingenuiles XCI, qui solvunt omni anno ad hostem aut carra quatuor, aut boves XXX, aut de argento libras VIII". Vgl. für die weiteren Belegstellen den Index der Edition, Polyptychon Saint-Germain (Hägermann 1993), I, 42, S. 269 s.v. „hostis (solvere ad hostem)" und „hostilicium".

156 Als persönliche Abgabe: Polyptychon Saint-Germain (Hägermann 1993), III, 2, S. 18: „Arnulfus colonus [...] Gausbert, colonus sancti Germani, solvunt ad hostem de argento solidos II, et ad alium annum solidum I". In der summierenden Aufzählung: Polyptychon Saint-Germain (Hägermann 1993), IV, 35, S. 28: „Sunt mansi ingenuiles XXIII et dimidium, serviles VII. Exit inde in hostilicio ad unum anno de argento libras IIII et solidos X". Zur Summierenden Aufzählung vgl. Durliat 1983, S. 194.

157 Vgl. die genannten Belege Polyptychon Saint-Germain (Hägermann 1993), I, 42, S. 3, III, 2, S. 18 s. o. Fn. 155–156.

158 Polyptychon Saint-Germain (Hägermann 1993), III, 62, S. 24: „Habet in Cella Equilina mansos ingenuiles LIII, qui solvunt, omni anno, ad hostem aut carrum I aut boves VI aut de argento solidos LXXVIII".

159 Durliat 1983, S. 184. Zum „hostilitium" vgl. auch Polyptychon Saint-Maur-des-Fossés (Hägermann u. a. 1990), S. 70.

160 Durliat 1983, S. 195. Ganz ähnlich Goffart 1972, vgl. erneut Goffart 2008, S. 190.

161 Kritik an Durliats Entwurf leistete bes. Devroey 1985, S. 790. Vgl. auch Polyptychon Saint-Maur-des-Fossés (Hägermann u. a. 1990), S. 70 Fn. 403. Eine neuere Auseinandersetzung mit dieser Frage bietet Esders 2009b, S. 189–190.

werden die karolingischen Besitzverzeichnisse immer wieder als Beleg für eine bürokratisierte und zentralisierte Militärorganisation der karolingischen Welt herangezogen.[162] Eine ganze Reihe der Verzeichnisse führen nämlich an, unter Mitwirkung des Königs angefertigt worden zu sein. So schließt etwa das älteste der heute erhaltenen karolingerzeitlichen Verzeichnisse, eine Besitzaufstellung die Bischof Arn von Salzburg um 788 anlegen ließ, mit der Angabe des Urhebers: „Dieses Verzeichnis habe ich, Arn, mit Zustimmung und Erlaubnis unseres Herrn KARL von sehr alten und zuverlässigen Männern genauestens in Erfahrung gebracht".[163] Auf der Grundlage solcher Verweise ruht die Interpretation, die Erfassung kirchlicher Besitzungen, wie sie ab etwa 800 fassbar wird, habe vorrangig königlichen Interessen gedient und sei als Teil eines karolingischen Reformpakets zentral gesteuert worden, mit dem Ziel, herrschaftliche Ressourcen flächendeckend zu erfassen.[164]

Die wiederholte Berufung auf den König als Urheber der Besitzverzeichnisse hat allerdings schon Dieter Hägermann als „petitio principii" bezeichnet:[165] Die Behauptung, der König selbst habe die Anlage eines Verzeichnisses angeordnet, bezog den Herrscher auch ohne dessen tatsächliche Initiative direkt in die Garantie der Aufzeichnungen ein und stärkte so deren Autorität, ähnlich wie auch Urkunden dem König oft von deren Empfängern vorgelegt wurden.[166] Karolingische Herrscher nahmen spätestens seit den 740er Jahren in Anspruch, auf die Ressourcen der großen Kirchen ihres Herrschaftsgebiets zugreifen zu können. Eben der hierin begründete Konflikt zwischen den Interessen des Herrscher und denen der Kirchen war bereits auf der Synode von Estinnes 743 verhandelt worden, die im rechtshistorischen Modell als ein Ausgangspunkt der Entstehung des Lehnswesens gegolten

---

162 Goffart 2008, 196. Bachrach 2001, S. 61.

163 Notitia Arnonis (Lošek 2006), S. 84–85: „Noticiam vero istam ego Arn una cum consensu et licentia domni KAROLI a viris valde senibus et veracibus diligentissime exquisivi". Vgl. auch Breve Inquisitionis (Castagnetti 1979), S. 21. Älter könnte ein Besitzverzeichnis des Klosters Saint-Wandrille in der Normandie sein, dass die *Gesta patrum Fontanellensium* knapp zusammenfassend wiedergeben und in das 20. Herrschaftsjahr Karls des Großen datieren, d. h. auf 787, Gesta patrum Fontanellensium (Pradié 1999), XI, 3, S. 132. Der erhaltene Text geht in dieser Form jedoch wohl auf die Zeit des Abtes Ansegis 823–833 zurück, vgl. Gesta patrum Fontanellensium (Pradié 1999), S. XXVII. Er bietet keine Details mehr, sondern lediglich eine Gesamtsumme der Mansen (4264) und die Gesamtzahl der Mühlen (39) des Klosters. Der Bericht der *Gesta patrum Fontanellensium* über die Anlage des Besitzverzeichnisses bildet einen der oft zitierten Belege für die königliche Initiative bei der Besitzerfassung.

164 Renard 2012, 35. Sonnlechner 2004, S. 29. Einschränkend gegenüber dieser zu seiner Zeit bereits klassischen These schon Lesne 1936, S. 7–9, vgl. Hägermann 1989, S. 4.

165 Hägermann 1989, S. 47.

166 Mersiowsky 2015, S. 546–547. Hier S. 548 zu Saint-Wandrille und den *Gesta patrum Fontanellensium* vgl. o. S. 143 Fn. 163.

hat.[167] Der Anspruch des Herrschers knüpfte legitimierend an die rechtliche Definition eines Zugriffsrechts an, wie es oströmische Kaiser seit Justinian († 565) praktiziert und artikuliert hatten.[168] In den Jahrzehnten um 800 schärfte die Ausformulierung der theoretischen Konzeptionierung des Gemeinwesens als umfassend sozio-politische Ordnung der *ecclesia* auch den Anspruch des Herrschers, in alle Bereiche der *ecclesia* direkt eingreifen zu können.[169] Die Verantwortung des Herrschers umschloss damit die Wahrung der (auch materiellen) Integrität der Kirchen unter seiner Obhut, begründete aber zugleich seinen direkten Zugriff auf ihre Ressourcen.

Vor diesem Hintergrund ist die Forderung von Kriegsdiensten zu verstehen, die karolingische Herrscher an die großen Kirchen ihres Herrschaftsbereichs stellten. Bischöfe und Äbte nahmen auf diese Weise auch in der kriegerischen Sphäre eine zentrale Position ein. Während die geistliche (Gebets)Unterstützung auf Feldzügen aus zeitgenössischer Sicht einen maßgeblichen Faktor kriegerischer Erfolge darstellte,[170] waren die Vorsteher der großen Kirchen auch ganz praktisch als Anführer von Kriegergruppen wichtig:[171] Bischöfe und Äbte werden in den Kapitellisten bei Aufgeboten und anderen kriegerische Belangen ganz regelmäßig angesprochen,[172] Äbte wie Einhard und Hrabanus Maurus waren unmittelbar mit der Organisation von Kriegsdiensten befasst. Eine vielbesprochene militärhistorische Quelle stellt in diesem Zusammenhang ein Brief dar, den Karl der Großen wohl 806 an seinen Vetter, Abt Fulrad von Saint-Quentin, richtete mit dem Befehl, sich zu einem Stichtag mit „all seinen Männern wohl bewaffnet" bei ihm einzufinden.[173] Wie Fulrad und Einhard nahmen viele der Äbte ihre kirchliche Funktion zwar als Laien ein, in der Organisation von Kriegsdiensten waren sie aber in ihrer kirchlichen Funktion von

---

167 Concilia aevi Karolini 2, 1 (Werminghoff 1906), Nr. 2, 2, S. 7. Zur Synode und der Auseinandersetzung um die Nutzung von Kirchengut vgl. Fischer 2012, S. 152–153. Einen konzisen Überblick bietet nach wie vor Fouracre 2000, S. 139–140. Siehe auch o. S. 72.

168 Zur Unendfremdbarkeit von Kirchengut und dem Zugriffsanspruch karolingischer Herrscher vgl. jetzt grundlegend Esders/Patzold 2016, hier S. 386–395, S. 401.

169 Zu diesem Entwurf der politischen Ordnung vgl. bes. De Jong 2009, S. 1–5. Grundlegend De Jong 2000. Vgl. aber den wichtigen Hinweis bei Föller 2016, S. 5 Fn. 2 auf die lange Genese dieses Neuentwurfs mit Fried 1982.

170 Halsall 2003, S. 7.

171 Zum Kriegsdienst von Geistlichen und kirchlichen Institutionen grundlegend für eine neuere theoretischen Perspektive Nelson 1983. Monographisch zuletzt Prinz 1971.

172 Capitularia, 1 (Boretius 1883), Nr. 44, 7, S. 123, Nr. 50, 5, S. 137, Nr. 73, 1, S. 164, Nr. 74, 10, S. 167., Nr. 162, 2, S. 325.

173 Capitularia, 1 (Boretius 1883), Nr. 75, S. 168: „Notum sit tibi [...] ut pleniter cum hominibus tuis bene armatis ac preparatis ad predictum locum venire debeas XV. Kal. Iul". Zum Brief und seiner Datierung vgl. Ganshof 1955, S. 87–91. Das Schreiben dürfte eine der bekanntesten Quellen zur militärischen Organisation der Karolingerzeit sein, siehe in der jüngeren Literatur etwa Hofbauer 2015, S. 90–91. Fried 2013, S. 151. Halsall 2003, S. 93. France 2002, S. 69.

Bedeutung: Über die materiellen und immateriellen Ressourcen ihrer Klöster stellten sie eine der wichtigsten Instanzen des Interface dar, das politisches Zentrum und lokale Gemeinschaften der karolingischen Welt miteinander in Verbindung setzte.

Ein Verzeichnis, das als *Notitia de servitio monasteriorum* bekannt ist,[174] listet wohl für die Frühzeit Ludwigs des Frommen über 80 Klöster auf, von denen nach Leistungsfähigkeit gegliedert Dienste in drei unterschiedlichen Formen verlangt wurden: Eine erste Ordnung von Klöstern sollte demnach „dona et militia" leisten, das heißt Jahresgaben und Dienste für das Gemeinwesen, wie etwa Kriegsdienste.[175] Eine zweite Ordnung war von diesen Dienstleistungen befreit, nicht aber von den „dona", eine dritte sollte dem Gemeinwesen allein durch Gebete dienen.

Welche Dienste der Herrscher dabei erwartete, macht eine Urkunde Ludwigs des Frommen für das Kloster Kempten vom 3. Juli 834 deutlich. Kempten, das in der *Notitia de servitio monasteriorum* unter jenen Gemeinschaften aufgeführt war, die nur *dona* leisten sollten,[176] wurde hier von allen „öffentlichen Aufgaben" befreit, weil es „sehr arm an Besitz" sei.[177] Die Verpflichtungen, von denen das Kloster fortan befreit sein sollte, waren im Folgenden genau festgehalten: „Jahresgaben, die Errichtung oder Instandsetzung von Brücken und anderen Bauwerken und alle anderen Dienste, die zu den öffentlichen Diensten gehören".[178] Ausdrücklich befreite der Kaiser den Abt und seine Nachfolger dabei auch von der Pflicht, „mit

---

174 Notitia de servitio monasteriorum (Becker 1963) [= Capitularia, 1 (Boretius 1883), Nr. 128, S. 349–352]. Eine weitere Neuedition als Transkript der einzigen erhaltenen mittelalterlichen Handschrift (von 1324) bietet Kettemann 2000, S. 428–431. Die Liste ist als Teil eines kurzen Annalenwerkes zum jahr 818 überliefert und steht hier als Teil des annalistischen Eintrag zum Jahr 818. Walter Kettemann hat jedoch herausgearbeitet, dass die annalistische Passage wohl urpsrünglich nicht zur Auflistung der Klöster gehörte. Erst 1324 wurde beides – historiographischer Text und Klösterliste – zusammengefügt. Der Autor, Abt Bertrand III. von Saint-Gilles (dép. Gard), sammelte in der überliefernden Handschrift alles ihm verfügbare historische Material, das die Rechte und Pflichten seines Klosters gegenüber dem französischen König dokumentieren konnte. Die Datierung der *Notitia de servitio monasteriorum* auf 818 ist damit die Grundlage entzogen, Kettemann hält aber an einer Datierung in die Zeit der Klosterreformen zu Beginn der Herrschaftszeit Ludwigs des Frommen fest, genauer zwischen 814–817, vgl. Kettemann 2000, S. 367–374, S. 466–467.

175 Zu den „dona" s. o. S. 101.

176 Notitia de servitio monasteriorum (Becker 1963), S. 495. „Monasterium Campita", vgl. Kettemann 2000, S. 540, zu Kempten hier auch S. 358.

177 Urkunden Ludwigs des Frommen (Kölzer 2016), 339, S. 850: „notum fieri volumus [...] quia conplacuit celsitudine nostrae quoddam monasterium [...] quod rebus pauperrim[um] est [...] ab omnibus publicis functionibus inmunem facere".

178 Urkunden Ludwigs des Frommen (Kölzer 2016), 339, S. 850: „decrevimus [...] ut nullus [...] a praelatis et agentibus [...] eiusdem monasterii aut dona annualia aut aliquid operationis ad pontes videlicet ceteraque aedifica facienda aut reficienda aut alia quaelibet servitia ad partem publicam pertinentia [...] requirere praesumat".

ihren abgabenpflichtigen Leuten in irgendeiner Weise am Heerzug teilzunehmen". Die „edleren" Personen allerdings, die „Benefizien des Klosters innehaben", nahm der Herrscher von dieser Befreiung aus. Sie sollten weiterhin am Kriegszug teilnehmen, „wie die übrigen freien Männer".[179]

Den Kirchenleitern, die sich solchen Leistungsforderungen ihrer Herrscher ausgesetzt sahen, dürften die Besitzverzeichnisse ein willkommenes Hilfsmittel in der Erfüllung dieser Forderungen gewesen sein. Die Verzeichnisse stellen dabei offenbar eine Neuerung des späten 8. Jahrhunderts dar, ältere vergleichbare Texte sind nicht erhalten.[180] Die Anlage eines Besitzverzeichnisses einer bestimmten Kirche erfolgte allerdings nicht anlasslos aus einer um 800 neu erwachten Lust am Inventarisieren heraus, sondern meist in einer Situation, in der die Besitzlage einer Kirche unsicher wurde oder in Unordnung geraten war.[181] So wurde das Inventar der Salzburger Bischofskirche als ältestes heute erhaltene Besitzverzeichnis der Karolingerzeit um 788 nach der Absetzung des bayrischen Herzogs Tassilo angelegt.[182] Vor dem Hintergrund des Herrschaftswechsels musste die Salzburger Kirche ihre Position unter den geänderten politischen Rahmenbedingungen verteidigen. Offenbar versuchten örtliche Magnaten, die Situation auszunutzen, indem sie Besitzungen der Bischofskirche beanspruchten.[183] In solch einer Situation sicherte eine Auflistung die Ansprüche einer Kirche.

Mit einer systematischen Auflistung der Besitzungen, der sorgfältigen Verzeichnung von Abgaben und Leistungen und schließlich auch der Forderung von Kriegsdienst gibt ein Schlüsseltext der karolingischen Wirtschaftsgeschichte, das sogenannte *Staffelseer Urbar*, die Charakteristika karolingischer Besitzverzeichnisse geradezu

---

179 Urkunden Ludwigs des Frommen (Kölzer 2016), 339, S. 851: „Tattonem venerabilem abbatem [...] ab omni hostili expeditione facienda cum tributariis liberum esse constituimus [...]. Nobiliores quoque persone de rebus memorati monasterii beneficia habentes ab exercitalibus expeditionibus faciendis non excludimus, sed ad ea solvenda sicut et ceteri liberi homines praeparati habeantur".

180 Zur administrativen Schriftlichkeit der Merowingerzeit als praktisch einzig erhaltenes Beispiel die fragmentarisch überlieferten Papyri der Abtei Saint-Martin de Tours (um 700), Documents Comptables (Gasnault 1975). Hierzu vgl. Renard 2012, S. 30, S. 35. Schipp 2009, S. 522–528. Da die knapp aufgelisteten Abgaben von zweiter Hand durchgestrichen wurden, dürfte es sich um eine Arbeitshilfe zur einmaligen Verwendung für denjenigen gehandelt haben, der die verzeichneten Abgaben eintrieb, vgl. Documents Comptables (Gasnault 1975), S. 20. Ein weiteres, andersartiges Beispiel stellt das *Testamentum Abbonis* dar, die Vezeichnung der Besitzungen des provencalischen Magnaten Abbo, der seinen umfangreichen Besitz 739 in seinem Testament dem von ihm gegründeten Kloster Novalese (Turin) übertrug, Testamentum Abbonis (Geary 1985). Zur Einordnung dieser Art der Besitzaufzeichnung vgl. hier S. 80: „Abbo's testament was not designed to provide either a descriptions of his properties or to serve as an economic or fiscal record. It was prepared to indicate what property and rights he was transferring to his heirs".

181 Vgl. Renard 2012, S. 20–21. Hummer 2005, S. 181.

182 Notitia Arnonis (Lošek 2006), S. 72–84.

183 Notitia Arnonis (Lošek 2006), S. 31–32, VIII, 8, S. 85 mit dem Verweis, Karl habe Bayern seinem „opus" hinzugefügt. Lošek vermutet, ganz konkret könnte ein Streit um das Kloster Maximilianszell die Anlage des Besitzverzeichnisses ausgelöst haben.

idealtypisch wieder.[184] Es handelt sich um eine Beschreibung des Michaelsklosters auf der Insel Wörth im Staffelsee als Teil einer Erfassung der Besitzungen des Bistums Augsburg, die bald nach 801 in ähnlicher Weise wie das Salzburger Verzeichnis in einer Ausnahmesituation angelegt wurde:[185] Anlass dürfte eine Zusammenlegung des Bistums Neuburg, zu dem das Kloster auf der Insel Wörth bis dahin gehört hatte, mit dem Bistum Augsburg gewesen sein.[186] Der Bischof des neuen Großbistums führte nun offenbar eine Inventarisierung der Besitzungen seiner Kirche durch. Zu diesem Zweck schickte er Kommissionen aus, die den Besitzstand vor Ort als Augenzeugenbericht festhielten:[187]

> Wir fanden auf der Insel, die Staffelsee genannt wird, eine zu Ehren des heiligen Michael errichtete Kirche; in dieser fanden wir vor: einen Altar, geschmückt mit Gold und Silber. 5 vergoldete und mit glänzenden Edelsteinen geschmückte Reliquienbehälter; ein Kupfergefäß, stellenweise vergoldet [. . .].[188]

Nach einer Auflistung weitere kostbarer religiöser Geräte, der Messgewänder und Bücher fährt die Beschreibung mit dem zur Kirche gehörigen Landbesitz fort.[189] Zunächst wird die „curtis dominicata" beschrieben, der Gutshof, der direkt vom Michaelskloster bewirtschaftet wurde:

> Wir fanden ebendort einen Gutshof, der mit den übrigen Gebäuden obengenannter Kirche gehört. Zu dem Hof gehören 740 Tagwerk Ackerland und Wiesen, auf denen 610 Wagenladungen Heu gesammelt werden können.[190]

---

184 Als Übersicht zum *Staffelseer Urbar* vgl. zuletzt Mischke 2013, S. 34–41. Grundlegend Elmshäuser 1989. Der Text ist als Teil der sogenannten *Brevium exempla* überliefert, einer Sammlung von „Auszügen aus verschiedenen Urbaren", die in keinem inhaltlichen Zusammenhang stehen, jedoch von Alfred Boretius nach der handschriftlichen Überlieferung in seiner Kapitularienedition unter dem angegebenen Titel zusammengefasst wurden, vgl. Mischke 2013, S. 39. Der Text ist ediert als Capitulare de villis (Brühl 1971), S. 49–55 [= Capitularia, 1 (Boretius 1883) Nr. 128, S. 250–257].

185 Zur Datierung vgl. Elmshäuser 1989, S. 347: Die Rahmendaten ergeben sich aus der Mitwirkung Karls des Großen an der Zusammenlegung als Kaiser (nach 800) und dem, allerdings nicht sicher feststellbaren, Todesdatum des ersten Augsburger-Neuburger Bischofs Sintpert (807).

186 Zu den wenigen Nachweisen für die Existenz dieses kurzlebigen Bistums (2. Hälfte 8. Jh.), dessen Sitz nicht eindeutig identifizierbar ist, vgl. Elmshäuser 1989, S. 346–347.

187 Zu diesem Entstehungsprozess der Verzeichnisse vgl. Devroey 2012, S. 53–54. Polyptychon Saint-Germain (Hägermann 1993), S. VIII-X.

188 Capitulare de villis (Brühl 1971), S. 49. [= Capitularia, 1 (Boretius 1883), Nr. 128, 2, S. 250]: „Invenimus in insula quae Staphinseie nuncupatur ecclesiam in honore sancta Michaelis constructam, in qua repperimus altare auro argentoque paratum I. Capsas reliquiarum deauratas et cum gemmis vitreis et cristallinis ornatas V, cuprinam per loca deauratam I". Übersetzung nach Kuchenbuch 1991, S. 113.

189 Für eine detaillierte Übersicht vgl. Elmshäuser 1989, S. 338.

190 Capitulare de villis (Brühl 1971), S. 50 [= Capitularia, 1 (Boretius 1883), Nr. 128, 7, S. 251]: „Invenimus in eodem loco curtem et casam indominicatam cum ceteris aedificiis ad praefatam ecclesiam respicientem. Pertinent ad eandem curtem de terra arabili iurnales DCCXL; de pratis, unde colligi possunt de foeno carradas DCX". Übersetzung nach Kuchenbuch 1991, S. 113.

Anschließend sind die „mansi“ aufgelistet, die nicht vom Gutshof direkt bewirtschaftet wurden, sondern zur Nutzung ausgegeben waren:

> Es gehören zu diesem Hof 23 besetzte *mansi ingenuiles*. Unter diesen sind 6, von denen jeder jährlich 14 Scheffel Getreide als Abgabe gibt, 4 Ferkel, Flachs aus der Werkstube im Werte 1 Silbermünze, 2 Hühner, 10 Eier, [...]; jeder arbeitet jährlich 5 Wochen, pflügt 3 Tagwerk, schneidet 1 Fuder Heu auf der Herrschaftswiese und bringt es ein, leistet Botendienst. Von den übrigen sind 6 *mansi*, von denen jeder jährlich 2 Tagwerk ackert, sät und einbringt, auf der Herrschaftswiese 3 Fuder Heu schneidet und diese einfährt; jeder front 2 Wochen. Je zwei geben 1 Ochsen für den Kriegszug, wenn sie nicht selbst zum Kriegszug ausziehen.[191]

Von den „mansi ingenuiles“ getrennt sind weitere 19 Hofstellen als „mansi servilia“ aufgeführt. Diese Terminologie der „freien“ und „unfreie Hofstellen“ nahm die fundamentale rechtliche Unterteilung der karolingischen Welt in Freie und Unfreie auf:

> Und es sind dort 19 *mansi servilia* besetzt, von denen jeder jährlich 1 Ferkel, 5 Hühner und 10 Eier als Abgabe leistet, 4 Ferkel vom Herrenhof aufzieht, ein halbes Tagewerk pflügt. Er arbeitet in der Woche 3 Tage, leistet Fuhrdienste, gibt 1 Botenpferd. Seine Frau fertigt 1 Woll- und 1 Leinentuch.[192]

In dieser Beschreibung wird ein wesentlicher Unterschied zwischen „mansi ingenuiles“ und „servilia“ deutlich: Für die unfreien Hofstellen waren drückendere Abgaben zu leisten, hier vor allem hohe Arbeitsleistungen von drei Tagen in der Woche. Allerdings zeigen andere Verzeichnisse, dass auch Unfreie freie Mansen innehaben konnten und andersherum.[193] Die Bezeichnung richtete sich also nicht nach dem Status des Besitzers, sondern bezeichnete den Status des Landstückes. Der persönliche Status der Pächter mit den zahlreichen möglichen Zwischenphasen der Freiheit und Unfreiheit ist im Augsburger Verzeichnis nicht festgehalten. Neben den sehr unterschiedlich umfangreichen Abgaben und Dienstleistungen war hier jedoch ausdrücklich nur mit den „freien Mansen“ die Verpflichtung verbunden, in den Krieg zu ziehen oder an das

---

191 Capitulare de villis (Brühl 1971), S. 50 [= Capitularia, 1 (Boretius 1883), Nr. 128, 8, S. 252]: „Respiciunt ad eandem curtem mansi ingenuiles vestiti XXIII. Ex his sunt VI, quorum reddit unusquisque annis singulis de annona modios XIIII, friskinguas IIII, de lino ad pisam seigam I, pullos II, ova X, [...] Operatur annis singulis ebdomadas V, arat iurnales III, secat de foeno in prato dominico carradas I et introducit; scaram facit. Ceterorum vero sunt VI, quorum unusquisque arat annis singulis iurnales II, seminat et introducit: secat in prato dominico carradas III et illas introducit; operatur ebdomadas II. dant inter duos in hoste bovem I, quando in hostem non pergunt“. Übersetzung nach Kuchenbuch 1991, S. 114.

192 Capitulare de villis (Brühl 1971), S. 50 [= Capitularia, 1 (Boretius 1883), Nr. 128, 8, S. 252]: „Serviles vero mansi vestiti XVIIII, quorum reddit unusquisque annis singulis friskingam I, pullos V, ova X, nutrit porcellos dominicos IIII, arat dimidiam araturam; operatur in ebdomada III dies, scaram facit, parafredum donat. Uxor vero illius facit camisilem I et sarcilem I“. Übersetzung nach Kuchenbuch 1991, S. 114.

193 Polyptychon Saint-Germain (Hägermann 1993), I, 6, S. 1: „Dominicus servus [...] tenet mansum ingenuilem I“. polyptyque Saint-Remi (Devroey 1984), 22, S. 19: „Ripuinus ingenuus mansum servile I“. Vgl. Schipp 2009, S. 543.

Kloster eine Ersatzzahlung zu leisten. In Saint-Germain hingegen traf die Forderung einer Abgabe für das Heer fast alle der aufgeführten Landpächter, unter denen *liberi* nur wenige Prozent ausmachten. Allerdings dürften die *coloni* der Abtei Saint-Germain, im Polyptychon etwa 85 Prozent der aufgelisteten Pächter, einen vergleichsweise hohen Status innegehabt haben, der sie an Freie annäherte.[194]

Forderungen von Kriegsdiensten oder Abgaben für das Heer sind nun längst nicht in allen karolingischen Besitzverzeichnissen notiert. Während einige Verzeichnisse wie die Salzburger Liste von 788 gar keine Abgaben oder Dienste festhielten, verzeichneten andere nur Abgaben oder landwirtschaftliche Dienstleistungen. Eine ganz direkte Forderung der Beteiligung am Kriegszug, wie sie der Bischof von Augsburg für die ausgegebenen Ländereien der Michaelskirche im Staffelsee stellte, ist in den Jahrzehnten um 800 nur noch in einem Verzeichnis aus Lorsch belegt, das wohl zwischen 830 und 850 entstand.[195] Insgesamt sind hier Besitzungen an 20 Orten aufgezählt. Nur an einem davon, dem heutigen Nierstein bei Mainz, wird von den Inhabern der freien Hofstellen die Stellung eines Pferdes und die Beteiligung am Kriegszug gefordert.[196]

Einen weiteren Beleg für die Zeit um etwa 819 könnte nach Editionsstand der sogenannte *Liber Possessionum* der Abtei Weißenburg im Elsass aus dem 13. Jahrhundert bieten.[197] Die ersten fünfundzwanzig Kapitel des Besitzbuches geben nach Wortlaut und Form der Beschreibung offenbar ein karolingerzeitliches Besitzverzeichnis wieder.[198] Ortsweise sind hier die Leistungen und Abgaben aufgeführt, die jeweils mit den Gutshöfen des Klosters verbunden waren, meist in einer Form wie dieser:

> In Clingen gibt es 420 Tagewerk Herrengut. Und die Männer von hier müssen jede Woche 3 Tage arbeiten, zu Ostern jeder 1 Ferkel geben und sie müssen, wann immer es Arbeit gibt, mir

194 So Schipp 2009, S. 542–543 mit S. 571–574.

195 Ursprünglich wohl als Inventar königlicher Güter am Mittelrhein; erst später wurde der Text in ein Lorscher Chartular eingefügt, so Glöckner 1920, S. 387–395 in Vorbereitung einer Edition des Lorscher Traditionsbuches (Würzburg, Staatsarchiv, Mainzer Bücher verschiedenen Inhalts 72). Der Text ist seither als *Lorscher Reichsurbar* bekannt, Lorscher Reichsurbar (Glöckner 1936), 3671–3675, S. 173–176. Mit Datierung schon in die Mitte des 8. Jahrhunderts vgl. Metzner 1992, S. 107–114, dazu ablehnend Innes 2000, S. 3 Fn. 4.

196 Lorscher Reichsurbar (Glöckner 1936), 3672, S. 174, Z. 5: „In villa Nersten mansi ingenuales soluunt in censum quilibet de hordea modios V [...] donat parafredum et uadit in hostem".

197 Liber possessionum Wizenburgensis (Dette 1987), zur Datierung hier S. 21, S. 48. Online verfügbar unter https://www.dilibri.de/rlb/content/structure/268462 (besucht am 15.4.2019). Als Überblicke zum *Liber possessionum* vgl. Hummer 2005, S. 181–190. Rösener 1991, S. 92–99.

198 So zuerst Dopsch 1921, S. 112. Erste Auflage 1912, diese Auflage war mir nicht zugänglich. Liber possessionum Wizenburgensis (Dette 1987), S. 71–27 zählt zu diesem ältesten Teil auch die Kapitel 241, 250, 252. So auch Rösener 1991, S. 95 Fn. 51. Diese Einordnung beruht allerdings rein auf inhaltlichen Argumenten, die angesichts der datierenden Argumentation Dettes weitgehend unhaltbar sein dürften, Liber possessionum Wizenburgensis (Dette 1987), S. 21. Vgl. zur Datierung im Obertext unmittelbar folgend. Eine zeitlich genaue Abgrenzung der einzelnen karolingerzeitlichen Einträge dürfte inhaltlich kaum möglich sein.

ihren Wagen zum Kloster kommen, außerdem stellen sie für das Heer 2 Ochsen mit einem halben Wagen und 1 Mann.[199]

Solche Leistungen „für das Heer" sind für die meisten aufgenommenen Orte verzeichnet, der Umfang schwankt zwischen einem und vier Ochsen, einem Viertel bis einem Karren und einem bis drei Männern.[200] Ein einziger Fall fordert direkt den Kriegsdienst eines einzelnen Landpächters: „Und in Maudach sind 1 ½ Hofstellen, für die er zur Pfalz und zum Heer entweder selbst ausziehen oder aber sein Pferd schicken muss".[201] Addiert man die Zahlenangaben, die nicht immer eindeutig aufzulösen sind, so ergibt sich ein Gesamtverband von rund 10 Wagen, 19 Männern und um die 80 Ochsen, die die Abtei Weißenburg auf Grundlage der hier verzeichneten Leistungen dem Heer zuführen konnte.[202]

Allerdings bietet der Text über die allgemeine sprachliche Einordnung als karolingerzeitliches Besitzverzeichnis hinaus keine Anhaltspunkte für eine genauere zeitliche Fixierung. Die Datierung des Textes auf „vor 819", die der Editor der jüngsten Ausgabe gibt, ist wiederholt zurückgewiesen worden.[203] Sie beruht auf der Einordnung des Textes in die Zeit vor der großangelegten Versammlung, die Ludwig der Fromme an der Jahreswende 818/819 in Aachen abhielt, denn diese Versammlung, so die Argumentation, habe den „Eigenkirchenherren" mit einem „Kirchenkapitular" die Einkünfte aus dem Zehnten zugewiesen.[204] Da im Weißenburger Verzeichnis aber – anders als etwa im *Staffelseer Urbar* und im Verzeichnis aus St. Bavo[205] – keine Kirchen als Besitz der Abtei aufgeführt sind, müsse es vor 819 entstanden sein.[206]

199 Liber possessionum Wizenburgensis (Dette 1987), 3, S. 105: „Ad Clingen dominicos iurnales .CCCCXX. [...] Et debent illi homines in unaquaque ebdomada .III. dies facere, ad Pascha unusquisque frixingum .I., [...] et semper, quando opus fuerit, cum suis carrucis ad monasterium, pergere in hostem boves .II. cum dimidia carruca et cum uno homine. [...]" in hostem boves II cum dimida carruca et cum uno homine".

200 Liber possessionum Wizenburgensis (Dette 1987), 3, 5, 6–11, 13–14, 17–10, 25, S. 105–114. Für zwei Orte ist allein die Forderung von Ochsen aufgeführt, 22–23, S. 113: „I bovem in hostem", „boves II in hostem".

201 Liber possessionum Wizenburgensis (Dette 1987), 13, S. 109: „et ad Mutah huoba I est et dimida; inde debet pergere ad palatium sive in hostem aut ipse aut equum suum mittere".

202 Unklar ist etwa nach Angabe des 14 Kapitels, ob wirklich jede der hier angegebenen 10 Hofstellen alleine 1 Ochsen stellen muss, was im Verhältnis zu den vorangehenden Kapiteln eine außerordentlich hohe Belastung darstellen würde. Ebenso lässt sich damit beim Verweis des 13. Kapitels „per omnia servire debent sicut illi, qui sunt ad Agridesheim [= Kapitel 14]", keine Zahl der so Verpflichteten erschließen.

203 Bes. Gockel 1989, S. 379–380. Doll 1989, S. 443. Vgl. Zusammenfassend Rösener 1991, S. 95.

204 Capitularia, 1 (Boretius 1883), Nr. 138. Dette gibt kein Kapitel der Kapitelliste an, auf dass sich seine Behauptung bezieht. Vgl. Rösener 1991, S. 95 Fn. 49, der einen Bezug zu Kapitel 12 vermutet.

205 Besitzverzeichnis Sankt-Bavo (Verhulst 1971), S. 232, Z. 1, Z. 5, Z. 6, Z. 7, Z. 9, S. 234, Z. 14.

206 Liber possessionum Wizenburgensis (Dette 1987), S. 21. Erneut zur Datierung des *Liber* vgl. Dette 1989, S. 184, hier eine Präzisierung in die Jahre unmittelbar vor 818.

Diese Datierung hält einer genaueren Betrachtung kaum Stand, denn eine Zuweisung des Zehnten an „Eigenkirchenherren" wird in den Bestimmungen der Kapitelliste von 818/819 gar nicht formuliert. Der Zehnt ist nur im zwölften Kapitel überhaupt angesprochen: „Bezüglich der neuen Ortschaften und der Kirchen, die in Ihnen errichtet wurden, ist bestätigt worden, dass der Zehnt dieser Ortschaften an diese Kirchen gespendet werden soll".[207] Diese Bestimmung lässt sich zwar gut in die Bemühungen um die Regulierung des Zehnten unter Ludwig dem Frommen einordnen,[208] aber nur unter Voraussetzung zahlreicher Prämissen als weitrechende Privatisierung kirchlicher Einkünfte deuten. Die Datierung des *Liber possessionum* baut so allein auf dem Konzept der Eigenkirche auf, das die Forschung in den letzten Jahrzehnten zunehmend in Frage gestellt hat.[209] Weder kann die Etablierung, Nutzung und Verteilung des Zehnten als Ergebnis einer einzigen punktuellen, normsetzenden Verfügung erklärt werden, noch stellt die Gegenüberstellung von privater Eigenkirche und öffentlichen Formen kirchlicher Organisation ein sinnvolles Modell dar, um die religiöse Ordnung der Karolingerzeit zu beschreiben. Einer Datierung der ersten Kapitel der Weißenburger Besitzverzeichnisse in die Zeit vor 819 fehlt damit jede Grundlage.

Möglicherweise entstand das Weißenburger Besitzverzeichnis stattdessen etwa zeitgleich zur Anlage des ältesten erhaltenen Weißenburger Chartulars um 860.[210] Die hier fassbare Reorganisation der Klosterbesitzungen bietet einen plausiblen Zusammenhang auch für die Anlage des *Liber possessionum*,[211] handfester belegen lässt sich diese Verbindung allerdings nicht. Das Verzeichnis mit seinem Aufgebot von Männern, Karrren und Ochsen hängt damit gewissermaßen in der Luft: Es könnte eine Quelle für die Organisation von Kriegsdiensten sowohl für die Zeit Karls des Großen als auch Ludwigs des Frommen oder für die zweite Hälfte des 9. Jahrhunderts bieten.

In den jüngeren Bestandteilen des Weißenburger *Liber possessionum* aus dem 9. oder 10. Jahrhundert ist allerdings regelmäßig nicht mehr die Forderung von Kriegsdiensten festgehalten, sondern nur noch die Ablösezahlung des *hostilicium*.[212] Das gilt auch für ein Urbar des Klosters Prüm, das wohl 893 angelegt wurde.[213] Die Ablösung des praktischen Kriegsdienstes durch Geldzahlungen in den Polyptycha

207 Capitularia, 1 (Boretius 1883), Nr. 138, 12, S. 277.

208 Zum Zehnt Lauwers 2012. Shuler 2012.

209 Patzold/Van Rhijn 2016, S. 3–5. Als wichtigen Markstein der Problematisierung vgl. W. Hartmann 2003, S. 1–2; zu Weißenburg hier, ohne Bezug zur Datierung des Liber possessionum, S. 8–10. Die „Eigenkirche" als Deutungskonzept geht zurück auf Stutz 1895a, S. 21. Vgl. auch Stutz 1895b, S. 89.

210 Traditiones Wizenburgenses (Doll u. a. 1979), S. 40, datiert nach der jüngsten enthaltenen Urkunde und dem paläographischen Befund. Vgl. auch Doll 1989, S. 444, der die Anlage des *Liber possessionum* hier aufgrund sprachlicher Überschneidungen mit dem Chartular auf 855–860 präzisierte.

211 So Hummer 2005, S. 181–186. Rösener 1991, S. 94–95.

212 Liber possessionum Wizenburgensis (Dette 1987), S. 68.

213 Prümer Urbar (Schwab 1983), S. 38–39, S. 151.

könnte deshalb die Richtung einer allgemeinen Entwicklung im Lauf des 9. Jahrhunderts weisen und so auch Forderungen von Kriegsdiensten in den Verzeichnissen datieren.[214] Belege für Forderungen von Kriegsdiensten bieten neben dem Weißenburger jedoch auch eine Reihe weiterer Besitzverzeichnisse, die sich nur grob ins 9. oder sogar 10. Jahrhundert datieren lassen.[215] Diese Texte können nicht einfach aufgrund der Verzeichnung von Kriegsdiensten einer frühen Zeitschicht zugewiesen werden. Jedenfalls ist die Ablösesumme des *hostilicium* besonders am Beispiels des Polyptychons von Saint-Germain-des-Prés aus den 820er Jahren diskutiert worden, also für das frühere 9. Jahrhundert.[216] Einen Nachweis für die praktische Bedeutung von Kriegsdiensten bietet hingegen ein Nachtrag zu diesem Polyptychon, der frühestens Mitte des 9. Jahrhunderts, möglicherweise aber auch erst im 10. Jahrhundert vorgenommen wurde.[217] Hier ist die Schenkung von vierzehn Personen festgehalten, die ihr Eigengut der Abtei übertrugen, weil sie nicht mehr in der Lage waren „den (Kriegs)dienst für den König zu leisten".[218]

Diese Schenkung zeigt genau jene Problemlage, die karolingische Herrscher in ihren Kapitellisten wiederholt adressierten: Freie schenkten ihre Ländereien Kirchen, um sich gemeinschaftlichen Dienstleistungen zu entziehen.[219] Der Nachtrag

---

214 So Liber possessionum Wizenburgensis (Dette 1987), S. 68.

215 Neben dem unklaren Beleg aus Weißenburg vgl. bes. die sogenannte *Mettlacher Güterrolle*, Mettlacher Güterrolle (Müller 1965), 2, S. 117: „in maio denarios VI, si non pergit in hostem". Allerdings ist die Datierung dieser Passage ganz unklar. Der einzige Textzeuge der Güterrolle wurde im 11. Jh. geschrieben (Koblenz, Landeshauptarchiv, A.2, Bestand Nr. 143 Nr. 6); das Verzeichnis, deren Teil der zitierte Ausschnitt ist, wurde früher als Text des 9. Jh. betracht, Müller datierte ihn hingegen erst in die Mitte des 10. Jahrhunderts. Mettlacher Güterrolle (Müller 1965), S. 110–112. Vgl. zur Einordnung des Textes Schneider 2008, S. 251–252. Eine ähnliche Befundlage kennzeichnet das sogenannte *Churrätische Reichsurbar*. Auch hier sind Kriegsdienste verzeichnet, Urbar Churrätien (Meyer-Marthaler/Perret 1955), S. 380, Z. 31, S. 393, Z. 12, S. 380, Z. 32, S. 393, Z. 12. die Datierung des Textes ist aber unsicher. Vgl. zur Datierung Urbar Churrätien (Mayer-Marthaler u. a. 1955), S. 375 (frühes 9. Jh.). Clavadetscher 1953, S. 2. Clavadetscher 1950, S. 176–177 (2. Hälfte 9. Jh.). Clavadetscher 1959 (um 840). Vgl. auch Hägermann 1989, S. 51 der den Charakter als Verzeichnis von „Reichsgut" entschieden in Frage stellt und eine mögliche Datierung in die Zeit um 920 andeutet. Ältere Datierungsansätze haben den Text auch in das 10. oder 11. Jh. gesetzt, vgl. Datierung Urbar Churrätien (Mayer-Marthaler u. a. 1955), S. 375. Vgl. auch die Überlegungen Etienne Renards zum Polyptychon von Saint-Bertin (844–859), ediert als Le polyptyque de Saint-Bertin (Ganshof 1975), und den hier an zwei Orten genannten „herescarii", Renard 1999.

216 Zum *hostilicium* s. o. S. 142.

217 Renard 2006, S. 327–328, Datierung auf das 2. Drittel des 9. Jh. Anders Sigoillot 2008, S. 270 Fn. 46: Der Eintrag sei im Grunde undatiert und lediglich grob auf das 9. Jahrhundert zu begrenzen, allerdings nach seiner paläographischen Einordung „incontestablement carolingien". In der Edition als „Nachtrag des 10. Jahrhunderts" eingeordnet, Polyptychon Saint-Germain (Hägermann 1993), III, 61, S. 23 Fn. b.

218 Polyptychon Saint-Germain (Hägermann 1993), III, 61, S. 23: „quia militam regis non valebant exercere".

219 S. o. S. 113.

im Polyptychon von Saint-Germain bietet nun aber bei aller Ungewissheit seiner Datierung in jedem Fall einen Beleg für dieses Phänomen in einer Zeit, in der Kriegsdienste freier Landbesitzer nach noch immer gängiger Darstellung keine Rolle mehr gespielt hätten.[220] Für den Abstieg einer breiten Schicht freier Landbesitzer in die Unfreiheit und das Ende der Leistung praktischer Kriegsdienste in der ersten Hälfte des 9. Jahrhunderts bietet sich jedenfalls keine belastbare Quellenlage,[221] zumal das Beispiel der vierzehn Freien noch einmal zeigt, dass mit der Übertragung von Eigengut an ein Kloster nicht zwangsläufig eine Statusminderung verbunden war. Die wiederholt fassbare Umgehung gemeinschaftlicher Dienstpflichten durch Besitzübertragungen an Kirchen ist damit nicht als Indikator einer grundlegende Strukturverschiebung im 9. Jahrhundert zu sehen. Vielmehr scheint es sich um eine möglicherweise verbreitete, aber situative Reaktion im Rahmen einer sozio-ökonomischen Ordnung zu handeln, in der stark assymetrische Patron-Klient-Beziehungen die essentiellen Formen gemeinschaftlicher Organisation bildeten.

Die Polyptycha sind mit der Fixierung kriegerischer Verpflichtungen als Teil solcher Bindungen so zweifellos interessante militärhistorische Quellen. Sie zeigen, wie Klöster und Bischofskirchen der karolingischen Welt in vielfältiger Weise in die Organisation von Kriegsdiensten eingebunden waren und dass dieses Thema für die Verwaltung der Gemeinschaften eine hohe Bedeutung hatte. Die Besitzverzeichnisse lassen sich aber nicht als Ausweis für eine umfassende, zentral gesteuerte Inventarisierung und Reform kriegerischer Ressourcen in den Jahren ab 800 verstehen. Die Verbindung zwischen königlichen Interessen, der Verwaltung von Kirchengütern und der schriftlichen Fixierung von Kriegsdiensten dürfte vielmehr komplizierter zu fassen sein: In einer politisch-sozialen Ordnung, die als umfassend christliche *ecclesia* konzipiert war, ließ sich der König einerseits in Anspruch nehmen, die Rechte der Kirchen zu wahren, betrachtete sie aber andererseits auch selbst als seine direkte Zuständigkeit und nahm sie für gemeinschaftliche Aufgaben wie den Kriegsdienst in die Pflicht. Gerade weil karolingische Herrscher ab der Mitte des 8. Jahrhunderts in neuer Weise auf Kirchengüter zugriffen, wurde die schriftliche Fixierung dieser Güter ab etwa den 780er Jahren wichtig, sowohl für den Herrscher als auch für die jeweilige Gemeinschaft.[222] Die Anlage der Polyptycha samt ihrer Leistungsverzeichnisse stellt sich damit als ein weiterer Aspekt der Bemühungen um die *correctio* des Gemeinwesens dar, dass dem König und den geistlichen wie weltlichen Eliten nach eigener Erfassung des politischen Raumes anvertraut worden war.[223] Auf diese Weise kennzeichnet die Besitzlisten ein Cha-

---

220 S. o. S. 154.

221 Renard 2006, S. 326–328 konnte neben dem Beispiel aus Saint-Germain nur noch einen weiteren Beleg finden, Urkunden Lothars I. (Schieffer 1966), Nr. 6, S. 391–392.

222 Vgl. Renard 2012, S. 35.

223 Zur *correctio* s. o. S. 92.

rakteristikum, dass die Herrschaftspraxis der Karolingerzeit insgesamt bestimmt: Sie entstanden in dem Bemühen, den wahren, richtigen Zustand der Dinge zu ermitteln, um ihn dann bewahren zu können. Die Verzeichnisse waren damit die Schriftfassung von Zustandserhebungen, die vor Ort durchgeführt wurden, wie etwa in der Formulierung des *Staffelseer Urbars* oder der Anlage des Polyptychons von Saint-Germain sichtbar ist.

Die Verzeichnung der Besitzungen einer Kirche stellt so einen Interaktionsprozess der Verhandlung von Rechten und Pflichten zwischen den Gesandten der Kirche und der örtlichen Bevölkerung dar. Wer vor Ort frei und unfrei war, wer wieviel Land besaß und welche Abgaben schuldete, wer eine Ablösesumme zahlte oder aber persönlich zum Heerzug verpflichtet war, konnte im Streitfall nur über eine Befragung der örtlichen Gemeinschaften geklärt werden. Das soll allerdings nicht heißen, dass solche Verhandlungsprozesse eine Form harmonischen Zusammenlebens und individueller Selbstbestimmung darstellten. Sie bildeten im Gegenteil die Formen strukturell assymetrischer Machtbeziehungen. Was das für die Betroffen in der Praxis bedeutete, macht ein Eintrag im Polyptychon der Bischofskirche in Reims deutlich, das Erzbischof Hinkmar bald nach seinem Amtsantritt 845 anlegen ließ.[224] Bei ihrer Beschreibung des Dorfes Courtisols, einem der größten Besitzkomplexe der Bischofskirche etwa 50 Kilometer südöstlich von Reims, hielten seine Schreiber einen Gerichtsentscheid vom 13. Mai 847 fest.[225] Zwei hochrangige Boten des Bischofs, ein Mitglied des Domklerus und einer seiner Vasallen, hatten an diesem Tag einer Gerichtsversammlung im Ort vorgesessen.[226]

Verhandelt wurde der Fall von neun Bewohnern des Dorfes, die Klage erhoben hatten, weil sie für sich in Anspruch nahmen, Freie zu sein. Vom Gericht wurden sie aber schließlich als *mancipia*, als Unfreie oder Sklaven, eingestuft. Diese Entscheidung gründete sich auf die Aussagen einiger „sehr alter" Dorfbewohner, die bezeugten, miterlebt zu haben, wie die Großmütter der Klageführer einst verkauft worden seien. Die Großmütter waren nach dieser Aussage unfrei gewesen und hatten diesen Status an ihre Kinder und Kindeskinder weitergeben. Da sich keine Zeugen für die Gegenaussage fanden, stellten die Boten des Erzbischofs Hinkmar die Unfreiheit der neun Kläger fest.

224 Seiner Erhebung zum Erzbischof war ein turbulentes Episkopat seines Vorgängers Ebo vorangegangen, der zweimal abgesetzt wurde, das Bistum aber weiterhin für sich beanspruchte, vgl. zur Sedisvakanz und dem Polyptychon von Saint-Remi West/Stone 2016, S. 6–7. Schneider 2008, S. 59.

225 Zum Dorf Courtisols und dieser Gerichtsverhandlung vgl. Barbier 2015, in einer früheren Version bereits Barbier 2006. Eine umfangreiche Aufarbeitung bietet auch Devroey 2006.

226 Polyptyque Saint-Remi (Devorey 1984), 22, S. 28

In der Welt der Dorfbewohner von Courtisols hing der eigene Status von der Aussage der Nachbarn ab und von mächtigen Männern, die als Gesandte des Erzbischofs in das Dorf geschickt wurden. In dieser Welt hielten die Besitzverzeichnisse erstmals Status und Verpflichtungen fest, suchten sie zu ordnen und auf Grundlage von Landeinheiten zu bemessen und systematisierten sie auf diese Weise. Die häufigen Nachträge und Überarbeitungen in den Verzeichnissen, wie die Gerichtsverhandlung von Courtisols oder der Schenkung der vierzehn Freien an Saint-Germain, zeigen jedoch, dass die verzeichneten Positionen alles andere als unverrückbar waren. Mit dem Tod einzelner Pächter, der Neuausgabe von Land, dem Tausch von Gütern, wechselndem Status einzelner Landbesitzer oder auch des landbesitzenden Klosters änderten sich die Details ständig.[227]

Das Phänomen der Heranziehung kleinerer Landbesitzer zu Kriegsdiensten als ein solches Detail ist dabei nach Ausweis der Besitzverzeichnisse nicht auf das frühere 9. Jahrhundert begrenzt und wäre für das spätere 9. und das 10. Jahrhundert erneut zu diskutieren.[228] Die Ablösung solcher Verpflichtungen zum Kriegsdienst durch Geld- oder Naturalienzahlungen ist kaum Ausweis einer zeitlichen Entwicklung, sondern zeigt vielmehr die flexible Nutzung hierarchischer Bindungen: Während Ansprüche des Herrscher wie etwa der Befehl Karls des Großen an Abt Fulrad, Männer für einen Kriegszug zu stellen, einerseits die Leiter der großen Kirchen selbst unter Druck setzten, lag die Vermittlung von Kriegsdiensten andererseits auch im eigenen Interesse der Bischöfe und Äbte. Sie stellte eine Form der Machtausübung dar und ermöglichte die Beanspruchung von Ressourcen im Namen des Gemeinwesens: Die Forderung des *hostilicium*, wie sie in Saint-Germain festgehalten wurde, ließ sich etwa auch dann erheben, wenn kein Kriegszug stattfand und kommt so im Grunde genommen der Umformung einer Forderung des Herrschers in eine Leistung an den Grundherrn gleich.[229] Sie konnte aber in anderen Situationen auch in Form von praktischen Kriegsdiensten gefordert werden. Die Beanspruchung der Kirchen auch in der Organisation von Kriegsdiensten stellte so einerseits Belastung und Verpflichtung dar, war aber andererseits attraktiv, indem sie Spielräume für Bischöfe und Äbte eröffnete. Die Schnittstellen des Interface zwischen Zentrale und lokalen Gemeinschaften waren deshalb in der Organisation von Kriegsdiensten wirksam, weil sie nicht nur unterschiedliche Ebenen verbanden, sondern auch wechselseitige Interessen verquickten.

227 Vgl. Devroey 2012, S. 56. Morimoto 2008c, S. 353.

228 Zur hohen militärische Bedeutung kleiner Landbesitzer in der Ottonenzeit vgl. D. Bachrach 2015a, S. 20. Vgl. auch Renard 2006, S. 327 Fn. 45.

229 Für diese Überlegung danke ich Steffen Patzold.

4.4 Johannes der Spanier: ein Krieger Ludwigs

Im Frühjahr 795 erschien ein Mann namens Johannes am Hof Karls des Großen in Aachen. Er zeigte einen Brief vor, den Ludwig der Fromme als König von Aquitanien ihm ausgestellt hatte. Ludwig schilderte darin, wie Johannes „im Gau Barcelona“ einen „großen Kampf gegen die Ungläubigen gefochten“ und sie besiegt hatte.[230] Nach seinem Sieg machte Johannes Ludwig als König von Aquitanien einen Teil seiner Beute zum Geschenk: ein edles Pferd, ein kostbares Kettenhemd und ein exotisches Schwert mit silberner Scheide.[231] Ludwig übertrug ihm im Gegenzug Landbesitz an zwei Orten in der Gegend von Narbonne, die Landgüter *Fontes* und Fontjoncouse.[232] Dann sandte er ihn mit dem Brief, der den Sachverhalt erläuterte, zu seinem Vater, offenbar um die Übertragung bestätigen zu lassen. Johannes wies das Schreiben vor, kommendierte sich „in die Hände“ Karls des Großen und erhielt im März 795 von Karl, der ihn als seinen „Getreuen“ bezeichnete, die Übertragung in Form einer königlichen Urkunde schriftlich bestätigt.[233] Nicht nur die in dieser Urkunde ausdrücklich genannten Ländereien sollten Johannes gehören, sondern auch alles, was er „künftig in Besitz nehmen, der Einöde abringen oder als *aprisio* erlangen“ werde. Festgelegt wurde schließlich noch, dass Johannes für diese Besitzungen keine Abgaben schuldete.

Mit dieser kurzen Narratio ist Johannes einer von ganz wenigen karolingischen Kriegern, die unterhalb der Ebene höchster Funktionsträger – Bischöfe, Grafen, Vasallen – namentlich bekannt sind. Denn nicht einmal im ungewöhnlich gut bezeugten

230 Urkunden Karls des Großen (Mühlbacher 1906), Nr. 179, S. 241–242 [= Catalunya Carolíngia, 2 (d'Abadal 1952), S. 307–310]. In der englisch- und spanischsprachigen Forschung wird oft diese Ausgabe statt Mühlbacher zitiert: „Et invenimus in ipsa epistola insertum, quod Iohannes ipse super ereticos sive Sarracenos infideles nostros magnum certamen certavit in pago Barchinonense [...] et occidit de iam dictos infideles et cepit de ipsis spolia; aliquid exinde dilecto filio nostro obtulit, equum obtimum et brunia obtima et spata India cum techa de argento parata“.

231 Zu diesen Geschenken vgl. Coupland 1990, S. 44.

232 Während der als *Fonteioncosa* bezeichnete Ort mit dem heutigen Fontjoncouse (dép. Aude) identisch sein dürfte, ist *Fontes* nicht identifzierbar. Es handelt sich aber vermutlich um zwei getrennte Orte, vgl. Urkunden Ludwigs des Frommen, 2 (Kölzer 2016), S. 125, Z. 42–126. Anders Cauvet 1877, S. 481 Fn. 2 [Gleichnamiger monographischer Neudruck 1898, der aber schlechter verfügbar ist als die inzwischen digitalisierte Zeitschriftenausgabe]. Fees 2007, Nr. 423, S. 192 (http://www.regesta-imperii.de/id/0844-06-05_1_0_1_2_1_423_423; besucht am 15.04.2019) schlägt die Identifizierung von *Fontes* mit dem heutige Fontcouverte, dép. Aude, arr. Narbonne, vor; ablehnend dazu Urkunden Ludwigs des Frommen, 2 (Kölzer 2016), Nr. 283, S. 705–706.

233 Urkunden Karls des Großen (Mühlbacher 1906), Nr. 179, S. 241, Z. 42-S. 242, Z. 4: „Et cum ad nos venisset cum ipsa epistola, quod filius noster ei fecerat, in manibus nostris se commendavit et petivit nobis iam dictus fidelis noster Iohannes, ut ipsum villarem, quod filius noster ei dederat, concedere fecissemus. Nos vero concedimus ei ipsum villarem cum omnes suos terminos vel pertinencias suas ab integro et quantum ille cum homines suos in villa Fonteioncosa occupavit vel occupaverit vel de heremo traxerit vel infra suo termino vel in aliis locis vel villis seu villares occupaverit vel aprisione fecerit cum homines suos“.

Fall Ripwins, den Matthew Innes umfangreich aufgearbeitet hat,[234] lässt sich mit letzter Sicherheit belegen, dass er jemals an Kriegshandlungen beteiligt war.[235] Die Briefe Einhards, die im vorangegangenen Kapitel untersucht wurden, lassen zwar das Geflecht von Patron-Klient-Beziehungen erkennen, das dem bedeutenden Abt etwa zur Organisation von Kriegsdiensten diente. Die Männer aber, die für ihn Kriegsdienste leisteten, bleiben als Individuen schemenhaft und meist namenlos. Und die karolingerzeitlichen Besitzverzeichnisse wiederum bieten tausende Namenbelege, ohne dass jedoch die dahinterstehenden Personen über die einzelne Nennung hinaus fassbar würden. Zu Johannes hingegen existieren zusätzlich zur Urkunde von 795 noch eine Reihe weiterer Quellen. Vor diesem Hintergrund ist sein Fall spätestens seit dem Aufsatz Heinrich Brunners zum *Reiterdienst* von 1887 immer wieder angerissen worden.[236]

Dabei wurde er jedoch im Detail bislang vor allem als Beispielfall für die Gruppe der sogenannten *Aprisionäre* untersucht. Darunter versteht die Forschung Christen, die aus dem muslimischen Iberien in den fränkischen Machtbereich flüchteten und dort vom Herrscher Land erhielten.[237] Eine umfangreichere Einwanderungsbewegung setzte wohl um die Zeit des gescheiterten Feldzuges Karls des Großen nach Saragossa 778 ein und hielt bis in die Zeit Karls des Kahlen († 877) an,[238] karolingische Könige nahmen diese Einwanderer immer wieder schriftlich unter ihren Schutz.[239] Ihre Bezeichnung

234 S. o. S. 132.

235 Diese Beobachtung verdanke ich Daniel Föller (Frankfurt). Da die Datierung der Urkunde Ripwins nicht eindeutig aufzulösen ist, ist nicht sicher, an welchem Italienzug er teilnahm und damit im strengen Sinne auch nicht, ob Ripwin an Kampfhandlungen beteiligt war. Zur Datierung vgl. Innes 2000, S. 147, s. o. S. 132 Fn. 113.

236 Vgl. etwa Salten 2013, S. 74. Keller 2013, S. 467–468, S. 521. Airlie 2005, S. 96. Halsall 2003, S. 95. Müller-Mertens 1963, S. 62, S. 86–87. Auch in der Lehnsforschung hat Johannes eine gewichtige Rolle gespielt, vgl. Reynolds 1994, S. 108. Ganshof 1947, S. 59. Zu Heinrich Brunner und seinem Aufsatz zum Reiterdienst s. o. S. 22.

237 Müller-Mertens 1963, S. 61–65. Zu den hispanischen Migranten ausführlich zuletzt Salrach Mares 2009. Vgl. auch Chandler 2019, S. 77–85. Jarrett 2010. Chandler 2002. Depreux 2001.

238 Salrach i Marés 2009, S. 38. Depreux 2001, S. 19. Zur Verortung des Migrationsbeginnes um 778 grundlegend vgl. Cauvet 1877, S. 421. Das Schreiben Ludwigs des Frommen von 816 unterscheidet zwischen Einwanderern, die zu verschiedenen Zeitpunkten ins Land gekommen sind und zeigt so eine längerfristige Zuwanderung, Urkunden Ludwigs des Frommen (Kölzer 2016), Nr. 88, S. 216, Z. 11–17: „ii, qui vel nostrum vel domni et genitoris nostri praeceptum accipere meruerunt [...] Hi vero, qui postea venerunt [...]".

239 Vgl. die Erlasse Ludwigs des Frommen und Karls des Kahlen für die *hispani*: Ludwig der Fromme 1.1.815: Urkunden Ludwigs des Frommen (Kölzer 2016), Nr. 47, S. 121–124 [= Catalunya Carolíngia, 2 (d'Abadal 1952), Apèndixs Nr. 3, S. 417–419. = Capitularia, 1 (Boretius 1883), Nr. 132, S. 261–263]. – Ludwig der Fromme 10.2.816: Urkunden Ludwigs des Frommen (Kölzer 2016), Nr. 88, S. 214–217 [= Catalunya Carolíngia, 2 (d'Abadal 1952), Apèndixs Nr. 4, S. 420–421. = Capitularia, 1 (Boretius 1883), Nr. 133, S. 263–264]. – Karl der Kahle 11.6.844: Recueil des actes de Charles le Chauve (Tessier 1943), Nr. 46, S. 127–132 [= Catalunya Carolíngia, 2 (d'Abadal 1952), Apèndixs Nr. 5, S. 422–425. = Capitularia, 2 (Boretius u. a. 1897), Nr. 256 S. 258–260]. Zu den *hispani*-Erlassen vgl. Depreux 2001. Zwei weitere Schutzbriefe Karls des Großen von ca. 780 und 801, die heute verloren als Aprisionäre ist abgeleitet von dem Quellenbegriff der *aprisio*, der auch in der Urkunde Karls des Großen für Johannes von 795 steht. Wie der Text andeutet, handelte es sich dabei um Land, das als wüstliegend betrachtet wurde und durch seine Urbarmachung in den Besitz desjenigen gelangte, der es bewirtschaftete.[240] Das Wort gab offenbar eine Bezeichnung wieder, die die Hispanier selbst verwendeten.[241] Die *aprisio* gilt damit als Form des Landerwerbes, die hispanischen Einwanderern eigen war und als solcher gilt nach der Schilderung seiner Urkunde von 795 auch Johannes.[242]

In diesen Zusammenhängen wie auch als exemplarisches Beispiel für die eigentümliche Form der *aprisio*, in der man immer wieder eine besonders ursprüngliche, reine Besitzform von Land gesehen hat, ist der Fall des Johannes wiederholt besprochen worden.[243] Eine umfassende prosopographische Untersuchung, zumal mit der Ausrichtung auf Kriegsdienst, ist bislang jedoch nicht vorhanden.[244] Auf solch eine Untersuchung ist dieses Kapitel gerichtet. Es zielt dabei weniger auf Johannes als Teil einer fest definierten Gruppe von Migranten, als auf die Erfassung des Beziehungsgeflechtes und die Verhandlung seiner sozialen Position, die die Quellen zu ihm erkennen lassen. Dazu sollen nun zunächst die Texte, die Informationen zu Johannes enthalten, quellenkritisch zusammengestellt werden, um so das Datengerüst zu gewinnen, das seine – selbstverständlich bruchstückhafte – Biographie ergibt.

Zwischen 815 und 849 empfingen Johannes und sein Sohn Theudefred noch drei weitere Urkunden karolingischer Herrscher, die an das Diplom Karls des Großen von 795 anschließen.[245] Überliefert sind diese Urkunden allesamt allein in einem

seien, hat Ramón d'Abadal rekonstruiert, jedoch ohne eine überlieferte Grundlage allein nach Vorlage der bekannten Texte, vgl. Catalunya Carolíngia, 2 (d'Abadal 1952), S. 399–408, Nr. 1–2, S. 412–416. Die Existenz dieser Edikte Karls des Großen ist rein spekulativ und unwahrscheinlich, vgl. Depreux 2001, S. 24, auch Jarrett 2010, S. 330. Anders aber Chandler 2002, S. 25, der die Texte ohne Thematisierung der Problematik in seine Analyse mit einbezieht.

240 Zu Wort und Begriff vgl. Sorhagen 1975, S. 30–31. Mit umfangreicher weiterführender Literatur vgl. auch Jarrett 2010, S. 21–22. Stellungenehmend dazu jetzt Chandler 2019, S. 77–85. Grundlegende Arbeiten sind Dupont 1965, hier bes. S. 179–183. De la Concha Martínez 1946, hier bes. S. 44–48. Imbart de La Tour 1902, hier bes. S. 147–149.

241 Urkunden Ludwigs des Frommen (Kölzer 2016), Nr. 47, S. 122: „Et si quispiam eorum in partem, quam ille ad habitandum sibi occupaverat, alios homines [...] in portione sua, quam adprisionem vocant, habitare fecerit".

242 Vgl. Jarrett 2010, S. 324.

243 Chandler 2002, S. 29–33. Sorhagen 1975, S. 28–30. Catalunya Carolíngia, 2 (d'Abadal 1952), S. 307–310. Cauvet 1877, S. 478–511.

244 Siehe zuletzt Chandler 2002, S. 29–33, der einen recht umfangreichen Überblick über die Inhalte der Urkunden für Johannes und Theudefred bietet, allerdings nur ansatzweise kontextualisiert und personenkundlich interpretiert.

245 Urkunden Ludwigs des Frommen (Kölzer 2016), Nr. 48, S. 124. Recueil des actes de Charles le Chauve (Tessier 1943), Nr. 43, S. 119–121, Nr. 118, S. 313–315 [= Catalunya Carolíngia, 2 (d'Abadal 1952), Particulars Nr. 17 S. 338–339, Nr. 19, S. 343–344].

Fragment eines Chartulars der Narbonner Bischofskirche aus dem 12. Jahrhundert,[246] denn ein kinderloser Nachfahre des Johannes hatte die Länderein 963 der Kirche von Narbonne übertragen.[247] Dabei wurden offenbar auch die den Besitz bestätigenden Urkunden an die Kirche übergeben, Kleriker der Bischofskirche kopierten sie später in das Chartular, das Besitzansprüche ihrer Kirche belegte.

Die zweite der dabei aufgenommenen Urkunden empfing Johannes noch selbst, am 1. Januar 815, erneut in Aachen.[248] Inzwischen war Karl der Große am 28. Januar 814 gestorben, Ludwig hatte die Nachfolge seines Vaters angetreten. Johannes hielt es offenbar für vorteilhaft, sich seine Positionen erneut durch ein königliches Schriftstück bestätigen zu lassen. Er kommendierte sich nun auch Ludwig, wies die Urkunde Karls des Großen vor und erhielt eine Besitzbestätigung, die zusätzlich auch all das umfasste, was Johannes seit 795 seinem Besitz hinzugefügt hatte. Wie schon sein Vater gewährte auch Ludwig seinem „Getreuen" Johannes sehr günstige Konditionen: Das Land sollte frei von jeder Abgabe sein und Johannes sollte selbst über „seine Männer" zu Gericht sitzen, nicht ein Graf oder sonst ein „öffentlicher Richter". Diese Bestimmungen ist meist als Gewährung der „Immunität" interpretiert worden, das heißt als Verleihung eines rechtlichen Sonderstatus, der Johannes weitgehend von Herrschaftsansprüchen Dritter befreite.[249]

Eine erneute Besitzbestätigung erwirkte rund dreißig Jahre später, am 5. Juni 844, Theudefred, der Sohn des Johannes, diesmal durch Karl den Kahlen als König

---

246 Paris, Bibliothèque nationale de France, Ms. lat. 11015, fol. 9r-10r. Zur Überlieferung vgl. Urkunden Ludwigs des Frommen (Kölzer 2016), Nr. 48, S. 125. Mordek 1995, S. 605. Cartulaire de Fontjoncouse (Mouynès 1877), S. 108.

247 Cartulaire de Fontjoncouse (Mouynès 1877), Nr. 6, S. 119–121. Mit Datierung auf 979, ohne aber die Grundlagen dieser Zählung der angegebenen Herrscherjahre des westfränkischen Königs Lothar ab 970 anzugeben, vgl. Urkunden Ludwigs des Frommen (Kölzer 2016), Nr. 48, S. 125.

248 Urkunden Ludwigs des Frommen (Kölzer 2016), Nr. 48 S. 124–126: „quidam homo fidelis noster nomine Iohannes veniens nostrae presentiae in manibus nostris se comendavit et petivit nobis sua aprisione [...] et quicquid ille occupatum habebat aud aprisione fecerat vel deincebs occupare aut prendere potebat [...] et ostendit nobis exinde auctoritate, quod genitor noster ei fecit. [...] concedimus eidem fideli nostro Iohanne in pago Narbonense villare Fontes cum terminos et pertinentias, cultum et incultum ab integre, et quantum ille in villa Fonteioncosa vel in suos terminos sive in aliis locis vel villis sive villares occupavit sive aprisionem fecit una cum suis hominibus vel deincebs facere poterit tam ille quam filii sui; omnia per nostrum donitum habeant ille et filii sui et posteritas illorum absque ullum censum vel alicuius intquietudine. Et nullus comes, nec vicarius, nec iuniores eorum, nec ullus iudex publicus illorum homines, qui super illorum aprisione habitant [...] distringere nec iudicare presumat, sed Iohannes et filii sui [...] eos iudicent. Et hec auctoritas nostra fima permaneat, dum ille et filii sui [...] ad nos [...] fideles extiterint".

249 So Waitz 1861a, S. 388, vgl. Seeliger 1903, S. 86. Mit derselben Interpretation ohne Verweis auf die ältere rechtshistorische Diskussion Chandler 2002, S. 26, S. 30. Der von Chandler zu 780 zitierte Wortlaut eines nicht erhaltenen (und wahrscheinlich nie existierenden, s. o. S. 157–158 Fn. 239) Privilegs Karls des Großen geht auf die Urkunde für Johannes von 815 zurück („iudex publicus"). In Antwort auf die Interpretation Chandlers ablehnend Jarrett 2010, S. 237–238. Mit Diskussion der Immunität und der *aprisio* vgl. auch Depreux 2001, S. 29–32.

von Aquitanien.[250] Johannes war offenbar inzwischen verstorben. Ausgestellt wurde die Urkunde während der Belagerung von Toulouse, wo Karl Anhänger seines Neffen Pippin II. eingeschlossen hatte.[251] Theudefred, der nun als „Getreuer“ und als „Vasall“ Karls des Kahlen bezeichnet wird, legte die Urkunde vor, die sein Vater 795 von Karl dem Großen erhalten hatte. Außerdem konnte er auch einen Brief Ludwigs des Frommen vorweisen, den dieser an einen Grafen namens Sturmi gerichtet hatte, um den Grafen darin anzuweisen,[252] den Ort namens *Fontes* an Johannes zu übergeben.[253] Ob es sich bei diesem Schreiben um denselben Brief handelt, den Johannes 795 Karl dem Großen vorlegte oder ein zweites Schreiben, ist nicht eindeutig. Jedenfalls aber existierte neben den heute erhaltenen Urkunden ursprünglich noch mindestens ein weiteres Schriftstück, das Johannes vor dem März 795 ausgestellt worden war und im Besitz der Familie verwahrt wurde.[254] Karl der Kahle bestätigte die Besitzungen Theudefreds in der Urkunde von 844 erneut, wiederum unter der Freistellung von Abgaben und Dienstleistungen.[255]

Noch einmal einige Jahre später, am 7. Oktober 849, ließ Theudefred sich in Narbonne dieselben Besitzungen erneut von Karl dem Kahlen bestätigen, der sich um diese Zeit in Aquitanien militärisch gegen Pippin II. durchgesetzt hatte.[256] Diesmal übertrug der König die Ländereien in *Fontes* und Fontjoncouse aber wohl mit einem anderen Besitztitel *ad proprium*, zu vollem Eigentum des Theudefred.[257] Damit hatte Theudefred die Freiheit, mit dem Land zu tun, was ihm gefiel, es zu verkaufen und zu verschenken, während es zuvor als *aprisio*

250 Recueil des actes de Charles le Chauve (Tessier 1943), Nr. 48, S. 124. Vgl. Fees 2007, Nr. 423 (Regesta imperii online http://www.regesta-imperii.de/id/0844-06-05_1_0_1_2_1_423_423, besucht am 15.04.2019).

251 Vgl. Nelson 1992, S. 140–142.

252 Zu Sturmi vgl. Depreux 1997, Nr. 256, S. 378–379.

253 Recueil des actes de Charles le Chauve (Tessier 1943), Nr. 43 S. 120: „volumus atque firmamus ut praedictus qui moderno habet fidelis noster Teodefredus saepe dictam villam Fontes teneat [...] et concedo tibi quicquid pater tuus aut Wilmirus avunculus tuus [...] in villa Fontejoncosa habuerunt per aprisione“.

254 Der Editor der Urkunden Ludwigs des Frommen hat aus den Angaben in der Urkunde Karls des Großen von 795 (Urkunden Karls des Großen (Mühlbacher 1906), Nr. 179, S. 241) und der Urkunde Karls des Kahlen von 844 (Recueil des actes de Charles le Chauve (Tessier 1943), Nr. 43, S. 119) zwei verschiedene Schreiben als „Deperdita“ Ludwigs des Frommen erschlossen, vgl. Urkunden Ludwigs des Frommen, 2 (Kölzer 2016), Deperditum Nr. 99, S. 1098–1099, Deperditum Nr. 197, S. 1159.

255 Recueil des actes de Charles le Chauve (Tessier 1943), Nr. 43, S. 120–121: „concedo tibi, quid pater tuus aut Wilimirus avunculus tuus [...] habuerunt [...] absque paratas aut veredos, et habeas [...] absque censu“.

256 Recueil des actes de Charles le Chauve (Tessier 1943), Nr. 118, S. 313–315.

257 Zur Schenkung 849 und ihrem Rechtshinhalt vgl. zuletzt Chandler 2002, S. 32–33. Dorn 1991, S. 170–171. Vgl. Urkunden Ludwigs des Frommen, 2 (Kölzer 2016), Nr. 48, S. 125, Z. 37.

wohl noch als Teil des kaiserlichen Besitzes gegolten hatte.[258] Diese Urkunde ist bis zur Schenkung an die Narbonner Kirche 963 die letzte Quelle zur Geschichte des Johannes und seiner Familie. Das Chartular der Narbonner Kirche überliefert jedoch noch einen zusätzlichen Text, der weitere Informationen bietet. Den Urkunden, die Johannes und Theudefred erhielten, ist hier ein weiterers Dokument vorangestellt. Nach Angaben der Datumszeile hat Karl der Große es am 2. April 812 in Aachen erlassen.[259] In der Forschung ist der Text als *Praeceptum pro Hispanis* bekannt. Es handelt sich um den ersten jener Schutzbriefe, die karolingische Herrscher für die hispanischen Flüchtlinge ausstellten.[260] Karl reagierte mit dem Schreiben 812 auf die Klagen einer Gesandtschaft von 42 namentlich aufgeführten *Ispani*, die am Hof erschienen waren um ihre Beschwerden dem Kaiser vorzutragen. Einer dieser Gesandten trägt den Namen Johannes.[261]

Er und seine Begleiter klagten, dass sie „zahlreichen Übergriffen" durch die Grafen ihrer Region und deren Untergebene ausgesetzt seien:[262] Ihre Nachbarn würden sich gegenseitig das Eigentum an Ländereien bezeugen, die in Wahrheit Teil der kaiserlichen Güter und an die Hispanier übergeben worden seien, weil sie diese Ländereien urbar gemacht hätten. Ferner würden die Grafen sie aus ihren Besitzungen vertreiben, Abgaben von ihnen verlangen und sie gewaltsam ihren Gefolgsleuten unterwerfen. Um diese Missstände zu beenden, wandte sich der Kaiser an die Grafen in jener Gegend, aus der die Klageführer stammten. Auch sie sind namentlich aufgeführt: Bera, Gauselme, Gisclafred, Odilon, Adhémar, Leibulf und Erlin.[263]

---

258 Vgl. die Formulierung Urkunden Karls des Großen (Mühlbacher 1906), Nr. 217, S. 290: „Ispani [...] dixerunt, quod aliqui pagenses *fiscum nostrum* sibi alter alterius testificant ad eorum propietatem et eos exinde expellant [...] et tollant nostram vestituram, quam [...] ipsi per nostrum donitum de eremo per nostram datam licentiam retraxerunt".

259 Urkunden Karls des Großen (Mühlbacher 1906), Nr. 217, S. 290, Z. 29–31 [= Capitularia, 1 (Boretius 1883), Nr. 76, S. 169]. Zu dem Text vgl. Depreux 2001, S. 22–23. Catalunya Carolíngia, 2 (d'Abadal 1952), S. 312–313, vgl. auch Sorhagen 1975, S. 10–11.

260 Zur spekulativen Rekonstruktion weiterer solcher Texte von etwa 780 und 800 s. o. S. 157–158 Fn. 239.

261 Urkunden Karls des Großen (Mühlbacher 1906), Nr. 217, S. 290, Z. 2.

262 Urkunden Karls des Großen (Mühlbacher 1906), Nr. 217, S. 290: „Notum sit vobis, quia isti Ispani de vestra ministeria: Martinus presbyter, Iohannis, Quintila, Calapodius [...] [insgesamt 42 Namen] ad nos venientes suggesserint, quod multas obpressiones sustineant de parte vestra et iuniorum vestrorum, et dixerunt, quod aliqui pagenses fiscum nostrum sibi alter alterius testificant ad eorum proprietatem et eos exinde expellant contra iusticiam et tollant nostram vestituram, quam per triginta annos seu amplius vestiti fuimus et ipsi per nostrum donitum de eremo per nostram datam licentiam retraxerunt. Dicunt etiam, quod aliquas villas, quas ipsi laboraverant, laboratas [ab] illis eis abstractas habeatis et beboranias illis superponatis et saiones, qui per fortia super eos exactant".

263 Urkunden Karls des Großen (Mühlbacher 1906), Nr. 217, S. 289–290.

Hinter diesen Namen verbirgt sich eine Reihe der höchstrangigen Aristokraten der Spanischen Mark: Bera war der erste Graf von Barcelona, Gauselme ein Sohn des *dux* Wilhelm von Gellone, Adhémar und Leibulf altgediente Ratgeber und wichtige militärische Anführer Ludwigs des Frommen.[264] Der Kaiser teilte diesen mächtigen Männern mit, dass die Gesandtschaft der Hispanier zu ihm gekommen war und ihm ihre Beschwerden vorgetragen hatte. Er kündigte an, den Erzbischof von Arles als Boten nach Aquitanien zu seinem Sohn Ludwig zu schicken,[265] damit dieser sich der Sache annehme. Der Erzbischof sollte dem König den Sachverhalt auseinandersetzen und anschließend in die betroffene Region reisen, um die angesprochenen Grafen zur Ordnung zu rufen und die Angelegenheiten der Hispanier zu regeln.[266] Außerdem verbot Karl den Grafen schon in seinem Schreiben, Abgaben von den Hispaniern zu erheben oder ihre Besitzungen an sich zu bringen.

Johannes wie die übrigen Mitglieder der hispanischen Gesandtschaft, die 812 ihr Anliegen dem Kaiser vortrugen, lassen sich zu einem führenden Kreis der *hispani* rechnen: Sie traten als Wortführer der Einwanderer auf und man erwartete offenbar, dass sie die Möglichkeit hatten, Zugang zum Kaiser zu erlangen. Die Namensgleichheit, die zeitliche Nähe der Quellen und die geographische Verortung der genannten Grafen bilden die Grundlage dafür, das Gesandtschaftsmitglied von 812 und den Urkundenempfänger von 795 zu identifizieren. Da letzterer in der Urkunde selbst aber nicht als *hispanus* bezeichnet wird, ist in Frage gestellt worden, ob beide wirklich identisch sind.[267] Streng genommen lässt sich der Urkunde nicht entnehmen, ob ihr Empfänger wirklich ein hispanischer Einwanderer war. Berichtet wird hier lediglich, dass Johannes in der Gegend von Barcelona gegen Muslime kämpfte, nicht dass er aus dem muslimischen Iberien geflohen war. Er könnte damit auch ein alteingesessener Bewohner der Spanischen Mark gewesen sein. Das ist deshalb von Bedeutung, weil zunächst einmal nur die Zuweisung als Hispanier die Identifizierung des Johannes von 795 und des gleichnamigen Mitglieds der hispanischen Gesandtschaft von 812 begründet.

Nahegelegt wird diese Identifizierung allerdings zum einen durch die zusammenhängende handschriftliche Überlieferung beider Texte, die in dieser Frage bislang offenbar nicht berücksichtigt worden ist. Zum anderen lässt sich die

264 Depreux 1997, Bera Nr. 44, S. 129, Gisclafred Nr. 119, S. 216–217, Odilon Nr. 207, S. 338, Adhémar Nr. 17, S. 87, Leibulf Nr. 187, S. 292–293. Die angegebenen Namensformen richten sich nach dem Lexikon des Mittelalters, sofern dort nicht aufgenommen nach Depreux 1997.

265 Johannes von Arles, vgl. Depreux 1997, Nr. 176, S. 274. Mit Identifikation als Erzbischof von Aix-en-Provence vgl. Cauvet 1877, S. 437.

266 Urkunden Karls des Großen (Mühlbacher 1906), Nr. 217, S. 290: „Quam ob rem iussimus Iohanne archiepiscopo misso nostro, ut ad dilectum filium nostrum Lodoicum regem veniret et hanc causam ei per ordinem recitaret, et mandavimus illi, ut tempore oportuno illuc veniens et vos in eius presentiam venientes hordinare faciat, quomodo aut qualiter ipsi Ispani vivere debeant“.

267 Jarrett 2010, S. 331, so schon Verriest 1946, S. 92 Fn. 2. Vgl. auch Sorhagen 1975, S. 27.

Gleichsetzung beider Personen durch eine letzte Quelle sehr wahrscheinlich machen, die außerhalb des Textkorpus des Narbonner Chartulars überliefert ist, aber weitere Informationen zu Johannes und seinen Besitzungen enhält. Es handelt sich um eine *conditio sacramentorum*,[268] eine Art beschworenes Protokoll einer Gerichtsversammlung, die am 11. September 833 in Narbonne stattfand.[269] Theudefred, der Sohn des Johannes,[270] stritt mit einem sonst unbekannten Mann namens Dexter um den Besitz jenes heute unidentifizierbaren Dorfes *Fontes*. Der Lösungsansatz des Gerichts bestand darin, die Besitzverhältnisse über Zeugenaussagen möglichst weit zeitlich zurückzuverfolgen, um einen ursprünglichen Zustand festzustellen. Das Gerichtsprotokoll bietet deshalb eine umfangreiche Erzählung zur Geschichte des Johannes und seiner Besitzungen. Neben zusätzlichen prosopographischen Details enthält der Text auch starke Indizien, die dafür sprechen, den Urkundenempfänger von 795 und den Beschwerdeführer in Aachen 812 miteinander zu verbinden. Dann könnte seine Person über die einzelne Landschenkung hinaus in den größeren Zusammenhang der Auseinandersetzungen zwischen den Hispaniern und den Grafen der Spanischen Mark gestellt werden.

Dafür sprechen zwei gewichtige Indizien: Erstens berichteten die Zeugen 833 nämlich, Johannes als Vater des Klägers habe den Ort ursprünglich so „wie die übrigen Hispanier" besessen.[271] Dieser Zusatz allerdings ist in der üblicherweise verwendeten katalanischsprachigen Edition des Textes nicht enthalten.[272] Ihr Editor gab den Text nach einem Druck von 1875 wieder, dessen Autoren angaben, nur

268 Vgl. dazu Kosto 2001, S. 45–46.

269 Cartulaire de Fontjoncouse (Mouynès 1877), Nr. 3, S. 112–116 [= Musée des archives départementales, 1 (Desjardin 1878), Nr. 5, S. 12 = Catalunya Carolíngia, 2 (d'Abadal 1952), Apèndixs Nr. 12, S. 442–444. = Jetzt erneut Textos Jurídics Catalans (Salrach Mares 2018), Nr. 4, S. 35–37]. Während diese jüngste Edition nach Vorlage einer – zum Teil schlecht lesbaren – Kopie des 18. Jahrhunderts gedruckt ist (dazu Histoire générale de Languedoc, 2 (De Vic u. a. 1875), Preuves Nr. 85, S. 185 Fn. 1), bietet TELMA eine Transkription des Originals, Carcasonne, Archive départementales de l'Aude, G 6. Vgl. http://www.cn-telma.fr/originaux/charte3773/ (besucht am 15.4.2019). Ich richte mich im folgenden nach dieser Ausgabe des Textes. Zum Schriftstück und zum Text vgl. Mersiowsky 2015, S. 530–531. Depreux 1997, S. 401–403. Kienast 1990, 146–50, 566–7.

270 Cartulaire de Fontjoncouse (Mouynès 1877), Nr. 3, S. 115: „Et odie, per lege et per justicia, ipse villares [...] debet esse de Teudefredo per aprisionem patris sui, Johannem".

271 Cartulaire de Fontjoncouse (Mouynès 1877), Nr. 3, S. 112–116: „Fuit ipse villares traditus ad Johanne [...] et occupavit Johannes eum ab omnem integritatem per suam aprisionem sicut alii *ceteri Spani*".

272 Catalunya Carolíngia, 2 (d'Abadal 1952), Apèndixs Nr. 12, S. 442, so auch Textos Juridics Catalans (Salrach Mares 2018), Nr. 4, S. 37. Vorlage für den in diesen Editionen gegebenen Text ist Histoire générale de Languedoc, 2 (De Vic u. a. 1875), Preuves S. 185 Nr. 85. Vgl. Chandler 2002, S. 30. Mit Zitat direkt nach der Histoire générale de Languedoc vgl. Dupont 1965, S. 185.

einen sehr fehlerhaften Text zur Vorlage gehabt zu haben.[273] Etwa gleichzeitig entdeckte aber offenbar der Archivar des Départements Aude ein Original des Protokolls.[274] Im Druck dieser Überlieferung findet sich die zitierte Angabe des Johannes als *spanus*, die für die Zuweisung zu der Gesandtschaft von *hispani* 812 spricht.[275]

Zweitens nimmt das Gerichtsprotokoll von 833 offenbar engen Bezug auf jene Vorgänge, die 812 der Anlass für das Schreiben Karls des Großen an die Grafen der Spanischen Mark gewesen waren. Fast alle der Adressaten des Briefes waren auf die eine oder andere Weise auch in die Streitigkeiten um die Besitzungen des Johannes verwickelt:[276] Die Zeugen, die Theudefred im September 833 zur Verteidigung seiner Ansprüche vor die Gerichtsversammlung gebracht hatte, berichteten von einer früheren Verhandlung, die vermutlich Ende 814 in der Kaiserpfalz Aachen stattgefunden hatte.[277] Graf Adhémar, einer der Adressaten von 812, hatte Johannes verklagt und behauptete, dieser besitze *Fontes* nur als Leihe von ihm.[278] Bei dem Prozess waren nach Angaben der Zeugen auch die Grafen „Gaucelinus, Beranus, Giscafredus, Odilo und Ermengarius“ anwesend,[279] das heißt mit Adhémar zusammengenommen fünf der sieben Grafen, die 812 als Bedränger der Hispanier benannt worden waren. Johannes wies in dem Prozess in Aachen 814 eine Reihe von Zeugen vor, die beeideten, zugegen gewesen zu sein, als ein Graf namens Sturmi ihm *Fontes* im Auftrag Ludwigs des Frommen übertragen hatte. Johannes habe dem Grafen einen Brief vorgelegt, den Ludwig an diesen gerichtet hatte. Der Graf habe den Ort Johannes übergeben und gemeinsam mit einigen *iudices* aus Narbonne die Grenzen

---

273 Histoire générale de Languedoc, 2 (De Vic u. a. 1875), preuves Nr. 85, S. 185 Fn. 2: „Manuscrits du P. Laporte, à la Bibliothèque de Toulouse. – La copie est très-défectueuse, & il nous a été impossible de la corriger en plusieurs endroits.“

274 Carcassonne, Archives départementales de l'Aude, G 6, vgl. Archives départementales de l'Aude 1925. Den Hinweis auf diese Signatur verdanke ich Thomas Kohl (Tübingen). Ohne Angabe der (noch nicht vergebenen?) Signatur vgl. Cartulaire de Fontjoncouse (Mouynès 1877), Nr. 3, S. 112–116. Im über Gallica online verfügbaren Zeitschriftenband findet sich auf der vorletzten, nicht paginierten Seite auch ein Faksimile. Der Archivar Germain Mouynès publizierte ein weiteres Faksimilie 1878, vgl. Musée des archives départementales, 2 (Desjardin 1878), Nr. 5 planche IV, Text im ersten Band, Musée des archives départementales, 1 (Desjardin 1878), Nr. 5, S. 10–12. Zur Überlieferung vgl. Kienast 1990, S. 566.

275 Cartulaire de Fontjoncouse (Mouynès 1877), Nr. 3, S. 115.

276 Musée des archives départementales, 1 (Desjardin 1878), Nr. 5, S. 11.

277 Zu diesem Prozess vgl. Depreux 1997, S. 401–403.

278 Cartulaire de Fontjoncouse (Mouynès 1877), Nr. 3, S. 114: „Et dum Johannes ipsum villare ab omne integritate abuisset per suam adprisionem, sic Ademares, comis, cum mallavit quod ipse villares suus beneficius esse debebat in Aquis palatii ante Uvarengaude, comiti palatii, vel ante Gauselmo, Berane, Giscafredo, Odilone et Ermengario, comites“.

279 Urkunden Karls des Großen (Mühlbacher 1906), Nr. 217, S. 289–290. Entspricht in der Kapitularienedition Capitularia, 1 (Boretius 1883), Nr. 76, S. 169. Zu dem Text vgl. Depreux 2001, S. 22–23. Catalunya Carolíngia, 2 (d'Abadal 1952), S. 312–313, vgl. auch Sorhagen 1975, S. 10–11.

der Besitzung festgelegt.[280] Johannes habe den Ort dann in Besitz genommen, ausgebaut und ihn später an eine Gruppe von Klienten verliehen, die er dort ansiedelte.[281]

Auf Grundlage dieser Zeugenausagen entschied das Gericht in der Pfalz Aachen zugunsten des Johannes gegen die Ansprüche Graf Adhémars. Einige Zeit später wurde dann jedoch Theudefred, der Sohn des Johannes, durch Graf Leibulf aus seinem Besitz vertrieben, sodass es 833 zu einem erneuten Gerichtsprozess kam. Leibulf war ein weiterer der schon 812 angesprochenen Grafen. Der Klagegegner Theudefreds, Dexter, leitete seine Ansprüche offenbar von Leibulf ab, von dem er den Ort zur Leihe erhalten habe.[282] Das Protokoll von 833 enthält nur die beeideten Aussagen der Zeugen Theudefreds, eine Entscheidung wurde interessanterweise nicht festgehalten, sodass sich dieser Quelle nicht eindeutig entnehmen lässt, ob Theudefred den Streit gewann. Die Urkunden von 844 und 849 zeigen ihn jedoch im Besitz von *Fontes* und Fontjoncouse.

Diese Geschichte des Prozesses von 814 macht es nun höchst wahrscheinlich, die Besitzstreitigkeiten des Johannes als einen der konkreten Fälle zu sehen, die Anlass der Gesandtschaft der Hispanier von 812 waren und dem Kaiser in Aachen vorgetragen wurden. Auch das spricht dafür, den dort beteiligten Johannes und den Urkundenempfänger von 795 gleichzusetzen. Damit lässt sich seine Figur über die direkten, persönlichen Quellen hinaus auch mit den zwei Schutzbriefen in Verbindung bringen, die Ludwig der Fromme in ähnlicher Form wie sein Vater 815 und 816 für die Hispanier aufsetzen ließ.[283] Namentlich ist Johannes dort allerdings nicht angesprochen. Überliefert sind auch diese beiden Texte über die Bischofskirche von Narbonne, vermutlich als Teil eines hochmittelalterlichen Chartulars, doch sind heute nur noch neuzeitliche Kopien erhalten.[284] Das erste Schreiben ist am 1. Januar 815 unterzeichnet worden, datiert also auf denselben Tag wie die zweite Urkunde des Johannes. Seine Anwesenheit und die weiterer hispanischer Einwanderer am Hof in Aachen und die auf diese Weise in die Gegenwart des Kaisers getragenen Streitigkeiten mit den regionalen Grafen dürfte

280 Cartulaire de Fontjoncouse (Mouynès 1877), Nr. 3, S. 113: „Et ibidem ostendit, jamdictus Johannes, epistolam criptam ad relegendum quod domnus Ludouvichus, dum rex fuisset, ad Sturmioni, comiti, direxit, [...] Et sic, nos presentes, Sturmio, comes, per ipsam epistolam domni imperatoris [...] ab omnem integritatem, Johanne revestivit [...] Et dum Sturmio, comis, cum suos judices Narbonenses, in ipsum villare fuisset, sic [...] termino et limites misit et invenit veteres et misit nobos".

281 Cartulaire de Fontjoncouse (Mouynès 1877), Nr. 3, S. 115: „Et vidimus quando Johannes misit in ipsum villare suos homines, ad habitandum his nominibus: [...] Et beneficiavit illis ipsum villare cum domos et curtes et ortos constructos".

282 Vgl. Catalunya Carolíngia, 2 (d'Abadal 1952), S. 309.

283 Urkunden Ludwigs des Frommen, 2 (Kölzer 2016), Nr. 47, S. 121–124, Nr. 88, S. 214–217.

284 Zur Überlieferung vgl. Urkunden Ludwigs des Frommen, 2 (Kölzer 2016), Nr. 47, S. 121. Mordek 1995, S. 28–29.

deshalb auch diesmal der konkrete Anlass des Schreibens sein. Dementsprechend ist es auf das Verhältnis der Hispanier zu den für sie zuständigen Grafen gerichtet. Ein wichtiger Streitpunkt war dabei nach Ausweis des Textes der Kriegsdienst. Der Kaiser legte fest, dass die Einwanderer keinesfalls verweigern durften, „so wie die übrigen Freien mit ihrem Grafen in den Krieg zu ziehen" und nach Ermessen des Grafen notwendige Wachdienste zu leisten.[285] Außerdem sollten sie Pferde für königliche Boten und Gesandte stellen, darüber hinaus aber zu keinen weiteren Dienstleistungen oder Abgaben verpflichtet sein, insbesondere nicht gegenüber den Grafen. Hintergrund dieser Regelungen waren offenbar solche Auseinandersetzungen, wie sie im Fall des Johannes sichtbar werden: Was konnte ein Graf von Männern wie ihm verlangen?

Eine deutliche Parallele zur Urkunde für Johannes von 815 bietet auch die letzte Bestimmung des Schutzbriefes, die die Rechtsprechung betrifft.[286] Die Hispanier sollten, so wurde festgehalten, nur in „schwerwiegenden Fällen" wie Mord und Raub dem Grafengericht unterliegen.[287] Ansonsten durften sie Streit unter sich „nach ihrem Brauch" richten und auch selbst über diejenigen zu Gericht sitzen, die sie auf dem von ihnen urbar gemachten Land angesiedelt hatten. Diese Bestimmung entspricht der Verfügung über die Gerichtsgewalt des Johannes im letzten Abschnitt der Urkunde von 815. Während der Kaiser mit diesen Bestimmungen wichtige Interessen der Hispanier wahrte, legte er auch fest, welche Dienste sie nicht verweigern durften. Das waren in erster Linie Kriegsdienste, die über die Grafen organisiert wurden.

Wie das Schreiben von 815, so scheint auch der zweite Brief Ludwigs des Frommen für die Hispanier Johannes direkt zu betreffen. Ausgestellt ist er fast genau ein Jahr nach dem ersten, am 10. Februar 816. Der Kaiser berichtete, ihm seien erneut Klagen einiger Hispanier zu Ohren gekommen. Diesmal aber richteten sich die Klagen gegen Leute wie Johannes selbst: Gegen die „Größeren und Mächtigeren" unter ihnen nämlich, die von Ludwig und seinem Vater Karl königliche Bestätigungen ihrer Besitzungen bekommen hatten. Sie würden nun, so die Klage, auf diese königliche Autorität gestützt die „Geringeren" unter ihren Herkunftsgenossen ihrerseits

285 Urkunden Ludwigs des Frommen, 2 (Kölzer 2016), Nr. 47, S. 123: „sicut caeteri liberi homines cum comite suo in exercitum pergant, et in marcha nostra iuxta rationabilem eiusdem comitis [. . .] quod [. . .] wactas dicunt, facere non neglegant".

286 Dazu vgl. Depreux 2001, S. 29–32.

287 Urkunden Ludwigs des Frommen, 2 (Kölzer 2016), Nr. 47, S. 123: „Ipsi vero pro maioribus causis, sicut sunt homicidia, raptus, incendia, depraedationes, membrorum amputationes, furta, latrocinia alienarum rerum invasiones et undecunque a vicino suo aut criminaliter aut civiliter fuerit accusatus et ad placitum venire iussus, ad comitis sui mallum omnimodis venire non recusent".

bedrängen, sie enteignen und ihnen Dienstleistungen abpressen.[288] Johannes und seinesgleichen nahmen also gegenüber weniger gut positionierten Zuwanderern die gleiche Rolle ein, die die Grafen ihnen gegenüber spielten.

Mit diesen Überlegungen ist die Quellenbasis zu Johannes erschöpft.[289] Die gesammelten Daten ergeben das Gerüst einer Geschichte des Narbonner Landbesitzers, die etwa folgendermaßen lautet:[290] Irgendwann vor 795 wanderte Johannes aus dem muslimischen Machtbereich in den fränkischen ein, um 794 kämpfte er in der Gegend von Barcelona gegen muslimische Krieger. Dieser Kampf fand möglicherweise im Jahr 793 statt,[291] für das ein größerer Angriff auf die Spanische Mark überliefert ist,[292] ebenso könnte es sich aber auch um ein etwas späteres Gefecht handeln, das keinen Eingang in die Historiographie gefunden hat. Nach seinem Sieg begab Johannes sich zu Ludwig dem Frommen, der im Frühjahr 794 in sein aquitanisches Königreich zurückgekehrt war, nachdem er sich seit 792 in Italien und am Hof seines Vaters aufgehalten hatte.[293] Johannes schenkte Ludwig einige besonders wertvolle Stücke der Beute, die er bei Barcelona gemacht hatte.[294] Der König belohnte ihn für Sieg und Geschenke mit der Übertragung von Landbesitz in der Gegend um Narbonne. Zur praktischen Umsetzung seiner Besitzübertragungen schrieb er einen Brief an den Grafen der entsprechenden Gegend, Sturmi, in dem er ihn anwies, Johannes die wüst liegenden Güter *Fontes* und Fontjoncouse zu übergeben.[295] Johannes begab sich in Begleitung des Grafen, weiterer bedeutender Männer der Gegend und zusätzlicher Zeugen zu seinen neuen Besitzungen, die ihm feierlich übergeben und in ihren Grenzen abgesteckt wurden. Johannes nahm die Güter in Besitz und baute sie aus. Zu einem späteren Zeitpunkt bewirtschaftete Johannes

288 Urkunden Ludwigs des Frommen, 2 (Kölzer 2016), Nr. 88, S. 216: „hi qui inter eos maiores et potentiores erant ad palatium venientes, ipsi praecepta regalia susceperunt. Quibus susceptis eos, qui inter illos minores et infirmiores erant [...] per illorum praeceptorum auctoritatem aut penitus ab eisdem locis depellere aut sibi ad serviendum subiicere conati sunt".

289 Zur möglichen Beziehung des Falls des Johannes zu: Urkunden Ludwigs des Frommen, 2 (Kölzer 2016), Nr. 283, S. 705–706 vgl. ebd.

290 Zur Orientierung sind im Folgenden jeweils noch einmal die einzelnen Quellen angegeben auf denen einzelne Details beruhen, da sich die hier erzählte Geschichte erst aus den verschiedenen Stücken zusammenfügen lässt.

291 Vgl. Urkunden Karls des Großen (Mühlbacher 1906), Nr. 179, S. 241, Z. 32. Catalunya Carolíngia, 2 (d'Abadal 1952), S. 308.

292 Ann. regni Francorum a. 793 (Kurze 1895), S. 95, auch weitere annalistische Quellen, vgl. Abel 1883, S. 58.

293 Astronomus, Vita Hludowici (Tremp 1995), 6, S. 302. Urkunden Ludwigs des Frommen, 2 (Kölzer 2016), Nr. 1, S. 1, vgl. Böhmer 1889, ohne Nr., S. 211.

294 Urkunden Karls des Großen (Mühlbacher 1906), Nr. 179, S. 241–242.

295 Urkunden Ludwigs des Frommen, 2 (Kölzer 2016), Deperdita Nr. 197, S. 1159, vgl. Recueil des Actes de Charles le Chauve (Tessier 1943), Nr. 43, S. 120.

Fontes nicht mehr selbst, sondern übergab es an eine Gruppe von Klienten als Leihegut.[296]

Nachdem er seine neuen Güter in Besitz genommen hatte, begab sich Johannes mit einem Brief Ludwigs des Frommen ausgerüstet nach Aachen. Dort ist Johannes im März 795 belegt.[297] Er kommendierte sich Karl dem Großen und erhielt eine schriftliche Bestätigung der Verfügungen Ludwigs des Frommen. Warum er um solch eine Bestätigung bemüht war, geben die Quellen nicht an. Der folgende verwickelte Streit zeigt aber die Anfechtbarkeit der Besitzansprüche von Männern wie Johannes und ihre Auseinandersetzung mit den Mächtigen vor Ort. Der erfolgreiche Ausbau der Besitzungen weckte möglicherweise die Begehrlichkeiten eines Grafen Adhémar, der als enger Vertrauter und militärischer Anführer Ludwigs des Frommen zum Kreis der mächtigsten Männer der Spanischen Mark gehörte.[298] Um 811 scheint Johannes bereits in Besitzstreitigkeiten verwickelt gewesen zu sein, jedenfalls war er Teil einer Gesandtschaft von *hispani*, Einwanderern wie ihm, die im Frühjahr 812 ihre Beschwerden über die örtlichen Grafen dem Kaiser in Aachen vortrugen.[299]

Ende 814 war Johannes erneut in Aachen. Diesmal war er Teil einer umfangreichen Gruppe aquitanischer Getreuer Ludwigs, die sich an der Jahreswende 814/15 am Hof befanden, wie etwa der Bischof Nifridus von Narbonne und offenbar auch die Grafen, die im Gerichtsprotokoll Theudefreds aufgezählt sind.[300] Ludwig war nach dem Tod seines Vaters darum bemüht, seine Kontrolle im Machtzentrum Karls zu festigen und Gefolgsleute aus seinem aquitanischen Umfeld in den entscheidenden Positionen seines neuen Hofes zu installieren.[301] Vielleicht waren die Septimanier schon zur großen Versammlung, die Ludwig im August 814 nach Aachen gerufen hatte, angereist.[302] Bei dieser Gelegenheit beanspruchte Adhémar die Ländereien des Johannes und behauptete, dieser habe sie lediglich als Leihgut von ihm empfangen.[303] Der Fall wurde vor einem Gericht in der Pfalz verhandelt, das zugunsten des Johannes entschied. Am 1. Januar 815 kommendierte er sich Ludwig, von dem er das Land um 795 ursprünglich erhalten hatte und erhielt eine Bestätigung seines Besitzes durch den neuen Herrscher.[304]

296 Cartulaire de Fontjoncouse (Mouynès 1877), Nr. 3, S. 113–114.
297 Urkunden Karls des Großen (Mühlbacher 1906), Nr. 179, S. 242.
298 Sorhagen 1975, S. 27.
299 Urkunden Karls des Großen (Mühlbacher 1906), Nr. 217, S. 289–290.
300 Vgl. Depreux 2001, S. 401.
301 De Jong 2009a, S. 19–24. Patzold 2013, S. 95–99.
302 Chronicon Laurissense a. 814 (Von Carolsfeld 1911), S. 19.
303 Cartulaire de Fontjoncouse (Mouynès 1877), Nr. 3, S. 114.
304 Urkunden Ludwigs des Frommen, 2 (Kölzer 2016), Nr. 48, S. 124–127.

Diese Urkunde ist das letzte Lebenszeichen des Johannes. Auch sie beendete jedoch die Streitigkeiten um seine Besitzungen nicht. Ein weiterer Graf namens Leibulf brachte *Fontes* zu einem unbestimmten Zeitpunkt mit Gewalt an sich. Johannes' Sohn Theudefred strengte deshalb im Sommer 833 eine weitere Gerichtsverhandlung an.[305] Zu diesem Zeitpunkt war sein Vater nicht mehr am Leben. Leibulf ist zuletzt 828 nachgewiesen,[306] und man kann vorsichtig annehmen, dass der Übergriff auf die umstrittenen Güter nicht allzulange vor dem Datum des Gerichtes am 11. September 833 lag, sodass Johannes wohl Ende der 820er Jahre gestorben sein dürfte.

Damit ist die bruchstückhafte Biographie des Johannes abgeschlossen. Was kann sie zur Frage nach der Organisation von Kriegsdiensten unter Karl dem Großen und Ludwig dem Frommen beitragen? Interessant ist sein Fall zunächst einmal, weil er Ansatzpunkte für jedes der wissenschaftlichen Modelle bietet, die in den ersten Teilen dieser Arbeit als gegensätzliche Entwürfe diskutiert wurden: Die lehnrechtliche Forschung hat in ihm ohne Weiteres einen Vasallen Karls des Großen gesehen.[307] Und auf den ersten Blick scheint ein Fall vorzuliegen, der ganz dem klassischen Modell des Lehnswesens entspricht: Ein Mann kommendiert sich dem König, bekommt dafür Land geliehen und leistet Kriegsdienst. Allerdings ist auch hier der zugrunde liegende Fall komplizierter, als es das Modell zulässt:[308] Zum einen bekam Johannes das Land erst, nachdem er bereits für den König gekämpft hatte. Zum anderen kommendierte sich Johannes zunächst nicht Ludwig, der ihm Land übergeben hatte, sondern Karl dem Großen. Auch als *vassus* ist er nicht bezeichnet worden, sondern nur als Getreuer, *fidelis*, Ludwigs und Karls.[309] Eine Kommendation aber ist nach der Diskussion, die Susan Reynolds 1994 ausgelöst hat, nicht ohne Weiteres vasallitisch zu deuten, sondern umfassend als Unterwerfungsgeste zu verstehen.[310]

Weit besser als lehnrechtlich lässt sich der 795 beschriebene Akt der Landübertragung Ludwigs zudem mit dem Ansatz des Gabentausches erklären. Der konkrete Auslöser der Verleihung war die Übergabe der wertvollen Beutestücke an Ludwig. Johannes könnte mit seiner reichen Kriegsbeute so auch als Beleg für die These des Beutekriegs gelten. Zugleich bestätigt sein Fall aber auch die Kritik daran: Seine Beute gewann er, ganz entsprechend den Beobachtungen Guy Halsalls, in der Schlacht, nicht durch Raubzüge im gegnerischen Territorium.[311] Zudem war er derjenige, der die Beute weitergab, er empfing sie nicht als Unterhaltsleistung von

305 Cartulaire de Fontjoncouse (Mouynès 1877), Nr. 3, S. 115.
306 Depreux 1997, S. 293. Dieser letzte Beleg ist das Testament Leibulfs, sodass er möglicherweise bald darauf gestorben ist.
307 Ganshof 1947, S. 59, vgl. schon Cauvet 1877, S. 482, vgl. auch Kienast 1990, S. 152.
308 Vgl. den ähnlichen Fall des Otakar, Patzold 2012a, S. 29–30.
309 Salten 2013, S. 73–74, vgl. Reynolds 1994, S. 108.
310 Depreux 2001, S. 27.
311 S. o. S. 95.

seinem *warlord*. Und nach allem was die Quellen wissen lassen, war dieser Akt des Gabentauschs einmalig. Ein professioneller Beutekrieger im Sinne des Warbandmodells war auch Johannes damit nicht.

In einer dritten Deutung schließlich galten die spanischen Aprisionäre der Neuen Deutschen Verfassungsgeschichte als Prototyp der *Königsfreien*.[312] Sie verstanden sie damit als „Militärkolonisten",[313] germanische Bauernkrieger, die fränkische Könige in unterworfenen Gebieten ansiedelten. In der Spanischen Mark seien diese Siedler, geflüchtete „Westgoten", in ein im Laufe des 8. Jahrhunderts „weithin menschenleer" gewordenes Gebiet gekommen, eine strategische Wüste, „teils verheert durch die Raubzüge der Sarazenen, teils planmäßig wüste [sic] gelegt durch die fränkischen Grenzgrafen".[314] Diese These greift Vorstellungen auf, wie sie die spanische Forschung in den 1920er Jahren zur „Reconquista" entwickelt hatte.[315] Doch ganz wie das Deutungsmuster der Reconquista als Kolonisierung wüster Landstriche inzwischen dekonstruiert wurde,[316] so zeigen auch die katalanischen und septimanischen Quellen, dass die Gegenden, in die Männer wie Johannes einwanderten, keineswegs menschenleer waren. Urkunden und Gerichtsprotokolle zeigen zahlreiche Konflikte über Land, das gleichzeitig als wüste *aprisio* und als althergebrachter Besitz beansprucht wurde.[317] Das Gleiche gilt auch für eine gezielte königliche Ansiedlungspolitik. Fehlt ihr schon mit der Dekonstruktion der „Königsfreientheorie" die Grundlage,[318] so scheint die Initiative wie im Fall des Johannes oft eher von den Immigranten ausgegangen zu sein als vom Herrscher. Geschlossene Ansiedlungen von Hispaniern lassen sich vor diesem Hintergrund ebensowenig belegen wie der Charakter solcher Ansiedlungen als Militärkolonien.

Die bisherigen Erklärungsmodelle sind so jedes für sich als Deutung unzureichend, weisen jedoch jeweils auf interessante Einzelaspekte hin: Die Betonung personaler Bindungen zwischen einem Krieger und dem König, die Gestaltungskraft von symbolischen Handlungen wie dem Gabentausch, schließlich die Praxis der

---

312 S. o. S. 40.

313 Dannenbauer 1954, S. 61, vgl. Müller-Mertens 1963, S. 61–65. Vgl. auch B. Bachrach/D. Bachrach 2017, S. 50. 112–113. Mit einer ähnlichen Deutung, wohl ohne Kenntnis der Thesen Dannenbauers, Chandler 2002, S. 20.

314 Dannenbauer 1955, S. 60.

315 Sánchez-Albornoz 1966. Diese Monographie baut auf den Arbeiten des Autors seit den 1910er Jahren auf, vgl. Sánchez-Albornoz 1924, S. 197–198. Seit Mitte der 1970er Jahre wurde diese These der strategischen Wüste allmählich aufgegeben, vgl. maßgeblich Bonnassie 1975, S. 106–112 (zu Katalonien) und Barbero/Vigil 1978, S. 224–228 (zur Entvölkerung allgemein). Als aktuellen Überblick zur *Reconquista* und der Frage der Wiederbevölkerung vgl. Jarrett 2017, S. 27–33. Ayala Martínez 2017.

316 Vgl. Carvajal Castro/Martín Viso 2013, S. 39–42.

317 Barbero/Vigil 1978, S. 358, vgl. Müller-Mertens 1963, S. 62.

318 S. o. S. 41.

Niederlassung und Einbindung von Einwanderern. All diese Elemente haben in der Organisation von Kriegsdiensten in der karolingischen Welt eine Rolle gespielt. Doch die Geschichte des Johannes zeigt, wie vielschichtig und metabolisch jeder Einzelfall gewesen sein dürfte, sodass es notwendig ist, all diese verschiedenen Aspekte gemeinsam in Rechnung zu stellen.

In dem vielschichtigen Beziehungsgeflecht, das Lokalitäten, Regionen und Zentrum über personale Schnittstellen verband, bildet Johannes eine Ebene ab, die zwischen Einhard und Männern wie Ripwin zu verorten ist. Auch er lässt sich nicht als einfacher Krieger beschreiben, sondern dürfte nach der knappen Beschreibung der Urkunde von 795 ein Anführer einer Gruppe von Kriegern gewesen sein. Seinen Sieg wird er nicht alleine errungen haben, später siedelte er Leute auf seinen Besitzungen an, die als „seine" Männer bezeichnet werden. So lässt auch er sich als Schnittstelle verstehen, die praktische Verfügungsmöglichkeiten über Klienten vermittelte. Gleichzeitig gehörte er aber nicht zu jener höchsten aristokratischen Schicht, die in der zeitgenössischen Historiographie zu fassen ist.

Seine soziale Stellung lässt sich dadurch charakterisieren, dass er bedeutend genug war, sich gegen die Übergriffe mächtiger Grafen zur Wehr setzen zu können, und mehrfach die Möglichkeit hatte, direkten Zugang zum Herrscher zu erlangen und ihm seine Sache vorzutragen. Innerhalb der Gruppe der hispanischen Migranten gehörte Johannes damit einer Führungsschicht an, die ihre Interessen 812 und 815 vor den Kaiser brachten. Die *minores* unter den Einwanderern beklagten sich 816, dass sie ihrerseits von Leuten wie Johannes bedrängt würden.[319] Genauso fühlten diese *maiores* sich wiederum von den Grafen bedrängt. Solche Auseinandersetzungen sind nicht als einseitiges Spiel zugunsten der Aristokratie zu verstehen, sondern als ständiger Prozess der Verhandlungen politischer und ökonomischer Ressourcen. Johannes dürfte die Männer, die nach seinem Besitz griffen, persönlich gekannt haben. Der Text von 815 legte fest,[320] dass die Hispanier „wie die übrigen Freien" Kriegsdienst unter „ihrem Grafen" leisten sollten, und dies waren Magnaten wie Adhémar und Leibulf, die die Truppenkontingente der Armeen Ludwigs des Frommen anführten.[321] Im Gefolge Ludwigs lassen sich so dieselben Personen, die im Streit um den Besitz der Dörfer *Fontes* und Fontjoncouse Gegenparteien waren, als Einheit begreifen: etwa in Feldzügen im iberischen Grenzland oder während Ludwigs Installierung in Aachen 814. In solchen Situationen brauchte der Herrscher Männer wie Johannes.

Die Interaktion mit dem Herrscher und die Gelegenheit, für Unterstützung belohnt zu werden, war für Personen seiner sozialen Stellung deshalb möglich, sie hing jedoch von einem wesentlichen Faktor ab: der Verfügbarkeit des Königs.

319 Urkunden Ludwigs des Frommen, 2 (Kölzer 2016), Nr. 88, S. 215–216.

320 Urkunden Ludwigs des Frommen, 2 (Kölzer 2016), Nr. 47, S. 123.

321 Urkunden Ludwigs des Frommen, 2 (Kölzer 2016), Nr. 47, S. 123. Zu Adhémar und Leibulf in dieser Funktion s. o. S. 162.

Johannes konnte seine Siegesbeute Ludwig dem Frommen in dem Moment übergeben, als dieser nach mehrjähriger Abwesenheit 794 nach Aquitanien zurückkehrte. 812 reiste Johannes als Teil einer Gesandtschaft nach Aachen, Ende 814 bis Anfang 815 befanden sich viele aquitanische Anhänger als Rückendeckung am Hof Ludwigs des Frommen. Die Jahreswende markiert zudem einen Zeitpunkt, in dem Ludwig sich bei treuen Gefolgsleuten für die Loyalität der Vergangenheit erkenntlich zeigte. Die Gerichtsverhandlung von 833 wiederum fällt in die Zeit des Endes der zweiten Rebellion gegen Ludwig den Frommen, sodass vielleicht ein Zusammenhang besteht zwischen der politischen Entwicklung und den Kräfteverhältnissen vor Ort.[322] Seine späteren Königsurkunden konnte Theudefred jeweils in kritischen Momenten der Herrschaft Karls des Kahlen erwirken: 844 auf dem Höhepunkt der Kämpfe mit Pippin II. von Aquitanien, im Feldlager Karls vor Toulouse und 849 nachdem Karl die Stadt endgültig erobert und sich militärisch gegen Pippin II. durchgesetzt hatte.[323]

4.5 Lothars vergessener Feldzug: ein Aufgebot in einer Notsituation 825

Männer wie Johannes stellten ebenso wie die Leiter der großen Kirchen der karolingischen Welt die personalen Schnittstellen zwischen dem Hof als herrschaftlichem Zentrum und einzelnen Kriegern, den *homines liberi* der Kapitularien, dar. Die Vermittlung direkter Patron-Klient-Beziehungen zum Aufgebot von Kriegern erfolgte über mehrere Stufen solcher Schnittstellen, wie sie die vorangehenden Kapitel gezeigt haben. Ihre Träger waren zum Teil selbst unmittelbar persönlich mit dem Hof und dem Kaiser verbunden, wie etwa Einahrd, während für nur regional einflussreiche Personen wie Johannes die direkte Interaktion mit dem Herrscher eine außergewöhnliche Erfahrung gebildet haben dürfte.

Dieses Kapitel untersucht die Aktivierung solcher Vermittlungsinstanzen vom Hof aus, das heißt die herrschaftliche Organisation von Kriegsdiensten. In den Begriffen dieser Arbeit bedeutet das die Frage nach der aktiven Gestaltung am Hof und dem Bemühen, sozialer Interaktion Form zu geben. Ein Instrument, dessen sich die Karolinger seit der Zeit Karls des Großen für diesen Zweck bedienten, waren die Kapitellisten der sogenannten Kapitularien. Während sie früher als Gesetzestexte galten, werden sie schon seit längerem vorrangig als Überreste schriftbasierter Herrschaftspraxis interpretiert.[324] In militärgeschichtlichen Fragestellungen herrscht jedoch weiterhin eine außerhalb dieses Feldes längst aufgegebene rechtssystematische

322 Vgl. Chandler 2002, S. 31.
323 Nelson 1992, S. 156.
324 S. o. S. 70.

Betrachtung der Kapitellisten vor. Die Frage lautet deshalb, welche neuen Interpretationsmöglichkeiten sie auf Grundlage ihrer stark gewandelten Einordnung bieten. Ziel des vorliegenden Kapitels ist es, die Neubewertung der Kapitularien auf die Militärgeschichte zu übertragen, um so herauszuarbeiten, wie die Kapitellisten als schriftbasiertes Herrschaftsinstrument zur Organisation von Kriegsdiensten eingesetzt wurden. Die Listen und ihre Einzelkapitel bieten mit ihrer Neubewertung nicht nur Informationen zur militärischen Ordnung der Karolingerzeit, sondern sind selbst eine Form der Organisationspraxis. Sie stellen direkte Überreste der Organisation von Kriegsdiensten um 800 dar.

Trotz der Bedeutung des Krieges in der karolingischen Welt sind allerdings nur vier Listen erhalten, die konkret Anweisungen zu einem Aufgebot treffen.[325] Die Verschriftlichung der Kapitellisten stellt eine spezifische Technik der Problemlösung dar, die vom karolingischen Hof unter Karl dem Großen und Ludwig dem Frommen erst allmählich und zunehmend systematisch genutzt wurde.[326] Die Listen, die aus dieser Praxis hervorgingen, sind als Reaktionen auf konkrete historische Situationen zu verstehen und scheinen besonders um Krisenmomente herum zu clustern. Das gilt auch für die Aufgebotslisten. So beginnt die oben angesprochene Liste von 807 als „Erläuterung“,[327] auf welche Weise vor dem Hintergrund einer „großen Hungersnot“ die königlichen Anordnung umzusetzen sei, „dass alle westlich der Seine in den Krieg ziehen müssen“.[328] In den vorangegangenen Jahren hatten schlechte Witterungen die Ernten vernichtet, nun war die Leistungsfähigkeit der Freien stark eingeschränkt.[329] Angesichts dieser Situation wurden am Kaiserhof Überlegungen getroffen, wie trotzdem ein Heer aufgestellt werden konnte.[330] Die Lösung bestand darin, diejenigen, die nicht mehr voll leistungsfähig waren, gemeinsam für den Dienst heranzuziehen. Sie sollten zu Gestellungsverbänden zusammengeschlossen werden, die, je nach Größe ihrer Besitzungen und damit ihrer Wirtschaftskraft, zu mehreren einen Krieger ausrüsten mussten.[331] Diejenigen mit mindestens fünf *mansi*, Landeinheiten, die einer Hofstelle entsprachen, galten weiterhin als leistungskräftig genug, um selbstständig in den Krieg ziehen zu können. Für alle Weiteren wurde bis hinab zu denen, die nur eine halbe solche Hofstelle besaßen, geregelt, wie sie sich zusammenschließen sollten. Und selbst diejenigen, die

325 S. o. S. 85.

326 S. o. S. 92.

327 S. o. S. 93.

328 Capitularia, 1 (Boretius 1883), Nr. 48, S. 134: „Memoratorium qualiter ordinavimus propter famis inopiam, ut de ultra Sequane omnes exercitare debeant“.

329 Dies abgeleitet aus dem Bericht des Chronicon Moissiacense a. 807 (Kettemann 2000), S. 111, vgl. Verbruggen 1965, S. 426 nach Ganshof 1961, S. 69. So schon Boretius 1874, S. 113.

330 Vgl. Jörg 2010, S. 38–51.

331 Der Text mit seinen Bestimmungen zum Gestellungsverband bildet seit jeher eine der Hauptquellen der karolingischen Militärgeschichte, vgl. o. S. 85.

kein Land besaßen, aber noch anderes Vermögen hatten, wurden auf diese Weise zum Kriegsdienst herangezogen.

Wie diese Liste von 807, so die oben vertretene These,[332] sind auch die wenigen weiteren überlieferten Aufgebotslisten als Reaktionen auf Notsituationen zu verstehen, in denen die Aufstellung einer Armee schwierig wurde. Diese These soll im Folgenden am Beispiel einer der erhaltenen Aufgebotslisten verdeutlicht werden, den sogenannten *Capitula de expeditione Corsicana* von 825.[333] Nach Ausweis dieses Textes dirigierte Lothar I., ältester Sohn und seit 817 Mitkaiser Ludwigs des Frommen, im Sommer 825 einen Feldzug nach Korsika. Überliefert ist die Kapitelliste in zwei italienischen Handschriften der Zeit um 1000.[334] Darüber hinaus jedoch hat der Feldzug nach Korsika keine schriftlichen Spuren hinterlassen.[335] Keine historiographische Quelle und kein Brief erwähnen ihn, kein Heiliger, dessen Vita aufgeschrieben wurde, hat daran teilgenommen. Man wird also keine Schlachttaktik Lothars I. rekonstruieren, keine Marschrouten nachvollziehen und keine Heeresstärken oder Verlustzahlen berechnen können. Selbst der Erfolg des Unternehmens nach Korsika 825 lässt sich nicht mehr feststellen und im Grunde genommen nicht einmal, ob dieser Feldzug wie geplant auch tatsächlich stattgefunden hat. All das schränkt die Sicht von Historikern selbstverständlich bedeutend ein. Dieser Befund lässt sich ohne Weiteres allgemein auf die Kriegführung der Karolingerzeit, ja des ganzen frühen Mittelalters, übertragen.[336] Viele klassische militärgeschichtliche Fragen werden sich so kaum beantworten lassen. Bestimmte Teile militärischer Organisation jedoch haben schriftliche Spuren hinterlassen und lassen sich deshalb vergleichsweise gut sichtbar machen. Das gilt vor allem für die Organsiation eines Feldzuges im Umfeld des Herrschers. Sie bildet den Gegenstand der beiden letzten Kapitel dieses Teils der Arbeit.

Die Kapitelliste für den Feldzug nach Korsika entstand sehr wahrscheinlich in den ersten Monaten des Jahres 825 in der oberitalienischen Pfalz Marengo, etwa auf halbem Weg zwischen Mailand und Genua, nahe dem heutigen Alessandria. Diese Einordnung und Datierung des Textes stützen sich auf eine Inskription, die eine der beiden Handschriften, die ihn überliefert, enthält: „Im Namen des HERRN. Es beginnt die Kapitelliste, die der Herr Kaiser im sechsten Jahr seiner Kaiserherrschaft, im dritten Jahr der Indiktion, auf dem Königshof Marengo erlassen hat“.[337] Dass

332 S. o. S. 93.

333 Capitularia, 1 (Boretius 1883), Nr. 162, S. 324–325. Zu dem Text vgl. jüngst Esders 2018.

334 Cava de' Tirreni, Biblioteca della Badia, 4, fol. 241r-242r (um 1005, Süditalien). Vatikan, Biblioteca Apostolica Vaticana, Chigi F. IV. 75, fol. 92v-93r (um 1000, Mittelitalien, wohl Rom). Zur Überlieferung der Liste vgl. Esders 2018, S. 93–97.

335 Vgl. Esders 2018, S. 93.

336 Ma. Clauss 2010, S. 34–39, S. 96–119. Halsall 2003, S. 3–4.

337 Zur Datierung des Textes vgl. Esders 2018, S. 97–98. Die Inskription ist überliefert in der Handschrift Vatikan, Biblioteca Apostolica Vaticana, Chigi F. IV. 75, fol. 92v: „In nomine Domini. Incipit capitulare quod domnus imperator VI anno imperii sui indictione tertia instituit in curte Maringo“,

dieser Kaiser Lothar I. ist, legt der Überlieferungszusammenhang des Textes nahe: Er ist Teil einer Kapitelsammlung, die wohl bald nach 832 am Königshof in Pavia angelegt wurde und nach Herrschern geordnet ist.[338] Die Kapitel für Korsika stehen dabei zwischen anderen Texten, die auf Lothar I. zurückgehen.[339] Auf ihn bezogen datieren die angegebenen Herrschafts- und Indiktionsjahre die Liste auf 825.[340] Der Kaiser hielt sich im Februar 825 in der Pfalz Marengo auf, wie eine hier ausgestellte Urkunde zeigt.[341] Im Mai ist Lothar in der Pfalz Corteolona belegt,[342] von dort reiste er weiter über die Alpen nach Remiremont,[343] wo er wohl im Juli mit seinem Vater zusammentraf. So muss die Kapitelliste für Korsika, wenn sie ins Jahr 825 gehört und in Marengo entstand, im Frühjahr des Jahres formuliert worden sein.

Den historischen Kontext eines Aufgebots zu diesem Zeitpunkt hat jüngst Stefan Esders detailliert aufgearbeitet:[344] Etwa mit dem Jahr 800 begann eine lange Reihe von Überfällen muslimischer Flotten auf die italienische Westküste. Bis 813 nennen fränkische Quellen dabei immer wieder Korsika als Angriffsziel,[345] eine neue Reihe von Angriffen begann um 820.[346] Zu jenem Jahr berichten die Reichsannalen von acht Handelsschiffen, die auf dem Weg von Sardinien nach Italien von „Piraten“ aufgebracht worden seien.[347] Weitere militärische Aktivitäten um Korsika

---

vgl. Capitularia, 1 (Boretius 1883), Nr. 162, S. 325. Boretius ergänzt ein „Lotharius“ vor dem „imperator“, der Name ist handschriftlich jedoch nicht belegt. Die Inskription ist nur in dieser Handschrift vorhanden, in der Caveser Handschrift steht die Liste ohne Inskription, beginnt aber unter einer Miniatur, deren Überschrift „Lottharius Rex“ lautet. Vgl. Cava de' Tirreni, Biblioteca della Badia, 4, fol. 241ʳ.

338 Esders 2018, S. 95, mit Mordek 1995, S. 756, vgl. auch S. 99. Boretius 1864, S. 53–54.

339 Vatikan, Biblioteca Apostolica Vaticana, Chigi F. IV. 75, fol. 90ʳ. Vgl. Mordek 1995, S. 763.

340 Die Herrschaftsjahre Lothars I. in Italien wurden zeitgenössisch unterschiedlich gezählt, in Oberitalien in den 820er Jahren wird in der Regel ab 820 gerechnet, vgl. Urkunden Lothars I. (Schieffer 1966), S. 45–46. Schäpers 2018, S. 96–100. Weiterhin auch Mühlbacher 1877, S. 469–470.

341 Die Urkunden Lothars I. (Schieffer 1966), Nr. 4, S. 60.

342 Urkunden Lothars I. (Schieffer 1966), Nr. 5, S. 62.

343 Das Treffen überliefern die Reichsannalen, vgl. Ann. regni Francorum a. 825 (Kurze 1895), S. 167–168. Zum August berichten die Annalen von einer Versammlung in Aachen, Ludwig der Fromme ist davor ebendort zuletzt am 3. Juni urkundlich belegt, vgl. Urkunden Ludwigs des Frommen (Kölzer 2916), Nr. 241 S. 601. Das Treffen mit Lothar I. in Remiremont ist so wohl zwischen die Eckdaten Juni-August einzuordnen.

344 Esders 2018, S. 100–114.

345 Ann. regni Francorum a. 807, a. 809, a. 810, a. 812, a. 813, (Kurze 1895), S. 124, S. 128, S. 130, S. 137, S. 139. Zu diesen Angriffen siehe Esders 2018, S. 103–105; eine aktuelle Bearbeitung der muslimischen Angriffe auf die italienische Halbinsel in der ersten Hälfte des 9. Jh. liegt nicht vor, als ältere Gesamtdarstellungen vgl. Eickhoff 1966, S. 52–53. la Roncière 1897, S. 206–209. Vgl. auch Schwarzmaier 1972, S. 364–368. Neuere Arbeiten nehmen vor allem einen neuen Höhepunkt mit dem Angriff auf Rom 846 in den Blick, etwa Herbers 2015, S. 8.

346 Vgl. Eickhoff 1966, S. 65–74.

347 Ann. regni Francorum a. 820 (Kurze 1895), S. 153.

belegt dann die Kapitelliste von 825, zum Jahr 828 verzeichnen die Reichsannalen eine Flottenunternehmung.[348]

Korsika könnte einen Schwerpunkt der Anstrengungen karolingischer Herrscher in der Abwehr muslimischer Angriffe zum einen wegen seiner strategisch günstigen Lage vor den Küsten des heutigen Südfrankreichs und Italiens gebildet haben.[349] Außerdem aber galt die Insel auch als Teil der *Pippinischen Schenkung*,[350] jener Gebiete also, die der erste karolingische König dem Papst zur Herrschaft übertragen haben soll.[351] Die Umsetzung dieser Versprechungen und damit auch ihr Schutz gegen auswärtige Feinde, zumal gegen nicht christliche Angreifer, wurde zu einem zentralen Baustein der kaiserlich-karolingischen Identität als Schutzherren Roms und des Papstes.[352] Die Päpste ihrerseits forderten die Erfüllung dieser Rolle von den fränkischen Herrschern nachdrücklich ein. So schrieb Leo III. 808 an Karl den Großen, er habe den Grafen Helmengaud mit dem Schutz der korsischen Küste beauftragt,[353] im Übrigen vertraue er die Insel dem Schutz der Mutter Gottes und der Apostel an, noch mehr aber Karls „mächtigem Arm".[354]

Eine Bestätigung der *Pippinischen Schenkung* durch Ludwig den Frommen von 817 wurde von seinen drei Söhnen, Lothar I., Pippin I. und Ludwig II. unterzeichnet.[355] Vor diesem Hintergrund wurde Lothar im August 824 an Stelle seines Vaters

---

348 Ann. regni Francorum a. 828 (Kurze 1895), S. 176.

349 Esders 2018, S. 111.

350 Liber Pontificalis, 1 (Duchesne 1886), Nr. 97, 42, S. 498. Ich danke für den Hinweis auf die *Pippinische Schenkung* Annette Grabowsky (Tübingen).

351 Ob Korsika Teil der PippinischenSchenkung war ist umstritten, wenigstens aber beanspruchten Päpste die Insel seit Beginn des 9. Jh. als Teil des *patrimonium Petri*, vgl. Esders 2018, S. 101 mit Fn. 51. Grundlegend zu Korsika in diesem Zusammenhang weiterhin Dove 1894. Zur *Pippinischen Schenkung*, ihrer Begründung über die *Konstantinische Schenkung* und ihren Bestätigungen durch Karl den Großen und Ludwig den Frommen vgl. Heather 2013, S. 235–237. F. Hartmann 2006, S. 113–152. Grundlegend für aktuelle Darstellungen dieses Themenkomplexes mit der Datierung der *Konstantinischen Schenkung* in die 750er bis frühen 770er Jahre ist Noble 1984, S. 132–183. Zur Bedeutung der Gebietszusagen an den Papst für die militärische Aktivität karolingischer Herrscher auf der italienischen Halbinsel vgl. B. Bachrach 2013, S. 375–376.

352 Als aktuelle Arbeiten vgl. Höfert 2015, S. 399–400. Mierau 2010, S. 441–446.

353 Mit weiteren Belegen für einen Grafen dieses Namens mit engen Beziehungen zum Papst Anfang des 9. Jahrhunderts vgl. das Epitaph Theodlufs von Orléans für Helmengaldus, Theodulf, Carmina (Dümmler 1881), Nr. XL, S. 532, vgl. auch Abel 1883, S. 391, S. 553.

354 Leo III., Epistolae (Hampe 1899), Nr. 1, S. 88: „Atque in ore posuimus Helmengaudi comitis, ut vestra donatio semper firma et stabilis permaneat et ab insidiis inimicorum tuta persistat per intercessionem sanctae Dei genetricis et beatorum principum apostolorum Petri ac Pauli et vestrum fortissimum brachium".

355 Urkunden Ludwigs des Frommen (Kölzer 2016), Nr. 125, S. 312–320; das Dokument ist bekannt als *Hludowicianum*. Die Nennung der „insulas Corsica, Sardinia et Sicilia" als Teil der übertragenen Gebiete ist vermutlich eine Interpolation, vgl. Urkunden Ludwigs des Frommen (Kölzer 2016), Nr. 125, S. 315, Z. 46 nach Hahn 1975, S. 80–81. Sickel 1883, S. 75. Zur Einordnung und Interpretation des *Pactum* vgl. Schäpers 2018, S. 126. Noble 1984, S. 299–308, vgl. auch Geiselhart 2002, S. 91–114.

nach Rom gesandt, um die chaotische und gewalttätige Wahl Papst Eugens II. nachträglich zu regeln.[356] Als Mitkaiser sollte er die Lage beruhigen, indem er „was die Lage der Dinge zu erfordern schien mit dem neuen Papst und dem römischen Volk verabrede und festsetze".[357] Das Ergebnis ist in einer Kapitelliste vom November 824 festgehalten, der sogenannten *Constitutio Romana*.[358] Sie lässt sich als Umsetzung des Schutzversprechens im Rahmen der innerrömischen Auseinandersetzungen verstehen.[359]

Dabei dürften sich die Auseinandersetzungen um die Papstwahl wie auch die neuen „heidnischen" Angriffe auf die Gebiete,[360] die seine Vorfahren dem heiligen Petrus übertragen hatten, aus Sicht des gerade erst über die Alpen gekommenen Kaisers in eine lange Folge von Katastrophen eingereiht haben.[361] Seit Beginn der 820er Jahre berichten besonders die Reichsannalen von einer Serie von Hungersnöten und Seuchen,[362] deren Ankündigung die Zeitgenossen in bösen Vorzeichen ängstigte:[363]

356 Zu den Ereignissen vgl. Schäpers 2018, S. 124–126

357 Ann. regni Francorum a. 824 (Kurze 1895), S. 164–165: „Hlotharium filium imperii socium romam mittere decrevit, ut vice sua functus ea, quae rerum necesitas flagitare videbatur, cum novo pontifice populoque Romano statueret atque firmaret". Die dt. Übersetzung aus Reinhold Rau 1955, S. 137–139.

358 Capitularia, 1 (Boretius 1883), Nr. 161, S. 322–324. Vgl. zur Constitutio Schäpers 2018, S. 126.

359 Noble 1984, S. 312–318.

360 So Papst Leo III. im Brief von 808 an Karl den Großen, Leo III., Epistolae (Hampe 1899), Nr. 1, S. 88: „litoraria nostra ac vestra ab infestatione paganorum et inimicorum nostrorum tuta reddantur atque defensa",

361 Patzold 2013, S. 152–159, S. 175–184. Patzold 2008, S. 135–137. Die aktuelle, inzwischen klassische Interpretation der Ereignisse, die am Ende des Jahrzehnts schließlich in der ersten Rebellion gegen Ludwig den Frommen gipfelten bietet De Jong 2009. Zu den 820 Jahren hier bes. S. 39–40, S. 157. Zum Ablauf und als ältere Darstellung vgl. Boshof 1996, S. 158–185. Als weiterhin sehr hilfreichen ereignisgeschichtlicher Überblick und Quellensammlung Simson 1874, S. 312–366.

362 Ann. regni Francorum a. 820–821, a. 823–824 (Kurze 1895), S. 154–157, S. 163, a. 823, S. 163–165. Hermann von Reichenau, Chronicon a. 822 (Pertz. 1844), S. 102 Fn. *. Vgl. auch Ann. Fuldenses a. 823 (Kurze 1895), S. 103: „Pestilentia quoque ingens", a. 824, S. 103–104: „Hiems praeter solitum frigida et prolica". Meine Quellenangaben folgen im Wesentlichen Patzold 2013, S. 151–153. Als kurze Übersicht zur klimatischen Einordnung der Zeit Karls des Großen und Ludwigs des Frommen als Schlechtwetterperiode vgl. Behringer 2010, S. 96–97. Als Sammlung der Quellenbelege weiterhin Curschmann 1900, S. 82, S. 93–95. Elena Ziegler bereitet in Tübingen eine Doktorarbeit zum Einfluss klimatischer Determinanten auf sozio-politische Ordnungsvorstellung in der fränkischen Welt des 9. Jahrhundert vor. Ihr verdanke ich meine meteorologische Einordnung der 820er Jahre, wie im Folgenden vorgenommen.

363 Bes. Ann. regni Francorum a. 823 (Kurze 1895), S. 163: „hoc anno prodigia quaedam extitisse narrantur". Vgl. als zeitgenössische Illustration der Stimmung Ende der 820er Jahre die von De Jong und Patzold umfasend kontextualisierte Erzählung des Dämonen Wiggo: Einhard, Translatio (Waitz 1887), III, 14, S. 253. Patzold 2013, S. 183–185. De Jong 2009, S. 162–163. Wiggo, der im Winter 828/829 den Körper einer jungen Frau in der Gegend des heutigen Frankfurt in Besitz genommen hatte, gab gegenüber einem Priester zu, ein Diener des Teufels zu sein. Er habe bereits „seit etlichen Jahren" das Frankenreich verwüstet, alle Feldfrüchte verdorren lassen, das Vieh

823 wurde in Aachen die Pfalz von einem Erdbeben zerstört, für Norditalien bieten die Reichsannalen die Wundergeschichte eines alten, fast vergessenen Wandgemäldes der Mutter Gottes, das in einer Kirchenapsis für zwei Tage in übernatürlichem Glanz neu erstrahlte.[364] Nachdem Lothar I. im August 824 nach Italien geschickt worden war, musste Ludwig der Fromme einen eigenen geplanten Feldzug in die Bretagne wegen der herrschenden Hungersnot auf das Spätjahr verschieben.[365]

Der klimatische Hintergrund dieser extremen Schlechtwetterperiode waren sehr wahrscheinlich außergewöhnlich starke vulkanische Aktivitäten auf der Nordhalbkugel, wie Messungen an grönländischen Eisbohrkernen rekonstruieren lassen.[366] Starke Vulkanemissionen können zur Bildung großer Teilchenwolken in der Stratosphäre führen, die großflächige und starke Temperaturabstürze zur Folge haben. Die Planungen und Beratungen Lothars I., Anfang 825 ein Heer nach Korsika zu schicken, fanden damit, so ein erstes Zwischenfazit, in einer als krisenhaft empfundenen ökologischen Notsituation statt,[367] die die Aufstellung eines Heeres erschwerte. In dieser Situation erarbeitete der Kaiser mit seinen Beratern in der Pfalz Marengo eine Liste mit Anweisungen an die Grafen zur Umsetzung eines Aufgebots. Da bestimmte Männer offenbar nicht zum Kriegsdienst verpflichtet sein sollten, musste besprochen und geregelt werden, wer genau befreit war.

Der Text, der diese Regelungen festhielt, ist als kaiserliche Anweisung an die Grafen formuliert: „Wir wünschen, dass von den einzelnen Grafen folgende Maßregel eingehalten wird unter denen, die mit ihnen nach Korsika gehen oder zurückbleiben müssen".[368] Wie nach dieser Ankündigung erwartbar, wird im Folgenden in drei Kapiteln näher erläutert, wer an dem Kriegszug teilnehmen muss. Das betrifft zunächst die „Männer" der Vasallen des Kaisers:[369]

---

hinweggerafft und jede vorstellbare Art menschlicher Bosheit gesät. Zur *Translatio* vgl. Seminar für mittelalterliche Geschichtet 2015, hier III, 14, S. 97.

364 Ann. regni Francorum a. 823 (Kurze 1895), S. 163. Ein Indikator für die starke Abkühlung im Alpenraum ist die Ausdehnung des Unteren Grindelwaldgletschers in den Berner Alpen, eines vergleichsweise kleinen und deshalb klimasensiblen Gletschers. Derzeit existiert der Gletscher nicht. Vgl. McCormick 2007, S. 874, S. 881–883.

365 Ann. regni Francorum a. (Kurze 1895) a. 824, S. 163. Vgl. Patzold 2013, S. 154.

366 McCormick 2008, S. 21. McCormick 2007, S. 881–884. Kritisch zum Aussagepotential der vorgestellten Ergebnise Ebert 2016.

367 Anders Esders 2018, S. 137 Fn. 223.

368 Capitularia, 1 (Boretius 1883), Nr. 162, S. 325: „Volumus ut singulis comitibus hac districtione teneantur inter eos qui cum eis introeant in Corsica vel remanere debeant". Der Editionstext ist in keiner der beiden Handschriften überliefert, sondern eine Emendation Boretius'. Der hier nach Anmerkung „c" der Edition wiedergegebene Text entspricht der Handschrift Vatikan, Biblioteca Apostolica Vaticana, Chigi F. IV. 75, fol. 92^{v}.

369 Meine Übersetzung geht auf die neue Textgestaltung und die Übersetzung Stefan Esders' zurück, vgl. Esders 2018, S. 125.

1. Im Hinblick auf die herrschaftlichen Vasallen, die *austaldi* sind und uns häufig in der Pfalz dienen, wünschen wir, dass deren Männer, die sie vorher gehabt haben, zurückbleiben; auch diejenigen, welche sich ihnen aus diesem Anlass kommendiert haben, sollen mit ihren Herren zurückbleiben. Von denen aber, die auf deren Besitz leben, wollen wir wissen, wer sie sind und ferner wollen wir überlegen, ob sie ausziehen oder bleiben. Die aber, die Benefizien von uns haben und außerhalb weilen, müssen ausziehen.[370]

Die entscheidende Frage zum Verständnis dieser Bestimmungen ist, was mit dem Wort *austaldus* ausgedrückt wird. Nach einer noch immer gängigen lehnrechtlichen Interpretation werden hier drei Gruppen königlicher Vasallen unterschieden, denen verschiedene Grade vasallitischer Pflichten zum Kriegsdienst entsprechen:[371] Vom Modell des Lehnswesens ausgehend hat man in den „Austalden" einen lehnrechtlichen Fachbegriff für „unbelehnte Vasallen gesehen". Diese Vasallen seien nicht dienstpflichtig gewesen, weil sie kein Lehen besäßen, während Vasallen mit Eigengut nach Ermessen des Königs und Vasallen mit Benefizien ausnahmslos dienstpflichtig gewesen seien. Das Kapitel gilt damit als wichtiger Beleg für die zunehmende Feudalisierung der militärischen Organisation der karolingischen Welt.[372] Die Bedeutung des Wortes *austaldus* ist jedoch völlig unklar. Stefan Esders hat gezeigt, dass es allein auf eine der beiden Handschriften zurückgeht, in denen die Kapitelliste für Korsika überliefert ist.[373] Auch sprachgeschichtlich ist die Form *austaldus* nicht plausibel erklärbar.[374] Höchstwahrscheinlich handelt es sich so gar nicht um einen seltenen lehnrechtlichen Fachbegriff, sondern lediglich um einen Kopistenfehler, eine Verschreibung des Wortes *castaldus*.[375] Diese langobardische Bezeichnung bedeutete etwa das Gleiche wie das fränkischen *vasallus* als Bezeichnung für einen nachrangigen königlichen Funktionsträger.[376]

Eine Übersetzung von *austaldus* als „unbelehnt" kann sich nur ergeben, wenn man von einem festgefügten Modell aus auf diese Stelle blickt, das die karolingische Gesellschaft streng lehnrechtlich gliedert. Doch das Kapitel behandelt gar

370 Capitularia, 1 (Boretius 1883), 325, Nr. 162, 1, mit Esders 2018, S. 124–125: „Ut domnici vassalli, qui castaldi sunt et in nostro palatio frequenter servient, volumus ut remaneant eorum homines quos antea habuerunt; qui propter hanc occasionem eis se commendaverunt, cum eorum senioribus remaneant. Qui autem in eorum proprietate manent, volumus scire qui sint et adhuc considerare volumus, quis eant aut quis remaneant. Illi vero qui beneficia nostra habent et foris manent, volumus ut eant".

371 Schäpers 2018, S. 153 Fn. 660. Salten 2013, S. 152. Geiselhart 2002, S. 118–119. Vgl. auch als klassische italienische militärgeschichtliche Arbeit Gasparri 1986, S. 705. Vgl. mit dieser Deutung schon Boretius 1874, S. 139–140.

372 Geiselhart 2002, S. 120–122, vgl. H. Brunner/Von Schwerin 1928, S. 277–282.

373 Cava de' Tirreni, Biblioteca della Badia, 4, fol. 241r.

374 Nach Auskunf Wolfgang Haubrichs', vgl. Esders 2018, S. 123 Fn. 168.

375 Esders 2018, S. 122–123: Vermutlich schrieb ein Kopist ausgehend von *castaldus*, einer zeittypischen Variante für *gastaldus*, ein „ca" als ein „au" ab.

376 Lück 2008a, Sp. 1935–1937.

nicht die Dienstpflicht verschiedener Gruppen königlicher Vasallen,[377] sondern die ihrer Klienten, *eorum homines*. Im Hinblick auf diese Männer, nicht die königlichen Vasallen, wird unterschieden, ob sie Eigengut oder ein Leihgut aus dem Besitz des Königs besaßen. Der Hintergrund dieser Unterscheidung scheint dabei vor allem zu sein, ob sich die Klienten der königlichen Vasallen bei ihrem Herrn, das heißt am Hof und damit bereits im Dienst des Kaisers aufhielten oder nicht.[378] Diejenigen, die sich beim Kaiser befanden, sollten nicht am Kriegszug teilnehmen, die übrigen hingegen mussten ausziehen.

Das zweite Kapitel der Liste behandelt analog zu den Klienten der königlichen Vasallen die „Männer der Bischöfe und Äbte", die sich nicht am Hof aufhalten. Sie sollten „mit ihren jeweiligen Grafen" ausziehen.[379] Dabei wurden den Bischöfen und Äbten je zwei Männer zugestanden, die sie zurückhalten durften.[380] Anschließend sind wieder die *castaldi* angesprochen.[381] Auch aufgrund der Grammatik des Satzes ist unklar, was hier gemeint ist. Entweder werden nach den Klienten der Magnaten auch diejenigen von deren *castaldi* aufgeführt.[382] Oder *castaldi* und *liberi* gehören als Nominative zusammen, sodass hier die „Freien Gastalden" besprochen werden. Dann geht es um eine bestimmte Form von Bediensteten der geistlichen Magnaten, für die ebenfalls eine Sonderregelung getroffen wurde: Grundsätzlich sollten sie zum Kriegsdienst herangezogen werden, wobei von dieser Kategorie von Klienten vier freigestellt werden durften. Auch in diesem Kapitel scheint der entscheidende Unterschied zu sein, ob sich die angesprochenen Männer zur Zeit des Aufgebots am Hof befanden oder in ihrer Heimatregion. Dann sollten sie wie ihre Nachbarn von den örtlichen Grafen zum Kriegsdienst herangezogen werden.

Das dritte Kapitel schließlich regelt das Verfahren für die „übrigen freien Männer, die *bharigildi* genannt werden".[383] Der Schreiber verwendete damit offenbar einen

---

377 Vgl. Esders 2018, S. 124. Schäpers 2018, S. 141 Fn. 572. So schon Waitz 1861a, S. 496–498. Erst die spätere, lehnrechtlich fixierte Forschung hat hier eine Kategorisierung königlicher Lehnsmänner sehen wollen.

378 Esders 2018, S. 126.

379 Capitularia, 1 (Boretius 1883), Nr. 162, 2, S. 325 mit Esders 2018, S. 128: „Homines vero episcoporum seu abbatum, et qui foris manent, volumus ut cum comitibus eorum vadant, exceptis duobus quos ipse elegerit; et eorum castaldi liberi, exceptis quattuor, volumus ut pleniter distringantur".

380 Capitularia, 1 (Boretius 1883), Nr. 162, 2, S. 325. Vgl. Esders 2018, S. 129 mit Capitularia, 1 (Boretius 1883), Nr. 50, 4, S. 137, Nr. 141, 27, S. 291.

381 Wiederum als *austaldi* verschrieben, s. o. S. 179 Fn. 375.

382 So Esders 2018, S. 128. Stefan Esders bezieht den durch „eorum" eingeleiteten Teilsatz auf die im vorangehenden Satz genannten Grafen („cum comitibus eorum vadant"), nicht die Bischöfe, weil Bischöfe im 9. Jh. noch keine eigenen „Gastalden" gehabt hätten.

383 Capitularia, 1 (Boretius 1883), Nr. 162, 3, S. 325 mit Esders 2018, S. 132: „Ceteri vero homines liberi quos vocant bharigildi, volumus ut singuli comites hunc modum teneant: [...] Secundi vero ordinis liberis, [...] coniungantur duo vel tres [...] qui iuxta considerationem comitis eunti adiutorium faciant".

fränkischen Terminus, den er hier im oberitalienischen Kontext für erklärungsbedürftig hielt.[384] Die Freien, die ausreichend Vermögen besaßen, um selbstständig in den Krieg zu ziehen, waren dazu verpflichtet. „Eine zweite Klasse von Freien, diejenigen, die aus Armut nicht selbstständig ausziehen können", sollte zu dritt oder viert einen Krieger stellen, den der Graf nach eigenem Ermessen unter ihnen auswählte. „Diese Regel soll auf diese Weise befolgt werden bis hinab zu jenen, die wegen ihrer allzugroßen Armut weder selbst ausziehen, noch einem, der auszieht, Hilfe gewähren können."[385]

Diese Regelung der Gestellungsverbände ist, wie entsprechende Bestimmungen in den übrigen Aufgebotslisten, bislang vor allem als Reaktion auf die zunehmende prekäre Lage der Freien im Zuge tiefgreifender sozio-ökonomischer Veränderungen zu Beginn des 9. Jahrhunderts gewertet worden, nämlich die Entstehung des Lehnswesens.[386] Die verringerte Leistungsfähigkeit, auf die das Kapitel reagiert, könnte jedoch wesentlich punktueller sein und in der Schlechtwetterperiode der 820er Jahre liegen, die für Missernten, Hungersnöte und Seuchen sorgte. Als heute noch erhaltene Spur karolingischer Herrschaftspraxis verstanden gibt die Kapitelliste jene Fragen wieder, die Anfang 825 bei Beratungen in der Pfalz Marengo diskutiert wurden. Die ersten beiden Kapitel, die die *homines* der Funktionsträger betreffen, wären somit die Regelung eines Problems, dass für das Aufgebot antizipiert wurde: Da bestimmte Männer nicht zum Kriegsdienst verpflichtet sein sollten, jene nämlich, die sich als Klienten hoher Funktionsträger am Hof des Kaisers aufhielten, musste geregelt werden, wer genau vom Aufgebot befreit war. Darüber hinaus musste man offenbar eine Regelung treffen, in welcher Weise überhaupt diejenigen zum Kriegsdienst herangezogen werden konnten, die grundsätzlich als kriegsdienstpflichtig betrachtet wurden.

Stefan Esders hat in seiner Untersuchung zur Kapitelliste von 825 jüngst den Personenkreis herausgearbeitet, an den sich Lothar in dieser Situation zur Umsetzung eines Aufgebotes wandte. Es dürfte sich dabei um die Grafen der westlichen Küstengebiete Oberitaliens gehandelt haben, besonders um den bairischstämmigen Bonifatius II., der wohl Graf von Lucca war und in dieser Position nach langobardischer Tradition für den Schutz der Küste verantwortlich.[387] Das für das

384 Esders 2018, S. 134, mit Verweis auf H. Brunner/Von Schwerin 1928, S. 290–291. Zum Begriff vgl. Lück 2008b, Sp. 448–450. Vgl. auch Geiselhart 2002, S. 122–123.

385 Capitularia, 1 (Boretius 1883), Nr. 162, 3, S. 325: „[...] in hunc modum ordo iste servetur usque ad alios qui pro nimia paupertate neque ipsi ire valent neque adiutorium eunti prestare".

386 S. o. S. 91.

387 Esders 2018, S. 114–116. Bonifatius ist erstmals 823 belegt, als er in Lucca eine Urkunde seiner Schwester Richilde unterschrieb. Chartae Latinae Antiquiores, 75 (Cavallo u. a. 2005), Nr. 20, S. 80, Z. 6–7. Zu Bonifatius I. und II. und Richilde vgl. Hofmeister 1907, S. 285–286. Als die zweite Rebellion gegen Ludwig den Frommen 834 zusammenbrach, gehörte Bonifatius zu jenen „Getreuen" Ludwigs in Italien, die die Kaiserin Judith aus ihrer Klosterhaft in Tortona befreiten, vgl. Ann. Bert. a. 834 (Grat u. a. 1964), S. 13.

9. Jahrhundert vermutlich einzigartig reiche Urkundenmaterial in Lucca ermöglicht es darüber hinaus jedoch auch, die Krieger einer etwas niedrigeren Ebene exemplarisch zu fassen, die Grafen wie Bonifatius für einen Feldzug aufbieten konnten. Zum einen lässt sich über die Urkunden wie auch die Aufzeichnungen örtlicher Gerichtsversammlungen eine Reihe königlicher Vasallen in Lucca fassen, wie sie im ersten Kapitel der Liste für Korsika angesprochen werden. [388] Diese Reihe ist für die Jahrzehnte zwischen 810 und 830 allerdings sehr dünn und zeigt erneut, dass die Funktion als Vassall des Herrschers recht exklusiv war.[389] Im Jahr nach dem korsischen Feldzug etwa, 826, unterzeichnete ein „Teudimundus" als Zeuge eine Pachturkunde in Lucca.[390] Elf weitere Unterschriften mit diesem Namen zwischen 826 und 862 können paläographisch derselben Person zugewiesen werden.[391] Dabei bezeichnete Teudimundus sich 862 als *wassu domni imperatoris*.[392] Teudimundus duchlief also offenbar im Lauf seines Lebens eine Karriere zum königlichen Vasallen, das heißt einem einflussreichen regionalen Funktionsträger. Er dürfte identisch mit dem gleichnamigen königlichen Boten sein,[393] der 866 die Aufstellung einer Armee in der Gegend von Pisa, Lucca, Pistoia und Luna überwachen sollte.[394] Sein Vater Sisimundus ist seit 807 urkundlich belegt und vermutlich identisch mit einer gleichnamigen Person, die seit 822 als Teilnehmer eine Reihe von Gerichtsversammlungen bezeugt ist.[395] Auch er war möglicherweise ein königlicher Vasall.[396]

Männer wie Sisimundus und Teudimundus mit Bindungen an den König sind als wichtige Landbesitzer und Gerichtsteilnehmer einer vermittelnden, lokalen Führungsschicht unterhalb der Grafen zuzurechnen, ähnlich einer Position, wie Johannes sie in Septimanien einnahm. Im Lucceser Material sind jedoch auch jene Männer fassbar, die unterhalb dieser Führungsschicht den politischen Verband

388 Capitularia, 1 (Boretius 1883), Nr. 162, 1, S. 325.

389 Anders Castagnetti 2010, S. 237. Ihm gilt jeder Beleg für *beneficia* aus dem Besitz der Bischofskirche gleichzeitig als Beleg für königliche Vasallen, sodass seine Einschätzung der Zahl königlicher Vasallen über die systematische Verbindung von Vasallität und Benefizien vom Modell des Lehnswesens ausgeht.

390 Chartae Latinae Antiquiores, 74 (Cavallo u. a. 2004), Nr. 44, S. 148–150. Zu Teudimundus und seiner Familie vgl. Stoffella 2004, S. 13–16.

391 Castagnetti 2010, S. 279–282.

392 Chartae Latinae Antiquiores, 81 (Mastruzzo 2003), Nr. 782, S. 116, Z. 60. Vgl. Castagnetti 2010, S. 282.

393 Zu Teudimundus vgl. Stoffella 2004, S. 14.

394 Capitularia, 2 (Boretius u. a. 1897), Nr. 218, 3, S. 95. Die Zuweisung eines Legationsbezirks an Teudimundus ist Teil der sogenannten *Constitutio de expeditione Beneventana*, einer Aufgebotsliste von 866 für einen Feldzug gegen das süditalische Herzogtum Benevent. Sie stellt neben den oben besprochenen Kapitellisten Capitularia, 1 (Boretius 1883), Nr. 48, Nr. 50 und der in diesem Kapitel besprochenen Liste von 825 die vierte erhaltene Aufgebotsliste dar, s. o. S. 85.

395 Chartae Latinae Antiquiores, 73 (Cavallo u. a. 2003), Nr. 3, S. 20, Z. 27. Vgl. Stoffella 2004, S. 14 Fn. 21.

396 placiti del ‚Regnum Italiae', 1 (Manaresi 1955), Nr. 33 (822), S. 103, Nr. 57 (851), S. 199.

darstellten. Die Urkunden und Gerichtsprotokolle belegen zahlreiche freie Männer namentlich, die gemeinsam mit der Führungsschicht Urteile und Urkunden bezeugten. In diesen Quellen sind sie gemeinsam mit den Bischöfen und Grafen ihrer Region aufgezählt, sie saßen mit ihnen der Gerichtsversammlung vor und wurde als Zeugen für Rechtsgeschäfte angeführt. Man kann sie also als Gruppe fassen, die persönlich mit den hohen Funktionsträgern ihrer Region umging und auch gelegentlich Kontakt zu königlichen Boten hatte. Die Grafen, mehr noch wahrscheinlich aber Figuren wie Teudimundus, deren Aktionsradius lokal begrenzt war, stellten in einer Scharnierfunktion zwischen verschiedenen sozialen Niveaus die Schnittstellen zwischen politischem Zentrum und politischer Peripherie dar. Die Lucceser Urkunden beweisen damit zwar nicht, welche Personen 825 im Einzelnen am Feldzug nach Korsika teilgenommen haben, doch sie machen den Umriss jener Gruppe wahrscheinlich, auf den die Grafen für den Kriegsdienst zugreifen sollten.

Den ersten Schritt ihrer Aufbietung für einen Feldzug stellt die Liste der *Capitula de Expeditione Corsicana* vom Februar 825 dar. Die handschriftliche Überlieferung der Kapitellisten Lothars I. zeigt, wie der Kriegszug nach Korsika den Kaiser und sein Umfeld in den folgenden Monaten weiterhin beschäftigte: Bis zur Abreise Lothars über die Alpen Mitte des Jahres entstanden mindestens drei weitere Kapitellisten auf einer Versammlung,[397] einem *placitum generale*,[398] in Corteolona.[399] In den beiden Handschriften, die die Aufgebotsbestimmungen für Korsika überliefern und die vermutlich jene Kapitelsammlung wiedergeben, die um 832 in Pavia entstand,[400] stehen diese drei Listen direkt daran anschließend.[401] Auch sie enthalten eine ganze Reihe von Kapiteln, die Kriegsdienste zum Gegenstand haben. So steht etwa im vierten Kapitel der als „erstem kirchlichen" Kapitular von Corteolona edierten Liste:

> Den einzelnen Bischöfen, Äbten und Äbtissinen gestehen wir zwei Sachwalter zu, denen wir, solange sie Vögte sind, den Kriegsdienst erlassen.[402]

Die Liste, deren Teil dieses Kapitel ist, gilt als Ausdruck eines „weitreichenden Reformkonzepts", das Lothar I. während seines zweiten Italienaufenthaltes habe

---

397 Zum Itinerar Lotahrs in der ersten Hälfte des Jahres 825 s. o. S. 175.

398 Capitularia, 1 (Boretius 1883), Nr. 163, S. 326. Die Angabe des *placitum generale* ist enthalten in der Inskription des Textes in der Handschrift Vatikan, Biblioteca Apostolica Vaticana, Chigi F. IV. 75, fol. 92^{v}.

399 Capitularia, 1 (Boretius 1883), Nr. 163–165, S. 326–331. Zur Einordnung der italienischen Kapitellisten samt ital. Übersetzung der entsprechenden Stücke vgl. capitolari italici (Azzara 1998). Die in diesem Kapitel behandelten Texte Lothars I. hier S. 125–135.

400 S. o. S. 184.

401 Cava de' Tirreni, Biblioteca della Badia, 4, fol. 242^{r}-247^{r}. Vatikan, Biblioteca Apostolica Vaticana, Chigi F. IV. 75, fol. 93^{r}-97^{r}.

402 Capitularia, 1 (Boretius 1883), Nr. 163, 4, S. 326: „Singulis episcopis, abbatibus, abbatissis duos concedimus advocatos, eosque quam diu advocationem tenuerint ab hoste relaxamus".

umsetzen wollen, besonders der Etablierung der Vogtei als ursprünglich fränkischer Institution im langobardischen Königreich.[403] Das zitierte Kapitel soll dabei als umfassende und allgemeine Bestimmung zu Vogtei und Kriegsdienst die Einführung einer Art Doppelvogtei legislativ flankiert haben. Während man nun die italienischen Kapitellisten Lothars I. entsprechend den Bemühungen Ludwigs des Frommen in den 820er Jahren sicherlich als Überreste eines Reformprogramms verstehen kann,[404] so lässt sich das zitierte Kapitel dennoch weit besser als Teil der Diskussion um Kriegsdienste im Frühjahr 825 begreifen denn als „Zugeständnis an die Interessen der Kirche".[405] Wenn man die Kapitellisten dieses Zeitraums gemeinsam betrachtet, so wird hier, in Corteolona, das wenige Monate zuvor am Hof besprochene zweite Kapitel der Liste für Korsika aufgegriffen.[406] Auf der großen Versammlung in Corteolona kam damit offenbar die Frage nach dem Kriegsdienst der Funktionsgehilfen von Bischöfen, Äbtissinnen und Äbten wieder auf. Das könnte geschehen sein, um die Regelung denjenigen, die in Marengo bei Beratungen im kleinen Rahmen nicht dabei gewesen waren, bekannt zu machen, oder aber, weil die Regelung erneut diskutiert und schließlich auch bestätigt wurde.

Die ganz konkrete Bestimmung, die in Corteolona auf einer Versammlung im Frühjahr 825 getroffen wurde, lautete dann, dass die Kirchenvorsteher jeweils zwei Männer, von denen der Kaiser sonst die Teilnahme am Feldzug nach Korsika gefordert hätte, als Sachwalter ihrer Verpflichtungen zurückhalten durften. In ganz ähnlicher Weise lassen sich besonders die Bestimmungen der – nach der Kapitularienedition – dritten Kapitelliste von Corteolona als Rückgriff auf die Aufgebotsbestimmungen für Korsika interpretieren. Das erste Kapitel trifft erneut Bestimmungen zum Kriegsdienst freier Männer. Jene, die nach ihrem Besitz in der Lage wären, Kriegsdienst zu leisten, ihn aber verweigerten, sollten beim „ersten Mal der Strafe unterliegen, die ihr Recht dafür festsetzt".[407] Bei wiederholter Verweigerung sollten sie zunächst den Heerbann von 60 solidi zahlen, bei einer dritten

---

403 Geiselhart 2002, S. 140, S. 229. Vgl. unter Übernahme dieser Deutung Schäpers 2018, S. 135.

404 Zu den Reformen der 820er Jahre vgl. Suchan 2015, bes. S. 240–249. Patzold 2013, bes. S. 151–159. De Jong 2009, bes. S. 2–5. Patzold 2008, bes. S. 135–140.

405 Geiselhart 2002, S. 139.

406 Capitularia, 1 (Boretius 1883), Nr. 162, 2, S. 325. Vgl. Esders 2018, S. 131, S. 140.

407 Capitularia, 1 (Boretius 1883), Nr. 165 [Kapitel 1 ohne Kapitelzählung], S. 329–330: „Statuimus ut liberi homines, qui tantum proprietatis habent unde hostem bene facere possunt et iussi nolunt, ut prima vice secundum legem illorum statuto damno subiaceant; si vero secundo inventus fuerit neglegens, bannum nostrum id est LX solidos persolvat; si vero tertio quis in eadem culpa fuerit inplicatus, sciat se omnem substantiam suam amissurum aut in exilio esse mittendum. De mediocribus quippe liberis qui non possunt per se hostem facere comitum fidelitati committimus, ut inter duos aut tres seu quatuor, vel si necesse fuerit amplius, uni qui melior esse videtur adiutorium praebeant ad nostrum servicium faciendum. De his quoque qui propter nimiam paupertatem neque per se hostem facere neque adiutorium prestare possunt, conserventur quousque valeant recuperare".

Weigerung ins Exil geschickt werden. Freie mit geringerem Vermögen sollten von den Grafen je nach Besitz zu Gestellungsverbänden zusammengefasst werden, die gemeinsam einen Krieger stellten. Jene aber, so schloß der Kaiser, „die aus zu großer Armut weder von sich aus in das Heer einrücken noch Unterstützung gewähren können“, sollten „geschont werden, bis sie in der Lage sind, sich zu erholen“.

Während der Bezug zum Aufgebot für Korsika hier sehr naheliegend und deshalb auch wissenschaftlich etabliert ist, wurde diese Bestimmung klassischerweise als Festschreibung der für Korsika „ad hoc“ getroffenen Bestimmungen zu einer „grundsätzlichen gesetzlichen Regelung der Heeresfolge“ gedeutet.[408] Nimmt man den Charakter der Kapitellisten als Überrest des *placitum generale* von 825 ernst, so zeigt die Liste jedoch zunächst einmal nur, dass diese Versammlung erneut über den Kriegsdienst der „freien Männer“ gesprochen hat. Das hatte allerdings, so darf man vermuten, einen ganz konkreten Anlass: die Umsetzung des Aufgebots wenige Monate zuvor. Die Sachverhalte, die in Corteolona besprochen wurden, lassen sich so als Reaktion auf Rückmeldungen und Probleme verstehen, die sich bei der Aufstellung der Armee für Korsika ergeben hatten.[409] Auch der Verweis auf die „Erholung“ der freien Männer von der materiellen Not lässt sich dann nicht als allgemeine Hoffnung auf eine wirtschaftliche Sanierung eines durch die Feudalisierung unter Druck geratenen Freienstandes deuten, sondern auf das Ende des schlechten Wetters und der Missernten.

Als solche Fallregelungen praktisch aufgetretener Probleme sind auch die weiteren Kapitel der dritten Liste von Corteolona besser zu verstehen. Deren zweites Kapitel behandelt Männer, die versuchen, sich dem Kriegsdienst zu entziehen, indem sie ihren Besitz einer Kirche übertragen. Festgelegt wurde, dass auch sie Kriegsdienst leisten mussten: Freie, die ihr Land „nicht aus Armut, sondern um öffentliche Pflichten betrügerisch und hinterlistig zu vermeiden,“ an eine Kirche oder einen Laien übertrügen und es dann unter Zahlung eines Zinses zur Nutzung zurückerhielten, müssten nach wie vor „den Kriegszug und die übrigen öffentliche Dienste leisten“.[410] Ähnliche Regelungen zur Verpflichtung freier Männer zum Kriegsdienst treffen noch vier weitere Kapitel der Liste, die zeigen, dass Freie versuchten, sich der Verpflichtung zum Kriegsdienst zu entziehen. Dabei wurden in einer Kleinteiligkeit, wie sie für die karolingischen Kapitellisten typisch ist, sehr spezifische Fälle geregelt: Was sollte etwa geschehen, wenn Brüder gemeinsam

408 Geiselhart 2002, S. 162–163, vgl. Boretius 1874, S. 140. Ähnlich die Gesamtdeutung der Kapitellisten Lothars I. während seines zweiten Italienaufenthaltes 824–825 bei Schäpers 2018, S. 134–138.
409 Vgl. Esders 2018, S. 141
410 Capitularia, 1 (Boretius 1883), Nr. 165, 2, S. 330: „Placet nobis, ut liberi homines, qui non propter paupertatem sed ob vitandam reipublicae utilitatem fraudolenter ac ingeniose res suas ecclesiis delegant easque denuo sub censu utendas recipiunt, ut, quousque ipsas res possident, hostem et reliquas publicas functiones faciant“. Vgl. auch Capitularia, 1 (Boretius 1883), Nr. 165, 10, S. 331. Vgl. Esders 2018, S. 140–141. Zur Umgehung des Kriegsdienstes s. o. S. 157.

Land geerbt hatten, das die Grenzen zwischen dem Herrschaftsbereich Lothars I. und des oströmischen Kaisers überlagerte und wenn dann einer der beiden Brüder Geistlicher wurde? Denn als Geistlicher durfte er nicht zu Kriegsdiensten herangezogen werden. Sein Bruder konnte dann aber behaupten, dass gar nicht er, sondern allein der geistliche Bruder für das in Wahrheit gemeinsam geerbte Land unter Herrschaft Lothars verantwortlich war und sich so dem Kriegsdienst entziehen. Und zu welchem Dienst waren überhaupt mehrere Brüder verpflichtet, die gemeinsam geerbt hatten? Musste jeder von ihnen dem Befehl des Kaisers folgen oder sollten sie lediglich gemeinschaftlich einen Krieger stellen?[411]

Solche und ähnliche Kapitel zum Kriegsdienst machen von der gesamten Textmasse, die auf die Versammlung in Corteolona im Frühjar 825 zurückgeht, nur einen kleineren Teil aus. Unter Führung des Kaisers wurde hier alles Mögliche beraten und geregelt. Zum Beispiel die Konditionen, zu denen Land an Kirchen übergeben werden konnte,[412] Frauen, die mit Priestern zusammenlebten,[413] die rechte Art, Eide vor Gericht zu leisten.[414] Als ein Punkt unter anderen wurde dabei vor dem Hintergrund eines akuten Bedrohungsbewusstseins auch der geplante Kriegszug nach Korsika wieder besprochen, der vielleicht auch schon begonnen hatte.[415] In diesem Zusammenhang wurde zum Beispiel den geistlichen Großen versichert, dass sie, wie in Marengo vereinbart, zwei Männer zurückbehalten dürften, um ihren Verpflichtungen in der Heimat nachzukommen.[416] Vor allem aber wurden Fälle besprochen, in denen Kriegsdienstpflichtige den Dienst verweigert hatten. Während vermutlich die Leistungsfähigkeit derjenigen, auf die sich öffentliche Funktionen in der karolingischen Welt üblicherweise stützten, wirtschaftlich eingeschränkt war, sollte die Aufstellung eines schlagkräftigen Heeres gewährleistet werden. Deshalb sollten Männer, die momentan nicht in der Lage waren, selbstständig in den Krieg zu ziehen, zu mehreren zusammengeschlossen werden. Die am schwersten betroffenen „Armen" sollten von der Verpflichtung befreit sein, „bis sie sich erholt hätten".[417]

Die Kapitel, die die Beschäftigung mit Fragen des Kriegsdienstes auf der Versammlung in Corteolona zeigen, bilden auf diese Weise weitere Schritte der Umsetzung des Aufgebotes vom Februar desselben Jahres. Sie lassen sich als Reaktion auf Rückmeldungen oder Beschwerden der Grafen verstehen, die Probleme bei der Umsetzung des in Marengo beschlossenen Aufgebots weitergegeben hatten. Die

---

411 Capitularia, 1 (Boretius 1883), Nr. 165, 4, 6, S. 330.

412 Capitularia, 1 (Boretius 1883), Nr. 163, 3, S. 326.

413 Capitularia, 1 (Boretius 1883), Nr. 164, 5, S. 328.

414 Capitularia, 1 (Boretius 1883), Nr. 165, 8, S. 331.

415 Anders Esders 2018, S. 143: die erneute Verhandlung des Kriegsdienstes in Corteolona weise darauf hin, dass der Kriegszug zu diesem Zeitpunkt noch nicht durchgeführt worden war.

416 Marengo: Capitularia, 1 (Boretius 1883), Nr. 162, 2, S. 325. Corteolona: Nr. 163, 4, S. 326.

417 Capitularia, 1 (Boretius 1883), Nr. 165 [Kapitel 1 ohne Kapitelzählung], S. 329–330.

Kapitellisten Lothars I. von 825 zeigen mit dieser Deutung die Organisation eines Kriegszuges zu Beginn des Jahres, zu einer Zeit, die von den Entscheidungsträgern am Hof des Kaisers als Krise empfunden wurde. Im Februar beriet der Kaiser vor diesem Hintergrund auf einer kleineren Versammlung über den Feldzug. Als Ergebnis dieser Beratungen erhielten die Grafen Anweisungen, wie sie ein Heer aufzustellen hätten.[418] Die Kapitel, die der Aufgebotsliste zeitlich folgen, sind ein Reflex der militärischen Organisationsaktivität in den Frühjahrsmonaten 825. Die Grafen, die für die Umsetzung des Aufgebots zuständig waren, trugen vermutlich Probleme, mit denen sie konfrontiert worden waren, an den Kaiser und die Versammlung in Corteolona heran.[419] In diesem Kontext der Beratungen war Schriftlichkeit für den Krieg in der Karolingerzeit offenbar von großer Bedeutung. Besprechungen am Hof und auf Versammlungen wurden oft, auf verschiedenen Stufen und in unterschiedlicher Form, schriftlich festgehalten. Über die Überreste dieser Beratungen, die Kapitellisten, lässt sich die Organisation von Kriegsdiensten vom Hof aus in Teilen rekonstruieren. Das gilt besonders in Problemsituationen, in denen Schriftlichkeit als Mittel der Problemlösung genutzt wurde. Diesen Ansatz greift das folgende Kapitel auf.

4.6 Das Beispiel 829: Kapitellisten als Praxis militärischer Organisation

Nach Jahren der Missernten, Seuchen und militärischen Misserfolge mündete das tief empfundene Bedrohungsgefühl, das sich innerhalb der karolingischen Führungsschicht während der 820er Jahre zunehmend gesteigert hatte, Ostern 830 in der ersten Rebellion gegen Ludwig den Frommen. Die Bemühungen um die Bewältigung der Krise in der letzten großen Reformanstrengung Ludwigs zwischen Ende 828 und Spätsommer 829 haben sich in einer umfangreichen Textproduktion niedergeschlagen. Sie war als Verschriftlichung von Anweisungen, Tagesordnungspunkten und Diskussionen auf die Vorbereitung einer großen Versammlung im Jahr 829 gerichtet, auf der man endlich die drängenden Probleme in den Griff bekommen wollte.[420] Teil dieser Vorbereitungen war auch eine Diskussion um die Leistung von Kriegsdiensten.

Denn auch das Kriegsglück war den Franken im Lauf der 820er Jahre abhandengekommen, das Jahr 827 war in dieser Hinsicht für das Reich Ludwigs des Frommen ein Desaster.[421] Während Bulgaren die Donauregion verwüsteten, rief in der Spanischen Mark der Rebell Aizo ein Heer des Emirs von Córdoba zur Hilfe, das

418 Capitularia, 1 (Boretius 1883), Nr. 162, S. 325.
419 Capitularia, 1 (Boretius 1883), Nr. 165, 1–4, 6, 10, S. 330–331.
420 Patzold 2013, S. 223–230.
421 De Jong 2009, S. 150.

nahezu ungehindert die Gegend um Barcelona und Girona ausplünderte.[422] Die Grafen Hugo von Tours und Matfrid von Orléans, die der Kaiser mit einem Heer zur Unterstützung in die Spanische Mark gesandt hatte, wurden mit dem Vorwurf der Untätigkeit und der Versündigung vor Gott Anfang 828 ihrer Titel und ihrer Besitzungen enthoben.[423] Das Machtgefüge im ohnehin geplagten Frankenreich geriet dadurch in eine gefährliche Schieflage.[424] Und der Kaiser bekam die kriegerische Bedrohung der Gemeinschaft nicht unter Kontrolle. Zwar entsandte er 828 seine Söhne zur Sicherung der bedrohten Gebiete in Hispanien und an der Donau, doch richteten sie kaum etwas aus.[425] An der Nordostgrenze des Reiches erlitten unterdessen die versammelten sächsischen Grafen eine peinliche Schlappe, als sie von denselben Dänen in die Flucht getrieben wurden, mit denen sie eigentlich hatten verhandeln wollen.[426] Überall also gewannen die „Heiden" die Oberhand – was konnte deutlicher zeigen, dass die Franken den Zorn des Herrn auf sich gezogen hatten?[427]

In dieser Situation wandten sich Ludwig der Fromme und sein Sohn Lothar I. Ende des Jahres 828 mit einer Art Rundschreiben an die Gesamtheit „ihrer Getreuen".[428] Die beiden Kaiser erinnerten daran, wie sie dem ganzen Reich ein dreitägiges Fasten verordnet hätten, um Gott gnädig zu stimmen, sodass er „geruhe, uns das, worin wir ihn so überaus erzürnt haben zu offenbaren, und uns die zu unserer Besserung nötige Ruhezeit zu gewähren".[429] Der Brief eröffnete die Vorbereitungen für die geplante, große Versammlung im kommenden Jahr 829. Diese Versammlung tagte

---

422 Ann. Fuldenses a. 827 (Kurze 1891), S. 172. Zu Aizo jetzt Chandler 2019, S. 97–101.

423 Ann. Fuldenses a. 827–828 (Kurze 1891), S. 172. Vgl. De Jong 2009, S. 148–153. Zu den Ereignissen im Vorfeld der ersten Rebellion gegen Ludwig den Frommen vgl. jetzt aus Perspektive Lothars I. Schäpers 2018, S. 184–193

424 De Jong 2009, S. 39.

425 Ann. Fuldenses a. 828–829 (Kurze 1891), S. 25–26.

426 Ann. Fuldenses a. 828 (Kurze 1891), S. 175. Hintergrund waren Kämpfe zwischen verschiedenen dänischen Königen: dem bis etwa 828 von Ludwig dem Frommen unterstützten Harald Klak und den in der Quelle so bezeichneten „Söhnen des Göttrik". Zu den Ereignissen vgl. Von Simson 1874, S. 298–299. Als jüngere ereignisgeschichtliche Deutung vgl. Helten 2011, S. 103–105.

427 De Jong 2009, S. 150: „That the pagans were gaining the upper hand was taken as overwhelming evidence of God's displeasure".

428 Concilia aevi Karolini 2, 2 (Werminghoff 1908), Nr. 50B, S. 597–601 [= Capitularia, 2 (Boretius u. a. 1897), Nr. 185, S. 4–6], hier S. 599: „Hludowicus et Hlotharius divina ordinante providentia imperatores augusti omnibus fidelibus sanctae Die ecclesiae et nostris". Der Brief muss zwischen dem 11. November, dem Martinstag an dem Ludwig der Fromme für den Winter nach Aachen kam und dem 25. Dezember, dem Neujahrstag, enstanden sein, vgl. Ann. regni Francorum a. 829 (Kurze 1895), S. 176. Capitularia, 2 (Boretius u. a. 1897), S. 1.

429 Concilia aevi Karolini 2, 2 (Werminghoff 1908), Nr. 50B, S. 599: „Recordari vos credimus, qualiter hoc anno consilio sacerdotum et aliorum fidelium nostrorum generale ieiunium per totum regnum nostrum celebrare iussimus Deumque tota devotione deposcere, ut nobis propitiari et, in quibus illum maxime offensum haberemus, nobis manifestare et ut ad correctionem nostram necessariam tranquillum tempus nobis tribuere dignaretur".

schließlich im August 829 in Worms,[430] die Texte, die mit ihrer Vorbereitung in Zusammenhang stehen, werden als *Wormser Corpus* bezeichnet.[431] Steffen Patzold hat auf dessen Grundlage vor Kurzem den Gang der Ereignisse 828 bis 829, der schließlich in der Rebellion gegen den Kaiser endete, chronologisch neu geordnet.[432] Ausgerichtet an dieser Neuordnung lässt sich im Wormser Material auch eine umfangreiche Diskussion um Kriegsdienste als Teil der Krisenbewältigung 828 und 829 nachzeichnen.

Die vier Versionen eines Kriegsdienstkapitels im Wormser Corpus

Die Kaiser kündigten in ihrem Brief 828 zunächst Teilsynoden der einzelnen Erzbischöfe mit ihren Suffraganen an, außerdem wurden königliche Boten ausgesandt, um alle Missstände im Reich aufzudecken und soweit wie möglich auszumerzen.[433] Den Erfolg dieser Maßnahmen sollte das angeordnete allgemeine Fasten gewährleisten. Dann kamen Ludwig und Lothar auch auf die militärische Bedrohung des Reiches zu sprechen: Man habe schon im Lauf des Jahres 828 eine allgemeine

430 Ann. Fuldenses a. 829 (Kurze 1891), S. 117.

431 Der Begriff nach: Patzold (unpubliziert), S. 3, S. 26. Vgl. Mordek 1995, S. 589, der vom „Ansegis-Worms-Korpus" spricht. Ediert sind diese Texte als Teil der MGH-Kapitularieneditonn Capitularia, 2 (Boretius u. a. 1897), Nr. 184–193, S. 2–20.

432 Patzold (unpubliziert). Patzold 2014, S. 67–86. Die Chronologie der Ereignisse 828–829 baut auf denjenigen Texten auf, die als Nr. 184–193 der Kapitularien ediert sind Capitularia, 2 (Boretius u. a. 1897), Nr. 184–193, S. 1–20. Zu dieser klassischen Reihung vgl. Ganshof 1972, bes. S. 45 Fn. 28. Patzold ordnet die Texte wie auf den folgenden Seiten erläutert anders. Die Fixpunkte zur Datierung der durch die genannten Kapitellisten markierten Ereignisse enthalten die in der MGH-Edition als Nr. 184 und Nr. 189 edierten Listen: 1) Nr. 184 kündigt an, dass im 16. Jahr Ludwigs des Frommen (28.1.829–27.1.830) Synoden abgehalten werden sollen, vgl. Capitularia, 2 (Boretius u. a. 1897), Nr. 184, S. 2. – 2) Dies habe ab dem 23.5. zu geschehen, während eine Legation von Königsboten die Versammlungen ab dem 4.4. vorbereiten solle, vgl. Capitularia, 2 (Boretius u. a. 1897), Nr. 184, S. 3: „Volumus etiam ipsorum conventum fieri octavas pentecosten; missi vero nostri suam incipiant legationem peragere octavas paschae". – 3) Die Kapitelliste Nr. 184 muss nach dem 7.12.828 geschrieben worden sein, dem Todestag Bischof Jeremias von Sens, vgl. Annales sanctae Columbae Senonensis a. 829 (Pertz 1826), S. 103. Denn sein Bistum wird in der Liste Nr. 184 als vakant behandelt, vgl. Capitularia, 2 (Boretius u. a. 1897), Nr. 184, S. 2. Patzold ist der Meinung, dass die Datumsangabe 23.5. (Synoden) und 4.4. (zweite Legation) ursprünglich nicht in der als MGH Nr. 184 edierten Kapitelliste gestanden haben, sondern erst nachträglich eingefügt und dabei aus dem als Nr. 189 edierten Text übernommen wurde, vgl. Patzold (unpubliziert), S. 35. In Nr. 184 wurden dann nur allgemein für das 16. Herrschaftsjahr Ludwigs des Frommen Synoden angeordnet, während die genauen Termine erst in der als Nr. 189 edierten Liste festgelegt wurden, vgl. Capitularia, 2 (Boretius u. a. 1897), Nr. 189, S. 11. – 4) Einen weiteren chronologischen Angelpunkt für 829 bietet eine der Teilsynoden, die als Vorbereitung einer allgemeinen Versammlung in Paris abgehalten wurde. Die Akten dieser Synode sind überliefert und auf den 6.6.829 datiert: Concilia 2, 2 (Werminghoff 1908), Nr. 50 D, S. 608.

433 Concilia aevi Karolini 2, 2 (Werminghoff 1908), Nr. 50B, S. 600. Die konkrete Einberufung dieser Teilsynoden ist ediert als Capitularia, 2 (Boretius u. a. 1897), Nr. 184, S. 2–3.

Versammlung abhalten wollen, sei daran aber durch zahlreiche Angriffe gehindert worden. Überall würden sich „die Feinde der heiligen Kirche Gottes erheben und das Reich, das uns von Gott anvertraut wurde, angreifen wollen".[434] Alle Männer „die zum Heereszug verpflichtet sind", sollten sich deshalb bereithalten, falls nötig sofort und in jeden Teil des Reiches aufzubrechen. Dazu hatten sie gut ausgerüstet „mit Pferden, Waffen, Kleidung und Karren" zu sein.

Welche Männer von diesen Bestimmungen genau betroffen waren, wer also Kriegsdienste schuldete, ist im Anschluss an das Schreiben der Kaiser Ende 828 bis zur Wormser Versammlung im August 829 am Hof diskutiert worden.[435] Das zeigen vier ähnliche aber nicht identische Versionen eines Kapitels zum Kriegsdienst der Freien, die als Teil des Wormser Corpus überliefert sind. Der Befund entspricht der Überlieferung des Wormser Materials insgesamt, denn das Corpus ist in verschiedenen Versionen erhalten. Sie gehen zurück auf unterschiedliche karolingerzeitliche Kapitelsammlungen, die sich in mehrere unabhängige Überlieferungsstränge oder Familien einteilen lassen. Da die Kapitel von 828/829 in den Handschriften in aller Regel als Ergänzung oder Teil der Sammlung des Ansegis arrangiert sind, richtet sich ihre Gruppierung nach der Klassifizierung der Ansegis-Überlieferung.[436] Die Sammlungen, welche die Kriegsdienstkapitel enthalten, lassen sich im Wesentlichen in vier Familien einteilen,[437] von denen eine vermutlich auf Orléans als Entstehungsort zurückzuführen ist,[438] eine weitere auf Fulda,[439] und die weitaus umfangreichste auf Reims.[440] Eine vierte Gruppe bilden

434 Concilia aevi Karolini 2, 2 (Werminghoff 1908), Nr. 50B, S. 601: „Et quia undique inimicos sanctae Dei ecclesiae commoveri et regnum a Deo nobis commissum infestare velle cognoscimus, praecipimus atque iubemus, ut omnes homines per totum regnum nostrum, qui exercitalis itineris debitores sunt, bene sint praeparati cum equis, armis, vestimentis et victualibus, ut [...] sine ulla mora exire et [...] pergere possint".

435 Die wesentliche Grundlage für die folgenden Überlegungen bieten Patzold 2014, S. 69–79. Patzold (unpubliziert).

436 Ansegis, Collectio Capitularium (Schmitz 1996), S. 269–279 Vgl. Patzold (unpubliziert), S. 4–5. Mordek 1995, 59–60. 589

437 Zu den vier Sammlungen vgl. jeweils Patzold (unpubliziert), S. 3–6.

438 Barcelona, Archivo de la Corona de Aragón, Manuscritos, Ripoll 40.

439 Hamburg, Staats- und Universitätsbiliothek, Cod. in scrin. 141. Berlin, Staatsbibliothek zu Berlin – Preußischer Kulturbesitz, Ms. Phill. 1737.

440 Zur Reimser Familie oder Reimser Gruppe als Teil der Überlieferung der Kapitulariensammlung des Ansegis vgl. Ansegis, Collectio Capitularium (Schmitz 1996), S. 269–279. Mordek 1995, S. 589. Patzold (unpubliziert), S. 4–5. Nach Patzold werden zwei Zweige unterschieden, die auf Berlin, Staatsbibliothek zu Berlin – Preußischer Kulturbesitz, Ms. Phill. 1762 (Ende 850er) und Paris, Bibliothèque nationale de France, Ms. lat. 10758 (um 880) zurückgehen, vgl. Patzold (unpubliziert), S. 4. Die in Reims entstandene Handschrift Vatikan, Biblioteca Apostolica Vaticana, Reg. Lat. 417 wird nicht zur Reimser Familie gezählt. Sie ist älter als deren Handschriften und repräsentiert eine Textstufe, zu der die Vorlage der Reimser Familie gehörte, vgl. Ansegis, Collectio Capitularium (Schmitz 1996), S. 161, S. 244. Eine Reihe von Handschriften werden schließlich im Zusammenhang der Ansegis-Überlieferung nicht zur Reimser Familie gerechnet, aber im Hinblick auf die Überlieferung der Wormser Kapitellisten

zwei Handschriften,[441] die nicht zur Reimser Familie gezählt werden, deren Sammlungen der Kapitel von 829 aber eng mit dieser Familie verwandt ist.[442]

Die unterschiedlichen Sammlungen enthalten jeweils nicht das gesamte heute als Wormser Corpus bezeichnete Material, sondern nur größere oder kleinere Teile davon. Sie geben unterschiedliche Informations- und Diskussionsstände in der Vorbereitung der Wormser Versammlung 829 wieder. Der Kapitularieneditor Alfred Boretius kannte zwar alle vier Formen der Kriegsdienstkapitel der verschiedenen Familien,[443] brachte in seiner Edition von 1897 jedoch nur drei davon zum Druck. Er verstand die verschiedenen Varianten als leicht abweichende Ausfertigungen desselben kaiserlichen Befehls für unterschiedliche Reichsteile, deren ausführlichste er als „Fundamentalform“ identifizierte.[444] Die Anordnung lautete hier:

> Wir wünschen und befehlen, dass unsere Boten sorgfältig untersuchen, wie viele freie Männer in den einzelnen Grafschaften leben, die von sich aus an einem Kriegszug teilnehmen können. Und wie viele von solchen, deren einer einen zweiten unterstützt, und auch von jenen, bei denen von zweien ein dritter unterstützt und ausgerüstet wird, und freilich auch von jenen, bei denen von dreien ein vierter unterstützt und ausgerüstet wird, und von jenen, bei denen von vieren ein fünfter unterstützt und ausgerüstet wird, sodass sie an diesem Kriegszug teilnehmen können; und deren Zahl sollen sie uns bekannt machen.[445]

Die kürzeste Version dieses Kapitels, die zudem in vergleichsweise wenigen Handschriften überliefert ist, verschob Boretius in den Fußnotenapparat seiner Edition.[446] Damit waren nur drei Fassungen des Kapitels im Bewusstsein des Faches präsent, während die vierte nicht auf den ersten Blick als eigenständiger Text zu erkennen war. Sie ist damit in Untersuchungen zu 829 so gut wie nicht beachtet worden. Die edierten

---

der gleichnamigen Handschriftenfamilie zugewiesen: Bonn, Universitäts- und Landesbibliothek, S. 402. Paris, Bibliothèque nationale de France, Ms. lat. 4417, Ms. lat. 4761/2. Schaffhausen, Stadtbibliothek, Ministerialbibliothek, Min. 75. Vgl. zu dieser Handschriftengruppe Mordek 1995, S. 82, S. 466, S. 705. Ansegis, Collectio Capitularium (Schmitz 1996), S. 238, S. 264–268.

441 Vatikan, Biblioteca Apostolica Vaticana, Pal. Lat. 582. Paris, Bibliothèque nationale de France, Ms. lat. 9654.

442 Vatikan, Biblioteca Apostolica Vaticana, Pal. Lat. 582. Paris, Bibliothèque nationale de France, Ms. lat. 9654.

443 Vgl. seine Aufstellung der „Capitel aus dem Jahre 829“: Boretius 1874, S. 162–163.

444 Capitularia, 2 (Boretius u. a. 1897), Nr. 186, S. 7, S. 7. Die Bezeichnung als „Fundamentalform“ in Boretius 1874, S. 91.

445 Capitularia, 2 (Boretius u. a. 1897), Nr. 186, 7, S. 7.

446 Capitularia, 2 (Boretius u. a. 1897), Nr. 188, 5, S. 10 mit Anmerkungen g) h) i). „Volumus atque iubemus ut missi nostri diligenter inquirant quanti liberi homines in singulis comitatibus maneant qui possunt expeditionem exercitalem facere nobisque per brevem eorum summam inferant“. Dieses Kapitel ist überliefert in den Handschriften: Paris, Bibliothèque nationale de France, Ms. lat. 10758 p. 271. Paris, Bibliothèque nationale de France, Ms. lat. 4628 A (einer Kopie des 10./11. Jh. von Paris lat. 10758, vgl. Mordek 1995, S. 489) und Barcelona, Archivo de la Corona de Aragón, Manuscritos, Ripoll 40, fol. 7va. Boretius bespricht alle vier verschiedenen Fassungen in seiner *Capitularienkritik*, vgl. Boretius 1874, S. 90, S. 105, S. 126–128, S. 163.

Kapitel wiederum sind bislang in aller Regel als dreifache Wiedergabe derselben Verfügung interpretiert worden, die im Laufe des Frühjahrs 829 erlassen, dann einmal erneuert und schließlich in Worms zum Gesetz erhoben worden sei.[447] Als eigenständige Texte betrachtet jedoch lassen die vier unterschiedlichen Fassungen in ihrer Textgeschichte die Beratungen und Diskussionen um den Kriegsdienst im Jahr 829 sichtbar werden. Es handelt sich um folgende Texte:

A = Jene Version, die nicht in der Kapitularienedition der MGH abgedruckt wurde, wie sie in die Handschrift Barcelona, Archivo de la Corona de Aragón, Manuscritos, Ripoll 40, fol. 7va kopiert wurde. Diese Handschrift repräsentiert die Sammlung aus Orléans. Aber auch die Handschrift Paris, Bibliothèque Nationale, Ms. lat. 10758 p. 271, die der Reimser Familie zugerechnet wird, überliefert diese Version des Kriegsdienstkapitels.[448]

B = Das als Nr. 186 c. 7 der MGH-Kapitularienedition gedruckte Kapitel, die „Fundamentalform“ nach Boretius. Dieses Kapitel ist nur in den Handschriften der Reimser Familie und der vierten Familie überliefert.[449] Der älteste Textzeuge der Reimser Sammlung aus den späten 850er Jahren ist Berlin, Staatsbibliothek zu Berlin – Preußischer Kulturbesitz, Ms. Phill. 1762, fol. 71^{v}.[450]

C = Die Nr. 188 c. 5. Diese Fassung des Kapitels ist nur in der Fuldaer Familie überliefert, wie sie die Handschriften Hamburg, Staats- und Universitätsbiliothek, Cod. in scrin. 141 a p. 157 und Berlin, Staatsbibliothek zu Berlin – Preußischer Kulturbesitz, Ms. Phill. 1737, fol. 49^{v} repräsentieren.

D = Die Nr. 193 c. 7. Die Liste, als deren Teil diese Version des Kriegsdienstkapitels überliefert ist, gilt als Ergebnis der Wormser Versammlung von 829,[451] weil Hinkmar von Reims die unter den Nr. 191–193 edierte Listen, die stets zusammenhängend überlieferten sind, um 860 herum als Beschlüsse einer „synodus generalis“ in Worms zitierte.[452] Seine Vorlage bildete dabei die Berliner Handschrift Phill. 1762.[453]

---

447 Ganshof 1972, S. 48–49, S. 52. So schon Boretius 1874, S. 90–91, S. 126–128.

448 Ebenso auch ihr Deszendent Paris, Bibliothèque nationale de France, Ms. lat. 4628 A.

449 Vatikan, Biblioteca Apostolica Vaticana, Pal. Lat. 582. Paris, Bibliothèque nationale de France, Ms. lat. 9654.

450 Mordek 1995, S. 60 sieht in dieser Handschrift sogar das „Original“ der Reimser Familie erhalten.

451 Ganshof 1972, S. 51–52.

452 Hinkmar von Reims, Collectio de ecclesiis (Stratman 1990), S. 83, Z. 7 mit der Zuweisung zur „synodus generalis“, die Listen Nr. 191 zitiert Hinkmar auf den folgenden Seiten bis S. 94 mehrfach (Nr. 191, 1–4, 6–7). Zur Entstehungszeit der *Collectio de ecclesiis* zwischen 857–861, S. 19–20, vgl. zu Hinkmars Vorlagen S. 25. – Die Listen Nr. 191–193 sind weiterhin zitiert in Hinkmar von Reims, De divortio Lotharii regis (Böhringer 1992), Responsio 5, S. 138, S. 158 (zitiert Nr. 193, 3 und Nr. 192, 12); Entstehungzeit 860, S. 26.

453 Berlin, Staatsbibliothek zu Berlin – Preußischer Kulturbesitz, Ms. Phill. 1762.

Die Frage ist nun, wie die vier unterschiedlichen Versionen des Kriegsdienstkapitels zueinander stehen. Als älteste Fassung gilt bislang die „Fundamentalversion" nach Boretius, hier B (Nr. 186 c. 7), die dann etwas später in C wiederholt (Nr. 188 c. 5) worden sei und in der Fassung D (Nr. 193 c. 7) in Worms noch einmal verabschiedet worden sei. Weil die vierte Version A als bloße Variante von B betrachtet wurde, hat sie in der Diskussion bislang keine Rolle gespielt. Steffen Patzold jedoch sieht gerade in diesem Kapitel eine sehr frühe Stufe des Textes festgehalten. Die Einordnung der vier Textfassungen stellt sich nach diesem Diskussionsstand folgendermaßen dar:

Text A (Nicht im Obertext der MGH)

Die Textfassung A[454] geht auf eine Kapitelsammlung zurück, die heute allein von der Handschrift repräsentiert wird, die erst im 11. Jahrhundert im Kloster Santa María de Ripoll entstand. Sehr wahrscheinlich handelt es sich dabei aber um die Kopie einer Handschrift des 9. Jahrhunderts.[455] Diese Sammlung aus Orléans enthält die umfassendste und am besten strukturierte Sammlung der Texte, die im Zusammenhang mit der Wormser Versammlung stehen. Vermutlich bietet die Sammlung Einblick in eine recht frühe Phase der Vorbereitung vor der Versammlung im August 829.[456]

Die Sammlung geht möglicherweise auf den Bischof Jonas von Orléans zurück,[457] der ein „führender Kopf der Reformkampagne 828/29" war.[458] Er fertigte

454 Entspricht Capitularia, 2 (Boretius u. a. 1897), Nr. 188, 5, S. 10 mit Anmerkungen g) h) i).

455 Ripoll (prov. Girona). Die Handschrift wird heute in Barcelona aufbewahrt: Archivo de la Corona de Aragón, Manuscritos, Ripoll 40. Datierung nach Mordek 1995, S. 19. Vgl. Patzold (unpubliziert), S. 6.

456 Patzold 2014, S. 76. Patzolds Argumentation ist zusammengefasst etwa wie folgt: 1) Den Intitulationes der Handschrift Barcelona, Ripoll 40 zufolge stellen die Listen Nr. 191–193 (Nr. 191 hier ohne Kapitel 8 und Nr. 193 ohne Kapitel 7) Instruktionen für königliche Boten dar (Barcelona, Archivo de la Corona de Aragón, Manuscritos, Ripoll 40, fol. 5va-6rb, vgl. Patzold (unpubliziert), S. 28–30. Anders als Hinkmar von Reims sah derjenige, der diese Sammlung anfertigte, sie also nicht als Ergebnis der Wormser Versammlung. – 2) Nur in dieser Handschrift Ripoll 40 ist die als Nr. 190 edierte Liste überliefert. Die Kapitel dieser Liste sind sehr knapp, offenbar wurden hier in einer Art Agenda Punkte notiert, die zur Vorbereitung der Synode(n) des Jahres 829 intern besprochen werden sollten. Entscheidungen lagen zu diesen Punkten aber noch nicht vor. Die Sammlung aus Orléans enthält also „interne" Beratungspapiere, die im Zusammenhang der Vorbereitung der Wormser Versammlung stehen, vgl. Patzold (unpubliziert), S. 18, S. 34. – 3) Die Sammlung aus Orléans enthält nicht das als Nr. 191, 8 edierte Kapitel zum Kirchenbesitz, wohl aber das der Nr. 188, 1, das dieses Problem als Frage aufwirft, vgl. Patzold (unpubliziert), S. 12–14). – 4) Die Sammlung überliefert die als Nr. 193 edierte Liste ohne Kapitel 7 zum Kriegsdienst. Stattdessen enthält sie das oben zitierte, inhaltlich und auch wörtlich sehr ähnliche Kapitel, das in der MGH-Edition nicht abgedruckt wurde (oben Textfassung A). Dieses Kapitel ist in der Handschrift Ripoll 40 Teil derselben Liste, die auch das Kapitel zum Landbesitz von Kirchen enthält (Nr. 188, 1), vgl. Patzold (unpubliziert), S. 14–17.

457 Patzold (unpubliziert), S. 9, S. 18.

458 Patzold (unpubliziert), S. 9.

vermutlich die Akten einer der im Brief von 828 angekündigten Teilsynoden an, die 829 in Paris tagte, und genauso auch eine Zusammenfassung der Ergebnisse dieser Teilsynode für Ludwig den Frommen.[459] In derselben Textfassung ist das Kapitel auch noch in einer Handschrift überliefert,[460] die wohl unter der direkten Ägide Hinkmars von Reims († 882) in dessen letzten Lebensjahren entstand. Die Vorlage für diesen Text wurde Hinkmar vermutlich entweder über Abt Hilduin von Saint-Denis, in dessen Kloster Hinkmar ausgebildet wurde und der ihn in den 820er Jahren an den Hof brachte,[461] oder aber über seinen Vorgänger als Erzbischof von Reims, Ebo, vermittelt. Beide gehörten wie Jonas von Orléans zu den engen Ratgebern Ludwigs des Frommen in der Zeit um 828/829.[462] Das heißt, die Sammlung aus Orléans dokumentiert vermutlich einen Diskussionsstand, den ein wichtiger Berater am Hof während der Besprechungen 829 für sich notierte.[463] Die Formulierung ist sehr knapp, sie ordnet lediglich ohne weitere Details die Erfassung der kriegsdienstfähigen Männer an und fügt hinzu, dass darauf zu achten sei, dass diese Männer dem Kaiser den Treueid geleistet hätten. Das Kapitel lautet hier:

> Volumus atque iubemus ut missi nostri diligenter inquirant quanti liberi homines in singulis comitatibus maneant qui possunt expeditionem exercitalem facere nobisque per brevem eorum summam inferant. Et qui necdum fidelitatem nobis promiserunt, cum sacramento nobis fidelitatem promittere faciatis.[464]

Text B (Nr. 186 c. 7)

Wesentlich ausführlicher ist die Textversion B, die Alfred Boretius deshalb als Fundamentalform ausgemacht hat.[465] Hier sind nähere Anweisungen enthalten, wie die Anzahl der verfügbaren Kriegsdienstpflichtigen ermittelt werden sollte. Dies sollte über den Zusammenschluss zu Gestellungsverbänden geschehen:

> Volumus atque iubemus, ut missi nostri diligenter inquirant, quanti homines liberi in singulis comitatibus maneant, qui per se possint expeditionem facere, vel quanti de his, quibus unus alium adiuvet, quanti etiam de his, qui a duobus tertius adiuvetur et praeparetur, necnon de

---

459 Capitularia, 2 (Boretius u. a. 1897), Nr. 196, S. 26–51, Eine Neuedition bereitet Andreas Öffner in Tübingen vor.

460 Paris, Bibliothèque nationale de France, Ms. lat. 10758.

461 So war Hinkmar wahrscheinlich sogar als junger Mann selbst 829 in Worms zugegen, vgl. West/Stone 2016, S. 3. Hinkmar von Reims, De divortio Lotharii regis (Böhringer 1992), S. 2. Für diesen Hinweis danke ich Andreas Öffner.

462 Patzold (unpubliziert), S. 7.

463 Patzold (unpubliziert), S. 17, S. 19.

464 Capitularia, 2 (Boretius u. a. 1897), Nr. 188, 5, S. 10 mit Anmerkungen g) h) i). „Volumus atque iubemus ut missi nostri diligenter inquirant quanti liberi homines in singulis comitatibus maneant qui possunt expeditionem exercitalem facere nobisque per brevem eorum summam inferant. Et qui necdum fidelitatem nobis promiserunt, cum sacramento nobis fidelitatem promittere faciant".

465 Boretius 1874, S. 90–91.

> his, qui a tribus quartus adiuvetur et praeparetur, sive de his, qui a quattuor quintus adiuvetur et praeparetur, eandem expeditionem exercitalem facere possint; et eorum summam ad nostram notitiam deferant.[466]

Diese Textversion hält akribisch fest, auf welche Weise die Boten die Erhebung der Kriegsdienstfähigen durchführen sollten. Die Erfassung derjenigen, die nicht selbstständig in den Krieg ziehen konnten, ist sorgfältig bis auf die Ebene fünfgliedriger Gestellungsverbände aufgeführt. Es ist die detaillierteste Auflistung dieser Art, die aus der Karolingerzeit erhalten ist. Wie die Textfassung A dürfte diese Version über Hinkmar, Hilduin von Saint-Denis oder Ebo nach Reims gelangt sein. Unabhängig von dieser Überlieferung fand diese Fassung auch Eingang in die vierte Handschriftenfamilie. Man kann vermuten, wenn auch nicht beweisen, dass mindestens eine der beiden Textfassungen A–B vor dem 4. April 829 im Kreis um Ludwig den Frommen existierte, denn diesen Termin hatte der Kaiser für eine reichsweite Legation angesetzt.[467] Um die Boten auf diese Legation vorzubereiten, wurden umfangreiche Anweisungen für sie entwickelt. Genau diese Listen sind es, die den Großteil des Wormser Corpus ausmachen.[468] Teil dieser Anweisungen war, so die These, auch die Erfassung der Kriegsdienstpflichtigen.

Text C (Nr. 188 c. 5)

Eine weitere Textfassung C schließlich ist nur in dem Überlieferungsstrang der Wormser Texte von 829 erhalten, der auf das Kloster Fulda zurückgeht. Dort müssen die Texte in dieser Form Anfang oder Mitte der 830er Jahre verfügbar gewesen sein, als Lupus von Ferrières hier eine Sammlung von Rechtstexten kompilierte, den sogenannten *Liber legum*.[469] Übermittelt wurden die Texte nach Fulda vielleicht durch den Fuldaer Abt Hrabanus Maurus († 856), der 829 an der Wormser Versammlung teilnahm.[470] Anders als Jonas von Orléans, Ebo von Reims und Hilduin von Saint-Denis, über die vermutlich die Textfassungen A und B überliefert sind, gehörte Hrabanus nicht zum engsten Umfeld Ludwigs des Frommen. In

---

466 Capitularia, 2 (Boretius u. a. 1897), Nr. 186, 7, S. 7.

467 Den Termin der Legation überliefern Nr. 184, S. 3, Nr. 189, S. 11. Vgl. Patzold (unpubliziert), S. 11, S. 22–26.

468 Patzold (unpubliziert), S. 30, S. 34.

469 Patzold (unpubliziert), S. 8. Vgl. Münsch 2001, S. 65–69.

470 Dass Hrabanus in Worms anwesend war, lässt sich aus Fuldaer Brieffragmenten erschließen, vgl. Epistolarium Fuldensium fragmenta (Dümmler 1899), Nr. 29, S. 529–530. Hier wird nur das Jahr der Synode an die Hrabanus Maurus appellierte genannt, nicht der Ort, doch war die Versammlung in Worms die einzige des Jahre 829, die unter Vorsitz Ludwigs des Frommen stattfand. Ein weiteres Indiz für die Anwesenheit Hrabanus' in Worms bietet der Prolog zu seinem Kommentar der Bücher der Könige, Hrabanus Maurus, Commentaria in libros IV regum (Patrologia Latina, 109), Sp. 9–10. Vgl. Simson 1874, S. 322.

Worms war er nur anwesend, weil er in einem theologischen Streit mit einem seiner Mönche an den Kaiser appellierte.[471] Der Text lautet in der Fuldaer Fassung:

> Volumus atque iubemus, ut missi nostri diligenter inquirant, quanti homines liberi in singulis comitatibus maneant, qui possint expeditionem exercitalem per se facere, vel quanti de his, qui a duobus tertius adiutus et praeparatus, et de his, qui a tribus quartus adiutus et praeparatus, et de his, qui a quattuor quintus vel sextus adiutus et praeparatus ad expeditionem exercitalem facere, nobisque per brevem eorum summam deferant.[472]

Diese dritte Version ähnelt sehr stark der Version B, allerdings sind die Gestellungsverbände zu zwei Personen ausgelassen. Das Fehlen der Zweierverbände ist dabei am lateinischen Text leicht durch einen Augensprung von „facere, vel quanti de his" zu „quanti etiam de his" bei einer Abschrift zu erklären.[473]

Text D (Nr. 193 c. 7)

Die oben zitierte Version D als Teil der Liste Nr. 193 gilt bislang als Ergebnis der Wormser Versammlung,[474] denn als solches zitierte Hinkmar von Reims um 860 die – stets als zusammenhängenden Text überlieferten – Listen Nr. 191–193 aus seiner Vorlage, dem Berliner Phillippicus 1762.[475] Die Überlieferung dieses Textes dürfte allerdings noch etwas komplizierter sein: Die Listen sind nicht direkt als Ergebnis der Versammlung zu verstehen, sondern vielmehr als Spuren ihrer Vorbereitung im Frühjahr 829. Sie stellen Notizen und Anweisungen für die königlichen Boten dar, die auf die Planung der großangelegten Versammlung gerichtet waren.[476] Später wurden die Listen (Nr. 191–193) um zwei Kapitel ergänzt: Eines betraf einen Sonderfall der Behandlung von Kirchengut bei Besitzstreitigkeiten,[477] ein weiteres ist die vierte Versionen des Kriegsdienstkapitels.[478] Bei diesen Kapiteln könnte es sich also tatsächlich um Ergebnisse der Wormser Versammlung handeln, die in die bestehenden Anweisungen für die Boten eingefügt wurden.[479] Allerdings ist dieser erweiterte Variante nicht weit verbreitet worden, wie für das Ergebnis einer großen Versammlung zu erwarten wäre,

---

471 Gegenstand des Streites war die Prädestinationslehre, die der Mönch, Gottschalk, vertrat. Dazu jetzt Pezé 2017. Gillis 2017. Zum Streit und Worms vgl. auch Patzold 2010. De Jong 1996, S. 73–91.

472 Capitularia, 2 (Boretius u. a. 1897), Nr. 188, 10, S. 5.

473 So vermutet Sören Kaschke (Köln), dem ich für diesen Hinweis danke.

474 In der Zuweisung zur Wormser Versammlung bestätigte Boretius die Einschätzung der älteren Kapitularieneditionen, vgl. Capitularia, 2 (Boretius u. a. 1897), S. 1, S. 12.

475 Hinkmar von Reims, Collectio de ecclesiis (Stratman 1990), S. 83–94. Hinkmar von Reims, De divortio Lotharii regis (Böhringer 1992), Responsio 5, S. 138, S. 158. S. o. S. 192.

476 Patzold 2014, S. 76.

477 Capitularia, 2, (Boretius u. a. 1897), Nr. 191, S. 8, Z. 27–29: „Ut de rebus ecclesiarum, quae ab eis per triginta annorum spatium sine ulla interpellatione possessae sunt, testimonia non recipiantur, sed eo modo contineantur, sicut res ad fiscum dominicum pertinente contineri solent."

478 Capitularia, 2 (Boretiuis u. a. 1897), Nr. 193, 7, S. 19–20.

479 Patzold 2014, S. 79.

sondern nur in einer Kapitelsammlung überliefert, die sowohl eine Vorlage für die Reimser wie auch die vierte Familie bildete.[480] Die zwei Kapitel könnten so eventuell auch erst zu einem späteren Zeitpunkt bis 860, als Hinkmar sie zitierte, eingefügt worden sein.[481]

Textgeschichte

Die vorgestellten überlieferungsgeschichtlichen Indizien ermöglichen zunächst keine eindeutige chronologische Reihung der vier Versionen des Kriegsdienstkapitels. Vorsichtig festhalten lässt sich, dass die über Orléans überlieferte Textfassung A ein frühes Diskussionsstadium festhält, das Anweisungen für die Boten in Vorbereitung der Versammlung von Worms vor August 829 formulierte, vielleicht für die zweite, auf den 4. April festgesetzte, Legation. Die Textfassungen B (Nr. 186 c. 7) und C (Nr. 188 c. 5) lassen sich als erweiterte Variante dieser Textfassung erklären, ohne dass sie über ihre Überlieferung genauer zeitlich fixiert werden können. Einen handfesterern terminus antequem bietet für die Fassung C lediglich die Anlage des *Liber legum* durch Lupus von Ferrières, Anfang oder Mitte der 830er Jahre,[482] für Fassung D (Nr. 193 c. 7) die Zitation der Listen Nr. 191–193 durch Hinkmar von Reims in Form des Berliner Phillippicus 1762 um 860.

Die sprachlichen Übereinstimmungen der vier Kapitelfassungen sind allerdings so groß, dass sich die verschiedenen Fassungen nicht als bloße unabhängige Notizen desselben Sachverhalts erklären lassen. Es müssen in irgendeiner Reihenfolge direkt Bezüge zwischen ihnen bestehen. Zugleich sind die verschiedenen Textfassungen so miteinander verschränkt, dass sie jeweils mehr als eine der erhaltenen Fassungen voraussetzen. So kann die Textgeschichte der vier Kapitel weitere Anhaltspunkte für ihre relativchronologische Ordnung bieten.[483] Der Textbefund zeigt folgende Überschneidungen und Unterschiede der vier Versionen (Abb. 1):[484]

---

480 So eine Beobachtung Karl Ubls, die derzeit noch unpubliziert ist. Vgl. Patzold (unpubliziert), S. 13. Innerhalb der Reimser Familie repräsentiert diesen Überlieferungsstrang als ältester Textzeuge der Familie Berlin, Staatsbibliothek zu Berlin – Preußischer Kulturbesitz, Ms. Phill. 1762; die vierte Familie bilden die Handschriften Vatikan, Biblioteca Apostolica Vaticana, Pal. Lat. 582. Paris, Bibliothèque nationale de France, Ms. lat. 9654; s. o. S. 191.

481 Berlin, Staatsbibliothek zu Berlin-Preußischer Kulturbesitz, Ms. Phill. 1762.

482 Münsch 2001, S. 69.

483 Auch für die folgenden Überlegungen zur Textgeschichte danke ich Sören Kaschke, der gegenwärtig an der Neuedition der Kapitularien in Köln beteiligt ist und mir bei der Entwicklung und Überprüfung dieser Überlegungen sehr geholfen hat.

484 Abb. 1 S. 200.

1. Alle vier Fassungen beginnen nahezu identisch mit „Volumus atque iubemus […] maneant“.[485]
2. A und D stimmen in den Schlusssätzen wörtlich überein.
3. B und C sind sehr ähnlich. Auf den in allen vier Versionen fast identischen Anfangssatz folgt in B und C eine in großen Teilen wörtlich identische Regelung, auf welche Weise die Zahl der verfügbaren Männer erhoben werden sollte. Allerdings fehlen in der Version C die Gestellungsverbände zu zwei Personen. Der Text geht von denen, die „von sich aus an einem Kriegszug teilnehmen können“, direkt über zu „denen, die zu zweit einen dritten unterstützen können“. Diese Abweichung ist vermutlich durch einen Augensprung von „[…] facere, vel quanti de his“ zu „quanti etiam de his“ zu erklären.
4. Nur C führt hingegen die Auflistung bis zu 6er-Verbänden fort.
5. Ein Passus zu den Gestellungsverbänden ist auch in D enthalten, aber in noch anderer Form. Hier werden nur Gestellungsverbände zu dritt angesprochen.
6. Nur A und C wiederum haben wörtlich jenen Satz gemeinsam, der die Auflistung der Männer in einem Verzeichnis fordert: „nobisque […] deferant“.

Zusammengenommen ergeben sich aus diesen Beobachtungen fünf Folgerungen:
1. A kann nicht direkt allein von D abgeschrieben sein, denn es teilt außerdem wörtlich exklusiv mit C den passus „nobisque […] deferant“.
2. Genau so ist D nicht allein als Kopie von A erklärbar, denn anders als D enthält A keine Bestimmung zu den Gestellungsverbänden.
3. Eine Diskussion um diese Gestellungsverbände wird in B und C sichtbar.
4. B und C sind aufeinander zurückzuführen, sie ähneln sich sehr stark. Da die Formulierung „nobisque […] deferant“, die zwischen C und A übereinstimmt, nicht in B enthalten ist, kann B aber nicht die direkte Vorlage für C sein.
5. Ebenso kann C nicht die direkte Vorlage für B bilden, weil B „nobisque […] deferant“ nur mit A teilt.

Damit lässt sich ein Zwischenfazit ziehen: Erstens enthält D Bestandteile aller drei übrigen Versionen (A–C) (Abb. 1).[486] Höchstwahrscheinlich sind deshalb wie A auch die Textfassungen B–C in irgendeiner Form eine Vorlage für D gewesen. Die Formulierung der Gestellungsverbände in D („Hinc […] praeparent“) lässt sich gut als Zusammenfassung der kleinteilig festgehaltenen Erhebungsverfahren der Versionen B–C deuten. Die Frage der Gestellungsverbände war höchstwahrscheinlich in A als frühe Fassung noch nicht notiert worden. Zweitens sind A–C so miteinander verschränkt, dass sie nicht unabhängig voneinander zu erklären sind, gleichzeitig können die bekannten Versionen

485 Unterschiede gibt es hier nur in dem Wortdreher „liberi homines“ (A u. D)/„homines liberi“ (B u. C).
486 Abb. 1 S. 200.

aber auch nicht direkt voneinander abgeleitet werden. Daraus ergibt sich, dass neben den heute überlieferten Fassungen des Kriegsdienstkapitels mindestens eine weitere Zwischenstufe (X) existierte. Diese Fassung entsprach B und C, führte allerdings Gestellungsverbände mit zwei Personen auf und enthielt die Formulierung „nobisque [...] deferant" (Abb. 1).[487] So lässt sich erklären, dass B und C zum großen Teil wörtlich übereinstimmen, gleichzeitig aber die Zweierverbände in B fehlen und C seinerseits in „nobisque [...] deferant" mit A textgleich ist. Von dieser Vorlage wurden B und C abgeschrieben. Bei der Abschrift von C nach einer solchen Vorlage konnte die Einforderung des Treueides überflüssig erscheinen, die in der Version D gefordert wurde, in C aber nicht enthalten ist. Denn in der Textfassung, wie sie im Kloster Ripoll bewahrt wurde, folgte im anschließenden Kapitel der Befehl, alle freien Männer auf den Kaiser zu vereidigen, sofern sie das noch nicht waren.[488]

Diese Zwischenstufe (X) ist keinesfalls als „originale" Version des Kriegsdienstkapitels gedacht. Vielmehr kann man sie sich als eine Aufzeichnung – oder auch mehrere verschiedene – auf einem Einzelblatt vorstellen, die im Frühjahr 829 am Hof kursierte und später als Teil von Kapitelsammlungen in Codices kopiert wurde. Die kaiserlichen Berater, die im Frühjahr 829 eine Versammlung vorbereiteten, griffen darauf zurück und kopierten und änderten Texte, die sie hier vorfanden. Dafür spricht, dass das Kriegsdienstkapitel in jeder Sammlung, die es enthält, seine Position ändert. Hubert Mordek hat gezeigt, dass ein großer Teil des Wormser Corpus auf eine Überlieferung über Einzelblätter zurückzuführen ist.[489]

Als Ergebnis der Textgeschichte und der überlieferungsgeschichtlichen Überlegungen oben bestätigt sich damit die vorsichtige chronologische Reihung der Kriegsdienstkapitel: A (Barcelona, Ripoll 40), B (= Nr. 186 c. 7), C (= Nr. 188 c. 5), D (= Nr. 193 c. 7). Daneben muss es aber noch mindestens eine weitere Fassung (X) gegeben haben, auf die die heute erhaltenen Fassungen B und C zurückgehen. Diese Überlieferung der Kriegsdienstkapitel mach deutlich, wie Kapitellisten als Teil der Organisationspraxis von Kriegsdiensten entstanden: Die vier unterschiedlichen Textfassungen zeigen das Bemühen, die Zahl der Kriegsdienstpflichtigen zu erfassen. Texte wie diese wurden während der Beratungsprozesse am karolingischen Hof verschriftlicht, sodass auch verschiedene Entwürfe parallel bestehen konnten, ohne dass es eine allein gültige Version gegeben hätte.

---

487 Abb. 1 S. 200.

488 Barcelona, Archivo de la Corona de Aragón, Manuscritos, Ripoll 40, fol. $7r^{b}$-7va. Entspricht nach derzeitigem Editionsstand Capitularia, 2 (Boretius u. a. 1897), Nr. 188, 5, S. 10 mit Varianten g) h) i). Diese Interpretation nach Patzold (unpubliziert), S. 30.

489 Vgl. Patzold 2015, S. 471. Mordek 2000a, S. 271.

A = Barcelona, Ripoll 40 fol. 7va	**B** = Nr. 186 c. 7 = Berlin, Phill. 1762 fol. 71^{v}	**C** = Nr. 188 c. 5 = Hamburg, in scrin. 141a p. 157	**D** = Nr. 193 c. 7 = Berlin, Phill. 1762 fol. 77^{r-v}
Volumus atque iubemus, ut missi nostri diligenter inquirant, quanti **liberi homines** in singulis comitatibus maneant,	Volumus atque iubemus, ut missi nostri diligenter inquirant, quanti **homines liberi** in singulis comitatibus maneant,	Volumus atque iubemus, ut missi nostri diligenter inquirant, quanti **homines liberi** in singulis comitatibus maneant,	Volumus atque iubemus, ut missi nostri diligenter inquirant, quanti **liberi homines** in singulis comitatibus maneant.
qui poss**unt**	qui per se poss**int**	qui poss**int**	
expeditionem exercitalem	expeditionem	expeditionem exercitalem per se	
facere	facere,	facere,	
	vel quanti de his,	vel quanti de his,	
	quibus unus alium adiuvet, quanti etiam de his,		*Hinc vero ea diligentia et haec ratio examinetur per singulas centenas, ut veraciter sciant illos atque describant, qui in exercitalem ire possunt expeditionem; ac inde videlicet secundus ordo de his, qui per se ire non possunt, ut duo tertio adiutorium praeparent.*
	qui a duobus tertius adiuve**tur** et	qui a duobus tertius adiu**tus** et	
	praepare**tur**, **necnon** de his,	praepara**tus**, **et** de his,	
	qui a tribus quartus adiuve**tur** et praepare**tur**, **sive**de his,	qui a tribus quartus adiu**tus** et praepara**tus**, **et** de his,	
	qui a quattuor quintus	qui a quattuor quintus *vel* sextus	
	adiuv**atur** et praepar**atur**, **eandem** expeditionem exercitalem facere *possint*; *et*	adiu**tus** et praepara**tus** **ad** expeditionem exercitalem facere,	
nobisque per brevem eorum summam **in**ferant.	eorum summam *ad nostram notitiam* **de**ferant.	nobisque per brevem eorum summam **de**ferant.	
Et qui necdum fidelitatem nobis promiserunt, cum sacramento nobis fidelitatem promittere facia**tis**.			Et qui necdum fidelitatem nobis promiserunt, cum sacramento nobis fidelitatem promittere facia**tis**.

Abb. 1: Tabellarische Gegenüberstellung der vier Textversionen von 829. Text nach den angegebenen Handschriften. Inhaltlich gleiche Teile sind auf einer Höhe angeordnet, Textüberschneidungen innerhalb dieser Abschnitte in derselben Zeile. **Fett** gedruckt sind Abweichungen bei sonstiger Textgleicheit; *kursiv* stehen Textteile, die nur in einer der Textversionen vorkommen. Diese Aufstellung geht auf eine Vorlage Sören Kaschkes zurück, die er mir großzügigerweise zur Verfügung gestellt hat.

Die Kriegsvorbereitungen im Jahr 829

Die Diskussion um den Kriegsdienst der Freien im Frühjahr und Sommer 829 war Teil umfangreicherer Kriegsvorbereitungen. Auf Grundlage der gerade besprochenen Kriegsdienstkapitel, des übrigen Materials des Wormser Corpus und ergänzend auch der Reichsannalen, lassen sich diese Vorbereitungen ungewöhnlich detailliert nachzeichnen:

In einem Brief der Kaiser wurde Ende 828 recht unbestimmt die allgemeine Kriegsbereitschaft angeordnet.[490] Die ungenaue Formulierung entsprach dem Stil und Zweck des Briefs, der nur allgemein den groben Rahmen des herrscherlichen Programms für das kommende Jahr bekannt machte. Wesentlich war dabei die Ankündigung mehrerer Synoden. Um die Synoden vorzubereiten, fanden im Anschluss an die Versendung des Briefs weitere Besprechungen im kleinen Kreis statt. Auf deren Basis wurden dann ab Januar 829 Boten ausgeschickt, die feststellen sollten, welche Punkte auf den Synoden besonders dringend besprochen werden müssten.[491] Einer dieser Punkte, so lässt sich im Anschluss an den Rundbrief und auf Grundlage der vier Versionen des Kriegsdienstkapitels schließen, war die Erfassung kriegsdienstfähiger Männer. Um der Bedrohung der Grenzen Herr zu werden, wollten die Kaiser wissen, wie viele Krieger zur Verfügung standen.[492] Für den 23. Mai wurden Synoden an vier Orten angesetzt und eine Liste mit Punkten zur Beratung durch die Bischöfe zusammengestellt.[493] Schon im Februar müssen die ersten Rückmeldungen einiger Boten vorgelegen haben,[494] ihre Ergebnisse entsprachen aber in keiner Weise der hohen Dringlichkeit der Situation.[495] Deshalb sollten die Boten ab dem 4. April noch einmal ausgesandt werden, diesmal besser vorbereitet.[496] Man überlegte, welche Probleme von ihnen untersucht werden mussten und erstellte dann Listen mit

490 Concilia aevi Karolini 2, 2 (Werminghoff 1908), Nr. 50B, S. 601. Diese Interpretation und der folgende Ablauf der Ereignisse nach Patzold (unpubliziert).

491 Einen Überrest dieser ersten Legation bilden nach Steffen Patzold die in den MGH Nr. 184 und Nr. 186 gedruckten Texte, die er als Teil ein und derselben Liste wertet. Er sieht in dieser Liste eine Notiz, die die ersten Rückmeldungen der königlichen Boten festhält, vgl. Patzold (unpubliziert), S. 4, S. 32.

492 Vgl. Ganshof 1972, S. 48.

493 Capitularia, 2 (Boretius u. a. 1897), Nr. 184, S. 2–3, Nr. 186, S. 6–7, die ursprünglich eine Liste bildeten. Der Termin ergibt sich aus Nr. 189, S. 11, s. o. S. 202 Fn. 493.

494 Patzold (unpubliziert), S. 18, S. 32, unter Bezug auf: Capitularia, 2 (Boretius 1897), Nr. 186, 3–4, S. 7. Hier wird explizit auf die Missatsbezirke von zwei Königsboten namens Autgarius und Alberich eingegangen, die also offenbar schon Rückmeldung über regelungsbedürftige Probleme gegeben hatten.

495 Patzold (unpubliziert), S. 27, S. 32: Die Bestürzung des Kaiser und den Vorwurf der Boten dokumentiert: Capitularia, 2 (Boretius u. a. 1897), Nr. 187, S. 7, Z. 39-S. 8, Z. 6.

496 Capitularia, 2 (Boretius u. a. 1897), Nr. 814, S. 3, Nr. 189, S. 11.

genauen Anweisungen.[497] Eines der Probleme, die sich aus den Rückmeldungen der Boten ergeben hatten, war, die Zahl der Männer, die für Kriegszüge aufgeboten werden konnten, zuverlässig zu ermitteln. In der Folgezeit wurden am Hof verschiedene Kapitel verschriftlicht, die auf die Erfassung der verfügbaren Krieger gerichtet waren.

Die Text- und Überlieferungsgeschichte der vier Fassungen des Kriegsdienstkapitel ergibt ein mögliches Entstehungsznario: Die vier unterschiedlichen Fassungen sind, da sie textlich jeweils mehrfach miteinander verschränkt sind, am plausibelsten als zeitlich eng beieinanderliegende Überreste eines Beratungsprozesses zu erklären, in dessen Verlauf die Erfassung von Kriegsdienstpflichtigen modifizert wurde. Dabei waren jeweils mehrere der verschiedenen Textfassungen verfügbar, die als Gesamtmenge in den Beratungen am Hof die Vorlagen für die vier erhaltenen Versionen bilden. Die älteste Fassung bietet wahrscheinlich jenes Kapitel, die in den MGH nicht zum Druck gekommen ist (A = Barcelona, Ripoll 40). Die Notiz war nicht sehr detailliert, ein wichtiger Berater am Hof hielt einen frühen Diskussionstand vor der Wormser Versammlung vom August 829 fest. Eine nähere Verfahrensregel zur Erfassung der Kriegsdienstpflichtigen gab diese Notiz noch nicht. Die Kaiser und ihre Ratgeber rechneten aber damit, dass die Boten Listen mit allen kriegsdienstfähigen Männern anlegen und dem Kaiser übermitteln konnten:

> Wir wünschen und befehlen, dass unsere Boten sorgfältig untersuchen, wie viele freie Männer in den einzelnen Grafschaften leben, die einen Heerzug unternehmen können. Und deren Gesamtzahl sollen sie uns als Liste übermitteln. Und diejenigen, die uns noch nicht die Treue versprochen haben, sollen die Boten veranlassen, uns unter Eid die Treue zu schwören.[498]

Diese Bestimmung wurde im Frühjahr bis Sommer 829 mehrfach auf- oder abgeschrieben, sie existierte in – mindesten – einer weiteren, heute nicht erhaltenen Fassung (X). Wenigstens eine Variante des Kriegsdienstkapitels könnte als Anweisung an die Boten der zweiten Legation vor dem 4. April verschriftlicht worden sein.[499] Die Textfassung B (Nr. 186 c. 7) zeigt, wie man sich am Hof die möglichst vollständige Ermittlung der kriegsdienstfähigen Männer praktisch vorstellte

> Wir wünschen und befehlen, dass unsere Boten sorgfältig untersuchen, wie viele freie Männer in den einzelnen Grafschaften leben, die von sich aus an einem Kriegszug teilnehmen können. Und wie viele von solchen, deren einer einen zweiten unterstützt, und auch von jenen, bei denen von zweien ein dritter unterstützt und ausgerüstet wird, und freilich auch von jenen, bei denen von dreien ein vierter unterstützt und ausgerüstet wird, und von jenen, bei denen

497 Diese Probleme umreißt der zweite Teil der als Nr. 187 gedruckten Liste, Capitularia, 2 (Boretius u. a. 1897), Nr. 187, S. 8. Zu dieser Phase der Vorbereitungen für die zweite Legation gehören nach Patzold auch die Nr. 188 und 189, vgl. Patzold (unpubliziert), S. 2. Die Anweisungen für die Boten sind Capitularia, 2 (Boretius u. a. 1897), Nr. 191 (ohne Kapitel 8)–193 (ohne Kapitel 7), S. 11–20.

498 Capitularia, 2 (Boretius u. a. 1897), Nr. 188, 5, S. 10 mit Anmerkungen g) h) i).

499 S. o. S. 195.

> von vieren ein fünfter unterstützt und ausgerüstet wird, sodass sie an diesem Kriegszug teilnehmen können; und deren Zahl sollen sie uns bekannt machen.[500]

Diese Textfassung gab, anders als die vorangehende, den Boten eine praktische Anweisung, wen sie in ihre Listen aufzunehmen hatten. Möglicherweise reagierte dieser Entwurf damit auf ein Problem, das sich den Boten bei der Umsetzung der Anweisungen vom Hof stellte: Zumal in den harten Zeiten der späten 820er Jahre konnten viele Männer darauf verweisen, materiell nicht fähig zum Kriegsdienst zu sein – und deshalb darauf beharren nicht in die Listen aufgenommen zu werden, weil sie nicht „von sich aus an einem Kriegszug teilnehmen konnten".

Mitten in die Vorbereitungen für die Versammlung hinein platzte im Juli die Nachricht, dass der Notfall, auf den die Diskussion um die Erfassung der Kriegsdienstpflichtigen zielte, tatsächlich eingetreten war. Der Kaiser erfuhr, dass die „Nordmänner" im Begriff stünden, in Sachsen einzufallen. In aller Eile rief Ludwig der Fromme sein Heer zusammen.[501] Die Gerüchte über den Angriff der Nordmänner erwiesen sich allerdings als falsch, und so wurde statt des Feldzuges im August 829 doch noch eine – nun allerdings schlecht vorbereitete – Versammlung in Worms abgehalten.

Vermutlich dienten die Listen Nr. 191–193, die in den Vorbereitungen des Frühjahrs und Sommers 829 verschriftlicht worden waren, nun auch als Grundlage für die Versammlung.[502] In die Listen in der Form, wie sie Hinkmar von Reims um 860 zitierte, wurden zwei Kapitel eingefügt, vermutlich als Ergebnisse der Wormser Versammlung, möglicherweise allerdings auch erst später. Eines davon ist eine vierte Fassung des Kriegsdienstkapitels. Diese Form des Textes ist gut als Synthese der verschiedenen vorangegangenen Fassung zu erklären, sie enthält Bestandteile der drei überlieferten Kapitel:

> Wir wünschen und befehlen, dass unsere Boten sorgfältig untersuchen, wie viele freie Männer in den einzelnen Grafschaften leben. Dies aber soll mit solcher Sorgfalt und solcher Umsicht in den einzelnen Hundertschaften untersucht werden, dass sie wahrheitsgetreu jene kennen und verzeichnen, die zum Kriegszug ausziehen können. Und danach sollen sie selbstverständlich auch den zweiten Stand derjenigen erfassen, die von sich aus nicht ausziehen können, damit zwei einem dritten Unterstützung gewähren. Und diejenigen die uns noch nicht die Treue versprochen haben, die sollen die Boten veranlassen, uns unter Eid die Treue zu schwören.[503]

Der erste Satz ist wörtlich identisch mit der Textfassung der Handschrift aus dem Kloster Ripoll (A), genauso auch der Schlusssatz, der die Vereidigung der Krieger anordnete. War die Bestimmung im Laufe mehrerer Abschriften ausgefallen, so wurde sie nun wieder aufgenommen, weil in der Liste Nr. 191–193 ein Eid sonst

500 Capitularia, 2 (Boretius u. a. 1897), Nr. 186, 7, S. 10.
501 Ann. Fuldenses a. 892 (Kurze 1891), S. 177.
502 So Patzold (unpubliziert), S. 36.
503 Capitularia, 2 (Boretius u. a. 1897), Nr. 193, 7, S. 19–20.

nirgends festgehalten war. Im Mittelteil des Kapitels wird der Modus der Erfassung geregelt, der auf die Textfassungen wie sie in B (Nr. 186 c. 7) und C (Nr. 188 c. 5) überliefert sind zurückgeht.

Die knappere Version könnte dabei einfach eine Zusammenfassung der vorangegangenen detailbemühten Diskussion um Gestellungsverbände beim Aufgebot sein. Sie stellt aber auch eine praktikablere Lösung dar. Die Kriegsdienstpflichtigen sollten nun nur noch nach einem Zweiklassenprinzip erfasst werden: Erstens diejenigen, die selbstständig in den Krieg ziehen konnten. Zweitens diejenigen, die das nicht konnten und deshalb zu dritt einen Mann stellen sollten. Zudem ist die Erfassung der Kriegsdienstpflichtigen hier auf die Ebene der „Hundertschaft", *centena*, verlegt, einer kleineren Gliederungseinheit als der Grafschaft. Die sonst notwendige Auflistung bis hinab zu 5er oder 6er Verbänden auf Ebene einer ganzen Grafschaft dürfte in der Praxis höchst unpraktikabel gewesen sein. Die Boten hätten nicht nur alle Männer entsprechend genau aufführen, sondern zuvor noch vor Ort penibel klären müssen, wer sich zu welchem fein nuancierten Gestellungsverband zusammenschließen durfte.

Neben der Erhebung der im Notfall vorhandenen Krieger waren im Sommer 829 auch alle möglichen weiteren Details zur Vorbereitung des nächsten Kriegszugs dringlich. Wer konnte zu Recht eine Ausnahme vom Aufgebot beanspruchen? Wie stellte man eine ordentliche Bewaffnung der aufgebotenen Krieger sicher? Was musste außerdem noch an Ausrüstung und Verpflegung verfügbar sein? Diese Fragen waren schon im Brief Ende des Jahres 828 angesprochen worden,[504] nun standen sie im Vorfeld der Wormser Versammlung oder dort wieder auf der Tagesordnung. Nur als Teil des Wormser Corpus ist nämlich eine weitere Kapitelliste überliefert, welche Alferd Boretius den Kapitularien Karls des Großen zugeordnet hat.[505] Die Liste wurde offenbar als Teil des Wormser Materials kopiert, auch wenn sie deutlich älter war und ursprünglich in die Zeit Karls des Großen gehört.

Die Kapitel sprachen durchweg Probleme an, die sich 829 ebenfalls gestellt haben dürften. So wurden die Bischöfe ermahnt, in ihren Diözesen umfassend alle möglichen Übel zu untersuchen und zu bekämpfen (c. 1); die Getreuen des Kaisers, die dem Herrscher treu blieben, waren im Kampf gegen andere zu unterstützen (c. 20), dies war vor dem Hintergrund der Entmachtung Hugos und Matfrids ein wichtiges Kapitel. Die Liste enthält aber außerdem auch vier Kapitel (c. 8–10 u. 17), die Bestimmungen zum Kriegsdienst treffen: Die Wolfsjäger, die jeder Vikar in seinem Bezirk haben sollte, seien vom Kriegsdienst freizustellen (c. 8); die Grafen sollten alle Männer zum Heer aufbieten und überwachen, dass sie gut bewaffnet waren (c. 9 u. 17); schließlich sollten die Grafen alles für einen Kriegszug vorbereiten,

504 Concilia aevi Karolini 2, 2 (Werminghoff 1908), Nr. 50B, S. 601.

505 Capitularia, 1 (Boretius 1883), Nr. 77, S. 170–172. Zur Überlieferung vgl. Patzold 2015, S. 462–465.

Brücken und Schiffe in Stand setzen und gegebenenfalls Karren mit Verpflegung und anderen kriegswichtigen Vorräten herbeiführen (c. 10).

Offenbar griff man in den Planungen des Sommers 829 auf die Bestimmungen der alten Liste zurück. Für die versammelte Führungsschicht eines an allen Grenzen bedrohten Gemeinwesens, das von Hungersnöten geplagt und tief überzeugt war, mit dem Zorn Gottes einer existentiellen Bedrohung gegenüber zu stehen, konnten all diese Bestimmungen bedeutsam sein. Um in dieser Situation die Details von Aufgebot, Bewaffnung und anderen Kriegsvorbereitungen genauer zu regeln, nahm man Bestimmungen Karls des Großen auf. Solche Verweise auf alte Kapitel sind in der karolingischen Herrschaftspraxis sehr üblich, in den Listen, die der Vorbereitung der Wormser Versammlung dienten, geschah das besonders umfangreich.[506] Die 827 fertiggestellte Kapitelsammlung des Abts Ansegis bot in der bedrohlichen Situation der Jahre 828–829 erstmals die Möglichkeit, systematisch auf ältere Texte zurückzugreifen, und davon machte Ludwig der Fromme ausführlichen Gebrauch.[507] Punkte, zu denen sich bei Ansegis keine Regelung fand, wurden offenbar so weit möglich unter Heranziehung anderer Listen geregelt. Der Hof vertraute 829 darauf, in den vorhandenen älteren Regelungen vorbildliche Lösungen zu finden.

Der Blick in die handschriftliche Überlieferung der Kriegsdienstkapitel, die im Lauf des Jahres 829 entstanden, zeigt die pragmatische Reaktion auf eine militärische Bedrohungslage im Zentrum der Herrschaft zur Zeit Ludwigs des Frommen. Solch ein Blick macht deutlich, wie Anfang des 9. Jahrhunderts Krieg organisiert und vorbereitet wurde. Dabei ging es Ludwig dem Frommen und seinen Beratern nicht um grundlegende Überlegungen zur Kriegsdienstpflicht freier Männer. Sie betrieben keine konservative Reformpolitik, die darauf gezielt hätte, die Folgen eines umfassenden Strukturwandels abzufangen, um so die Leistungsfähigkeit eines Freienstandes zu erhalten.[508] Die Kriegsdienstkapitel des Jahres 829 sind auch keine redundanten Gesetzesnovellen, deren ständige Wiederholung ihre Wirkungslosigkeit zeigt.[509] Als Gedankenstützen und Beratungskonzepte zeigen sie vielmehr die praktische Organisation von Kriegsdiensten. Sie war 829 darauf gerichtet, eine zuverlässige Antwort auf die Frage zu finden, mit wie vielen Kriegern man in einer bestimmten Bedrohungssituation rechnen konnte und sicherzustellen, dass alle, die Kriegsdienst leisten konnten, es auch taten.[510]

506 Mordek 2000b, S. 315–317. Vgl. auch Mischke 2013, S. 9–14. Schon der erste Text, der als Kapitular Karls des Großen gilt (Capitularia, 1 (Boretius 1883), Nr. 18, S. 42–43 ist als Wiederholung von Bestimmungen seines Vaters Pippin gekennzeichnet.

507 Ansegis, Collectio Capitularium (Schmitz 1996), I, 84, S. 483, 89, S. 485, 104, S. 497, III, 40, S. 590, IV, 13, S. 625, 25, S. 637, 30, S. 641, 36, S. 644, 55, S. 653. Zur Verwendung der Sammlung durch karolingische Herrscher vgl. Ansegis, Collectio Capitularium (Schmitz 1996), S. 286–288. Siehe zum Beispiel die expliziten Verweise Capitularia, 2 (Boretius u. a. 1897), Nr. 191, 5, 9, S. 13.

508 S. o. S. 91.

509 Vgl. Schmitz 2012, Sp. 4.

510 So schon Ganshof 1972, S. 48. Vgl. Innes 2000, S. 151.

Schon im Winter 829 beriet Ludwig der Fromme über einen neuen Krieg. Im Frühjahr 830 zog er gegen die Bretonen. Dieser Feldzug sollte möglicherweise das angeschlagene Prestige des Kaisers festigen, indem es ihm endlich wieder einen kriegerischen Erfolg bescherte.[511] Ob das tatsächlich der eigentliche Grund für das Unternehmen war, das die Bischöfe des Reiches später als „völlig unnötig und ohne jeden Nutzen für das Gemeinwesen" bezeichneten,[512] wissen wir nicht. Doch noch während Ludwig Anfang April 830 sein Heer sammelte, brach der Unmut innerhalb der karolingischen Führungsschicht offen aus.[513]

4.7 Fazit: Krieger und Kriegsdienste um 800

Kriegsdienste wurden in der karolingischen Welt, wie jede Form gemeinschaftlicher Aktion, über Netze personaler Bindungen in Funktion gesetzt. Als Verpflichtung gegenüber dem Gemeinwesen sind sie dennoch als *publicus* zu begreifen,[514] als öffentlich im Sinne eines Gemeinsamkeitsbegriffs. Das heißt, Kriegergruppen, die Magnaten um sich sammelten, stellten kein Instrument partikularer Adelsherrschaft dar, sondern bildeten zugleich das königliche Aufgebot. Das Aufgebot und das Kriegergefolge der Magnaten fallen ineinander, sie sind eine Einheit, keine additiven Formen militärischer Organisation. Systeme persönlicher, ungleicher und auf Reziprozität beruhender Patron-Klient-Beziehungen stellten die Strukturen dar, in denen sich die karolingische politische Ordnung realisierte.

Vom persönlichen Umfeld des Herrschers ausgehend, dem mobilen Hof als Ort des politischen Zentrums, verband ein Netz persönlicher Beziehungen Zentrum, Regionen und lokale Gesellschaften zu einem Herrschaftsverband. Über dieses Netz wurden gemeinschaftliche Aufgaben wie der Kriegsdienst organisiert. Dabei kam der Führungsschicht und den Eliten auf verschiedenen sozialen Ebenen die Funktion personaler Schnittstellen zu. Von zentraler Bedeutung als Vermittlungsinstanzen zwischen dem Hof und einzelnen Kriegern waren institutionalisierte Funktionsträger: Königsboten, Bischöfe, Äbte und Grafen. Sie nahmen regional und lokal verwurzelte Machtpositionen ein, die über die Formalisierung ihrer Stellung in den größeren politischen Verband integriert wurden. Vertraute des Kaisers, die zugleich solch regionalen Positionen besetzten, vermittelten Informationen und Aktionen in beide Richtungen – *top down* und *bottom up* – über hierarchisch untergeordnete, regionale und schließlich lokale Figuren in ähnlicher Funktion.

Kriegsdienst erwarteten Karl der Große und Ludwig der Fromme von all denjenigen, die als vollberechtigte Mitglieder des politischen Verbandes galten, das

511 So Boshof 1996, S. 182. Vgl. Patzold 2013, S. 224.
512 Capitularia, 2 (Boretius u. a. 1897), Nr. 197, 3, S. 54. Eine Neuedition bietet: Booker 2008, S. 10–19.
513 De Jong 2009, S. 205–213. Patzold 2013, S. 223–231.
514 Vgl. dazu Von Moos 2004, S. 45–46.

heißt, die Objekte ihrer Herrschaft waren. In den Kapitellisten der sogenannten Kapitularien werden sie als *homines liberi* bezeichnet. An diese Schicht wurde die Erwartung gerichtet, gemeinschaftliche Aufgaben wie den Kriegsdienst zu übernehmen. Sie bildeten die Gesamtmenge, einen *pool*, derjenigen, die für Kriegsdienste verfügbar waren. Die Besitzverzeichnisse der Polyptycha bieten einige, wenn auch wenig eindeutige, Belege für die Forderungen von Leistungen für „das Heer“ auch von Unfreien. Sie zeigen so, dass Statusgrenzen nicht als stets eindeutige Trennlinien gezogen werden können, sondern zumal in der Praxis unscharf waren. Das für Notzeiten regulierte Verfahren der Gestellungsverbände weist dabei darauf hin, dass die Frage, wer tatsächlich als einsetzbarer Krieger betrachtet wurde, vor Ort durch informelle Mechanismen geregelt wurde. Diese Beobachtungen stellen die Position des Einzelnen, wie sie die Besitzverzeichnisse festhalten, als Ergebnis der Verhandlung von Rechten und Status innerhalb lokaler Gemeinschaften dar.

Die politische, soziale und rechtlichte Integration in das Gemeinwesen bedeutete für die Freien einerseits Verpflichtungen, andererseits eröffneten solche Verpflichtungen Interaktionsmöglichkeiten: manchmal direkt mit dem Herrscher oder öfter mit Funktionsträgern wie Grafen, Bischöfen und Äbten. Über ihre volle Integration in den politischen Verband bildeten die Freien eine relative Elite, das heißt, sie sind auf einer lokalen Ebene gegenüber denjenigen als Elite zu verstehen, die nicht vollständig integriert waren. In sich war diese Elite aber ihrerseits sehr heterogen. Zu ihr gehörten Männer wie der Hispanier Johannes, die man als Grundherren beschreiben muss, ebenso wie kleine Landpächter, die als Individuen nur über die Polyptycha erfasst sind und die zu jenen Gruppen gehören konnten, die aus Perspektive des Herrschers als *pauperes* bezeichnet wurde. Diese unterschiedlichen sozialen Niveaus standen im persönlichen Kontakt miteinander, verbunden über die Netze der Patron-Klient-Beziehungen. Auf die gleiche Weise waren die Freien auch mit den hohen Funktionsträgern ihrer Region verbunden und über sie mit dem Hof und dem Herrscher. Den Mächtigen ermöglichten diese Netze den Zugriff auf Ressourcen und Menschen, als Krieger, Boten oder Verwalter, den Klienten versicherten sie des Einflusses des Patrons und materieller Gegenleistungen.

Solche personalen Bindungen existierten nicht als formal festgeschriebene Strukturen, sondern benennen Prozesse ständiger sozialer Interaktion. Auf allen Ebenen war dabei eine Dimension der Gewalt vorhanden. Sie zeigt sich in den Briefen Einhards und den Männern seiner Küstenwache oder der Gerichtsverhandlung von Courtisols ebenso wie in der Rolle des Johannes, der gleichzeitig von mächtigen Grafen unter Druck gesetzt wurde und selbst kleinere Landbesitzer unter Druck setzte. Und selbst in den höchsten sozialen Positionen wird sie über die kurz angerissene zwiespältige Stellung Wilhelms von Septimanien deutlich, der Höfling und Geisel zugleich war. Drohungen, Druck und direkte Gewaltausübung formten die Beziehungen zwischen Einzelpersonen.

Die andere, affektive Seite solcher Verhandlungsprozesse waren der Gabentausch in Form von Land oder beweglichen Gütern, Belohnungen und die Erfassung dieser personalen Bindungen in einer emotionalen Sprache. Einhard verlieh „seinen Männern" Besitzungen, vermittelte Heiraten und Gefälligkeiten, Johannes erhielt umfangreicheren Landbesitz vom König, dessen „Getreuer" er war. Die beiden Dimensionen der Gewalt und des Affekts verweist auf die Freiwilligkeit als Definitionskriterium von Patron-Klient-Beziehungen und die Feststellung, dass diese Freiwilligkeit in der Praxis oft stark eingeschränkt gewesen sein dürfte, auch wenn keine formale Bindung bestand.[515] Gerade deshalb waren solche Beziehungen vielschichtig. Gegen die Bedrängung eines Mächtigeren bedurfte der schwächere Part vermittelnder Instanzen und Schutz.

Bindungen, die auf diese Weise erzeugt wurden, waren Teil der umfassenden sozialen, politischen und ökonomischen Ordnung der karolingischen Welt um 800 und erfüllten neben dem Kriegsdienst vielfältige weitere Funktionen. Wirtschaftliche und politische Aufgaben wurden darüber ebenso erfüllt wie Boten- und Kriegsdienste. Diese Beobachtung bedeutet auch, dass die Männer, die über diese Organisationsmechanismen für Kriegsdienste aktiviert wurden, keine professionellen Krieger waren. Alle diejenigen, die in der Zeit Karls des Großen und Ludwigs des Frommen als Gewaltakteure fassbar sind, hatten vielmehr auch andere Aufgaben auszufüllen, sei es als Landwirt, als Gerichtsherr, als Abt, Graf oder Bischof. Für die Zeit um 800 sind stehende Truppen irgendeiner Form nicht belegbar. Krieg scheint so einerseits ein fester Teil der Lebenswelt der Eliten der karolingischen Welt gewesen zu sein, bis hinab zu all jenen, die in schlechten Zeiten gemeinsam einen Krieger stellen mussten. Nach Ausweis der karolingischen Kapitellisten versuchten diese Männer andererseits oft, sich dem Kriegsdienst zu entziehen, besonders in Notzeiten. Ihre Aufbietung für Kriegszüge und die Frage, wer jeweils konkret zum Dienst herangezogen werden sollte, sind so eines der Themen, das karolingische Herrscher und ihr Umfeld sehr häufig und regelmäßig beschäftigt hat, sowohl bei großen Versammlungen als auch in kleineren Beratungen. Auch im Alltagsgeschäft der großen Kirchen der karolingischen Welt nahm die Organisation von Kriegsdiensten einen festen Platz ein.

Schriftlichkeit spielte in der Organisation von Kriegsdiensten seit Ende des 8. Jahrhunderts zunehmend eine bedeutende Rolle ebenso wie auch übergeordnet in der herrschaftlichen Konsensherstellung, die in den überlieferten Kapitellisten sichtbar wird. Deshalb bieten Aufgebotslisten und Polyptycha nicht ohne Weiteres einen Indikator für die Etablierung einer neuen militärischen Ordnung oder die Durchsetzung neuer Verpflichtungen zum Kriegsdienst zu Beginn des 9. Jahrhunderts. Vielmehr stellen sie eine spezifische schriftbasierte Technik der Problemlösung dar, die vor allem unter der Leitidee der *correctio* attraktiv wurde, um gleichmäßige Regelungen zu

---

515 S. o. S. 67.

verbreiten. So zeigen auch die Aufgebotslisten zwei Charakteristika, die allgemeine Problemlösungsansätze karolingischer Herrscher kennzeichnen: Sie zielten erstens auf eine umfassende, das heißt kleinteilige Bestimmung aller möglichen Eventualitäten und zweitens auf Vereinheitlichung. Alle Aufgebotenen sollten nach den konkreten, immer regional beschränkten Regelungsfällen, auf die gleiche Weise behandelt werden.

Schriftlich festgehalten wurden Diskussionen um den Kriegsdienst als situationsbezogene Problemlösungen, wenn die Aufbietung eines Heeres auf Schwierigkeiten stieß, vor allem in ökonomischen Krisensituationen wie der Schlechtwetterperiode der 820er Jahre. Unter solchen Bedingungen musste ausgehend vom politischen Zentrum geregelt werden, wie die Aufstellung eines Heeres erfolgen sollte. Über den zunehmenden Einsatz der Schriftlichkeit ist diese Ebene der Organisation von Kriegsdiensten deshalb recht gut zu fassen, anders als viele andere Gegenstände klassisch militärhistorischer Fragestellungen. Die handschriftliche Überlieferung der karolingischen Kapitel(listen) transportiert Teile der Diskussionen im Umfeld des Herrschers und macht sie so heute greifbar. Damit bilden sie ein Element der praktischen Organisation von Kriegsdiensten: All diejenigen Texte, die hier untersucht wurden und detailliertere Anweisungen oder Regelungen zum Kriegsdienst enthalten, können als Briefe, Anweisungen an Boten, Beratungsnotizen oder Arbeitsentwürfe eingeordnet werden. Programmatische Texte Karls des Großen und Ludwigs des Frommen behandeln gelegentlich kriegerische Belange,[516] doch nie im Detail und nie mit Regelungen der Verpflichtung zum Kriegsdienst. Die Kapitellisten bieten also nicht eine idealisierende, normative Vorstellung militärischer Organisation – sie *sind* selbst die Organisation. Sie waren Teil des Prozesses, über den Ergebnisse von Versammlungen unterschiedlichen Zuschnitts im politischen Zentrum über die vielstufige Staffelung personaler Schnittstellen umgesetzt wurden. Beginnend mit der Führungsschicht im Umfeld des Königs wurden diese Ergebnisse über Netze personaler Beziehungen verbreitet, etwa um Krieger zu aktivieren und ein Heer aufzustellen.

516 Vgl. etwa Capitularia, 1 (Boretius 1883), Nr. 20, 20, S. 51. Admonitio generalis (Mordek u. a. 2012), 79, S. 232.

5 Thesen

Die Rückkehr des Krieges in das öffentliche Bewusstsein hat ihn auch für Historiker wieder interessant gemacht. Vor diesem Hintergrund wird der kriegerische Charakter karolingischer Herrschaft in der Forschung zunehmend betont. Weil der Krieg jedoch seit dem Zweiten Weltkrieg ein Randthema mediävistischer Forschung dargestellt hat, ist gleichzeitig weitgehend unklar, wie die militärische Ordnung der Karolingerzeit strukturiert wurde. Als Produkt der Randständigkeit des Krieges in der Forschung werden bislang drei sehr gegensätzliche Modelle parallel und undiskutiert nebeneinander vertreten, weitgehend ohne eine Reflexion dieses Wissensstandes: das Lehnswesen, die Wehrpflicht und die Warband.

Ziel meiner Arbeit war es, über die Untersuchung der Organisation von Kriegsdiensten eine Neudeutung der militärischen Ordnung in den Jahrzehnten um 800 zu entwerfen. Mit der zentralen Rolle, die der Krieg in der karolingischen Welt einnahm, war die Untersuchung auf ein zentrales Feld gemeinschaftlichen Handelns und der Interaktion verschiedener gesellschaftlicher Niveaus gerichtet. Das vorliegende Buch versteht sich also nicht als rein militärgeschichtliche Untersuchung, sondern weit umfassender als Beitrag zur Diskussion um Funktionsweisen sozialer, politischer und ökonomischer Ordnung im frühen Mittelalter.

Mit dem Lehnswesen ist in den vergangenen Jahrzehnten eine wichtige Grundlage der Deutung all dieser Bereiche dekonstruiert worden, sodass sich ihre Einschätzung und Bewertung fundamental gewandelt hat. Statt die politische Ordnung der Karolingerzeit als Spannungsfeld eines Machtkampfs zwischen öffentlicher und privater Gewalt zu verstehen, wird sie inzwischen als Ergebnis vielschichtiger Verhandlungsprozesse zwischen königlicher Autorität, politischen Eliten und lokalen Gemeinschaften erfasst. Trotz der zentralen Stellung, die kriegerische Gewalt dabei einnahm, hat diese grundsätzliche Neuausrichtung jedoch bislang wenig Einfluss auf die Militärgeschichte der Karolingerzeit gehabt. Sie ist über die antagonistischen Erklärungsmodelle bis heute entscheidend von einer wissenschaftlich überholten Gegenüberstellung öffentlicher und privater Gewalt geformt.

Der Ansatz zu einer Neudeutung war deshalb, die Entwicklungen im Bereich der politischen und sozialen Geschichte auf den militärischen Bereich zu übertragen. Auf diese Weise können Strukturen, die bislang als widerstreitende Organisationsformen königlicher und adliger Machtausübung interpretiert wurden, das Aufgebot einerseits und aristokratische Kriegergruppen andererseits, ineinander geblendet werden. Als geschlossenes System betrachtet, nicht als Parallelstrukturen, bilden sie eine Form der gemeinschaftlichen Organisation, die über Netze personaler Bindungen in Funktion gesetzt wurde.

https://doi.org/10.1515/9783110629071-005

Ich habe deshalb nach der „Praxis des Organisierens“ und Prozessen als „Interaktion zwischen Akteuren“ gefragt.[1] Das bedeutet, Verpflichtungen zum Kriegsdienst als Prozess ständiger Verhandlungen zwischen Akteuren auf verschiedenen sozialen Ebenen zu verstehen, als Interaktionsprozess zwischen Lokalem und Zentralem. Diese Prozesse lassen sich unter Rückgriff auf die althistorische Diskussion um die Klientel interpretieren, die personale Hierarchiesysteme als Netze sozial asymmetrischer Patron-Klient-Beziehungen analysiert. Aus dieser Perspektive stellen personale Beziehungsgeflechte Mechanismen gemeinschaftlicher Aktion dar, die exemplarisch über den Kriegsdienst untersucht werden können. Mit diesem Ansatz können jene Strukturen, die bislang als konkurrierende öffentliche und private Organisations formen gedeutet wurden, als kohärente Funktionen gemeinschaftlicher Ordnung erfasst werden. Die Ergebnisse der Arbeit, die aus dieser Verschiebung der Perspektive heraus als Thesen entstehen, bündele ich zum Abschluss in fünf Punkten: 1. den Konsequenzen der Untersuchung für die karolingische Militärgeschichte; 2. der Frage nach dem Charakter der karolingischen politischen Ordnung; 3. Beziehungsgeflechten als Form militärischer und umfassender gemeinschaftlicher Organisation; 4. dem Verhandlungscharakter sozialer Positionen in der karolingischen Welt; 5. ein Ausblick, der diese Ergebnisse in das wissenschaftliche Bild der karolingischen Welt einordnet.

5.1 Die Militärgeschichte der Karolingerzeit: modernes Wissen

Die Militärgeschichte der Karolingerzeit macht anschaulich deutlich, wie stark die Ergebnisse von Historikern durch ihre Modelle geformt werden. Die verschiedenen Modelle militärischer Ordnung kommen auf Grundlage derselben Quellen zu völlig gegensätzlichen Entwürfen desselben Gegenstandes, die jeweils als aktuell gültige Deutungen verstanden werden und die anderen Deutungen kaum diskutieren. Forschungsformend ist noch immer eine dichotome Gegenüberstellung öffentlicher und privater politischer Ordnung, mit denen je spezifische militärische Strukturen verbunden werden: Mit einer öffentlichen Ordnung das Massenaufgebot der kriegstauglichen Bevölkerung, das auf der Deutungsebene oft als Wehrpflicht erfasst wird; mit einer Privatisierung von Macht kleine Privatarmeen, deren Deutung als Warband das Konzept der germanischen Gefolgschaft forttransportiert.

Doch wie etwa das Beispiel des von der Historiographie vergessenen Feldzuges nach Korsika 825 zeigt, wurden diejenigen Details, auf die die Fragen einer klassischen Militärgeschichte gerichtet sind, von den Zeitgenossen um 800 selten verschriftlicht. Marschrouten, Schlachtverläufe, Heeresstärken und Verlustzahlen, Bewaffnung, Ausrüstung und Ausbildung frühmittelalterlicher Armeen lassen sich nur sehr bruchstückhaft rekonstruieren. Gleichzeitig hatte der Krieg, so viel

1 S. o. S. 7.

ist sichtbar, eine hohe Bedeutung in der Lebenswelt der Autoren, die unsere Quellen schrieben.[2] Die Reichsannalen etwa sind voll von kriegerischen Aktivitäten des Herrschers – doch militärische Details bieten sie kaum. Erklären lässt sich dieser Befund nur über Schreibtraditionen: Solche Details gehörten offenbar nicht zu dem, was karolingische Autoren für schreibenswert oder schreibbar hielten.[3]

Die unterschiedlichen historischen Deutungen ergeben sich angesichts dieser schwierigen Quellenbasis vor allem als logische Folgerungen aus den vorangestellten Prämissen: Ein Massenaufgebot ist schlecht ausgerüstet und ausgebildet, eine Privatarmee schwer bewaffnet und professionell, das Massenaufgebot stellt eine Volksarmee dar, Privattrupps aristokratische Eliteeinheiten. Anschaulich deutlich wird dieses Problem in der militärgeschichtlich zentralen Frage nach der Größe frühmittelalterlicher Heere: Gegen Timothy Reuter, der mit sehr kleinen Heeren von maximal 2.000 bis 3.000 Männern rechnete,[4] liegen aktuelle Zahlenangaben meist zwischen 10.000 und 20.000 Kriegern als maximaler Gesamtstärke, reichen aber bis hin zu 60.000.[5] Diese unterschiedlichen Angaben gehen alle auf einem Aufsatz Karl Ferdinand Werners von 1968 zurück und rechnen damit auf Grundlage des *Indiculus loricatorum*,[6] einer Quelle des späten 10. Jahrhunderts, eine hypothetische Anzahl vasallitischer Panzerreiter auf eine hypothetische Gesamtzahl von Grafen, Bischöfen und Königsvasallen im Frankenreich hoch.[7] Neben vielfältigen Unsicherheiten in der Bestimmung dieser Parameter beruht diese Berechnung nicht zuletzt auf dem Modell des Lehnswesens als Hauptsäule militärischer Organisation. Ohne das Modell jedoch sind die Überlegungen zur Zahl von Königsvasallen und Panzerreitern gegenstandslos. Denn die (Schrift)Quellen bieten keine Datengrundlage für eine solche Berechnung.[8] Mit der Deutung von Kriegsdiensten in der karolingischen Welt als öffentlicher Verpflichtung ordnet sich die vorliegende Arbeit zwar jener Position zu, die mit relativ großen Heeren rechnet. Eine genauere Bezifferung wird jedoch (auf Basis von Schriftquellen) nicht möglich sein, so unbefriedigend diese Antwort auch ist. Ebenso werden sich auch viele weitere klassisch militärgeschichtliche Fragen für das frühe Mittelalter kaum klären lassen.

Bestimmte Bereiche jedoch sind über Schriftquellen relativ gut zu fassen. Das gilt vor allem für die Organisation von Kriegsdiensten über die Kapitellisten der sogenannten Kapitularien. Dabei haben die bestehenden Erklärungsmodelle jeweils ihren Fokus auf einen unterschiedlichen Aspekt frühmittelalterlicher militärischer Organisation gerichtet. Sie betonen so jedes für sich einen interessanten Einzelaspekt,

---

2 Dazu vgl. Ma. Clauss 2010, S. 34.

3 Ma. Clauss 2010, S. 116, S. 119–120. Halsall 2003, S. 2–4.

4 Reuter 1999, S. 326.

5 Vgl. Schäpers 2018, S. 353, zur Heeresgröße s. o. S. 42–43 Fn. 245.

6 Indiculus loricatorum (Weiland 1893), S. 633.

7 Werner 1968, S. 821–822.

8 So schon Reuter 1997, S. 36.

blenden dabei aber andere weitgehend aus: Das Lehnswesen erfasst die hohe Bedeutung, die personale Bindungen für die Organisation von Kriegsdiensten, wie in allen anderen Bereichen sozialer Organisation, hatten. Besonders die Briefe Einhards haben gezeigt, wie wichtig Patron-Klient-Bindungen für Krieger in der Karolingerzeit waren. Sie konnten gegen Übergriffe der Mächtigen schützen, Zugang zum Kaiser vermitteln, zur Umgehung politisch heikler Situationen genutzt werden und vieles mehr. Genau diese Vielfalt der Funktionen und damit auch der Formen personaler Bindungen hat jedoch die rechtssystematische Modellbildung aus dem Blick geraten lassen.

Diesen Aspekt der Verhandlung und Dynamik von Beziehungen, die immer wieder verändert werden konnten, hat wiederum das Modell der Warband in den Blick genommen. Kriegsdienste erscheinen aus dieser Perspektive nicht als statische Verpflichtungen, sondern als System von Gabe und Gegengabe, das stets aufs Neue erfüllt werden musste und als Prozess sozialer Interaktion, die in Ritualen und Symbolen sichtbar gemacht wurde. Dieses Modell macht Phänomene wie den Austausch von Geschenken und Landbesitz zwischen dem Hispanier Johannes und Ludwig dem Frommen verständlich, es nimmt eine Welt in den Blick, in der die Herrscher Jahresgaben von ihren Gefolgsleuten empfingen, Unterwerfungsgesten öffentlich inszeniert wurden und Männer dasselbe Stück Land vom König immer wieder übertragen bekamen.

All das macht aber aus karolingerzeitlichen Armeen keine Ansammlung privater Kriegertrupps, die nur über den Zusammenschluss ihrer Anführer zu fragilen Einheiten gefügt wurden. Denn Kriegsdienste wurden als Teil gemeinschaftlicher Verpflichtungen geleistet, zu denen neben dem Kriegsdienst etwa der Unterhalt von Kirchen oder der Straßenbau gehörten. Diesen dritten, überpersonalen Aspekt stellt das Modell heraus, das Kriegsdienste in der Karolingerzeit als Wehrpflicht beschreibt. Fassbar ist diese öffentliche Verpflichtung vor allem in den kirchlichen Besitzverzeichnissen und den karolingischen Kapitellisten. Während die Polyptycha zeigen, wie gemeinschaftliche Verpflichtungen über Netze von Patron-Klient-Beziehungen in Funktion gesetzt und von Vermittlungsinstanzen in das Gemeinwesen integriert wurden, bilden die Kapitellisten die Überreste einer Herrschaftspraxis am Hof Karls des Großen und Ludwigs des Frommen, die in Beratungen und der Inszenierung von Konsens lebte.

Diese hier noch einmal umrissenen unterschiedlichen Entwürfe der militärischen Ordnung der karolingischen Welt sind nach ihren je unterschiedlichen Ausgangspunkten und Quellengrundlagen vor allem eine Frage der Perspektive und können deshalb ineinander geblendet werden. Unterschiedliche Blickwinkel haben unterschiedliche Bilder erzeugt. Das bedeutet aber nicht, dass sie auch verschiedene militärische Strukturen sichtbar machen, die sich zeitlich ablösen oder parallel zueinander existierten. Die verschiedenen Perspektiven lassen sich verbinden, um so allgemeines Aufgebot und Kriegergefolge ineinander zu blenden.

5.2 Kriegsdienste als öffentliche Verpflichtung: die politische Ordnung

Kriegsdienste stellten in der politischen Ordnung der karolingischen Welt um 800 eine öffentliche Verpflichtung dar. Das heißt, sie wurde als Verpflichtung gegenüber dem Gemeinwesen begriffen, die etwa als Teil der *utilitates reipublicae* formuliert werden konnte und die der König als dessen Haupt einforderte.[9] Diese Ordnung lässt sich durchaus als transpersonal beschreiben: Der König forderte Kriegsdienste von Männern nicht aus einer personalen Verpflichtung heraus und nicht ihm gegenüber als Person, sondern weil er ihr König war und sie die Objekte seiner Herrschaft. Diese Deutung von Öffentlichkeit schließt an das „Öffentliche" als „Gemeinsamkeitsbegriff" an,[10] wie er in der internationalen Forschung als *public* etwa im Englischen und Französischen unproblematisch verwendet wird. Die deutschsprachige Forschung hat allerdings vom Begriff der Öffentlichkeit ausgehend einen Sonderweg eingeschlagen, der das Öffentliche mit spezifisch bürgerlich-liberalen Bedeutungen des 19. Jahrhunderts belegt und als Gegenbegriff zu despotischen Formen politischen Ordnung geformt hat. In der Kritik dieser Begriffsfassung und dem davon geprägten Staatsverständnis der klassischen Rechtsgeschichte haben deutschsprachige Historiker seit den 1930er Jahren betont, dass mittelalterliche politische Ordnungen nicht als öffentlich bezeichnet werden dürfen, weil damit anachronistische Vorstellungen auf das Mittelalter übertragen würden.[11] Sie halten solche Zuschreibungen seitdem in aller Regel für völlig irreführend. Gerade die Zusammenlegung von Öffentlichem und Privatem, wie sie die anglophone Forschung in den letzten Jahrzehnten als Neudeutung politischer Ordnungen des Frühmittelalters entwickelt hat,[12] wirkt aus deutscher Perspektive deshalb wie eine unbewusste Reproduktion der Neuen Deutschen Verfassungsgeschichte.

So wird das Gleiche möglicherweise auch für die hier aufgestellte These der Untrennbarkeit personaler und institutioneller Elemente im königlichen Aufgebot gelten. Diese These zielt jedoch explizit nicht auf die Negierung der Kategorien von Öffentlichem und Privatem, die als zeitgenössische Konzepte der Karolingerzeit zuletzt wieder deutlich herausgearbeitet worden sind.[13] Vielmehr ist es die Gleichsetzung des *Öffentlichen* mit dem *Institutionenstaat* und des *Privaten* mit allem *Personalen*, die für die Frage nach dem Charakter politischer Gemeinwesen des frühen Mittelalters nicht sinnvoll ist. Es ist diese Gleichsetzung, die anachronistisch ist, weil sie die Vorstellung transportiert, jede öffentliche Ordnung müsse über

9 Capitularia, 1 (Boretius 1883), ed. Boretius 1883, Nr. 165, 2, S. 330. S. o. S. 186.

10 Die folgenden Überlegungen zum Öffentlichen nach Von Moos 2004, S. 51–55.

11 Patzold 2012b, S. 410–411.

12 Vgl. etwa West 2013, S. 77. J. Davis 2015, S. 18–21.

13 De Jong 2017, S. 104. Von Moos 2004, S. 94–95.

bürokratische Strukturen geformt sein, während jede Form personaler Bindung automatisch einen Gegensatz dazu darstelle.

Die Einordnung der Verpflichtung zum Kriegsdienst als öffentlich sagt also nichts aus über das Verhältnis der Sphäre des Öffentlichen und des Privaten und ihre Existenz in der Karolingerzeit. Ein wichtiges Ergebnis dieser Arbeit ist jedoch, dass eine Trennlinie nicht im militärischen Bereich verlief. Macht entsteht in einer politischen Ordnung wie der karolingerzeitlichen aus der Aushandlung und Teilung von Macht, nicht aus ihrer Delegierung.[14] Netze personaler Bindungen bildeten deshalb keine alternativen militärischen Strukturen, sondern die praktischen Funktionsmechanismen der Organisation von Kriegsdiensten. Die Mobilisierung jeder Armee konnte im Reich Karls des Großen und Ludwigs des Frommen nur über Netze personaler Bindung erfolgen. Über sie wurden diejenigen aufgeboten, von denen Kriegsdienste erwartet wurden. Diese Verpflichtung traf, wie alle anderen gemeinschaftlichen Forderungen, die vollintegrierten Mitglieder des politischen Verbandes.

Sie sind es, die in den karolingischen Kapitellisten als *homines liberi* angesprochen wurden. Diese Schicht der Freien bildete eine relative Elite der karolingischen Welt, die in sich sehr heterogen war. Die Pächter der 23 Hofstellen des Michaelsklosters im Staffelsee gehörte ihr ebenso an wie der Hispanier Johannes, der über umfangreicheren Landbesitz verfügte, den er an Klienten weitergab und der – wenigstens in bestimmten Situationen – Zugang zum König hatte; der Lucceser Urkundenzeuge Teudimundus, der zu einer lokal einflussreichen Stellung als königlicher Vasall aufstieg ebenso wie der rheinhessische, bäuerlich lebende Landbesitzer Ripwin, der seinen Grundbesitz gemeinsam mit seinen Brüdern bestellte und Teile davon an das Kloster Fulda geben musste, um in den Besitz eines Pferdes zu gelangen. Während am unteren Ende des Spektrums dabei immer die Gefahr der Desintegration aus dem Verband und damit der lokalen Elite bestand, ist auch eine Grenze der Freien nach oben, gegen die Führungsschicht der höchsten Aristokratie, nicht scharf bestimmbar.[15]

Die Schicht der vollintegrierten Mitglieder des politischen Verbandes bildete den *pool* derjenigen, die für Kriegsdienste herangezogen werden konnten. Die Krieger der Karolinger waren damit keine Berufskrieger, deren gesellschaftliche Aufgabe allein im Kriegführen bestand, sondern Teil einer breiteren Bevölkerungsschicht mit vielfältigen gemeinschaftlichen Funktionen. Nach allem, was wir über die ländliche Bevölkerung des frühen Mittelalters wissen, lebten sie als Bauern, kleinere Grundherren und Handwerker.[16] Das entspricht der Beobachtung, dass auch diejenigen, die

14 Vgl. jüngst J. Davis 2015, S. 18–21, grundlegend für diese Deutung Innes 2000, S. 10.
15 West 2015, S. 13.
16 Kohl 2010, S. 373–376.

diese Männer im Krieg anführten, keine professionellen Militärs waren, sondern zugleich andere Funktionen ausfüllten, als Grafen, Bischöfe, Äbte und Könige. Stehende Truppenverbände irgendeiner Art, sei es im Sinne moderner Soldaten oder germanischer Warbands, sind auf Quellengrundlage nicht nachzuweisen.

Gleichzeitig waren die Karolinger ganz offensichtlich sehr gut darin, kriegerische Gewalt gegen ihre Nachbarn auszuüben. Auch die lokalen Gesellschaften der Karolingerzeit waren sehr gewalttätig.[17] Gewalt und Krieg dürften so eine wichtige Rolle im Leben von Menschen jedes sozialen Niveaus gespielt haben. In dieser Hinsicht kann man die karolingische Welt mit der aktuell verbreiteten Charakterisierung treffend als Kriegergesellschaft beschreiben. Besonders die Kapitellisten zeigen, wie regelmäßig der Krieg die Führungsschicht beschäftigte, dass der König für die jährlichen Kriegszüge Männer zum Kriegsdienst aufbot. Aber ausführlicher als über Heerzüge und Kriegsdienst sprachen die Franken über den Dienst an Gott, den rechten Zustand der Kirche und der Gemeinschaft, über Eherecht und Meineide. So könnte die Vorstellung einer Kriegergesellschaft, in der der Krieg der Vater aller Dinge war, für die karolingische Geschichte eher irreführend sein.

5.3 Personale Netze: Mechanismen gemeinschaftlicher Organisation

Netze personaler Bindungen bildeten die Organisationsmechanismen, über die in der karolingischen Welt in den Jahrzehnten um 800 die Leistung von Kriegsdiensten aktiviert und gelenkt wurden. Aus solchen sozialen Netzen, vielschichtigen und vielfältige Klientelsystemen, setzten sich die Strukturen der sozialen, politischen und religiöse Ordnung zusammen. Sie stellten die Funktionsmechanismen dar, die diese Einheiten ausmachten, das heißt, sie bildeten Strukturen öffentlicher Ordnung und standen damit nicht einem *Staat* als *der* öffentlichen Ordnung gegenüber. Deshalb ist auch die Gegenüberstellung von königlichem Aufgebot und privater Gefolgschaft, wie sie die Militärgeschichte der Karolingerzeit geprägt hat, nicht sinnvoll. Beides fällt ineinander. Die Aufstellung einer Armee wurde in der karolingischen Welt, wie alle Herrschaftsakte, über Netze hierarchischer sozialer Bindungen organisiert.

Diese Beziehungen zwischen vor Ort einflussreichen Figuren und Individuen, die konkret Kriegsdienst leisteten, sind als Patron-Klient-Beziehungen definiert, die 1) auf Freiwilligkeit basieren; 2) von einiger Dauer sind; 3) semantisch affektiv erfasst wurden; 4) von Asymmetrie geprägt und 5) reziprok sind im Austausch materieller oder immaterieller Leistungen.[18] Die vielfältigen Beziehungen, die hinter

17 Wickham 1995, S. 533.
18 S. o. S. 66.

solchen Bindungen stehen und im Detail sehr unterschiedlich waren, wurden durch eine gemeinsame Sprache zu einem „cluster“ karolingerzeitlicher Patron-Klient-Beziehungen verbunden.[19] Aus Forschungsperspektive lassen sich die zwei Pole dieses Clusters, Patron und Klient, als „Herr“ und „Mann“, *senior* und *homo*, benennen.[20]

Die Patrone fungierten in den vielstufigen Beziehungsgeflechten dieser Art als *Interface*, indem sie als personale Schnittstelle mehrere Beziehungsnetze verknüpften. Da die Führungsschicht der karolingischen Welt, königliche Boten, Grafen, Bischöfe, Äbte, über oft kleinteiligen Landbesitz in lokale Zusammenhänge eingebunden war, hatte auch sie direkten persönlichen Kontakt zu lokalen Gemeinschaften und Individuen.[21] Auf diese Weise verbanden sie Zentrale und lokale Gemeinschaften zu einem übergeordneten Gemeinwesen. Diese Verbindungen konnten direkt sein oder aber über personale Zwischenstufen untergeordneter Funktionsträger vermittelt werden, deren Einfluss als lokale Führungsschicht räumlich vergleichsweise begrenzt, in diesem begrenzten Raum aber sehr stark vernetzt war.

Während die personalen Netze die Großen mit einer Machtbasis und einem Personalreservoir versahen, aus dem sich ihr instabiles persönliches Gefolge rekrutierte, versorgte es die lokalen Akteure mit mächtigen Patronen.[22] Letztlich ging es dabei oft um die Möglichkeit des Zugangs zum Herrscher, sei es als direkten Förderer wie im Fall des *pagensis* Einhards namens David oder als vermittelnde Instanz wie im Fall des Johannes in der Spanischen Mark, der Streit mit seinen Grafen hatte. Über dieselben Bindungssysteme wurden auch die kriegerischen Gefolge größerer und kleinerer Magnaten konstituiert wie etwa jene *homines*, die Abt Fulrad von Saint-Qentin 806 dem königlichen Heer zuführen sollte.[23] Solche Gefolge waren keine stabilen Gruppen, auch wenn bedeutende Personen stets von einer mehr oder weniger umfangreichen Gruppe von Klienten, Verwandten, Freunden und Dienern begleitet worden sein dürften, sondern setzten sich in einem dynamischen Gleichgewicht stetig neu zusammen. Solche Gruppen bildeten damit keine professionellen Kriegergefolgschaften, sondern waren ihrem instabilen Charakter entsprechend nicht monofunktional. Ob ein septimanischer Graf nach Aachen zur Versammlung reiste, um seinem König dort als neuem Kaiser Rückendeckung zu geben oder in den Krieg in das muslimische Iberien zog: Er nutzte dieselben Beziehungsnetze. Um Krieger zu rekrutieren, mussten Grafen und andere *seniores* auf bestehende Patron-Klient-Bindungen zurückgreifen und Männer, die geeignet waren, als Krieger aktivieren.

19 Lavan 2013, S. 185.

20 S. o. S. 116.

21 Kohl 2019, S. 317–318, S. 328–334.

22 Innes 2000, S. 86.

23 Capitularia, 1 (Boretius 1883), Nr. 75, S. 168. S. o. S. 144.

Der Herrscher wiederum griff auf die Akteure zurück, mit denen er selbst in Kontakt stand, das heißt die Mitglieder seines Hofes als seine direkte Umgebung. So reichte ein Netz von personalen Beziehungen vom Zentrum hinaus in die Regionen unter seiner Herrschaft. Die Aktivierung dieses Netzes zur Aufstellung einer Armee begann dementsprechend im personalen Umfeld des Herrschers: Zunächst wurde ein Kriegszug von der Führungsschicht besprochen und beschlossen, entweder im kleinen Rahmen oder auf einer der großen Versammlungen, die die politische Gemeinschaft konstituierten, unter Anwesenheit eines größeren sozialen Spektrums. Die karolingischen Kapitellisten zeigen als Überreste dieser Versammlungen die Diskussion im Umfeld des Herrschers. Die Häufigkeit, mit der kriegerische Belange dabei in den Kapitellisten vermerkt sind, zeigt die selbstverständliche Rolle, die Krieg für die karolingische Herrschaft spielte. Eine grundsätzliche Diskussion um die Organisation von Kriegsdiensten im Sinn der oft postulierten Heeresreform Karls des Großen hat die karolingische Führungsschicht jedoch in den Jahrzehnten um 800 nicht geführt. Konkrete Bestimmungen zu Aufgeboten haben sie nur selten verschriftlicht. Nur vier solcher Listen sind erhalten, die alle erst aus der Zeit nach 800 stammen, drei von ihnen aus den ersten Jahrzehnten des 9. Jahrhunderts.[24] Diese Listen entstanden vor dem Hintergrund ökologischer Krisen, die die Leistungsfähigkeit derjenigen, die gemeinschaftliche Aufgaben trugen, einschränkte und so die Aufstellung von Heeren erschwerte.

Das Phänomen der Gestellungsverbände, das in solchen Situationen die Aufstellung von Kriegern gewährleistete, scheint kulturell sehr unspezifisch zu sein, auch wenn es als Problemlösungsstrategie in der karolingischen Welt vor dem 9. Jahrhundert nicht fassbar ist. Die Bestimmungen der Aufgebotslisten werden allerdings nirgends als Neuerungen präsentiert und auf einer Versammlung in Boulogne-sur-Mer 811, die auch Maßnahmen zur Abwehr von Wikinkerangriffen diskutierte, konnte der Kriegsdienst als „alter Brauch“ beschrieben werden.[25] Die Kapitellisten nach 800 sind damit eher Indikatoren einer neuen, schriftbasierten Form der Herrschaftspraxis, als grundstürzender Neuerungen in der militärischen Organisation. Neu war allerdings die schriftliche Regulierung etablierter Verpflichtungen. Der Ansatz der genauen, kleinteiligen Reglementierung von Einzelheiten entsprach dabei einem Grundmuster der karolingischen *correctio*, sodass die Aufgebotslisten in den ersten Jahrzehnten des 9. Jahrhunderts das Produkt einer Synthese aus verstärkter Nutzung der Schriftlichkeit und des verstärkten Bemühens um detaillierte Regelung aller Lebensbereiche bilden.

24 Capitularia, 1 (Boretius 1883), Nr. 48, S. 134–135, Nr. 50, S. 137–138, Nr. 162, S. 325.
25 Capitularia, 1 (Boretius 1883), Nr. 74, 8, S. 166. Vgl. auch Nr. 162, 3, S. 325. Vgl. Bachrach 2001a, S. 55 Fn. 25, der die Kapitellisten als „fine tuning“ an einem bestehenden System beschreibt.

Die Kapitellisten stellen als Überreste der Beratungen den ersten Schritt eines militärischen Aufgebots im Zentrum des politischen Verbandes dar. Von diesem Zentrum aus mussten dann weitere Vermittlungsinstanzen aktiviert werden, die die personalen Schnittstellen zwischen Zentrale und lokalen Gemeinschaften bildeten. Wie die weiteren Schritte in der Aufstellung eines Heeres aussehen konnten, stellt exemplarisch ein Brief dar, den Erzbischof Hetti von Trier 817 als königlicher *missus* an seinen Suffragan Frothar von Toul schrieb. Der Brief zeigt das Anlaufen eines Aufgebots.[26] Hintergrund war die Nachricht, König Bernhard von Italien, ein Neffe Ludwigs des Frommen, habe sich gegen den Kaiser erhoben. Die Nachricht erreichte Ludwig, als er im Herbst 817 von der Jagd in den Vogesen nach Aachen zurückkehrte.[27] In dieser Situation wurden hochrangige Magnaten als Boten des Kaisers entsandt, die die Aufstellung einer Armee umsetzen sollten, um über die Alpen zu ziehen. Einer dieser Boten war Erzbischof Hetti, ein enger Vertrauter Ludwigs des Frommen.[28] Zur Umsetzung seines Auftrages schrieb Hetti seinerseits den genannten Brief an seinen Untergebenen, Bischof Frothar von Toul:

> Es sei Dir kund, dass uns der gestrenge Befehl des Herrn Kaisers erreicht hat, allen, die in unserem Legationsbezirk leben, zu verkünden, sich für den Abmarsch zum Krieg in Italien bereitzuhalten. Denn König Bernard ist unter dem Einfluss des Teufels dabei, sich gegen den Kaiser zu erheben. Deshalb befehlen wir Dir und unterrichten Dich im Namen des Kaisers, dass Du Dich höchster Umsicht und höchster Eile befleißigst mit allen Äbten, Äbtissinnen, Grafen, königlichen Vasallen und dem ganzen Volk Deines Sprengels, denen es zukommt, der königlichen Gewalt Kriegsdienst zu leisten.[29]

Alle sollten sich bereithalten, so Hetti weiter, auf Befehl des Kaisers jederzeit innerhalb eines Tages aufbrechen zu können. Der Brief macht noch einmal die Funktion der Eliten als Interface deutlich: Vom Kaiser wurden zunächst Vertraute, die zugleich zentrale Figuren im Beziehungsgeflecht der umliegenden Regionen waren, aktiviert. Hetti seinerseits stellte den Kontakt zur nächst niederen Ebene der Funktionsträger her, wie etwa in seinem Fall zu den untergeordneten Bischöfen. Frothar von Toul bildete wiederum die Schnittstelle zu regionalen Schlüsselfiguren seiner Diözese, den im Brief aufgezählten Kirchenvorstehern, Grafen und königlichen

---

26 Vgl. Nelson 1990, S. 278. Fried 2013, S. 151–152.

27 Ann. regni Francorum a. 817 (Kurze 1895), S. 147.

28 Depreux 1997, S. 244–245.

29 Frothar von Toul, Epistolae (Hampe 1899), Nr. 2, S. 277–278: „Notum sit tibi, quia terribile imperium ad nos pervenit domni imperatoris, ut omnibus notum faceremus, qui in nostra legacione manere videntur, quatenus huniversi se praeparent, qualiter proficisci valeant ad bellum in Italiam, quoniam insidiante satana Bernardus rex disponit rebellare illi. Propterea tibi mandamus adque praecipimus de verbo domni imperatoris, ut sollerti sagacitate studeas cum summa festinatione omnibus abbatibus, abbatissis, comitibus, vassis dominicis vel cuncto populo parrochie tuae, quibus convenit miliciam regiae potestati exhibere“. Vgl. auch den Brief Karls an Abt Fulrad von Saint-Quentin, Capitularia, 1 (Boretius 1883), Nr. 75, S. 168. S. o. S. 144.

Vasallen. Letztere muss man sich nach der von Susan Reynolds ausgelösten Debatte nicht als Lehnsmänner im Sinne königlicher Panzerreiter vorstellen, sondern als Funktionsträger, die im Rang unterhalb von Bischöfen, Äbten, Äbtissinnen und Grafen standen.[30] Solche Vasallen waren Magnaten mit intensivem, aber räumlich begrenztem Einfluss. Der König stärkte diese regionale Stellung durch die Bindung an sich, um sich wechselweise seinerseits ihren regionalen Einfluss nutzbar zu machen – etwa, wenn er ein Heer aufstellen musste.

Von dem Aufgebot war dem Brief Hettis zufolge das „ganze Volk" (*cunctus populus*) der Diözese, „dem es zukommt, der königlichen Gewalt Kriegsdienst zu leisten", betroffen. In den Jahrzehnten um 800 begannen große Kirchen der karolingischen Welt, zur Erfüllung solch kriegerischer Verpflichtungen, die der Herrscher ihnen abverlangte, neben anderen Leistungen ihrer Landpächter in Besitzverzeichnissen auch Leistungen für den Kriegszug festzuhalten. Auch auf der in diesen Verzeichnissen fassbaren untersten, lokalen Ebene eines Aufgebots, das heißt derjenigen, die schließlich als Individuum in den Kampf zogen, vollzog sich die Aushandlung der Verpflichtung zum Kriegszug über Netze personaler Beziehungen. Einblick in ein solches lokales Beziehungsnetz haben die Briefe Einhards geboten. Sie zeigen die unterste Stufe der Organisation von Kriegsdiensten über Patron-Klient-Beziehungen mit der direkten Aktivierung von Männern für konkrete kriegerische Aufgaben. Als Abt zweier küstennaher Klöster in der Gegend von Gent und Vertrauten des Kaisers war über Einhards vermittelnde Position 832 oder 834 eine Küstenwache zur Abwehr von Wikingerangriffen aufgestellt worden. Als dann ein königlicher Bote eine Strafzahlung von diesen Männern forderte, weil sie einem später ergangenen Aufgebot ferngeblieben waren, wandten letztere sich ihrerseits an Einhard, der nicht nur mit dem Kaiser, sondern auch mit dem königlichen Boten vertraut war. Einhard vermittelte *bottom up* dem Kaiser die Kriegsdienste einzelner Krieger, *top down* bot er seinen Klienten den Schutz eines einflussreichen Patrons.

5.4 Kriegsdienste als Gegenstand sozialer Verhandlung: persönlicher Status

Krieg nahm in der karolingischen Welt eine gewichtige Rolle ein. Das galt für einen beachtlichen Teil der Bevölkerung – den man allerdings nicht beziffern kann.[31] Doch der Krieg war keine Angelegenheit einer schmalen aristokratischen Kriegerschicht, sondern betraf zuweilen das „ganze Volk" einer Diözese.[32] Die Praxis der Gestellungsverbände, die gemeinschaftlichen Verpflichtungen der

30 Reynolds 1997, S. 38: „Carolingian royal vassi, as they appear to me in the sources of the time, were lay royal servants, with general but primarily military duties, often in support of counts".

31 S. o. S. 212.

32 Frothar von Toul, Epistolae (Hampe 1899), Nr. 2, S. 278.

Polyptycha oder etwa auch der Brief Hettis von Trier an Frothar von Toul zeigen jedoch, dass man sich auch eine öffentliche Verpflichtung zum Kriegsdienst nicht als eine Wehrpflicht vorstellen darf, die unterschiedslos alle tauglichen freien Männer traf, sondern in der Praxis als Ergebnis lokaler Aushandlungsprozesse.[33] Denn wie die Auswahl eines der kleineren Landbesitzer, die gemeinsam einen Krieger stellten, vor Ort geschehen sollte, wurde in den Aufgebotslisten oder den Polyptycha nicht geregelt. Lothar I. etwa hatte diese Auswahl für den Feldzug nach Korsika 825 der „Erwägung der Grafen" zugewiesen und eine solche Formulierung macht deutlich, wie viel Spielraum eine solche Auswahl allen möglichen Formen der Patronage, der Bestechung und der Willkür öffnete.[34] Mit der gemeinschaftlichen Stellung von Kriegern als Teil sozialer Aushandlungsprozesse ist also keineswegs eine besonders harmonische Form gesellschaftlicher Organisation beschrieben. Der Fall Gunthards, der an Einhard schrieb, um vom Aufgebot befreit zu werden, die Männer, die sich 825 dem Aufgebot für Korsika zu entziehen suchten, die Dorfbewohner von Courtisols, schließlich auch die Streitigkeiten des Johannes mit den Grafen der Spanischen Mark: All diese Fälle lassen erahnen, wie Kriegsdienste in der karolingischen Welt unter der Bedingung stark asymmetrischer Machtverhältnisse ausgehandelt wurden und wie Druck und Drohungen in diesen Prozessen eine gewichtige Rolle spielten.

In einer sozialen Ordnung, die auf solchen Prozessen gründete, waren persönliche Positionen unscharf und nicht fest bestimmt. Die Zugehörigkeit zu einem rechtlichen Stand, die Verpflichtungen des Einzelnen und selbst Landbesitz waren Gegenstand ständiger Verhandlung. Wie groß der Anteil der *homines liberi* als Kriegerpool an der Gesamtbevölkerung war, wird sich deshalb nicht beziffern lassen. Auch wird ihre Abgrenzung regional sehr unterschiedlich gewesen sein, müssen soziale und ökonomische Strukturen in Alamannien nicht dieselben wie in Nordfrankreich oder der Spanischen Mark gewesen sein. Schon die Polyptycha von Saint-Germain-des-Prés und Saint-Remi de Reims, zweier Kirchen im fränkischen Kernraum nur etwa 150 km voneinander entfernt, zeigen völlig unterschiedliche Sozialstrukturen der Besitzorganisation: Während Freie, *liberi*, im Verzeichnis aus Saint-Germain nur wenige Prozent ausmachen,[35] wird im Polyptychon von Saint-Remi die weit überwiegende Mehrheit der erfassten Landbesitzer als *ingenuus* bezeichnet.[36] Beide Verzeichnisse zeigen zudem mehrere Graustufen zwischen frei und unfrei.[37] So waren die Rechte und Pflichten von Individuen oft umstritten. Wer also als kriegsdienstpflichtig betrachtet

---

33 Innes 2000, S. 144–145.

34 Capitularia, 1 (Boretius 1883), Nr. 162, 3, S. 325. S. o. S. 180 Fn. 383.

35 Goetz/Haubrichs 2014, S. 154. S. o. S. 149.

36 polyptyque Saint-Remi (Devroey 1984), vgl. etwa den umfangreich diskutierten Eintrag zum Ort Courtisols 22, S. 16–26. S. o. S. 154.

37 Vgl. Kohl 2010, S. 50.

wurde, wurde vor Ort in den lokalen Gesellschaften festgelegt. Die Verpflichtung zum Kriegsdienst und anderen öffentlichen Diensten waren dabei Belastung und Möglichkeit zugleich, die dazu beitrugen, die Stellung eines Individuums zu definieren.

Damit ist eine Frage eng verbunden, die einen klassischen Streitpunkt der karolingischen Militärgeschichte bildet: der Kriegsdienst von Unfreien. Während die hier vertretene These lautet, dass die Freien die Bevölkerungsschicht bildeten, aus der Krieger in der Regel rekrutiert wurden, geht die Forschung klassischerweise davon aus, dass auch Unfreie zu Kriegsdiensten verpflichtet waren. In einer gewalttätigen sozialen Ordnung, wie sie die ländlichen Gesellschaften der karolingischen Welt darstellten, boten Unfreie, Knechte und Sklaven sicherlich ein Gewaltpotential, sodass die Vorstellung, sie seien bei Bedarf auch für kriegerische Auseinandersetzungen herangezogen worden, kaum von der Hand zu weisen ist. Während die rechtsgeschichtliche Forschung eine Dienstpflicht nur im Fall der Landesverteidigung als eine Art letztes Aufgebot gelten ließ,[38] nimmt Bernard Bachrach an, dass Unfreie einen substantiellen Anteil der professionellen Krieger der Karolingerzeit ausmachten, indem die Magnaten eigene Unfreie als professionelle Krieger trainierten, um ihr persönliches Kriegergefolge zu vergrößern.[39]

Den wichtigsten Beleg für diese These bildet der Untertaneneid von 789 mit seinen unfreien Panzerreitern.[40] Daneben gibt es im gesamten Material der Kapitularienedition allerdings nur zwei weitere Kapitel, die Kriegsdienste und Unfreiheit zusammenzubringen, nämlich indem sie Strafen für Unfreie festlegen, die dem Kriegsdienst ferngeblieben waren oder sich auf einem Heereszug fehlverhalten hatten.[41] Die Untersuchung des Eides von 789 hat gezeigt, wie wenig belastbar solch vereinzelte Textstellen sind und wie schwierig es ist, aus ihnen generelle Folgerungen abzuleiten. Demgegenüber scheint die Sachlage nach Ausweis der Aufgebotslisten hinreichend klar zu sein: Sie sind stets ausdrücklich an die *homines liberi* gerichtet, andere Statusgruppen werden als Krieger dabei nie genannt. Doch gibt es, diesem Befund widersprechend, auch außerhalb des Textkorpus der Kapitellisten gelegentlich Hinweise auf die Heranziehung von Unfreien zum Kriegsdienst.

So berichten die Annales Bertiniani zum Jahr 832, dass Ludwig der Deutsche im Frühjahr ein Heer aus „allen Bayern, freien und unfreien und Slawen" gesammelt habe, um sich gegen seinen Vater, Ludwig den Frommen, aufzulehnen. Der Sohn habe damit Alamannien überfallen und seinem Halbbruder Karl entreißen wollen, um danach in die *Francia* zu marschieren und sich auch das Königreich seines

38 Vgl. Goffart 2016, S. 22.

39 Bachrach 2001a, S. 63–64. Mit Bezug auf den von mir anschließend zitierten Text von 789 (Capitularia, 1 (Boretius 1883), Nr. 25, S. 66–67).

40 S. o. S. 77.

41 Capitularia, 1 (Boretius 1883), Nr. 34, 13b, S. 100, Nr. 70, 4, S. 160.

Vaters zu unterwerfen.[42] Ludwig der Fromme befahl daraufhin „allen westlichen und östlichen Franken und auch den Sachsen", sich in Mainz zu versammeln. Auf diesen Befehl eilten sie alle so schnell sie konnten zum Kaiser, wie der anonyme Autor berichtet. Möglicherweise war dies das Aufgebot, das Einhard und seine Männer zu Beginn der 830er Jahre mit der Absicht versäumten, sich aus den Auseinandersetzungen innerhalb der Herrscherfamilie und damit aus Schwierigkeiten herauszuhalten.[43] In Mainz hielt Ludwig der Fromme eine Versammlung mit „dem ganzen Volk" und marschierte dann gegen seinen Sohn.[44] Ludwig der Deutsche, der inzwischen zum Rhein vorgedrungen war, zog sich daraufhin zurück, der Vater rückte nach, konnte ihn schließlich nach Augsburg zu sich befehlen und vergab ihm öffentlich. Daraufhin löste er sein Heer auf. Die ursprünglich im Frühjahr geplante Versammlung setzte der Kaiser nun für den September in Orléans an und befahl „jedem Freien, dorthin kriegerisch gerüstet zu kommen".[45]

Ludwig der Fromme reagiert also auf den Aufstand seines gleichnamigen Sohnes, indem er ein Heer der „Franken und Sachsen" zusammenrief. Die Textpassage lässt keinen Zweifel daran, dass auf der Gegenseite Ludwig der Deutsche nach diesem Bericht auch Unfreie gesammelt hatte. Im Vergleich zu seinem Vater, dem „allerfrömmsten Kaiser", der erst „das ganze Volk" versammelte und später eine kriegerisch geprägte Versammlung mit „allen Freien" einberief, könnte der Verweis auf die Rekrutierung Unfreier an dieser Stelle aber gerade die Regellosigkeit und das Ungeheuerliche des Vorgehens Ludwigs des Deutschen betonen.

Im Staffelseer wie auch im Lorscher Urbar, den einzigen der karolingischen Besitzverzeichnisse die eindeutig aus dem frühen 9. Jahrhundert stammen und Kriegsdienste verzeichnen, sind Kriegsdienste explizit nur mit den freien Hofstellen verbunden. Besitzverzeichnisse wie diese, die mit dem fortschreitenden 9. Jahrhundert immer häufiger angelegt wurden, zeigen, wie Verpflichtungen, auch kriegerische Leistungen, von den großen Kirchen zunehmend systematisiert und mit dem Besitz bestimmter Landstücke verbunden wurden. Die Verzeichnisse könnten so, wie auch die Aufgebotslisten, eine stärkere Verregelung von Kriegsdiensten über die Verbindung mit Landbesitz in den ersten Jahrzehnten des 9. Jahrhunderts

---

42 Ann. Bert. a. 832 (Grat u. a. 1964), S. 5: „subito perventum est ad aures piissimi imperatoris, Hludowicum cum omnibus Baioariis, liberis et servis, et Sclavis, quos ad se convocare potuerat, Alamanniam [...] ingredi velle [...] ac suo regno adunare, [...] et his perpetratis, in Franciam cum ipso exercitu hostiliter venire et de regno patris sui, quanto plurimum potuisset, invadere sibique subicere".

43 S. o. S. 134.

44 Ann. Bert. a. 832 (Grat u. a. 1964), S. 6: „Domnus imperator cum Mogantiam venit – ubi et ad placitum, quod eis constituerat, omnis populus occurrit – , mox in crastinum com valida Francorum et Saxonum manu Hreno et Moine fluminibus transitis, circa Triburim villam castra metatus est".

45 Ann. Bert. a. 832 (Grat u. a. 1964), S. 7–8: „annuntiatum est placitum generale kalendas septembris Aurelianis habendum, ibique unumquemque liberum hostiliter aduenire".

anzeigen.[46] Wenn dabei Unfreie, wie in Saint-Germain belegt, auch freie Hofstellen bewirtschaften konnten, so dürfte das Kloster auch die dafür verzeichneten Verpflichtungen für den Kriegsdienst eingefordert haben. Gerade für Menschen wie die Kolonen, *coloni*, der Abtei Saint-Germain ist allerdings die Abgrenzung zu den Freien unklar. In der Praxis könnten sie mit einer vergleichsweise guten rechtlichen Stellung und als Inhaber „freier Hofstellen“ mit vergleichsweise leichten Abgaben von Freien nicht zu unterscheiden gewesen sein.[47]

Insgesamt ist es so schwierig, Kriegsdienste von Unfreien um 800 genauer zu fassen. Sie scheinen gelegentlich dazu herangezogen worden zu sein. So wird man sagen müssen, dass auch hier, wie in allem, die karolingische Ordnung nicht in juristisch hart definierten Grenzen zwischen Statusgruppen und genau bestimmbaren Rechten und Verpflichtungen bestand. Die Vorstellung, Unfreie hätten einen guten Teil karolingischer Armeen ausgemacht, beruht allerdings weniger auf einer soliden Quellenbasis als auf Konzepten, wie sie die Gefolgschaft oder die Warband darstellen: Wenn ein mächtiger Mann einen stets verfügbaren Trupp professioneller Krieger unterhielt, die er ausrüstete und trainierte, dann wäre es tatsächlich sehr naheliegend, dafür auch auf Unfreie zurückzugreifen. Ein zentrales Argument dieser Arbeit lautet jedoch, dass es solche Gruppen nicht gegeben hat. Es gibt keinen einzigen Beleg für die Existenz karolingischer *household troops*.[48] Kriegergruppen und die Gefolge der Mächtigen waren auf andere Weise über dynamische Beziehungsnetze organisiert, die wesentlich die Funktion hatten, das Bestehen solche Gruppen zu gewährleisten. Wer also eine Armee aufstellen wollte, griff auf bestehende Beziehungen zurück und sammelte damit diejenigen, die als Krieger zur Verfügung standen. In diesem Sinne sind die Freien oben als Pool der verfügbaren Krieger bezeichnet worden. Das schließt selbstverständlich nicht aus, dass gelegentlich auch Unfreie als verfügbare Krieger betrachtet wurden. Allerdings könnte es sein, dass sich mit solch einer Einschätzung auch die Position desjenigen änderte und in Richtung Freiheit und voller politischer Integration verschob.

5.5 Das Ende der fränkischen Exklusivität

Kriegsdienste stellten in der karolingischen Welt als gemeinschaftliche Verpflichtung eine Form öffentlicher Ordnung dar, auch wenn diese Ordnung völlig andersartig war, als die des Staats nach juristisch-völkerrechtlicher Definition. Eine solche

46 Siehe zu dieser Frage die alte rechtshistorische Auseinandersetzung zwischen Paul Roth und Georg Waitz, s. o. S. 36.

47 Polyptychon Saint-Germain (Hägermann 1993), I, 1, S. 1: „Godeboldus colonus sancti Germani tenet mansum ingenuilem I“. Vgl. Schipp 2009, S. 543, der hier für das Polyptychon von Saint-Germain von einer „Kongruenz“ von Land- und Besitzerstatus spricht.

48 S. o. S. 106.

Einordnung der Kriegsdienste hat weitreichende Konsequenzen, denn aus dieser Perspektive lässt sich die Zeit um 800 nicht mehr als Phase einschneidender militärischer Umwälzungen deuten, die einen fundamentalen Wandel politischer und sozialer Organisation anzeigen. Die Bewertung der Karolingerzeit als militärhistorische Wasserscheide von welthistorischer Bedeutung hat maßgeblich auf dem Lehnswesen und der seiner Konzeption zugrundeliegenden Dichotomie öffentlicher und privater Herrschaft beruht. Mit der Dekonstruktion des Lehnswesens verliert diese These ihren Sinngehalt.

Damit fällt die militärische Organisation auch für die Markierung einer klaren Grenze zwischen Spätantike und Frühmittelalter weg, die im Übergang vom Massenheer zum adligen Reiterheer sichtbar gewesen wäre. Der fränkische Panzerreiter als Prototyp des abendländischen Ritters ist der wesentliche Markstein dieses Übergangs gewesen.[49] Für die Vorstellung, karolingische Heere hätten aus gepanzerten Lanzenreitern bestanden, gibt es jedoch keine andere Grundlage, als das Deutungsmodell des Lehnswesens, das schematische Vorstellungen vom hochmittelalterlichen Ritter auf den fränkischen Vasallen als dessen Prototypen zurückprojiziert hat.

Mit der Dekonstruktion des Lehnswesens muss auch diese Vorstellung revidiert werden: Weder Schrift- noch Bild- noch archäologische Quellen können die These, die Krieger Karls des Großen seien in aller Regel als Panzerreiter in die Schlacht gezogen, stützen. Angesichts der frühmittelalterlichen Schreibtradition, die militärische Details kaum verschriftlichte, lassen sich den Schriftquellen nur äußerst wenige und meist indirekte Indizien zur Kampfweise und Ausrüstung karolingerzeitlicher Armeen abgewinnen.[50] Sie scheinen dabei vor allem darauf hinzuweisen, dass die Krieger dieser Zeit je nach Situation verschieden agierten, zu Fuß oder zu Pferd kämpften, wie es jeweils erforderlich war.[51] So mahnte Karl der Große Fulrad von Saint-Quentin im Brief von 806 etwa auch,[52] er solle dafür Sorge tragen, dass seine Männer umfassend bewaffnet, mit Schild, Lanze, Schwert und Bogen zur Versammlung des Heeres erscheinen würden.[53] Ganz ähnliche Forderungen stellte auch jene Liste Karls des Großen, die 829 im Zusammenhang der Versammlung von Worms wieder aufgegriffen wurde.[54] Ein militärischer Anführer der Karolingerzeit erwartete also von seinen Männern wohl, dass sie all diese verschiedenen Waffen beherrschten und für unterschiedliche Zwecke eingesetzt werden konnten.[55]

---

49 Vgl. Kortüm 2014, S. 137.
50 Halsall 2003, S. 2–3.
51 Halsall 2003, S. 180–181.
52 Vgl. etwa Prietzel 2006a, S. 17. Halsall 2003, S. 93.
53 Capitularia, 1 (Boretius 1883), Nr. 75, S. 168. S. o. S. 144.
54 Capitularia, 1 (Boretius 1883), Nr. 77, 9, S. 171: „Et ipse comes praevideat quomodo sint parati, id est lanceam, scutum et arcum … De his uterque habeant". Zur Rezeption 829 s. o. S. 204–205.
55 So Halsall 2003, S. 166.

Bildliche Darstellungen, vor allem Handschriftenminiaturen, zeigen zwar gelegentlich berittene und gepanzerte Krieger mit Lanzen,[56] sodass sie den Panzerreiter als typischen oder jedenfalls beherrschenden Kriegertypus zunächst zu bestätigen scheinen. Historiker interpretieren Bildquellen jedoch oft auf einem methodisch unzureichenden Niveau,[57] weil sie sie als unmittelbares Zeugnis der Realität verstehen – auch wenn kaum ein Historiker solch ein Verständnis an seine eigenen Quellen anlegen würde. Die Darstellung von Kriegern, die meistens als Illustration biblischer Texte erfolgte, scheint jedoch in vieler Hinsicht antiken und byzantinischen Bildprogrammen zu folgen, sodass sie nicht ohne Weiteres als detaillierte Abbildung zeitgenössischer Krieger interpretiert werden können. Das gilt etwa für den namengebenden „Schuppenpanzer" fränkischer Panzerreiter, der archäologisch nicht nachweisbar ist.[58] Darüber hinaus zeigen dieselben Handschriften auch zahlreiche andere Formen des Kampfes: berittene Bogenschützen, Fußkämpfer, gepanzerte und ungepanzerte Krieger.[59] Diese Quellen können die These, karolingische Krieger seien Lanzenreiter gewesen, also nur unter Ausblendung eines guten Teils der Bildsprache belegen. Eine solche Ausblendung wiederum lässt sich über das Lehnswesen als deutungsbildendes Modell und die Fixierung auf Reiterkrieger erklären.

Die Frage nach der Vorherrschaft einer Waffengattung und überhaupt das Bemühen um ihre Unterscheidung dürfte damit mehr modernen militärischen Denkgewohnheiten geschuldet sein, als einer karolingerzeitlichen Differenzierung entsprechen. Zwar haben Pferde zweifellos eine hohe Bedeutung für karolingische Aristokraten gehabt, praktisch und symbolisch, als Fortbewegungsmittel und als Prestigeobjekt.[60] Doch das gilt auch für die Merowingerzeit, wie etwa das von zahlreichen Pferdebestattungen umgebene Grab des merowingischen Königs Childerich († 482) zeigt.[61] Gräber mit Reitausrüstung oder auch ganzen Pferden finden sich seit der Spätantike überall

56 Vgl. etwa die besonders bekannten Darstellungen des *Goldenen Psalters*, St. Gallen, Stiftsbibliothek, Cod. Sang. 22, p. 140–141. Als Illustration etwa bei Prietzel 2006a, S. 15. Steuer 1999, S. 314–315.

57 Arnold 2009, S. 29, vgl. Kortüm 2010a, S. 11–12.

58 Coupland 1990, S. 40–41, vgl. Halsall 2003, S. 169. Halsall vertritt hier die interessante These, dass die Darstellungsweise, die moderne Historiker als Schuppen sehen, die zeitgenössische Art war, ein Geflecht aus Eisenringen darzustellen.

59 Vgl. etwa die zahlreichen Abbildungen von Kriegern im *Stuttgarter Psalter*, Stuttgart, Württembergische Landesbibliothek, Cod. Bibl. Fol. 23, etwa f. 3^v und 146^v. Der *Stuttgarter Psalter* dürfte im Skriptorium der Abtei Saint-Germain-des-Prés genau zu jener Zeit entstanden sein, als dort auch das Polyptychon mit seiner Fixierung des *hostilicium* angelegt wurde, vgl. Bischoff 1968, S. 22–25. Zum Bildprogramm des Psalters vgl. Me. Clauss 2018, S. 8 mit der These, die Miniaturen des Psalters transportierten parallel zum alttestamentarischen Schrifttext die christliche Botschaft des Neuen Testaments.

60 Föller 2016, S. 23. Halsall 2003, S. 173–174.

61 Werner 1992, S. 154–161. Zum Grab Childerichs vgl. Quast 2015.

im Grenzraum des römischen Reiches ebenso wie in der Karolingerzeit etwa im sächsischen Bereich oder Skandinavien.[62] Einen berittenen Krieger im sogenannten Germanischen Tierstil II zeigt auch der *Stein von Hornhausen*, ein Bildstein, der zwischen dem 6. und 7. Jahrhundert im sächsischen Raum entstand und wahlweise als Teil einer Chorschranke oder einer vorchristlichen Grabplatte gedeutet wird.[63] Reiterkrieger sind also weder als beherrschende Truppengattung karolingischer Armeen belegbar, noch sind sie zeitlich oder kulturell spezifisch für die Franken der Zeit um 800.

Während die Archäologie schon seit langem darauf hinweist, dass ethnische Unterscheidungen nicht am archäologischen Material getroffen werden können, weil sie Gegenstand von Zuschreibung und Interaktion sind, also erst in menschlichem Handeln erzeugt werden,[64] lässt sich auch in der Bewaffnung etwa von Franken und Sachsen während der Sachsenkriege Karls des Großen kein technologischer oder taktischer Unterschied erkennen.[65] Die muslimischen Heere wiederum, die ab 711 die iberische Halbinsel eroberten und bald darauf auch Gallien angriffen, waren wohl in der Zusammensetzung ihren fränkischen Gegner sehr ähnlich: Auch für sie lässt sich die Vorstellung, sie seien Reiterheere gewesen, nicht belegen.[66] Es dürfte sich dabei, so eine Hypothese, um die Reflexion eines westeuropäischen *orientalism* handeln, die Projektion eines exotisch Anderen auf die arabische Welt:[67] Araber sind beritten, und die Kämpfer der muslimischen Expansion waren Araber, also kämpften sie als Reiterkrieger, als flinke Bogenschützen, die tapfere aber schwerfällige germanische Recken aus der sicheren Distanz zur Strecke brachten. Wie das Lehnswesen so müssten also auch wesentliche weitere Grundannahmen der Militärgeschichte des Frühmittelalters revidiert, eine Militärgeschichte des frühen Mittelalters in weiten Teilen neu geschrieben werden.

Eine wichtige Folgerung der Überlegungen der vorliegenden Untersuchung lautet damit, dass die Dekonstruktion des Lehnswesens als militärhistorisches Erklärungsmodell erneut die Frage nach der Abgrenzung des Mittelalters als Epoche aufwirft, wenn die militärische Organisation als Markierung der Andersartigkeit des christlich-abendländischen Europa über den gepanzerten Reiter wegfällt. Was unterschied die Franken von ihren Nachbarn, von iberischen Muslimen, Sachsen, Slawen und Wikingern? Lässt sich überhaupt eine mittelalterlich christlich-abendländische Kultur von angrenzenden Kulturen unterscheiden? Die Archäologie etwa hat seit

---

62 Steuer 2003b, S. 40–96.
63 Stiegemann/Kroker/ Walter 2013, Nr. 341, S. 397–398.
64 Brather 2004, S. 1–10.
65 Steuer 1999.
66 Sánchez-Albornoz 1979, S. 59, S. 183–210. Vgl. B. Bachrach 2001a, S. 172 Fn. 61 (S. 353–354). Eine neuere, fundierte Untersuchung der Aussagemöglichkeiten zur Ausrüstung und Taktik der muslimischen iberischen Heere im 8. und 9. Jahrhundert, besonders unter Berücksichtigung arabischer Quellen, stellt ein Desiderat dar. Zur militärischen Organisation des frühen Kalifats grundlegend Kennedy 2001. Vgl. auch Kennedy 2006, S. 197–198, hier zur Brunner Thesis, S. 100–200.
67 Als Überblick vgl. do Mar Castro Varela/Dhawan, 2015, S. 96–98.

einiger Zeit herausgearbeitet, dass Großregionen wie die Ostseeküsten kulturell und kommunikativ eng verflochtene Räume bildeten,[68] deren Teilgebiete einander ähnlicher gewesen sein könnten als verschiedene Regionen innerhalb des karolingischen Imperiums. Personale Bindungen als kulturell umfassendes Phänomen wiederum könnten wohl auch die militärischen Strukturen der Gegner der Franken beschreiben. In der karolingischen Welt aber banden solche Mechanismen die Organisation von Kriegsdiensten in eine politische Ordnung ein, die einen enorm großen Raum zu einem zeitgenössisch auch militärisch besonders effektiven Gemeinwesen verband.

68 Steuer 2004, S. 59–88.

Quellen

Abbo: De bellis Parisiacae urbis. In: Waquet, Henri (Hrsg.) (1965): *Le siège de Paris par les Normands, ed. et trans. Poème du IXe siècle*. Paris.

Admonitio generalis, ed. Mordek, Hubert/Zechiel-Eckes, Klaus/Glatthaar, Michael (2012): *MGH Fontes iuris Germanici antiqui in usum scholarum separatim editi*, 16. Hannover.

Agathias Scholasticus: Historien. In: Keydell, Rudolf (Hrsg.) (1967): *Agathiae Myrinaei Historiarum libri quinque*. Berlin.

Agathias Scholasticus, Historien, trans. In: Veh, Otto (Hrsg.) (1966): *Prokop, Werke. Griechisch-Deutsch, 2. Gotenkriege*. München.

Alkuin: Epistolae, ed. Dümmler, Ernst (1895): *MGH Epistolae (in Quart)*, 4. Berlin.

Ammianus Marcellinus: Res gestae XV–XXV. In: Seyfarth, Wolfgang/Jaco-Karau, Liselotte/Ulmann, Ilse (Hrsg.) (1978a): *Ammiani Marcellini Rerum gestarum libri qui supersunt*, 1. Leipzig.

Ammianus Marcellinus: Res gestae XXVI–XXXI. In: Seyfarth, Wolfgang/Jaco-Karau, Liselotte/Ulmann, Ilse (Hrsg.) (1978b): *Ammiani Marcellini Rerum gestarum libri qui supersunt*, 3. Leipzig.

Annales Bertiniani. In: Grat, Félix/Vielliard, Jeanne/Clémencet,Suzanne (Hrsg.) (1964): *Annales de Saint-Bertin*. Paris.

Annales Fuldenses sive Annales regni Francorum orientalis, ed. Kurze, Friedrich (1891): *MGH Scriptores rerum Germanicarum in usum scholarum separatim editi*, 7. Hannover.

Annales Laureshamenses, ed. Pertz, Georg Heinrich (1826): *MGH Scriptores (in Folio)*, 1, S. 22–39. Hannover.

Annales regni Francorum, ed. Kurze, Friedrich (1895): *MGH Scriptores rerum Germanicarum in usum scholarum separatim editi*, 6. Hannover.

Annales sanctae Columbae Senonensis, ed. Pertz, Georg Heinrich (1826): *MGH Scriptores (in Folio)*, 1, S. 102–109. Hannover.

Annales Xantenses, ed. Von Simson, Bernhard (1909): *MGH Scriptores rerum Germanicarum in usum scholarum separatim editi*, 12. Hannover/Leipzig.

Astronomus, Vita Hludowici Pii imperatoris, ed. Tremp, Ernst (1995): *Astronomus, Das Leben Kaiser Ludwigs. MGH Scriptores rerum Germanicarum in usum scholarum separatim editi*, 64, S. 53–555. Hannover.

Das Besitzverzeichnis der Genter Sankt-Bavo-Abtei von ca. 800 (Clm 6333), ed. Verhulst, Adriaan (1971): Ein Beitrag zur Geschichte und Kritik der karolingischen Urbarialaufzeichungen. In: *Frühmittelalterliche Studien*, 5, S. 193–234.

Breve Inquisitionis, Corte di Limonta, ed. Castagnetti, Andrea (1979). In: *Inventari altomedievali di terre, coloni e redditi. Fonti per la storia d'Italia*, 104, S. 19–23. Rom.

Breves Notitiae, ed. Fritz Lošek (2006). In: Wolfram, Herwig (Hrsg.): *Quellen zur Salzburger Frühgeschichte*, S. 88–111. München.

Capitulare de villis. In: Brühl, Carlrichard (Hrsg.) (1971): *Capitulare de villis. Cod. Guelf. 254 Helmst. der Herzog August Bibliothek Wolfenbüttel*. Stuttgart.

I capitolari italici. Storia e diritto della dominazione carolingia in Italia, ed. Azzara, Claudio/Moro, Pierandrea/Gasparri, Stefano (1998). Rom.

Capitularia regum Francorum, 1, ed. Boretius, Alfred (1883): *MGH Capitularia regum Francorum*, 1. Hannover.

Capitularia regum Francorum, 2, ed. Boretius, Alfred/Krause, Victor (1897): *MGH Capitularia regum Francorum*, 2. Hannover.

Capitularia regum Francorum, ed. Pertz, Georg Heinrich (1835): *MGH Leges (in Folio)*, 1. Hannover.

https://doi.org/10.1515/9783110629071-006

Cartulaire de la seigneurie de Fontjoncouse, ed. Mouynès, Germain (1877). In: *Bulletin de la Comission archéologique et littéraire de l'arrondissement de Narbonne*, 1, S. 107–341.
Catalunya Carolíngia, 2. *Els diplomes carolingis a Catalunya*, ed. d'Abadal i de Vinyals, Ramón (1952). Barcelona.
Codex diplomaticus Fuldensis, ed. Dronke, Ernst (18050). Kassel.
Codex Laureshamensis, 2. *Kopialbuch, Teil 1: Oberrhein-, Lobden-, Worms-, Nahe- und Speiergau*, ed. Glöckler, Karl (1933). Darmstadt.
Chartae Latinae Antiquiores, 75. *Lucca* 4, *Archivio Arcivescovile*, ed. Cavallo, Guglielmo/Nicolaj, Giovanna (2005). Dietikon-Zürich.
Chartae Latinae Antiquiores, 74. *Lucca* 3, *Archivio Arcivescovile, Diplomatico*, ed. Cavallo, Guglielmo/Nicolaj, Giovanna (2004). Dietikon-Zürich.
Chartae Latinae Antiquiores, 73. *Lucca* 2, *Archivio Arcivescovile, Diplomatico*, ed. Cavallo, Guglielmo/Nicolaj, Giovanna (2003). Dietikon-Zürich.
Chartae Latinae Antiquiores, 81. *Lucca* 10, *Archivio Arcivescovile, Diplomatico*, ed. Mastruzzo, Antonino (2003). Dietikon-Zürich.
Chronicon Laurissense breve, ed. Schnorr VonCarolsfeld, Hans (1911). In: *Neues Archiv der Gesellschaft für ältere deutsche Geschichtskunde*, 36, S. 23–39.
Chronicon Moissiacense. In: Kettemann, Walter (Hrsg.) (2002): *Subsidia Anianensia. Überlieferungs- und textgeschichtliche Untersuchungen zur Geschichte Witiza-Benedikts, seines Klosters Aniane und zur sogenannten anianischen Reform. Mit kommentierenden Editionen der Vita Benedicti Anianensis, Notitia de servitio monasteriorum, des Chronicon Moissiacense/Anianense sowie zweier Lokaltraditionen aus Aniane. Beilage* 2. Duisburg.
Concilia aevi Karolini, 2, 1 [742–817], ed. Werminghoff, Albert (1906): *MGH Concilia* 2, 1. Hannover/Leipzig.
Concilia aevi Karolini, 2, 2 [819–842], ed. Werminghoff, Albert (1908): *MGH Concilia* 2, 2. Hannover/Leipzig.
Dhuoda, Liber manualis, ed. u. trans. In: Riché, Pierre (1975): *Dhuoda, Manuel pour mon fils*. Paris.
Diplomata Belgica ante annum millesimum centesimum scripta, 1, ed. Gysseling, Maurits/Koch, Anton (1950). Brüssel.
Documents comptables de Saint-Martin de Tours à l'epoque mérovingienne, ed. Gasnault, Pierre (1975). Paris.
Einhard: De adoranda cruce, ed. Hampe, Karl (1899): *MGH Epistolae (in Quart)*, 5, S. 146–149. Berlin.
Einhard: Epistolae, ed. Hampe, Karl (1899): *MGH Epistolae (in Quart)*, 5, S. 105–145. Berlin.
Einhard: Epistolae, ed. Jaffé, Philip (1867): *Bibliotheca rerum Germanicarum*, 4. *Monumenta Carolina*. Berlin.
Einhard: Epistolae. In: Teulet, Alexandre (Hrsg.) (1843): *Oeuvres complètes d'Éginhard*, 2. *Lettres d'Éginhard*. Paris.
Einhard: Translatio et Miracula ss. Marcellini et Petri, ed. Waitz, Georg (1887): *MGH Scriptores (in Folio)*, 15, 1, S. 238–264. Hannover.
Einhard: Vita Karoli Magni, ed. Holder-Egger, Oswald (1911): *MGH Scriptores rerum Germanicarum in usum scholarum separatim editi*, 25 (6. Auflage). Hannover/Leipzig.
Epistolarium Fuldensium fragmenta, ed. Dümmler, Ernst (1899): *MGH Epistolae (in Quart)*, S. 517–533. Berlin.
Erchanbert, Breviarium regum Francorum, ed. Pertz, Georg Heinrich (1829): *MGH Scriptores (in Folio)*, 2, S. 327–330. Berlin.
Frothar von Toul: Epistolae, ed. Hampe, Karl (1899): *MGH Epistolae (in Quart)*, S. 275–298. Berlin.

Formulae Turonenses, ed. Zeumer, Karl (1886): *MGH Formulae Merowingici et Karolini aevi*, 1, S. 128–165. Hannover.

Gesta patrum Fontanellensium, ed. u. trans. In: Pradié, Pascal (Hrsg.) (1999): *Chronique des abbés de Fontenelle (Saint-Wandrille)*. Paris.

Gregor von Tours: Decem libri historiarum, ed. Krusch, Bruno/Levison, Wilhelm (1951): *MGH Scriptores rerum Merovingicarum*, 1, 1 (Neudruck 1992). Hannover.

Hariulf: Chronicon Centulense. In: Lot, Ferdinand (1894) (Hrsg.): *Chronique de l'abbaye de Saint-Riquier 5e siècle-1104*. Paris.

Hermann von Reichenau: Chronicon de sex aetatibus mundi, ed. Pertz, Georg Heinrich (1844): *MGH Scriptores (in Folio)*, 5, S. 74–133. Hannover.

Hinkmar von Reims: Collectio de ecclesiis et capellis, ed. Stratmann, Martina (1990): *MGH Fontes iuris Germanici antiqui in usum scholarum separatim editi*, 14. Hannover

Hinkmar von Reims: De divortio Lotharii regis et Theutbergae reginae, ed. Böhringer, Letha (1992): *MGH Concialia, Supplementum*, 1. Hannover.

Hinkmar von Reims: De ordine palatii, ed. Gross, Thomas/Schieffer Rudolf (1980): *MGH Fontes iuris Germanici antiqui in usum scholarum separatim editi*, 3. Hannover.

Hinkmar von Reims: De regis persona et regio ministerio. In: *Migne Patrologia Latina*, 125 (1852), Sp. 833–856.

Histoire générale de Languedoc, 2, ed. De Vic, Claude/Vaissète, Joseph/Privat, Édouard/Mabille, Émile/Barry, Edward (1875). Paris.

Das Hludowicianum, ed. Hahn, Adelheid (1975): Die Urkunde Ludwigs d. Fr. für die römische Kirche von 817. In: *Archiv für Diplomatik*, S. 15–135.

Hrabanus Maurus: Commentaria in libros IV regum. In: *Migne Patrologia Latina*, 109 (1852), Sp. 9–278.

Hrabanus Maurus: Epistolae, ed. Hampe, Karl (1899): MGH *Epistolae (in Quart)*, 5, S. 379–516. Berlin.

Hrabanus Maurus: De procinctu romanae miliciae, ed. Dümmler, Ernst (1872). In: *Zeitschrift für deutsches Alterthum*, 15, S. 443–451.

Indiculus loricatorum Ottoni II. in Italiam mittendorum (981). In: Weiland, Ludwig (Hrsg.) (1893): *MGH Constitutiones et acta publica imperatorum et regum*, 1, S. 632–633. Hannover.

Isländersagas, 5, ed. u. trans. Böldl, Klaus (2011). Frankfurt a. M.

Die Kapitulariensammlung Bischof Ghaerbalds von Lüttich, ed. Eckhardt, Wilhelm (1955). Berlin.

Die Kapitulariensammlung des Ansegis, ed. Schmitz, Gerhard (1996): *MGH Capitularia regnum Francorum, Nova series*, 1. Hannover.

Liber Pontificalis, 1, ed. Duchesne, Louis (1886). Paris.

Leo III.: Epistolae, ed. Hampe, Karl (1899): *MGH Epistolae (in Quart)*, 5, S. 85–104. Berlin.

Liber possessionum Wizenburgensis, ed. Dette, Christoph (1987). Mainz.

Lorscher Reichsurbar. In: Glöckner, Karl (1933): *Codex Laureshamensis*, 2. *Kopialbuch, Teil 2: Die übrigen fränkischen und die schwäbischen Gaue, Güterlisten, späte Schenkungen und Zinslisten, Gesamtregister*, S. 173–176. Stuttgart.

Lupus von Ferrières: Epistolae, ed. Dümmler, Ernst (1925): *MGH Epistolae (in Quart)*, 6, S. 1–26. Berlin.

Die Mettlacher Güterrolle, ed. Müller, Hartmut (1965). In: *Zeitschrift für die Geschichte der Saargegend*, 15, S. 110–146.

Montesquieu: *De l'esprit des loix*, ed. Brèthe de La Gressaye, Jean (1961). Paris.

Musée des archives départementales. Recueil de facsimile héliographiques de documents tirés des archives des préfectures, mairies et hospices, 1, ed. Desjardins, Gustav (1878). Paris.

Musée des archives départementales. Recueil de facsimile héliographiques de documents tirés des archives des préfectures, mairies et hospices, 2, ed. Desjardins, Gustav (1878). Paris.

Neuf capitulaires de Charlemagne concernant son oeuvre réformatrice par les ‚Missi', ed. De Clerq, Charles (1968). Mailand.

Nikolaus I.: Epistolae, ed. Perels, Karl (1925): *MGH Epistolae (in Quart)*, 6, S. 275–690. Berlin.

Nithardus: Historiarum libri quattuor. In: Glansdorf, Sophie/Lauer, Philippe (Hrsg.) (2012): *Nithard, Histoire des fils des Louis le Pieux*. Paris.

Notitia Arnonis, ed. Fritz Lošek (2006). In: Wolfram, Herwig (Hrsg.): *Quellen zur Salzburger Frühgeschichte*, S. 72–87. München.

Notitia de servitio monasteriorum, ed. Becker, Petrus (1963). In: Hallinger, Kassius (Hrsg.). *Corpus consuetudinum monasticarum*, 1, S. 483–499. Siegburg.

Notker Balbulus: Gesta Karoli, ed. Haefele, Hans (1959): *MGH Scriptores rerum Germanicarum, Nova Series*, 12 (2. Auflage) (Neudruck 1980). Berlin.

Originum ac Germanicarum antiquitatem libri . . ., ed. Herold, Johannes Basilius (1557). Basel.

Paschasius Radbertus: Epitaphium Arsenii, ed. Dümmler, Ernst (1900): *Abhandlungen der königlich-preussischen Akademie der Wissenschaften zu Berlin vom Jahre 1900* (monographischer Druck). Berlin.

I placiti del ‚Regnum Italiae', 1, ed. Manaresi, Cesare (1955). Rom.

Procopius Caesariensis: Historien, ed. u. trans. Veh, Otto (1966): *Prokop, Werke*, 2. *Gotenkriege*. München.

Procopius Caesariensis: Historien, ed. Wirth, Gerhard (1963): *Procopii Caesariensis opera omnia*, 2. *De bellis, libri V-VIII* (Neudruck München 2001). Leipzig.

Le polyptyque de l'abbaye de Saint-Bertin (844–859), ed. Ganshof, François (1975). In: *Mémoires de l'Académie des Inscriptions et Belles-Lettres*, 45, S. 75–209.

Le polyptyque de Saint-Remi de Reims. In: Devroey, Jean-Pierre (Hrsg.) (1984): *Le polyptyque et les listes de cens de l'abbaye de Saint-Remi de Reims (IXe-XIe siècles). Edition critique*. Reims.

Das Polyptychon und die Notitia de Areis von Saint-Maur-des-Fossés. In: Hägermann, Dieter/ Hedwig, Andreas (1990) (Hrsg.): *Beihefte der Francia*, 23, S. 3–77, S. 97–101. Sigmaringen.

Das Polyptychon von Saint-Amand-les-Eaux. In: Hägermann, Dieter/Hedwig, Andreas (1990) (Hrsg.): *Beihefte der Francia*, 23, S. 78–89, S. 98–102. Sigmaringen.

Das Polyptychon von Saint-Germain-des-Prés, ed. Hägermann, Dieter (Hrsg.) (1993). Köln.

Das Prümer Urbar, ed. Schwab, Ingo (Hrsg.) (1983). Düsseldorf.

Recueil des actes de Charles II le Chauve, roi de France, 1 *(840–860)*, ed. Tessier, Georges (1943). Paris.

Regesta Alsatiae aevi Merowingici et Karoli 496–918, 1, ed. Bruckner, Albert (1949). Straßburg/ Zürich.

Tacitus: Germania, ed. Önnerfors, Alf (1982): *P. Cornelii Taciti libri qui supersunt*, II, 1. *De origine et situ Germanorum liber*. Stuttgart.

Testamentum Abbonis. In: Geary, Patrick (Hrsg.) (1985): Aristocracy in Provence. The Rhône Basin at the Dawn of the Carolingian Age, S. 38–79. Stuttgart.

Textos Jurídics Catalans, ed. Salrach Mares, Josep Maria/Ribas Sol, Josep; Sarobe Huesca; Vilaginés Segura, Jaume (Hrsg.) (2018). Barcelona.

Theodulf: Carmina, ed. Dümmler, Ernst (1881): *MGH Poetae Latini medii aevi*, 1, S. 437–569. Berlin.

Die Traditionen des Hochstifts Freising, 1, ed. Bitterauf, Theodor (1905). München.

Das Urbar des Reichsguts in Churrätien. In: Meyer-Marthaler, Elisabeth/Perret, Franz (Hrsg.) (1955): *Bündner Urkundenbuch*, 1, S. 375–396. Chur.

Die Urkunden Karls des Großen, ed. Mühlbacher, Engelbert (1906): *MGH Diplomata. Die Urkunden der Karolinger 1. Pippin, Karlmann und Karl der Große*, S. 55–316. Hannover.

Die Urkunden Ludwigs des Frommen, 1, ed. Kölzer, Theo (2016): *MGH Diplomata. Die Urkunden der Karolinger, 2. Ludwig der Fromme*. Wiesbaden.

Die Urkunden Ludwigs des Frommen, 2, ed. Kölzer, Theo (2016): *MGH Diplomata. Die Urkunden der Karolinger, 2. Ludwig der Fromme*. Wiesbaden.

Die Urkunden Lothars I., ed. Schieffer, Theodor (1966): *MGH Diplomata. Die Urkunden der Karolinger 3. Lothar I. und Lothar II.* Berlin/Zürich.

Vegetius: *Epitoma rei militaris*, ed. Reeve, Michael (2004). Oxford.

Verfassung des Deutschen Reiches. In: Hildebrandt, Horst (Hrsg.) (1992). *Die deutschen Verfassungen des 19. und 20. Jahrhunderts. Quellen zur Verfassungsgeschichte* (14. Auflage), S. 48–71. Paderborn.

Literatur

Abel, Sigurd (1883): *Jahrbücher des fränkischen Reiches unter Karl dem Großen, 2. 789–814.* Leipzig.

Abels, Richard (2009): The Historiography of a Construct. ‚Feudalism' and the Medieval Historian. In: *History Compass*, 7, S. 1008–1031.

Airlie, Stuart (2012): Introduction. In: Airlie, Stuart (Hrsg.). *Power and its Problems in Carolingian Europe*, S. vii-xi. Farnham.

Airlie, Stuart (Hrsg.) (2006): *Staat im frühen Mittelalter*. Wien.

Airlie, Stuart (2005): Charlemagne and the Aristocracy. Captains and Kings. In: Story, Joanna (Hrsg.). *Charlemagne. Empire and Society*, S. 90–102. Manchester/New York.

Albertoni, Giuseppe (2015): *Vasalli, feudi, feudalesimo*. Rom.

Alföldy, Géza (2011): *Römische Sozialgeschichte* (4. Auflage). Stuttgart.

Algazi, Gadi/Groebner, Valentin/Jussen, Bernhard (Hrsg.) (2003): *Negotiating the Gift. Pre-Modern Figurations of Exchange*. Göttingen.

Allmand, Christopher T. (2011): *The De Re Militari of Vegetius. The Reception, Transmission and Legacy of a Roman Text in the Middle Ages*. Cambridge/New York.

Althoff, Gerd/Stollberg-Rilinger, Barbara (2015): Die Sprache der Gaben. Zur Logik und Semantik des Gabentauschs im vormodernen Europa. In: *Jahrbuch für Geschichte Osteuropas*, 63, S. 1–22.

Althoff, Gerd (1997): Verwandtschaft, Freundschaft, Klientel. Der schwierige Weg zum Ohr des Herrschers. In: Althoff, Gerd (Hrsg.). *Spielregeln der Politik im Mittelalter. Kommunikation in Friede und Fehde*, S. 185–198. Darmstadt.

Althoff, Gerd (1990): *Verwandte, Freunde und Getreue. Zum politischen Stellenwert der Gruppenbindungen im frühen Mittelalter*. Darmstadt.

Archives départementales de l'Aude. Inventaire sommaire des archives departementales anterieures a 1790. Série G clergé séculier (1925). Carcassonne.

Arnold, Dana (2009): Sehen heißt glauben. Historiker und Bilder. In: Jäger, Jens/Knauer, Martin (Hrsg.). *Bilder als historische Quellen? Dimension der Debatte um historische Bildforschung*, S. 27–43. München.

Auer, Leopold (1971): Der Kriegsdienst des Klerus unter den sächsischen Kaisern. In: *Mitteilungen des Instituts für Österreichische Geschichtsforschung*, 80, S. 316–407.

Auge, Oliver (2016): Lehnrecht, Lehnswesen: In: *Handwörterbuch zur deutschen Rechtsgeschichte* 3 (2. Auflage), Sp. 717–736. Berlin.

Bachmann-Medick, Doris (2014): *Cultural Turns. Neuorientierungen in den Kulturwissenschaften* (5. Auflage). Reinbek bei Hamburg.

Bachrach, Bernard/Bachrach, David (2017): *Warfare in Medieval Europe c. 400–1453*. New York/London.

Bachrach, Bernard (2013): *Charlemagne's Early Campaigns 768–777. A Diplomatic and Military Analysis*. Boston.

Bachrach, Bernard (2006): Medieval Military Historiography. In: Bentley, Michael (Hrsg.). *The Routledge Companion to Historiography*, S. 203–220 (Neuauflage der 1. Ausgabe 1997). e-book.

Bachrach, Bernard (2002): Charlemagne and the Carolingian General Staff. In: *The Journal of Military History*, 66, S. 313–357.

Bachrach, Bernard (2001a): *Early Carolingian Warfare. Prelude to Empire*. Philadelphia.

Bachrach, Bernard (2001b): Adalhard of Corbie's De ordine palatii. Some Methodological Observations Regarding Chapters 29–36. In: *Cithara*, 41, S. 3–34.

https://doi.org/10.1515/9783110629071-007

Bachrach, Bernard (1999): Early Medieval Military Demography. Some Observations on the Methods of Hans Delbrück. In: Kagay, Donald/Villalon, Andrew (Hrsg.). *The Circle of War in the Middle* Ages. *Essays on Medieval Military and Naval History*, S. 3–20. Woodbridge.
Bachrach, Bernard (1995): Rezension von: Reynolds, Susan (1994): Fiefs and Vassals. The Medieval Evidence Reinterpreted. Oxford/New York. In: *Albion*, 27, S. 466–467.
Bachrach, Bernard (1994a): Medieval Siege Warfare. A Reconnaissance. In: *The Journal of Military History*, 58, S. 119–133.
Bachrach, Bernard (1994b): Anthropologists and Early Medieval History. Some Problems. In: *Cithara*, 34, S. 3–10.
Bachrach, Bernard (1985): The Practical Use of Vegetius' ‚De re militari' During the Early Middle Ages. In: *The Historian. A Journal of History*, 47, S. 239–255.
Bachrach, Bernard (1972): *Merovingian Military Organization 481–751*. Minneapolis.
Bachrach, Bernard (1970): Charles Martel, Shock Combat, the Stirrup and Feudalism. In: *Studies in Medieval and Renaissance History*, 7, S. 49–75.
Bachrach, David (2015a): Milites and Warfare in Pre-Crusade Germany. In: *War in History*, 22, S. 298–343.
Bachrach, David (2015b): Feudalism, Romanticism, and Source Criticism. Writing the Military History of Salian Germany. In: *The Journal of Medieval Military History*, 13, S. 1–25.
Bader, Siegfrid (1955): Brunner, Heinrich. In: *Neue deutsche Biographie* 2, S. 682. Berlin.
Bader, Siegried (1953): Heinrich Mitteis. In: *Zeitschrift der Savigny-Stiftung für Rechtsgeschichte. Germanistische Abteilung*, 70, S. IX–XXXII.
Barbero de Agueilera, Abilio/Vigil, Marcelo (1978): *La formación del feudalismo en la península Ibérica*. Barcelona.
Bartel, Horst (Hrsg.) (1969): *Sachwörterbuch der Geschichte Deutschlands und der deutschenArbeiterbewegung* 1. Berlin Ost.
Barthélemy, Dominique (1997a): La théorie féodale à l'épreuve de l'anthropologie (note critique). In: *Annales. Histoire, Sciences Sociales*, 52, S. 321–341.
Barthold, Friedrich Wilhelm (1855): *Geschichte der Kriegsverfassung und des Kriegswesens der Deutschen*, 1. Leipzig.
Becher, Matthias (2009): ‚Herrschaft' im Übergang von der Spätantike zum Frühmittelalter. Von Rom zu den Franken. In: Kölzer, Theo/Schieffer, Rudolf (Hrsg.). *Von der Spätantike zum frühen Mittelalter. Kontinuitäten und Brüche, Konzeptionen und Befunde*, S. 163–188. Ostfildern.
Becher, Matthias (2006): Die subiectio principum. Zum Charakter der Huldigung im Franken- und Ostfrankenreich bis zum Beginn des 11. Jahrhunderts. In: Airlie, Stuart (Hrsg.). *Staat im frühen Mittelalter*, S. 163–178. Wien.
Becher, Matthias (1999): *Karl der Grosse*. München.
Becher, Matthias (1993): *Eid und Herrschaft. Untersuchungen zum Herrscherethos Karls des Großen*. Sigmaringen.
Behringer, Wolfgang (2010): *Kulturgeschichte des Klimas. Von der Eiszeit bis zur globalen Erwärmung* (5. Auflage). München.
Bijsterveld, Arnoud-Jan A. (2007a): Afterword. The Study of Gift Giving Since the 1990s. In: Bijsterveld, Arnoud-Jan (Hrsg.). *Do ut des. Gift Giving, Memoria, and Conflict Management in the Medieval Low Countries*, S. 40–50. Hilversum.
Bijsterveld, Arnoud-Jan A. (2007b): Introduction. In: Bijsterveld, Arnoud-Jan A. (Hrsg.). *Do ut des. Gift Giving, Memoria, and Conflict Management in the Medieval Low Countries*, S. 7–16. Hilversum.
Bijsterveld, Arnoud-Jan A. (2001): The Medieval Gift as Agent of Social Bonding and Political Power. A Comparative Approach. In: Cohen, Esther/De Jong, Mayke (Hrsg.). *Medieval Transformations. Text, Power and Gifts in Context*, S. 123–156. Leiden.

Bischoff, Bernhard (2014): *Katalog der festländischen Handschriften des neunten Jahrhunderts (mit Ausnahme der wisigotischen). Aus dem Nachlaß herausgegeben von Birgit Ebersperger* 3. *Padua-Zwickau*. Wiesbaden.
Bischoff, Bernhard (1967): *Mittelalterliche Schatzverzeichnisse*, 1. *Von der Zeit Karls des Grossen bis zur Mitte des 13. Jh*. München.
Bischoff, Bernhard (1968): Die Handschrift. Paläographische Untersuchung. In: *Der Stuttgarter Bilderpsalter. Bibl. Fol. 23 Württembergische Landesbibliothek*, 2. *Untersuchungen*, S. 15–30. Stuttgart.
Bischoff, Bernhard (1965): Panorama der Handschriftenüberlieferung aus der Zeit Karls des Großen. In: Bischoff, Bernhard (Hrsg.). *Karl der Große*, 2. *Das geistige Leben*, S. 233–254. Düsseldorf.
Bisson, Thomas N./Brown, Peter/Benson, Robert L. (1993): Memoirs of Fellows and Corresponding Fellows: Karl Leyser. In: *Speculum*, 68, S. 928–940.
Blaydes, Lisa; Chaney, Eric (2013): *The Feudal Revolution and Europe's Rise. Political Divergence of the Christian West and the Muslim World before 1500 CE*, S. 16–34.
Bloch, Marc/Lybyer, Albert H./Franke, Otto/Asakawa, Kann'ichi (1931): Feudalism. In: Seligman, Edwin R. A. (Hrsg.). *Encyclopaedia of the Social* Sciences, 5. *Danton-Exile*, S. 202–220. New York.
Böckenförde, Ernst-Wolfgang (1961): *Die deutsche verfassungsgeschichtliche Forschung im 19. Jahrhundert. Zeitgebundene Fragestellungen und Leitbilder*. München.
Böhmer, Johann Friedrich (1889): *Regesta imperii*, 1. *Die Regesten des Kaiserreichs unter den Karolingern 751–918 (987)*, 1. *751–918*. Innsbruck.
Böldl, Klaus (2011): Anmerkungen zur Rezeptionsgeschichte der Isländersagas anlässlich einer Neuausgabe. In: *Christiana Albertina. Forschungen und Berichte aus der Christian-Albrechts-Universität zu Kiel*, 72, S. 20–29.
Bonnassie, Pierre (1975): *La Catalogne du milieu du Xe à la fin du XIe siècle*, 1. *Croissance etmutations d'une société*. Toulouse.
Booker, Courtney M. (2016): Addenda to the Transmission History of Dhuodas's Liber Manualis. In: *Revue d'histoire des textes*, 11, S. 181–213.
Booker, Courtney M. (2008): The Public Penance of Louis the Pious. A New Edition of the ‚Episcoporum de poenitentia, quam Hludowicus imperator professus est, relatio Compendiensis' (833). In: *Viator*, 39, S. 1–20.
Bordieu, Pierre (1977): *Outline of a Theory of Practice*, trans. R. Nice. Cambridge.
Boretius, Alfred (1874): *Beiträge zur Capitularienkritik*. Leipzig.
Boretius, Alfred (1864): *Die Capitularien im Langobardenreich. Eine rechtsgeschichtliche Abhandlung*. Halle.
Boshof, Egon (1996): *Ludwig der Fromme*. Darmstadt.
Brather, Sebastian (2004): *Ethnische Interpretation in der frühgeschichtlichen Archäologie. Geschichte, Grundlagen und Alternativen*. Berlin.
Brown, Elizabeth A. R. (1974): The Tyranny of a Construct. Feudalism and Historians of Medieval Europe. In: *The American Historical Review*, 79, S. 1063–1088.
Brown, Warren (2011): *Violence in Medieval Europe*. Harlow.
Brown, Warren (2003): Rezension von: Bachrach, Bernard (2001): Early Carolingian Warfare. Prelude to Empire. Philadelphia. In: *Speculum*, 78, S. 454–456.
Brun, Georg (1991): *Leben und Werk des Rechtshistorikers Heinrich Mitteis unter besonderer Berücksichtigung seines Verhältnisses zum Nationalsozialismus*. Frankfurt a. M.
Brunner, Heinrich/von Schwerin, Claudius (1928): *Deutsche Rechtsgeschichte*, 2 (2. Auflage). München/Leipzig.
Brunner, Heinrich (1906): *Deutsche Rechtsgeschichte*, 1 (2. Auflage). Leipzig.

Brunner, Heinrich (1892): *Deutsche Rechtsgeschichte*, 2. Leipzig.
Brunner, Heinrich (1887a): *Deutsche Rechtsgeschichte*, 1. Leipzig.
Brunner, Heinrich (1887b): Der Reiterdienst und die Anfänge des Lehnwesens. In: *Zeitschrift der Savigny-Stiftung für Rechtsgeschichte. Germanistische Abteilung*, 8, S. 1–38.
Brunner, Otto (1975): Feudalismus, feudal. In: Brunner, Otto/Conze, Werner/Koselleck, Reinhart (Hrsg.). *Geschichtliche Grundbegriffe. Historisches Lexikon zur politisch-sozialen Sprache in* Deutschland, 2, S. 337–350. Stuttgart.
Brunt, Peter (1988): Clientela. In: Brunt, Peter (Hrsg.). *The Fall of the Roman Republic and Related Essays*, S. 382–442. Oxford.
Buck, Thomas Martin (1997): *Admonitio und Predicatio. Zur religiös-pastoralen Dimension von Kapitularien und kapitulariennahen Texten (507–814)*. Frankfurt a. M.
Calmette, Joseph (1923): *La sociéte féodale*. Paris.
Campbell, Darryl (2010): The Capitulare de Villis, the Brevium exempla, and the Carolingian Court at Aachen. In: *Early Medieval Europe*, 18, S. 243–264.
Carvajal Castro, Álvaro/Martín Viso, Iñaki (2013): Historias regionales de la repoblación. Los reyes asturleoneses y las ‚políticas de la tierra' en el oeste de la meseta del Duero. In: Díaz, Pablo C./Luis Corral, Fernando/Martín Viso, Iñaki (Hrsg.). *El Historiador y la Sociedad. Homenaje al Professor José María Mínguez*, S. 39–52. Salamanca.
Castagnetti, Andrea (2010): I vassalli imperiali a Lucca in età carolingia. In: Pagano, Sergio/Piatti, Pierantonio (Hrsg.). *Il patrimonio documentario della Chiesa di Lucca: prospettive di ricerca. Atti del convegno internazionale di studi, Lucca, Archivio arcivescovile 14–15 novembre 2008*, S. 211–284. Florenz.
Cauvet, Emile (1877): Étude historique sur l'établissement des espagnols dans la Septimanie aux VIIIe et IXe siècles et sur la fondation de Fontjoncouse par l'espagnol Jean, au VIIIe siècle. In: *Bulletin de la commission archéologique et littéraire de l'arrondissement de Narbonne*, 1, S. 343–520.
Chandler, Cullen (2019): *Carolingian Catalonia. Politics, Culture and Identity in an Imperial Province*, 778–987. Cambridge.
Chandler, Cullen (2002): Between Court and Counts. Carolingian Catalonia and the Aprisio Grant 778–897. In: *Early Medieval Europe*, 11, S. 19–44.
Clavadetscher, Otto (1958): Nochmals zum churrätischen Reichsgutsurbar aus der Mitte des 9. Jahrhunderts. In: *Zeitschrift der Savigny-Stiftung für Rechtsgeschichte. Germanistische Abteilung*, 76, S. 319–328.
Clavadetscher, Otto (1953): Das churrätische Reichsgutsurbar als Quelle zur Geschichte des Vertrags von Verdun. In: *Zeitschrift der Savigny-Stiftung für Rechtsgeschichte. Germanistische Abteilung*, 70, S. 1–63.
Clavadetscher, Otto (1950): Zum churrätischen Reichsgutsurbar aus der Karolingerzeit. In: *Zeitschrift für schweizerische Geschichte/Revue d'histoire suisse*, 30, 2, S. 161–197.
Christophersen, Alf (2005): Roth. (ev.) 1) Karl Johann Friedrich v. In: *Neue deutsche Biographie* 22, S. 107–108. Berlin.
Clauss, Martin/Stieldorf, Andrea/Weller, Tobias (2016): Der König als Krieger. Zum Verhältnis von Königtum und Krieg im Mittelalter. Eine Einführung. In: Clauss, Martin/Stieldorf, Andrea/Weller, Tobias (Hrsg.). *Der König als Krieger. Zum Verhältnis von Königtum und Krieg im Mittelalter. Beiträge der Tagung des Zentrums für Mittelalterstudien der Otto-Friedrich-Universität Bamberg (13. - 15. März 2013)*, S. 9–22. Bamberg.
Claus, Martin (2010): *Kriegsniederlagen im Mittelalter. Darstellung, Deutung, Bewältigung*. Paderborn u.a.
Clauss, Mechthild (2018): *Illustration als Textauslegung. Der karolingische Stuttgarter Bilderpsalter um 830*. Sankt Ottilien.

Contamine, Philippe (2005): *War in the Middle Ages* (16. Auflage). Malden, Mass.
Contamine, Philippe (2003): *La guerre au Moyen Âge* (6. Auflage). Paris.
Contamine, Philippe (1984): *War in the Middle Ages*. Oxford.
Contamine, Philippe (1980): *La guerre au Moyen Âge*. Paris.
Contreni, John (1973): Le Formulaire de Laon, source pour l'histoire de l'école de Laon au début du Xe siècle. In: *Scriptorium*, 27, S. 21–29.
Cooper, Kate/Leyser, Conrad (2016): Preface and Acknowledgements. In: Cooper, Kate/Leyser, Conrad (Hrsg.) (2016): *Making Early Medieval Societies. Conflict and Belonging in the Latin* West 300–1200, S. ix-xi. Cambridge.
Cornwell, Bernard (2018): *War of the Wolf*. London.
Cornwell, Bernard (2004): *The Last Kingdom*. London.
Coupland, Simon (2004): The Carolingian Army and the Struggle against the Vikings. In: *Viator*, 35, S. 49–70.
Coupland, Simon (1990): Carolingian Arms and Armor in the Ninth Century. In: *Viator*, 21, S. 29–50.
Cowell, Andrew (2007): *The Medieval Warrior Aristocracy. Gifts, Violence, Performance and the Sacred*. Cambridge.
Curschmann, Fritz (1900): *Hungersnöte im Mittelalter. Ein Beitrag zur deutschen Wirtschaftsgeschichte des 8. bis 13. Jahrhunderts*. Leipzig.
Curta, Florin (2008): The Earliest Avar-Age Stirrups, or the ‚Stirrup Controversy' Revisited. In: Curta, Florin/Kovalev, Roman (Hrsg.). *The Other Europe in the Middle Ages* 2. *Avars, Bulgars, Khazars, and Cumans*, S. 297–326. Leiden/Boston.
Curta, Florin (2006): Merovingian and Carolingian Gift Giving. In: *Speculum*, 81, S. 671–699.
Czock, Miriam (2018): Fortia hostile aliquid praedare. Plünderung, Raub, Diebstahl und Heeresdisziplin in den süddeutschen Leges. In: Keller, Rodolphe/Sarti, Lauriy (Hrsg.). *Pillages, tributs, captifs. Prédation es sociétés de l'Antiquité tardive au haut Moyen Âge. Plünderungen, Tributzahlungen und Gefangennahmen*, S. 103–119.
Dannenbauer, Heinrich (1955): Freigrafschaften und Freigerichte. In: Mayer, Theodor (Hrsg.). *Das Problem der Freiheit in der deutschen und schweizerischen Geschichte. Mainauvorträge 1953*, S. 57–76. Lindau.
Dannenbauer, Heinrich (1954): Die Freien im karolingischen Heer. In: Büttner, Heinrich (Hrsg.). *Aus Verfassungs- und Landesgeschichte.* Festschrift zum 70. Geburtstag von Theodor Mayer, *dargebracht von seinen Freunden und Schülern. Zur allgemeinen und Verfassungsgeschichte*, S. 49–64. Lindau/Konstanz.
Dänzer, Tobias/Georges, Karl Ernst (2013): *Der neue Georges. Ausführliches Handwörterbuch Lateinisch-Deutsch* (2. Auflage). Darmstadt.
Davies, Wendy/Fouracre, Paul (Hrsg.) (2010): *The Languages of Gift in the Early Middle Ages*. Cambridge.
Davies, Wendy (1988): *Small Worlds. The Village Community in Early Medieval Brittany*. London.
Davis, Jennifer (2015): *Charlemagne's Practice of Empire*. Cambridge.
Davis, Kathleen (2008): *Periodization and Sovereignty. How Ideas of Feudalism and Secularization Govern the Politics of Time*. Philadelphia.
Declerq, Georges/Verhulst, Adriaan (1997): Einhard und das karolingische Gent. In: Schefers, Hermann (Hrsg.). *Einhard. Studien zu Leben und Werk*, S. 223–246. Darmstadt.
De Jong, Mayke (2017): For God, King and Country. The Personal and the Public in the Epitaphium Arsenii. In: *Early Medieval Europe*, 25, S. 102–113.
De Jong, Mayke (2009a): *The Penitential State. Authority and Atonement in the Age of Louis the Pious* 814–840. Cambridge.

De Jong, Mayke (2009b): The State of the Church. Ecclesia and Early Medieval State Formation. In: Pohl, Walter (Hrsg.). Der frühmittelalterliche Staat. Europäische Perspektiven, S. 241–245. Wien.

De Jong, Mayke (2000): The Empire as Ecclesia. Hrabanus Maurus and Bibliocal Historia for rulers. In: Hen, Yitzhak/Innes, Matthew (Hrsg.). *The Uses of the Past in the Early Middle Ages*, S. 191–226. Cambridge.

De Jong, Mayke (1996): *In Samuel's Image. Child Oblation in the Early Medieval West.* Leiden/New York.

De La Concha Martínez, Ignacio (1946): *La presura. La Ocupacion de tierras en los primeros siglos de la reconquista.* Madrid.

Delbrück, Hans (2000): *Geschichte der Kriegskunst im Rahmen der politischen Geschichte*, 2. *Die Germanen* (Neudruck der 3. Auflage 1921). Berlin.

Delbrück, Hans (1923): *Geschichte der Kriegskunst im Rahmen der politischen Geschichte*, 3. *Das Mittelalter* (2. Auflage, Neudruck 2000). Berlin.

Delbrück, Hans (1921a): *Geschichte der Kriegskunst im Rahmen der politischen Geschichte*, 1. *Das Altertum* (3. Auflage). Berlin.

Delbrück, Hans (1921b): *Geschichte der Kriegskunst im Rahmen der politischen Geschichte*, 2. *Die Germanen* (3. Auflage, Neudruck 2000). Berlin.

Delbrück, Hans (1920): *Geschichte der Kriegskunst im Rahmen der politischen Geschichte*, 4. *Neuzeit.* Berlin.

Delbrück, Hans (1907): *Geschichte der Kriegskunst im Rahmen der politischen Geschichte*, 3. *Das Mittelalter.* Berlin.

Delbrück, Hans (1902): *Geschichte der Kriegskunst im Rahmen der politischen Geschichte*, 2. *Die Germanen.* Berlin.

Delbrück, Hans (1900): *Geschichte der Kriegskunst im Rahmen der politischen Geschichte*, 1. *Das Altertum.* Berlin.

Dendorfer, Jürgen (2010): Zur Einleitung. In: Dendorfer, Jürgen/Deutinger, Roman (Hrsg.). *Das Lehnswesen im Hochmittelalter. Forschungskonstrukte, Quellenbefunde, Deutungsrelevanz*, S. 11–39. Ostfildern.

Dendorfer, Jürgen (2004): Was war das Lehnswesen? Zur politischen Bedeutung der Lehnsbindung im Hochmittelalter. In: Schlotheuber, Eva (Hrsg.). *Denkweisen und Lebenswelten des Mittelalters*, S. 43–64. München.

Depreux, Philippe (2001): Les préceptes pour les Hispani de Charlemagne, Louis le Pieux et Charles le Chauve. In: Sénac, Philippe (Hrsg.). *Aquitaine-Espagne (VIIIe-XIIIe siècle)*, S. 19–38. Poitiers.

Depreux, Philippe (1997): *Prosopographie de l'entourage de Louis le Pieux (781–840).* Sigmaringen.

Dette, Christoph (1989): Die Grundherrschaft Weißenburg im 9. und 10. Jahrhundert im Spiegel ihrer Herrenhöfe. In: Rösener, Werner (Hrsg.). *Strukturen der Grundherrschaft im frühen Mittelalter*, S. 181–196.

Deutinger, Roman (2010): Das hochmittelalterliche Lehnswesen: Ergebnisse und Perspektiven. In: Dendorfer, Jürgen/Deutinger, Roman (Hrsg.). *Das Lehnswesen im Hochmittelalter. Forschungskonstrukte, Quellenbefunde, Deutungsrelevanz*, S. 463–473. Ostfildern.

Deutinger, Roman (Hrsg.) (2008): *Konzilien und Synoden* 742–1002 *des Frankenreiches, des Deutschen Reiches und Reichsitaliens*, inzwischen nicht mehr monographisch verfügbar, sondern integriert in die Einträge zu den jeweiligen Synoden unter www.geschichtsquellen.de (besucht am 15.4.219).

Deutinger, Roman (2006): *Königsherrschaft im Ostfränkischen Reich. Eine pragmatische Verfassungsgeschichte der späten Karolingerzeit.* Ostfildern.

DeVries, Kelly/Smith, Robert Douglas (2012): *Medieval Military Technology* (2. Auflage). North York, Ontario.

DeVries, Kelly (2010): warfare. In: Bjork, Robert E. (Hrsg.). *The Oxford Dictionary of the Middle Ages* 4, S. 1715–1717. Oxford.

Devroey, Jean-Pierre (2012): Au-delà des polyptyques. Sédimentation, copie et renouvellement des documents de gestion seigneuriaux entre Seine et Rhin (IXe-XIIIe siècle). In: Hermand, Xavier/ Nieus, Jean-François/Renard, Étienne (Hrsg.). *Décrire, inventorier, enregistrer entre Seine et Rhin au Moyen Âge. Formes, fonctions et usages des écrits de gestion. Actes du colloque international organisé à l'Université de Namur (FUNDP) les 8 et 9 mai 2008*, S. 53–86. Paris.

Devroey, Jean-Pierre (2003): *Économie rurale det société dans l'Europe franque (VIe-IXe siècles)*, 1. Paris.

Devroey, Jean-Pierre (1985): Polyptyques et fiscalité à l'époque carolingienne. Une nouvelle approche? In: *Revue belge de philologie et d'histoire*, 63, S. 783–794.

Dierks, Konstantin/Knott, Sarah (2011): AHR Roundtable. Historians and the Question of ‚Modernity'. Introduction. In: *The American Historical Review*, 116, S. 631–637.

Diestelkamp, Bernhard (2000): Drei Professoren der Rechtswissenschaft in bewegter Zeit. Heinrich Mitteis (1889–1952), Franz Beyerle (1885–1977), Friedrich Klausing (1887–1944). In: *Abhandlungen der Geistes- und Sozialwissenschaftlichen Klasse/Akademie der Wissenschaften und der Literatur, Mainz*, 4, S. 1–35.

Doll, Anton (1989): Die Possessiones Wizenburgenses und ihre Neuedition. In: *Archiv für mittelrheinische Kirchengeschichte*, 41, S. 437–463. do mar Castro Varela, María/Dhawan, Nikita (2015): *Postkoloniale Theorie. Eine kritische Einführung* (2. Auflage). Bielefeld.

Dopsch, Alfons (1932): Beneficialwesen und Feudalität. In: *Mitteilungen des Instituts für Österreichische Geschichtsforschung*, 46, S. 1–36.

Dopsch, Alfons (1921): *Die Wirtschaftsentwicklung der Karolingerzeit vornehmlich in Deutschland*, 1 (2. Auflage). Weimar.

Dopsch, Alfons (1920): *Wirtschaftliche und soziale Grundlagen der europäischen Kulturentwicklung*, 2. *Aus der Zeit von Cäsar bis auf Karl den Großen*. Wien.

Dorn, Franz (1991): *Die Landschenkungen der fränkischen Könige. Rechtsinhalt und Geltungsdauer*. Paderborn.

Dove, Alfred (1894): Corsica und Sardinien in den Schenkungen an die Päpste. In: *Sitzungsberichte der Bayrischen Akademie der Wissenschaften, phil.-hist. Klasse*, S. 183–238.

Drepper, Thomas/Tacke, Veronika (2018): *Soziologie der Organisation*. Wiesbaden.

Duby, Georges (1978): *Les trois ordres ou l'imaginaire du féodalisme*. Paris.

Duby, Georges (1973): *Guerriers et paysans. VIIe-XIIe siècle. Premier essor de l'économie europénne*. Paris.

Dümmler, Ernst (1867): Rezension von: ‚Einharti vita Caroli Magni', ed. Jaffé, Philipp (1867). In: *Literarisches Zentralblatt*, 46, Sp. 1268–1269.

Dupont, André (1965): L'aprision et le régime aprisionnaire dans le Midi de la France. In: *Le Moyen Âge*, 71, S. 179–214, S. 375–400.

Durliat, Jean (1983): La polyptyque d'Irminon et l'impôt pour l'armée. In: *Bibliothèque de l'Ecole des Chartes*. 141, S. 183–208.

Ebel, Wilhelm (1960): Über den Leihegedanken in der deutschen Rechtsgeschichte. In: Institut für geschichtliche Landesforschung des Bodenseegebietes (Hrsg.). *Studien zum mittelalterlichen Lehnswesen. Vorträge gehalten in Lindau am 10.-13. Oktober 1956*, S. 11–36. Sigmaringen.

Elmshäuser, Konrad (1989): Untersuchungen zum Staffelseer Urbar. In: Röseener, Werner (Hrsg.). *Strukturen der Grundherrschaft im frühen Mittelalter*, S. 335–369. Göttingen.

Ebert, Stephan (2016): Vulkane in der Umweltgeschichte oder das Problem der ‚Euphorie der Erkenntnis'. In: *Mittelalter. Interdisziplinäre Forschung und Rezeptionsgeschichte*, 3. Februar 2016. http://mittelalter.hypotheses.org/7685, besucht am 15.04.2019.

Edinger, Silke/Müller, Christian (2017): Einleitung. In: Edinger, Silke/Müller, Christian/Alvarado Leyton, Christian (Hrsg.). *Nahbeziehungen zwischen Freundschaft und Patronage. Zur Politik und Typologie affektive Vergemeinschaftung*, S. 7–13. Göttingen.

Ehlers, Caspar (2014): Der reisende Herrscher. Organisation und Kommunikation. In: Pohle, Frank (Hrsg.). *Karl der Große, Charlemagne. Orte der Macht. Essays*, S. 40–47. Dresden.

Ehlers, Joachim (2006): *Die Ritter. Geschichte und Kultur*. München.

Eickhoff, Ekkehard (1966): *Seekrieg und Seepolitik zwischen Islam und Abendland*. Berlin.

Emmerich, Wolfgang/Meyer-Gosau, Frauke (1995): Vorwort. In: Emmerich, Wolfgang/Meyer-Gosau, Frauke (Hrsg.). *Über Grenzen. Jahrbuch für Literatur und Politik in Deutschland*, 2, S. 7–13. Göttingen.

Esders, Stefan (2018): Die Capitula de expeditione Corsicana Lothars I. vom Februar 825. Überlieferung, historischer Kontext, Textrekonstruktion und Rechtsinhalt. In: *Quellen und Forschungen aus italienischen Archiven und Bibliotheken*, 98, S. 91–144.

Esders, Stefan (2015): Zweiter Teil: Governanceforschung und historische Mediävistik. Neue Perspektiven auf die Genese mittelalterlicher Regierungsweise und Staatlichkeit. In: Esders, Stefan/Schuppert, Gunnar Folke (Hrsg.). *Mittelalterliches Regieren in der Moderne oder modernes Regieren im Mittelalter?*, S. 147–261. Baden-Baden.

Esders, Stefan (2009a): Rechtliche Grundlagen frühmittelalterlicher Staatlichkeit. Der allgemeineTreueid. In: Pohl, Walter/Wieser, Veronika (Hrsg.). *Der frühmittelalterliche Staat. Europäische Perspektiven*, S. 423–434. Wien.

Esders, Stefan (2009b): ‚Öffentliche' Abgaben und Leistungen im Übergang von der Spätantike zum Frühmittelalter. Konzeptionen und Befunde. In: Kölzer, Theo/Schieffer, Rudolf (Hrsg.). *Von der Spätantike zum frühen Mittelalter. Kontinuitäten und Brüche, Konzeptionen und Befunde*, S. 189–244. Ostfildern.

Esders, Stefan/Patzold, Steffen (2016): From Justinian to Louis the Pious. Inalienability of Church Property and the Sovereignty of a Ruler in the Ninth Century. In: Meens, Rob/van Espelo, Dorine/van den Hoven van Genderen, Bram (Hrsg.). *Religious Franks. Religion and Power in the Frankish* Kingdoms. *Studies in Honour of Mayke de Jong*, S. 386–408. Manchester.

Evergates, Thomas (1975): Historiography and Sociology in Early Feudal Society. The Case of Hariulf and the ‚milites' of Saint-Riquier. In: *Viator*, 6, S. 35–49.

Fanning, Steven (1997): Tacitus, Beowulf, and the Comitatus. In: *The Haskins Society Journal*, 9, S. 17–38.

Fees, Irmgard (2007): *Regesta imperii*, 1. *Die Regesten des Kaiserreichs unter den Karolingern 751–918 (987)*. 2. *Die Regesten des Westfrankenreichs und Aquitaniens. Teilband* 1: *840 (823)-848*. Wien [= Böhmer, Johann Friedrich/Fees,Irmgard (2007): *Regesta imperii*, 1. *Die Regesten des Kaiserreichs unter den Karolingern 751–918 (987)*, 2. *Die Regesten des Westfrankenreichs und Aquitaniens. Tl. 1. Die Regesten Karls des Kahlen 840 (823)-877. Lfg. 1. 840 (823)-848*. Köln u.a.].

Fischer, Carsten (2013): *Schildgeld und Heersteuer. Eine vergleichende Studie zur Entwicklung lehnsrechtlicher Strukturen durch die Umwandlung vasallitischer Kriegsdienste in Geldabgaben im normannisch-frühangevinischen England und staufischen Reich*. Frankfurt a. M.

Fischer, Andreas (2012): Karl Martell. Der Beginn karolingischer Herrschaft. Stuttgart.

Fleckenstein, Josef (1981): Adel und Kriegertum und ihre Wandlung im Karolingerreich. In: *Nascita dell'Europa ed Europa Carolingia. Un'equazione da verificare*, 1, S. 67–94. Spoleto.

Föller, Daniel (2016): Die unsichtbare Seite der karolingischen Welt. Umrisse einer Kriegergesellschaft im 8. und 9. Jahrhundert. In: *Historische Anthropologie*, 24, S. 5–26.

Fossier, Robert (2000): Georges Duby et la féodalité. In: Bleton-Ruget, Annie/Pacaut, Marcel/ Rubellin, Michel (Hrsg.). *Regards croisés sur l'oeuvre de Georges Duby. Femmes et féodalité*, S. 33–40. Lyon.
Fossier, Robert (1982): *Enfance de l'Europe*. Paris.
Fouracre, Paul (2011): Francia and the History of Medieval Europe. In: *The Haskins Society Journal*, 23, S. 1–22.
Fouracre, Paul (2010): The Use of the Term beneficium in Frankish Sources. A Society Based on Favours?. In: Davies, Wendy/Fouracre, Paul (Hrsg.). *The Languages of Gift in the Early Middle Ages*, S. 62–88. Cambridge.
Fouracre, Paul (2006): Editorial Note. ‚The Bloodfeud of the Franks'. In: *Early medieval Europe*, 14, S. 487–488.
Fouracre, Paul (2000): *The Age of Charles Martel*. Harlow.
France, John (2008): The Military History of the Carolingian Period. In: France, John/DeVries, Kelly (Hrsg.). *Warfare in the Dark Ages*, S. 321–339. Aldershot/Burlington.
France, John (2002): The Composition and Raising of the Armies of Charlemagne. In: *Journal of Medieval Military History*, 1, S. 61–82.
Frevert, Ute (2004): Bürgersoldaten. Die Allgemeine Wehrpflicht im 19. und 20. Jahrhundert. In: Werkner, Ines-Jacqueline (Hrsg.). *Die Wehrpflicht und ihre Hintergründe. Sozialwissenschaftliche Beiträge zur aktuellen Debatte*, S. 45–64. Wiesbaden.
Frie, Ewald/Nieswand, Boris (2017): Zwölf Thesen zur Begründung eines Forschungsbereiches. In: *Journal of Modern European History*, S. 5–15.
Fried, Johannes (2013): *Karl der Große. Gewalt und Glaube. Eine Biographie*. München.
Fried, Johannes (1997): Rezension von: Reynolds, Susan (1994): Fiefs and Vassals. The Medieval Evidence Reinterpreted. Oxford. In: *German Historical Institute London, Bulletin*, 19, S. 28–41.
Fuhrmann, Horst (1994): *Am Vorabend der ersten europäischen Revolution. Das 11. Jahrhundert als Umbruchszeit*. München.
Ganshof, François Louis (1989): *Was ist das Lehnswesen*? (7. Auflage). Darmstadt.
Ganshof, François Louis (1983a): *Qu'est-ce que la féodalité* (5. Auflage). Paris.
Ganshof, François Louis (1983b): *Was ist das Lehnswesen*? (6. Auflage). Darmstadt.
Ganshof, François Louis (1972): Am Vorabend der ersten Krise der Regierung Ludwigs des Frommen. Die Jahre 828 und 829. In: *Frühmittelalterliche Studien*, 6, S. 39–54.
Ganshof, François Louis (1970): *Frankish Institutions under Charlemagne*. New York.
Ganshof, François Louis (1963): Le programme de gouvernement imperial de Charlemagne. In: *‚zRenovatio imperii'. Atti della giornata internazionale di studio per il millenario, Ravenna, 4–5 novembre 1961*, S. 63–96. Faenza.
Ganshof, François Louis (1961): *Was waren die Kapitularien*?. Weimar.
Ganshof, François Louis (1958): *Recherches sur les Capitulaires*. Paris.
Ganshof, François Louis (1955): Note sur la date de deux documents administratifs émanant de Louis le Pieux. La circulaire aux archevèques de 816 et le ‚capitulare missorum' de 818–819. In: Brunel, Clovis (Hrsg.). *Recueil de travaux offert à M. Clovis Brunel*, S. 510–526. Paris.
Ganshof, François Louis (1954): Observations sur la date de deux documents administratifs émanant de Charlemagne. In: *Mitteilungen des Instituts für Österreichische Geschichtsforschung*, 62, S. 83–91.
Ganshof, François Louis (1947): *Qu'est-ce que la féodalité* (2. Auflage). Brüssel/Neuchâtel.
Ganshof, François Louis (1944): *Qu'est-ce que la féodalité*. Brüssel.
Ganshof, François Louis (1937): Note sur les origines de l'union du bénéfice avec la vassalité. In: *Etudes d'histoire dédiées à la mémoire de Henri Pirenne. Par ses anciens élèves*, S. 173–190. Brüssel.

Ganshof, François Louis (1926): Éginhard à Gand. In: *Bulletin de la Société d'Histoire et d'Archéologie de Gand*, 34, S. 13–33.
Ganshof, François Louis (1922): La juridiction du seigneur sur son vassal à l'époque carolingienne. In: *Revue de l'Universite de Bruxelles*, 27, S. 566–575.
Ganter, Angela (2015): *Was die römische Welt zusammenhält. Patron-Klient-Verhältnisse zwischen Cicero und Cyprian*. Berlin.
Ganz, David (2007): Einhardus peccator. In: Wormald, Patrick/Nelson, Janet (Hrsg.). *Lay Intellectuals in the Carolingian World*, S. 37–50. Cambridge.
Garver, Valerie Louise (2010): Ganshof, François Louis. In: Classen, Albrecht (Hrsg.). *Handbook of Medieval Studies*, 3. *Terms. Methods. Trends*, S. 2304–2308. Berlin.
Gasparri, Stefano (1986): Strutture militari e legami de dipendenza in Italia in età longobardo e carolingia. In: *Revista storica Italiana*, 98, S. 664–728.
Geiselhart, Mathias (2007): *Die Kapitulariengesetzgebung Lothars I. in Italien*. Frankfurt a. M.
Giddens, Antohny (1984): *The Constitution of Society. Outline of the Theory of Structuration*. London.
Gillis, Matthew (2017): *Heresy and Dissent in the Carolingian Empire. The Case of Gottschalk of Orbais*. Oxford.
Gluckman, Max (1959): *Custom and Conflict in Africa*. Oxford.
Gluckman, May (1955): *Custom and Conflict in Africa*. Oxford.
Glöckner, Karl (1920): Ein Urbar des rheinfränkischen Reishgutes aus Lorsch. In: *Mitteilungen des Instituts für Österreichische Geschichtsforschung*, 38, S. 381–398.
Gockel, Michael (1989): Kritische Bemerkungen zu einer Neuausgabe des Liber possessionum Wizenburgensis. In: *Hessisches Jahrbuch für Landesgeschichte*, 39, S. 353–380.
Goetz, Hans-Werner/Haubrichs, Wolfgang (2014): Namenentwicklung und Namengebung in Ober- und Unterschichten des frühen 9. Jahrhunderts der Île-de-France. In: *Namenkundliche Informationen*, 103/104, S. 110–204.
Goetz, Hans-Werner (1987): Zur Namengebung bäuerlicher Schichten im Frühmittelalter. Untersuchungen und Berechnungen anhand des Polyptychons von Saint-Germain-des-Prés. In: *Francia*, 15, S. 852–877.
Goetz, Hans-Werner (2014): *Proseminar Geschichte. Mittelalter* (4. Auflage). Stuttgart.
Goffart, Walter (2016): ‚Defensio patriae' as a Carolingian Military Obligation. In: *Francia*, 43, S. 21–40.
Goffart, Walter (2008): Frankish Military Duty and the Fate of Roman Taxation. In: *Early Medieval Europe*, 16, S. 166–190.
Goffart, Walter (1972): From Roman Taxation to Mediaeval Seigneurie. In: *Speculum*, 47, S. 165–187, S. 374–394.
Goldbeck, Fabian (2016): *Salutationes. Die Morgenbegrüßung in Rom in der Republik der frühen Kaiserzeit*. Berlin.
Grass, Nikolaus (1994): Mitteis, Heinrich. In: *Neue deutsche Biographie* 17, S. 577–579. Berlin.
Graus, František (1959): Über die sogenannte germanische Treue. In: *Historica. Les sciences historiques en Tchécoslovaquie*, 1, S. 71–122.
Grierson, Philip (1959): Commerce in the Dark Ages. A Critique of the Evidence. In: *Transactions of the Royal Historical Society*, 9, S. 123–140.
Guillot, Olivier (1990): Une ordinatio méconnue. Le Capitulaire de 823–825. In: Godman, Peter/ Collins, Roger (Hrsg.). *Charlemagne's Heir. New Perspectives on the Reign of Louis the Pious 814–840*, S. 455–486. Oxford.
Haack, Christoph (2014): Kapitular von Herstal. In: Germanische Altertumskunde Online. https://doi.org/10.1515/gao_40, besucht am 15.04.2019.

Hägermann, Dieter (2008): ‚Divisio imperii' von 817 und ‚divisio regni' von 831. Überlegungen und Anmerkungen zu ‚Hausgesetzen' Karls des Großen und Ludwigs des Frommen. In: Kasten, Brigitte (Hrsg.). *Herrscher- und Fürstentestamente im westeuropäischen Mittelalter*, S. 291–319. Köln.
Hägermann, Dieter (2003): *Karl der Große. Herrscher des Abendlandes*. München.
Hägermann, Dieter (1989): Quellenkritische Bemerkungen zu den karolingerzeitlichen Urbaren und Güterverzeichnissen. In: Rösener, Werner (Hrsg.). *Strukturen der Grundherrschaft im frühen Mittelalter*, S. 47–73. Göttingen.
Halfond, Gregory (Hrsg.) (2015): *The Medieval Way of War. Studies in Medieval Military History in Honor of Bernard* S. *Bachrach*. Farnham.
Halphen, Louis (1938): Le ‚De ordine Palatii' d'Hincmar. In: *Revue historique*, 183, S. 1–9.
Halsall, Guy (2018): Predatory Warfare. The Moral and the Physical. In: Keller, Rodolphe/Sarti, Lauriy (Hrsg.). *Pillages, tributs, captifs. Prédation es sociétés de l'Antiquité tardive au haut Moyen Âge. Plünderungen, Tributzahlungen und Gefangennahmen*, S. 53–68. Paris.
Erstveröffentlichung online: https://edgyhistorian.blogspot.de/2012/07/predatory-warfare-moral-and-physical.html, besucht am 15.04.2019.
Halsall, Guy (2003): *Warfare and Society in the Barbarian* West 450–900. London/New York.
Halsall, Guy (Hrsg.) (1998): *Violence and Society in the Early Medieval West*. Woodbridge u. a.
Hampe, Karl (1896): Zur Lebensgeschichte Einhards. In: *Neues Archiv der Gesellschaft für ältere deutsche Geschichtskunde*, 21, S. 601–631.
Hanke, Edith (Hrsg.) (2009): *Max Weber, Wirtschaft und Gesellschaft. Die Wirtschaft und die gesellschaftlichen Ordnungen und Mächte. Nachlaß. Teilbd.* 4: *Herrschaft. Studienausgabe der Max Weber-Gesamtausgabe*, 1/22–4. Tübingen.
Hardt, Matthias (2006): Wehrverfassung. In: Beck, Heinrich/Geuenich, Dieter/Steuer, Heiko Steuer (Hrsg.). *Reallexikon der Germanischen Altertumskunde* 33 (2. Auflage), S. 343–347. Berlin/New York.
Hardt, Matthias (2004): *Gold und Herrschaft. Die Schätze europäischer Könige und Fürsten im ersten Jahrtausend*. Berlin.
Hartmann, Andrew (2015): *A History of the Culture Wars. A War for The Soul of America*. Chicago.
Hartmann, Florian (2006): *Hadrian I.* (772–795). *Frühmittelalterliches Adelspapsttum und die Lösung Roms vom byzantinischen Kaiser*. Stuttgart.
Hartmann, Wilfried (2010): *Karl der Große*. Stuttgart.
Hartmann, Wilfried (2003): Die Eigenkirche. Grundelement der Kirchenstruktur bei den Alemannen? In: Lorens, Sönke/Scholkmann, Barbara (Hrsg.). *Die Alemannen und das Christentum. Zeugnisse eines kulturellen Umbruchs*, S. 1–11. Leinfelden-Echterdingen.
Hartmann, Wilfried (1989): *Die Synoden der Karolingerzeit im Frankenreich und in Italien*. München u. a.
Hatz, Gert (1995): Schilling. In: North, Michael (Hrsg.). *Von Aktie bis Zoll. Ein historisches Lexikon des Geldes*, S. 355–356. München.
Heather, Peter (2013): *The Restoration of Rome. Barbarian Popes and Imperial Pretenders*. Oxford.
Hechberger, Werner (2010): Das Lehnswesen als Deutungselement der Verfassungsgeschichte von der Aufklärung bis zur Gegenwart. In: Dendorfer, Jürgen/Deutinger, Roman (Hrsg.). *Das Lehnswesen im Hochmittelalter. Forschungskonstrukte, Quellenbefunde, Deutungsrelevanz*, S. 41–56. Ostfildern.
Hechberger, Werner (2005): *Adel im fränkisch-deutschen Mittelalter. Zur Anatomie eines Forschungsproblems*. Ostfildern.
Heinemann, Katharina (2000). In: Henker, Michael/Brockhoff, Evamaria/Goller, Werner/Hamm, Margot (Hrsg.). *Bavaria. Germania. Europa. Geschichte auf Bayerisch. Katalogbuch zur*

Landesausstellung des Hauses der Bayerischen Geschichte in Zusammenarbeit mit den Museen der Stadt Regensburg *18. Mai bis 29. Oktober 2000*, 7.10, S. 136. Augsburg.

Heinz, Hildegard (2017): *Louis Braun (1836–1916). Skizzen aus dem Alltag. Begleitheft zur Ausstellung 24. September bis 8. Januar 2017 im „Wintergarten" des Hällisch-Fränkischen Museums Schwäbisch-Hall*, S. 7–11. Schwäbisch-Hall.

Heirbaut, Dirk (2010): Feudalism in the Twelfth Century Charters of the Low Countries. In: Dendorfer, Jürgen/Deutinger, Roman (Hrsg.). *Das Lehnswesen im Hochmittelalter. Forschungskonstrukte, Quellenbefunde, Deutungsrelevanz*, S. 217–253. Ostfildern

Heirbaut, Dirk (2009): Not European Feudalism, but Flemish Feudalism. A New Reading of Galbert of Bruges's Data on Feudalism in the Context of Early Twelfth-Century Flanders. In: Rider, Jeff/ Murray, Alan V. (Hrsg.). *Galbert of Bruges and the Historiography of Medieval Flanders*, S. 56–88. Washington.

Heirbaut, Dirk/Masferrer, Aniceto (2005): François Louis Ganshof. In: Aurell, Jaume/Crosas, Francisco (Hrsg.). *Rewriting the Middle Ages in the Twenthieth Century*, S. 223–241. Turnhout.

Helten, Volker (2011): *Zwischen Kooperation und Konfrontation. Dänemark und das Frankenreich im 9. Jahrhundert*. Köln.

Hen, Yitzhak (2006): Charlemagne's Jihad. In: *Viator*, 37, S. 33–52.

Herbers, Klaus (2015): Christen und Muslime im 9. Jahrhundert in Italien und Spanien. Gewalt und Kontakt, Konzeptualisierung und Wahrnehmung. In: *Historische Zeitschrift*, 301, S. 1–30.

Hess, Hendrik (2015): ‚Es erhebt sich Vater gegen Sohn, Sohn gegen Vater, Bruder gegen Bruder, Verwandte gegen Verwandte'. Kontingenz, Herrschaft und Genealogie in den ‚Libri historiarum decem' des Gregor von Tours. In: *Das Mittelalter*, 20, S. 80–95.

Hillgruber, Andreas (1972): Hans Delbrück. In: Wehler, Hans-Ulrich (Hrsg.). *Deutsche Historiker*, 4, S. 40–52. Göttingen.

Hintze, Otto (1929): *Wesen und Verbreitung des Feudalismus*. Berlin.

Hofbauer, Martin (2015): *Vom Krieger zum Ritter. Die Professionalisierung der bewaffneten Kämpfer im Mittelalter*. Freiburg.

Höfert, Almuth (2015): *Kaisertum und Kalifat. Der imperiale Monotheismus im Früh- und Hochmittelalter*. Basel.

Hofmeister, Adolf (1907): Markgrafen und Markgrafschaften im Italischen Königreich in der Zeit von Karl dem Grossen bis auf Otto den Grossen (*774–962*). In: *Mitteilungen des Instituts für Österreichische Geschichtsforschung. Ergänzungsband*, 7, S. 215–435.

Hombach, Bodo (2016): Kriege, Krisen und Konflikte. Ein Rundumschwenk. In: Korte, Karl-Rudolf (Hrsg.). *Politik in unsicheren Zeiten. Kriege, Krisen und neue Antagonisten*, S. 101–116. Baden-Baden.

Hummer, Hans (2018): *Visions of Kinship in Medieval Europe* (Oxford 2018).

Hummer, Hans (2005): *Politics and Power in Early Medieval Europe. Alsace and the Frankish Realm*. Cambridge.

Hunter, James Davison/Wolfe, Alan (Hrsg.) (2006): *Is there a Culture War? A Dialogue on Values and American Public Life*. Washington.

Hunter, James Davison (1991): *Culture Wars. The Struggle to Define America*. New York.

Hunt, Lynn (2014): *Modernity. Are Modern Times Different?*. In: *Historica Critica*, 54, S. 107–124.

Iggers, Georg (1993): *Geschichtswissenschaft im 20. Jahrhundert. Ein kritischer Überblick im internationalen Zusammenhang*. Göttingen.

Imbart De La Tour, Pierre (1902): Les colonies agricoles et l'occupation des terres désertes à l'époque carolingienne'. In: Alphonse Picard (Hrsg.). *Mélanges Paul Fabre. Études d'histoire du Moyen Âge*, S. 146–171. Paris.

Innes, Matthew (2003): ‚A place of discipline'. Carolingian Courts and Aristocratic Youth. In: Cubitt, Catherine R. E. (Hrsg.). *Court Culture in the Early Middle* Ages. *The Proceedings of the First Alcuin Conference*, S. 59–79. Turnhout.
Innes, Matthew (2000): *State and Society in the Early Middle* Ages. The Middle-Rhine Valley 400-*1000*. Cambridge.
Jäger, David (2017): *Plündern in Gallien 451–592. Eine Studie zur Relevanz einer Praktik für das Organisieren von Folgeleistungen*. Berlin.
Jarrett, Jonathan (2017): Before the Reconquista. Frontier Relations in Medieval Iberia 718 to 1031. In: Muñoz-Basols, Javier/Lonsdale, Laura/Delgado, Manuel (Hrsg.). *The Routledge Companion to Iberian Studies*, S. 27–40. London/New York.
Jarrett, Jonathan (2010): Settling the Kings' Lands. Aprisio in Catalonia in Perspective. In: *Early Medieval Europe*, 18, S. 320–342.
Jäschke, Kurt-Ulrich (1999): Rezension von: Reynolds, Susan (1994): Fiefs and Vassals. The Medieval Evidence Reinterpreted. Oxford. In: *Zeitschrift der Savigny-Stiftung für Rechtsgeschichte. Germanistische Abteilung*, 116, S. 523–525.
Johrendt, Johann (1976): ‚Milites' und ‚Militia' im 11. Jahrhundert in Deutschland. In: Borst, Arno (Hrsg.). *Das Rittertum im Mittelalter*, S. 419–436. Darmstadt.
Jörg, Christian (2010): Die Besänftigung göttlichen Zorns in karolingischer Zeit. Kaiserliche Vorgaben zu Fasten, Gebet und Buße im Umfeld der Hungersnot von 805/806. In: *Das Mittelalter*, 15, S. 38–51.
Juraschke, Alexander (2010): Steigbügel und Pflug. Das Zeitalter der Panzerreiter und die Etablierung des Feudalismus. In: Obenaus, Andreas/Kaindel, Christoph (Hrsg.). *Krieg im mittelalterlichen Abendland* (5. Auflage), S. 393–410. Wien.
Jussen, Bernhard (2014): *Die Franken. Geschichte, Gesellschaft, Kultur*. München.
Jussen, Bernhard (2007): Chlodwig und die Eigentümlichkeiten Galliens. Ein Warlord im rechten Augenblick. In: Meier, Mischa (Hrsg.). *Sie schufen Europa. Historische Portraits von Konstantin bis Karl dem Großen*, S. 141–155. München.
Kaschke, Sören (2010): Chronicon laurissense breve. In: Dunphy, Graem (Hrsg.). *Encyclopedia of the Medieval Chronicle* 1, S. 360. Leiden/Boston.
Kaschke, Sören (2006): *Die karolingischen Reichsteilungen bis 831. Herrschaftspraxis und Normvorstellungen in zeitgenössischer Sicht*. Hamburg.
Kasten, Brigitte (2009): Das Lehenswesen. Fakt oder Fiktion?. In: Pohl, Walter/Wieser, Veronika (Hrsg.). *Der frühmittelalterliche Staat. Europäische Perspektiven*, S. 331–356. Wien.
Kasten, Brigitte (2008): Mansengrößen von frühmittelalterlichen Hofstätten gemäß dem Chartular des lothringischen Klosters Gorze. In: Greule, Albrecht (Hrsg.). *Studien zu Literatur, Sprache und Geschichte in Europa. Wolfgang Haubrichs zum 65. Geburtstag gewidmet*, S. 701–711. St. Ingbert.
Kasten, Brigitte (1998): Beneficium zwischen Landleihe und Lehen - eine alte Frage, neu gestellt. In: Bauer, Dieter R. (Hrsg.). *Mönchtum. Kirche. Herrschaft 750–1000. Josef Semmler zum 65. Geburtstag*, S. 243–260. Sigmaringen.
Kasten, Brigitte (1997): Aspekte des Lehnswesens in Einhards Briefen. In: Schefers, Hermann (Hrsg.). *Einhard. Studien zu Leben und Werk*, S. 247–267. Darmstadt.
Kasten, Brigitte (1995): Rezension von: Reynolds, Susan (1994): Fiefs and Vassals. The Medieval Evidence Reinterpreted. Oxford. In: *Deutsches Archiv für Erforschung des Mittelalters*, 51, S. 307.
Kasten, Brigitte (1986): *Adalhard von Corbie. Die Biographie eines karolingischen Politikers und Klostervorstehers*. Düsseldorf.

Keller, Hagen (2000): Das Edictum de Beneficiis Konrads II. und die Entwicklung des Lehnswesens in der ersten Hälfte des 11. Jahrhunderts. In: *Il feudalesimo nell'alto medioevo. Settimane di studio del Centro Italiano di Studi sull'Alto Medioevo*, 47, 1, S. 227–257.

Keller, Rodolphe (2018): Prédation et sociétés de l'Antiquité tardive au Moyen Âge. Remarques introductives. In: Keller, Rodolphe/Sarti, Laury: *Pillages, tributs, captifs. Prédation et sociétés de l'Antiquité tardive au haut Moyen Âge*, S. 7–25. Paris.

Keller, Rodolphe (2015): La négociation du tribut entre Francs et Vikings. Jeux et enjeux de pouvoir. In: Jégou, Laurent (Hrsg.). *Faire lien. Aristocratie, réseaux et échanges compétitifs. Mélanges en l'honneur de Régine Le Jan*, S. 101–110. Paris.

Keller, Rodolphe (2013): *Les profits de la guerre. Prédation et pouvoir dans le monde franc (VIe-Xe siècle)*. Paris.

Keller, Rodolphe (2012a): Insignia victoriae: gloire militaire et rivalité aristocratique à l'époque carolingienne. In: Bougard, François/Le Jan, Régine/Lienhard, Thomas (Hrsg.). *Agôn. La competition, V^{e}-XIIe siècle*, S. 93–109. Turnhout.

Keller, Rodolphe (2012b): Pillages et butins dans la représentation du pouvoir à l'époque carolingienne. In: *Médiévales*, 62, S. 135–152.

Kennedy, Hugh (2006): The Military Revolution and the Early Islamic State. In: Christie, Niall/Yazigi, Maya (Hrsg.). *Noble Ideals and Bloody Realities. Warfare in the Middle Ages*, S. 197–208. Leiden.

Kennedy, Hugh (2001): *The Armies of the Caliphs. Military and Society in the Early Islamic State*. London.

Kettemann, Walter (2000): *Subsidiana Anianensia. Überlieferungs- und textgeschichtliche Untersuchungen zur Geschichte Witiza-Benedikts, seines Klosters Aniane und zur sogenannten ‚anianischen Reform'. Mit kommentierenden Editionen der ‚Vita Benedicti Anianensis', ‚Notitia de servitio monasteriorum', des ‚Chronicon Moissiacense/Anianense' sowie zweier Lokaltraditionen aus Aniane*. Duisburg.

Kienast, Walther (1990): *Die fränkische Vasallität. Von den Hausmeiern bis zu Ludwig dem Kind und Karl dem Einfältigen*. Frankfurt a. M. (Posthum hrsg. von Peter Herde).

King, Paul D. (1987): *Charlemagne. Translated Sources*. Lambrigg.

Kohl, Thomas/Patzold, Steffen (2016): Vormoderne, Moderne, Postmoderne? Überlegungen zu aktuellen Periodisierungen in der Geschichtswissenschaft. In: Kühtreiber, Thomas/Gabriela, Schichta (Hrsg.). *Kontinuitäten, Umbrüche, Zäsuren. Die Konstruktion von Epochen in Mittelalter und früher Neuzeit in interdisziplinärer Sichtung*, S. 23–42. Heidelberg.

Kohl, Thomas (2010): Lokale Gesellschaften. Formen der Gemeinschaft in Bayern vom 8. bis zum 10. Jahrhundert. Ostfildern.

Kohl, Thomas (2019): Ländliche Gesellschaft, lokale Eliten und das Reich. Der Wormsgau in der Karolingerzeit. In: Kohl, Thomas/Patzold, Steffen/Zeller, Bernhard (Hrsg.). *Kleine Welten. Ländliche Gesellschaften im Karolingerreich*, S. 309–336. Ostfildern.

Kortüm, Hans-Henning (2014): Militärische Gewaltkultur. Eine Problemskizze. In: Stiftung Deutsches Historisches Museum (Hrsg.). *Kaiser und Kalifen. Karl der Große und die Mächte am Mittelmeer um 800*, S. 130–143. Darmstadt.

Kortüm, Hans-Henning (2010a): *Kriege und Krieger 500–1500*. Stuttgart.

Kortüm, Hans-Henning (2010b): Mittelalterliche Verfassungsgeschichte im Bann der Rechtsgeschichte zwischen den Kriegen. Heinrich Mitteis und Otto Brunner. In: Dendorfer, Jürgen/Deutinger, Roman (Hrsg.). *Das Lehnswesen im Hochmittelalter. Forschungskonstrukte, Quellenbefunde, Deutungsrelevanz*, S. 57–78. Ostfildern.

Kortüm, Hans-Henning (Hrsg.) (2001a): *Krieg im Mittelalter*. Berlin.

Kortüm, Hans-Henning (2001b): Der Krieg im Mittelalter als Gegenstand der Historischen Kulturwissenschaften. Versuch einer Annäherung. In: Kortüm, Hans-Henning (Hrsg.): *Krieg im Mittelalter*, S. 13–44. Berlin.

Koselleck, Reinhart (2013): ‚Erfahrungsraum' und ‚Erwartungshorizont'. Zwei historische Kategorien. In: Koselleck, Reinhart (Hrsg.). *Vergangene Zukunft. Zur Semantik geschichtlicher Zeiten* (8. Auflage), S. 349–375. Frankfurt a. M.

Kosto, Adam (2001): *Making Agreements in Medieval* Catalonia. *Power, Order, and the Written Word, 1000–1200*. Cambridge.

Krause, Jens-Uwe (2010): Die Spätantike (284–565 n. Chr.). In: Gehrke, Hans-Joachim/Schneider, Helmuth (Hrsg.). *Geschichte der Antike. Ein Studienbuch*, S. 409–478. Stuttgart.

Krause, Jens-Uwe (1987): *Spätantike Patronatsformen im Westen des Römischen Reiches*. München.

Krieger, Karl-Friedrich (1997): Reynolds, Susan (1994): Fiefs and Vassals. The Medieval Evidence Reinterpreted. Oxford. In: *Historische Zeitschrift*, 264, S. 174–179.

Kroeschell, Karl (1998): Lehnrecht und Verfassung im deutschen Hochmittelalter. In: *Forum historiae juris 27. April 1998*. Ohne Seitenzahlen.https://forhistiur.de/1998-04-kroeschell/, besucht am 15.04.2019.

Kuchenbuch, Ludwig (1991): Grundherrschaft im früheren Mittelalter. Idstein.

Kuchenbuch, Ludolf/Michael, Bernd (1977a): Die Herausforderung der Kritik der politischen Ökonomie. Karl Marx. Vorbemerkung. In: Kuchenbuch, Ludolf/Michael, Bernd (Hrsg.). *Feudalismus. Materialien zur Theorie und Geschichte*, S. 229–239. Berlin.

Kuchenbuch, Ludolf/Michael, Bernd (1977b): Von Friedrich Engels bis zur Diskussion in der DDR. Vorbemerkung. In: Kuchenbuch, Ludolf/Michael, Bernd (1977): Die Herausforderung der Kritik der politischen Ökonomie. Karl Marx. Vorbemerkung. In: Kuchenbuch, Ludolf/Michael, Bernd (Hrsg.). *Feudalismus. Materialien zur Theorie und Geschichte*, S. 295–317. Berlin.

Kühtreiber, Thomas/Gabriela, Schichta (2016): Einleitung. In: Kühtreiber, Thomas/Gabriela, Schichta (Hrsg.). *Kontinuitäten, Umbrüche, Zäsuren. Die Konstruktion von Epochen in Mittelalter und früher Neuzeit in interdisziplinärer Sichtung*, S. 9–21. Heidelberg.

Kulikowski, Michael (2014): Rezension von: Bachrach, Bernard (2013). Charlemagne's Early Campaigns (768–777). A Diplomatic and Military Analysis. Leiden. In: *The American Historical Review*, 119, S. 1334.

La Roncière, Charles (1897): La civilisation maritime au IXe siècle. In: *Le Moyen Âge*, 10, S. 201–223.

Landau, Peter (2018): Das Capitulare de Villis. Eine Verordnung Ludwigs des Frommen. In: Depreux, Philippe/Esders, Stefan (Hrsg.). *La producitvité d'une crise. Le règne de Louis le Pieux (814–840) et la transformatione de l'Empire carolingien. Produktivität einer Krise. Die Regierungszeit Ludwigs des Frommen (814–840) und die Transformation des karolingischen Imperiums*, S. 259–271. Ostfildern.

Landau, Peter (1991): Heinrich Mitteis als deutscher Rechtshistoriker. In: Landau, Peter/Nehlsen, Hermann/Willoweit, Dietmar (Hrsg.). *Heinrich Mitteis nach hundert Jahren (1889–1989). Symposium anlässlich des hundertsten Geburtstages in München am 2. und 3. November 1989*, S. 7–9. München.

Landau, Peter/Nehlsen, Hermann/Willoweit, Dietmar (Hrsg.) (1991): *Heinrich Mitteis nach hundert Jahren (1889–1989). Symposium anlässlich des hundertsten Geburtstages in München am 2. und 3. November 1989*. München.

Lange, Sven (2010): Hans Delbrück. Kritiker der Kriegsgeschichte. In: Ehlert, Hans (Hrsg.). *Deutsche Militärhistoriker von Hans Delbrück bis Andreas Hillgruber*, S. 9–31. Potsdam.

Lange, Sven (1995): *Hans Delbrück und der ‚Strategiestreit'. Kriegführung und Kriegsgeschichte in der Kontroverse 1879–1914*. Freiburg im Breisgau.

Lauwers, Michel (2012): Pour une histoire de la dîme et du dominium ecclésial. In: Lauwers, Michel (Hrsg.). *La dîme, l'église et la société féodale*. Turnhout.

Lavan, Miles (2013): *Slaves to Rome. Paradigms of Empire in Roman Culture*. Cambridge.

Le Jan, Régine (2007): Dhuoda ou l'opportunité du discours féminin. In: La Rocca, Cristina (Hrsg.). *Agire da donna. Modelli e pratiche di rappresentazione (secoli VI-X)*, S. 109–128. Turnhout.

Le Jan, Régine (1995): Satellites et bandes armées dans le monde franc (VIIe-Xe siècles). In: *Le Combattant au Moyen âge. Actes des 18e congrès de la Société des historiens médiévistes de l'enseignement supérieur public, Montpellier 1987*, S. 97–105. Paris.

Lenhard-Schramm, Niklas (2014): *Konstrukteure der Nation. Geschichtsprofessoren als politische Akteure in Vormärz und Revolution 1848/49*. Münster.

Lesne, Emile (1936): Histoire de la propriété ecclésiastique en France, 3. L'inventaire de la propriété. Paris.

Lévi-Strauss, Claude (2002): *Structures élémentaires de la parenté* (2. Auflage, Neudruck der Ausgabe 1967). Onlineausgabe.

Lévi-Strauss, Claude (1949): *Structures élémentaires de la parenté*. Paris.

Leyser, Conrad (2016): Introduction. Making Early Medieval Societies. In: Cooper, Kate/Leyser, Conrad (Hrsg.). *Making Early Medieval Societies. Conflict and Belonging in the Latin* West *300–1200*, S. 1–15. Cambridge.

Leyser, Karl (1979): *Rule and Conflict in an Early Medieval Society. Ottonian Saxony*. London.

Leyser, Karl (1965): The Battle at the Lech 955. A Study in Tenth-Century warfare. In: *History. The Journal of the Historical Association*, 50, S. 1–25.

Liebrecht, Johannes (2014): *Brunners Wissenschaft. Heinrich Brunner (1840–1915) im Spiegel seiner Rechtsgeschichte*. Frankfurt a. M.

Liu, Yin (2015): Admonition, Episcopal Authority and the Uses of the Carolingian Past. Hincmar's De Ordine Palatii in Context. In: *Journal of Ancient Civilizations*, 30, S. 150–169.

Lot, Ferdinand (1946): *L'art militaire et les armées au Moyen Âge en Europe et dans le Proche-Orient*, 1. Paris.

Löwe, Heinz (1972): Hinkmar von Reims und der Apocrisiar. Beiträge zur Interpretation von ‚De ordine palatii'. In: Max-Planck-Institut für Geschichte (Hrsg.). *Festschrift für Hermann Heimpel zum 70. Geburtstag am 19. September 1971*, S. 197–225. Göttingen.

Lück, Heiner (2008a): Gastalde. In: *Handwörterbuch zur deutschen Rechtsgeschichte* 1 (2. Auflage), Sp. 1935–1937. Berlin.

Lück, Heiner (2008b): Bargilden. In: *Handwörterbuch zur deutschen Rechtsgeschichte* 1 (2. Auflage), Sp. 448–450. Berlin.

Luhmann, Niklas (2009): Organisation und Entscheidung. In: Luhmann, Niklas (Hrsg.). *Soziologische Aufklärung*, 3. *Soziales System, Gesellschaft, Organisation* (5. Auflage), S. 389–450. Wiesbaden.

Luhmann, Niklas (1994): *Funktionen und Folgen formaler Organisation* (5. Auflage). Berlin.

Magnou-Nortier, Elisabeth (1976): *Foi et fidélité. Recherches sur l'évolution des liens personnels chez les francs du VIIe au IXe siècle*. Toulouse.

Marten, Kimberly (2012): *Warlords. Strong-Arm Brokers in Weak States*. Ithaca.

Marx, Jakob (1856): *ohne Titel*. In: *Mitteilungen aus dem Gebiete der kirchlichen Archäologie und Geschichte der Diöcese Trier*, 1, S. 84–86.

Masferrer Domingo, Aniceto/Heirbaut, Dirk (2005): La contribución de F. L. Ganshof a la historiografía feudal europea. Una revisión crítica de la historiografía española en torno al feudalismo ganshofiano. In: *Annuario de historia del derecho español*, 75, S. 641–682.

Matthew, D. J. A. (1995): Rezension von: Reynolds, Susan (1994): Fiefs and Vassals. The Medieval Evidence Reinterpreted. Oxford. In: *The English Historical Review*, 110, S. 1209–1212.

Mauntel, Christoph (2014): *Gewalt in Wort und Tat. Praktiken und Narrative im spätmittelalterlichen Frankreich*. Ostfildern.

Mauss, Marcel (1954): *The Gift. Form and Reason for Exchange in Archaic Societies*, trans. E. Evans-Pritchard. Glencoe.

Mauss, Marcel (1950): Essai sur le don. In: Lévi-Strauss, Claude (Hrsg.). *Marcel* Mauss. *Sociologie et anthropologie* (5. Auflage), S. 145–279. Paris.
Mauss, Marcel (1923–1924): Essai sur le don. Forme et raison de l'echange dans les sociétés archaïques. In: *L'Année sociologique*, 1, S. 30–186.
Mayer, Theodor (1955): Die Königsfreien und der Staat des frühen Mittelalters. In: Mayer, Theodor (Hrsg.). *Das Problem der Freiheit in der deutschen und schweizerischen Geschichte. Mainauvorträge 1953*, S. 7–56. Lindau.
Mayer, Theodor (1939): Die Ausbildung der Grundlagen des modernen deutschen Staates im Hohen Mittelalter. In: *Historische Zeitschrift*, 159, S. 457–487.
Mazel, Florian (2010): *Féodalités. 888–1180*. Berlin.
McCormick, Michael (2008): Karl der Große und die Vulkane: Naturwissenschaft, Klimageschichte und Mittelalterforschung. In: *Ethnographisch-archäologische Zeitschrift*, 49, S. 129–149.
McCormick, Michael (2007): Volcanoes and the Climate Forcing of Carolingian Europe, A. D. 750–950. In: *Speculum*, 82, S. 865–895.
McNair, Fraser (2018): Odo of Cluny on the Difficulties of Earlier Medieval Governance.https://salutemmundo.wordpress.com/2018/11/21/odo-of-cluny-on-the-difficulties-of-earlier-medieval-governance/, besucht am 15.04.2019.
McKitterick, Rosamond (2008): *Charlemagne. The Formation of Carolingian Political Identity*. Cambridge.
McKitterick, Rosamond (1995): *The Carolingians and the Written Word* (3. Auflage). Cambridge/New York.
McKitterick, Rosamond (Hrsg.) (1990): *The Uses of Literacy in Early Medieval Europe*. Cambridge.
Meder, Stephan (2017): *Rechtsgeschichte. Eine Einführung* (6. Auflage). Köln.
Mersiowsky, Mark (2015): *Die Urkunde der Karolingerzeit. Originale, Urkundenpraxis und politische Kommunikation*, 2. München.
Metz, Wolfgang (1965): Das Kloster Weißenburg und der Vertrag von Verdun. In: Bauer, Clemens/Boehm, Laetitia/Müller, Max (Hrsg.). *Speculum historiale. Geschichte im Spiegel von Geschichtsschreibung und Geschichtsdeutung. Festschrift Johannes Spoerl*, S. 458–468. Freiburg.
Metzner, Ernst Erich (1992): Das Lorscher Reichsurbar vor seinem deutschen und französischen Hintergrund. Ein verkanntes Sprach- und Geschichtsdokument aus den Jahren 764/5? In: *Beiträge zur Erforschung des Odenwaldes und seiner Randlandschaften*, 5, S. 99–126.
Meyers, Jean (2014): La comtesse Dhuoda et son Liber manualis. In: Gravel, Martin (Hrsg.). *Dhuoda, belle-fille de saint Guilhem, et autres femmes de caractère au Moyen Âge. Actes du colloque tenue le 26 mai 2012* en l'Abbaye de Gellone, *das le cadre de la commémoration du 1200e anniversaire de la mort de Guilhem*, S. 17–41. Saint-Guilhem-le-Désert.
Mierau, Heike Johanna (2010): *Kaiser und Papst im Mittelalter*. Köln u. a.
Mischke, Britta (2013): *Kapitularienrecht und Urkundenpraxis unter Kaiser Ludwig dem Frommen (814–840)*. Bonn.
Mitteis, Heinrich (1948): Rezension von: Ganshof, François Louis (1947): Qu'est-ce que la féodalité? Brüssel. In: *Zeitschrift der Savigny-Stiftung für Rechtsgeschichte. Germanistische Abteilung*, 66, S. 573–580.
Mitteis, Heinrich (1940): *Der Staat des hohen Mittelalters*. Köln.
Mitteis, Heinrich (1933): *Lehnrecht und Staatsgewalt. Untersuchungen zur mittelalterlichen Verfassungsgeschichte*. Weimar.
Mitteis, Heinrich (1927): *Politische Prozesse des früheren Mittelalters in Deutschland und Frankreich* (Neudruck 1974). Heidelberg.
Mordek, Hubert (2005): Die Anfänge der fränkischen Gesetzgebung für Italien. In: *Quellen und Forschungen aus italienischen Archiven und Bibliotheken*, 85, S. 1–35.

Mordek, Hubert (2004): ‚Quod si se nonexcommunicentur'. Rund um ein neues Exzerpt des Capitulare generale Kaiser Karls des Großen (802). In: Cushing, Kathleen/Gyung, Richard (Hrsg.). *Ritual, Text and Law. Studies in Medieval Canon* Law *and* Liturgy Presented to *Roger* E. *Reynolds*, S. 171–183. Aldershot.

Mordek, Hubert (2000a): Weltliches Recht im Kloster Weißenburg/Elsaß. Hinkmar von Reims und die Kapitulariensammlung des Cod. Sélestat, Bibliothèque Humaniste, 14 (104). In: Mordek, Hubert (Hrsg.). *Studien zur fränkischen Herrschergesetzgebung. Aufsätze über Kapitularien und Kapitulariensammlungen, ausgewählt zum 60. Geburtstag*, S. 261–278. Frankfurt a. M.

Mordek, Hubert (2000b): Kapitularien und Schriftlichkeit. In: Mordek, Hubert (Hrsg.). *Studien zur fränkischen Herrschergesetzgebung. Aufsätze über Kapitularien und Kapitulariensammlungen, ausgewählt zum 60. Geburtstag*, S. 307–340. Frankfurt a. M.

Mordek, Hubert (1997): Ein exemplarischer Rechtsstreit. Hinkmar von Reims und das Landgut Neuilly-Saint-Front. In: *Zeitschrift der Savigny-Stiftung für Rechtsgeschichte. Kanonistische Abteilung*, 83, S. 86–112.

Mordek, Hubert (1995): *Bibliotheca capitularium regum Francorum manuscripta. Überlieferung und Traditionszusammenhang der fränkischen Herrschererlasse*. Monumenta Germaniae Historica. Hilfsmittel, 15. München.

Mordek, Hubert (1986): Karolingische Kapitularien. In: Mordek, Hubert (Hrsg.). *Überlieferung und Geltung normativer Texte des frühen und hohen Mittelalters. 4 Vorträge, gehalten auf dem 35. Deutschen Historikertag 1984 in Berlin*, S. 25–50. Sigmaringen.

Morimoto, Yoshiki (Hrsg.) (2008a): *Études sur l'économie rurale du haut Moyen Âge*. Brüssel.

Morimoto, Yoshiki (2008b): Introduction. In: Morimoto, Yoshiki (Hrsg.). *Études sur l'économie rurale du haut Moyen Âge*, S. 13–27. Brüssel.

Morimoto, Yoshiki (2008c): L'assoelement triennal au haut Moyen Âge. Une analyse des données des poyptyques carolingiens. In: Morimoto, Yoshiki (Hrsg.). *Études sur l'économie rurale du haut Moyen Âge*, S. 374–379. Brüssel (Erstveröffentlichung 1994: Verhulst, Adriaan/Morimoto, Yoshiki (Hrsg). Economie rurale et Economie urbaine au Moyen Âge. Landwirtschaft und Stadtwirtschaft im Mittelalter, S. 91–125. Gent/Fukuoka).

Mühlbacher, Engelbert (1877): Die Datierung der Urkunden Lothars I. In: *Sitzungsberichte der kaiserlichen Akademie der Wissenschaften in Wien. Philosophisch-Historische Klasse*, 85, S. 463–544.

Müller-Mertens, Eckhard (1966): Zur Feudalentwicklung im Okzident und zur Definition des Feudalverhältnisses. In: *Zeitschrift für Geschichtswissenschaft*, 14, S. 52–73.

Müller-Mertens, Eckhard (1963): *Karl der Grosse, Ludwig der Fromme und die Freien. Wer waren die liberi homines der karolingischen Kapitularien (742/743–832)? Ein Beitrag zur Sozialgeschichte und Sozialpolitik des Frankenreiches*. Berlin.

Müller, Rolf-Dieter (2009): *Militärgeschichte*. Köln.

Münch, Ernst (2008): Feudalismus. In: *Handwörterbuch zur deutschen Rechtsgeschichte* 1 (2. Auflage), Sp. 1557–1563. Berlin.

Münkler, Herfried (2015): *Kriegssplitter. Die Evolution der Gewalt im 20. und 21. Jahrhundert*. Berlin.

Münkler, Herfried (2012): Krieg. In: *Handwörterbuch zur deutschen Rechtsgeschichte* 2 (2. Auflage), Sp. 242–247. Berlin.

Münkler, Herfried (2007): *Die neuen Kriege* (3. Auflage). Reinbek bei Hamburg.

Münkler, Herfried (2006): Was ist neu an den Kriegen? Eine Erwiderung auf die Kritiker. In: Gneis, Anna (Hrsg.). *Den Krieg überdenken. Kriegsbegriffe und Kriegstheorien in der Kontroverse*, S. 133–147. Baden-Baden.

Münsch, Oliver (2001): *Der liber legum des Lupus von Ferriéres*. Frankfurt a. M.

Neidorf, Leonard (2014): Introduction. In: Neidorf, Leonard (Hrsg.). *The Dating of Beowulf. A Reassessment*, S. 1–18. Cambridge.
Nelson, Janet (2015): Dhuoda's Context. In: Jégou, Laurent (Hrsg.). *Faire lien. Aristocratie, réseaux et échanges compétitifs. Mélanges en l'honneur de Régine Le Jan*, S. 453–463. Paris.
Nelson, Janet (2010a): Introduction. In: Davies, Wendy/Fouracre, Paul (Hrsg.). *The Languages of Gift in the Early Middle Ages*, S. 1–17. Cambridge.
Nelson, Janet (2010b): The Settings of the Gift in the Reign of Charlemagne. In: Davies, Wendy/ Fouracre, Paul (Hrsg.). *The Languages of Gift in the Early Middle Ages*, S. 116–148. Cambridge.
Nelson, Janet (2004): Gendering Courts in the Early Medieval West. In: Brubaker, Leslie/Smith, Julia M. H. (Hrsg.). *Gender in the Early Medieval* World. East and West 300–900, S. 185–197. Cambridge.
Nelson, Janet (2001): Aachen as a Place of Power. In: Theuws, Frans/De Jong, Mayke/Van Rhijn, Carine (Hrsg.). *Topographies of Power in the Early Middle Ages*, S. 217–241. Leiden.
Nelson, Janet (1998): Violence in the Carolingian World and the Ritualization of Ninth-Century Warfare. In: Halsall, Guy (Hrsg.). *Violence and Society in Early Medieval West*, S. 90–107. Woodbridge u. a.
Nelson, Janet (1996): Introduction. In: Nelson, Janet (Hrsg.). *The Frankish World 750–900*, S. xiii-xxxi. London.
Nelson, Janet (1992): *Charles the Bald*. London/New York.
Nelson, Janet (1990): Literacy in Carolingian Government. In: Nelson, Janet (Hrsg.). *The Uses of Literacy in Early Medieval Europe*, S. 258–296. London.
Nelson, Janet (1986): Public Histories and Private History in the Work of Nithard. In: Nelson, Janet (Hrsg.). *Politics and Ritual in Early Medieval Europe*, S. 195–237. London u. a.
Nelson, Janet (1983a): The Church's Military Service in the Ninth Century. A Contemporary Comparative View?. In: *Studies in Church History*, 20, S. 15–30.
Nelson, Janet (1983b): Legislation and Consensus in the Reign of Charles the Bald. In: Bullough, Donald A./Collins, Roger/Wormald, Patrick (Hrsg.). *Ideal and Reality in Frankish and Anglo-Saxon* Society. Studies Presented to J. M. Wallace-*Hadrill*, S. 202–222. Oxford.
Nicolle, David Charles (2011): *European Medieval Tactics*, 1. *The Fall and Rise of Cavalry*. Oxford.
Nicolle, David Charles (2009): *The Great Islamic Conquests, AD 632–750*. Oxford.
Nicols, John (2014): *Civic Patronage in the Roman Empire*. Leiden.
Niermeyer, Jan Frederik (2004): *Mediae Latinitatis Lexicon Minus* (2. Auflage) [elektronische Ausgabe]. Leiden/Boston.
Noble, Thomas F. X. (1984): *The Republic of St. Peter. The Birth of the Papal State 680–825*. Philadelphia.
Nöllemeyer, Luise (2015): *Die Debatte um mutation de l'an mil und feudal revolution in den 1990er Jahren. Eine Forschungskontroverse in deutsch-französischer Perspektive*. Unpublizierte Masterarbeit.
Nonn, Ulrich (1994): Das Bild Karl Martells in mittelalterlichen Quellen. In: Jarnut, Jörg/Nonn, Ulrich/Richter, Michael (Hrsg.). *Karl Martell in seiner Zeit*, S. 9–21. Sigmaringen.
Oelsner, Ludwig (1871): *Jahrbücher des fränkischen Reiches unter König Pippin*. Leipzig.
Oexle, Otto Gerhard (2002): Feudalismus, Verfassung und Politik im deutschen Kaiserreich, 1868–1920. In: Fryde, Natalie/Monnet, Pierre/Oexle, Otto Gerhard (Hrsg.). *Die Gegenwart des Feudalismus*, S. 211–246. Göttingen.
Oexle, Otto Gerhard (1995): Die Abschaffung des Feudalismus ist gescheitert. Susan Reynolds' Versuch, das Vasallentum zu leugnen und die Mittelalterforschung umzukrempeln. In: *Frankfurter Allgemeine Zeitung*, 19. Mai 1995, Nr. 116, S. 41.
Ortmann, Günther (2003): *Regel und Ausnahme. Paradoxien sozialer Ordnung*. Frankfurt a. M.

Patzold, Steffen (2018): Warlords oder Amtsträger? Bemerkungen zu den Eliten im Frankenreich um das Jahr 700 aus der Perspektive der Geschichtswissenschaft. In: Brather, Sebastian/Merthen, Claudia/Springer, Tobias (Hrsg.). *Warlords oder Amtsträger? Herausragende Bestattungen der späten Merowingerzeit*, S. 10–18. Nürnberg.

Patzold, Steffen/van Rhijn, Carine (2016): Introduction. In: Patzold, Steffen/van Rhijn, Carine (Hrsg.). *Men in the Middle. Local Priests in Early Medieval Europa*. Berlin u.a.

Patzold, Steffen (2015): Das sogenannte ‚Capitulare Aquisgranense' Karls des Großen und die letzte Reforminitiative Ludwigs des Frommen im Jahr 829. In: *Deutsches Archiv für Erforschung des Mittelalters*, 71, S. 459–473.

Patzold, Steffen (2014): Benedictus Levita I, 279 - ein echtes Capitulum von 829? Vorarbeiten zur Neuedition der Kapitularien Ludwigs des Frommen. In: *Deutsches Archiv für Erforschung des Mittelalters*, 70, S. 67–86.

Patzold, Steffen (2013): *Ich und Karl der Große. Das Leben des Höflings Einhard*. Stuttgart.

Patzold, Steffen (2012a): *Das Lehnswesen*. München.

Patzold, Steffen (2012b): Human Security, fragile Staatlichkeit und Governance im Frühmittelalter. Zur Fragwürdigkeit der Scheidung von Vormoderne und Moderne. In: *Geschichte und Gesellschaft*, 38, S. 406–422.

Patzold, Steffen (2010): Hraban, Gottschalk und der Traktat de oblatione puerorum. In: Depreux, Philippe/Lebecq, Stéphane/Perrin, Michel/Szerwiniack, Olivier (Hrsg.). *Raban Maur et son temps*, S. 105–118. Turnhout.

Patzold, Steffen (2008): *Episcopus. Wissen über Bischöfe im Frankenreich des späten 8. bis frühen 10. Jahrhunderts*. Ostfildern.

Patzold, Steffen (2007): Normen im Buch. Überlegungen zu Geltungsansprüchen so genannter ‚Kapitularien'. In: *Frühmittelalterliche Studien*, 41, S. 331–350.

Patzold, Steffen (2005): Die Veränderung frühmittelalterlichen Rechts im Spiegel der ‚Leges'-Reformen Karls des Großen und Ludwigs des Frommen. In: Esders, Stefan/Reinle, Christine (Hrsg.). *Rechtsveränderung im politischen und sozialen Kontext mittelalterlicher Rechtsvielfalt*, S. 63–99. Münster.

Patzold, Steffen (1999): Konflikte als Thema in der modernen Mediävistik. In: Goetz, Hans-Werner (Hrsg.). *Moderne Mediävistik. Stand und Perspektiven der Mittelalterforschung*, S. 198–205. Darmstadt.

Patzold, Steffen (unpubliziert): *Die Kapitularien der Jahre 828/29 und die Handschrift Barcelona, Archivo de la Corona de Aragón, Ripoll 40*.

Petersen, Leif (2013): *Siege Warfare and Military Organization in the Successor States (400–800 AD). Byzantium, the West and Islam*. Leiden.

Pezé, Warren (2017): *Le virus de l'erreuer. La controverse carolingienne sur la double prédestination. Essai d'histoire sociale*. Turnhout.

Pietzcker, Frank (1959): *Der Krieg in der Karolingerzeit*. Hamburg.

Pohl, Walter (2006): Staat und Herrschaft im Frühmittelalter. Überlegungen zum Forschungsstand. In: Airlie, Stuart (Hrsg.). *Staat im frühen Mittelalter*, S. 9–38. Wien.

Pohl, Walter (2003): Personenverbandsstaat. In: Beck, Heinrich/Geuenich, Dieter/Steuer, Heiko (Hrsg.). *Reallexikon der Germanischen Altertumskunde* 22 (2. Auflage), S. 614–618. Berlin/New York.

Pöschl, Alfred (1928): *Die Regalien der mittelalterlichen Kirchen*. Graz.

Preisendörfer, Peter (2016): *Organisationssoziologie. Grundlagen, Theorien und Problemstellungen* (4. Auflage). Wiesbaden.

Prietzel, Malte (2014): Lernen durch Kriege. Die Feldzüge Karls des Großen und die Weltsicht der politischen Elite. In: Pohle, Frank (Hrsg.). *Karl der Große, Charlemagne. Orte der Macht. Essays*, S. 58–65. Dresden.

Prietzel, Malte (2006a): *Krieg im Mittelalter*. Darmstadt.
Prietzel, Malte (2006b): *Kriegführung im Mittelalter. Handlungen, Erinnerungen, Bedeutungen*. Paderborn.
Prinz, Otto (1999): *Mittellateinisches Wörterbuch: bis zum ausgehenden 13. Jahrhundert*, 2. München.
Quast, Dieter (2015) (Hrsg.): *Das Grab des fränkischen Königs Childerich in Tournai und die Anastasis Childerici von Jean-Jacques Chifflet aus dem Jahre 1655*. Mainz.
Rabban, David M. (2013): *Law's History. American Legal Thought and the Transatlantic Turn to History*. Cambridge.
Rabe, Susan A. (1995): *Faith, Art, and Politics at Saint-Riquier. The Symbolic vision of Angilbert*. Philadelphia.
Raulff, Ulrich (2000): Vorwort zur Neuauflage. Politik als Passion. Hans Delbrück und der Krieg in der Geschichte. In: Delbrück, Hans. *Geschichte der Kriegskunst im Rahmen der politischen Geschichte*, 1. *Das Altertum* (Neudruck der 3. Auflage), S. IX-XLVI. Berlin.
Raedts, Peter (2016): *Die Entdeckung des Mittelalters. Geschichte einer Illusion*. Darmstadt.
Rau, Reinhold (1955): *Die Reichsannalen lat. -dt. Ausgewählte Quellen zur deutschen Geschichte des Mittelalters*, 1 (Neudruck 2008), S. 1–156. Darmstadt.
Renard, Étienne (2012): Administrer des biens, contrôler des hommes, gérer des revenus par l'écrit au cours du premier Moyen Age. In: Hermand, Xavier/Nieus, Jean-François/Renard, Étienne (Hrsg.). *Décrire, inventorier, enregistrer entre Seine et Rhin au Moyen Âge. Formes, fonctions et usages des écrits de gestion. Actes du colloque international organisé à l'Université de Namur (FUNDP) les 8 et 9 mai 2008*, S. 7–36. Paris.
Renard, Etienne (2009): La politique militaire de Charlemagne et la paysannerie franque. In: *Francia*, 36, S. 1–33.
Renard, Etienne (2006): Une élite paysanne en crise? Le poids des charges militaires pour les petits alleutiers entre Loire et Rhin au IXe siècle. In: Bougard, François/Feller, Laurent/Le Jan, Régine (Hrsg.). *Les élites au haut Moyen Âge. Crises et renouvellements*, S. 315–336. Turnhout.
Reuter, Timothy (2006a): Plunder and Tribute in the Carolingian Empire. In: *Medieval Polities and Modern Mentalities*, S. 231–250. Cambridge.
Reuter, Timothy (2006b): The Medieval Nobility in Twentieth-Century Historiography. In: Bentley, Michael (Hrsg.). *The Routledge Companion to Historiography*, S. 166–190. e-book.
Reuter, Timothy (2006c): All Quiet Except on the Western Front? The Ermergence of Pre-Modern Forms of Statehood in the Central Middle Ages. In: *Medieval Polities and Modern Mentalities*, S. 432–458. Cambridge.
Reuter, Timothy (1999): Carolingian and Ottonian Warfare. In: Keen, Maurice Hugh (Hrsg.). *Medieval Warfare. A History*, S. 13–35. Oxford/New York.
Reuter, Timothy (1997): The Recruitment of Armies in the Early Middle Ages. What Can We Know? In: Clausen, Birthe L./Jørgensen, Ann N. (Hrsg.). *Military Aspects of Scandinavian Society in a European Perspective, AD 1–1300*, S. 32–37. Kopenhagen.
Reuter, Timothy (1996): Rezension von: Reynolds, Susan (1994): Fiefs and Vassals. The Medieval Evidence Reinterpreted. Oxford. In: *Early Medieval Europe*, 5, S. 244–245.
Reuter, Timothy (1990): The End of Carolingian Military Expansion. In: Godman, Peter/Collins, Roger (Hrsg.). *Charlemagne's Heir. New Perspectives on the Reign of Louis the Pious 814–840*, S. 391–405. Oxford.
Reuter, Timothy (1985): Plunder and Tribute in the Carolingian Empire. In: *Transactions of the Royal Historical Society*, 35, S. 75–94.
Reynolds, Susan (2017): The History of the Idea of Lehnswesen. In: *German Historical Institute London, Bulletin*, 39, S. 3–20.

Reynolds, Susan (2012): Preface. In: Reynolds, Susan (Hrsg.). *The Middle Ages Without Feudalism. Essays in Criticism and Comparison on the Medieval West*, S. ix-xv. Farnham.

Reynolds, Susan (1997): Debate. Susan Reynolds Responds to Johannes Fried. In: *German Historical Institute London, Bulletin*, S. 30–40.

Reynolds, Susan (1994): *Fiefs and Vassals. The Medieval Evidence Reinterpreted*. Oxford.

Rietschel, Siegfrid (1907): Erwiderung gegen Seeliger (Landleihen). In: *Historische Vierteljahrschrift*, 10, S. 143–150.

Rio, Alice (2015): Waltharius at Fontenoy? Epic Heroism and Carolingian Political Thought. In: *Viator*, 46, S. 41–64.

Rogg, Matthias (2009): Die Ursprünge: Ritter, Söldner, Soldat. Militärgeschichte bis zur Französischen Revolution. In: Neugebauer, Karl-Volker/Busch, Michael (Hrsg.). *Grundkurs deutsche Militärgeschichte*, 1. *Die Zeit bis 1914. Vom Kriegshaufen zum Massenheer* (2. Auflage), S. 1–122. München.

Rösener, Werner (2012): Hufe. In: *Handwörterbuch zur deutschen Rechtsgeschichte* 2 (2. Auflage), Sp. 1146–1150. Berlin.

Rösener, Werner (2011): Grundherrschaft. In: *Handwörterbuch zur deutschen Rechtsgeschichte 2 (2. Auflage)*, Sp. 581–589. Berlin.

Rösener, Werner (1991): *Grundherrschaft im Wandel. Untersuchungen zur Entwicklung geistlicher Grundherrschaften im südwestdeutschen Raum vom 9. bis 14. Jahrhundert*. Göttingen.

Roth, Paul (1863): *Feudalität und Untertanenverband*. Weimar.

Roth, Paul (1850): *Geschichte des Beneficialwesens von den ältesten Zeiten bis ins zehnte Jahrhundert*. Erlangen.

Saller, Richard (1982): *Personal Patronage under the Early Empire*. Cambridge.

Salrach Mares, Josep (2009): Els Hispani. Emigrats Hispanogots a Europa (segles VIII-X). In: *Butlletí de la Societat Catalana d'Estudis Històrics*, 20, S. 31–59.

Salten, Oliver (2013): *Vasallität und Benefizialwesen im 9. Jahrhundert. Studien zur Entwicklung personaler und dinglicher Beziehungen im frühen Mittelalter*. Hildesheim.

Sánchez-Albornoz, Claudio (1979): *En torno a los origenes del feudalism*, 3. *Los árabes y el régimen prefeudal carolingio. La caballería musulmana y la caballería franca des siglo VIII*. Buenos Aires.

Sánchez-Albornoz, Claudio (1966): *Despoblación y repoblación del valle del Duero*. Buenos Aires.

Sánchez-Albornoz, Claudio (1942): *En torno a los origene del feudalismo*, 2. *Los árabes y el régimen prefeudal carolingio*. Mendoza.

Sánchez-Albornoz, Claudio (1924): Las behetrías. la encomendación en Asturias, León y Castilla. In: *Anuario de historia del derecho español*, 1, S. 158–336.

Sarti, Laury (2018a): Methoden, Bedeutung und Legitimation der Aneignung von fremdem Eigentum von der Spätantike zum frühen Mittelalter. Zusammenfassung und Diskussion. In: Keller, Rodolphe/Sarti, Laury (Hrsg.). *Pillages, tributs, captifs. Prédation es sociétés de l'Antiquité tardive au haut Moyen Âge. Plünderungen, Tributzahlungen und Gefangennahmen*, S. 179–194. Paris.

Sarti, Laury (2018b): Der fränkisches miles. Weder Soldat noch Ritter. In: *Frühmittelalterliche Studien*, 36, S. 99–117.

Sarti, Laury (2013): *Perceiving War and the Military in Early Christian Gaul* (*ca. 400–700 A. D.*). Leiden.

Sauer, Hans (2016): Helden, Monster und Drachen. Das altenglische Beowulf-Epos. In: Sauer, Hans/Seitscheck, Gisela/Teuber, Bernhard (Hrsg.). *Höhepunkte des mittelalterlichen Erzählens*, S. 55–75. Heidelberg.

Schäfer, Alfons (1966): Die Abtei Weißenburg und das karolingische Königtum. In: *Zeitschrift für die Geschichte des Oberrheins*, 114/NF 75, S. 1–54.

Schamoni, Peter (1999): Wilhelm II. Majestät brauchen Sonne. Deutschland, Niederlande (Film).
Schäpers, Maria (2018): *Lothar I. (795–855) und das Frankenreich*. Wien u.a.
Scharff, Thomas (2002): *Die Kämpfe der Herrscher und der Heiligen. Krieg und historische Erinnerung in der Karolingerzeit*. Darmstadt.
Schieffer, Rudolf (2006): *Die Karolinger* (4. Auflage). Stuttgart.
Schipp, Oliver (2009): *Der weströmische Kolonat von Konstantin bis zu den Karolingern (332–861)*. Hamburg.
Schlesinger, Walter (1953): Herrschaft und Gefolgschaft in der germanisch-deutschen Verfassungsgeschichte. In: *Historische Zeitschrift*, 176, S. 225–275.
Schmid, Karl (1979): The Structures of the Nobility in the Earlier Middle Ages. In: Reuter, Timothy (Hrsg.). *The Medieval Nobility. Studies on the Ruling Classes of France and Germany from the 6th to the 12th Century*, S. 37–59. Amsterdam.
Schmid, Karl (1959): Über die Struktur des Adels im früheren Mittelalter. In: *Jahrbuch für fränkische Landesforschung*, 19, S. 1–12.
Schmidt, Jakob (1962): *Hinkmars ‚De ordine palatii' und seine Quellen*. Frankfurt a. M.
Schmitt, Johannes (1977): *Untersuchungen zu den Liberi Homines der Karolingerzeit*. Bern.
Schmitz, Gerhard (2012): Kapitularien. In: *Handwörterbuch zur deutschen Rechtsgeschichte* 2 (2. Auflage), Sp. 1604–1612. Berlin.
Schmoeckel, Mathias/Rückert, Joachim/Zimmermann, Reinhard (2003): *Historisch-kritischer Kommentar zum BGB*, 1. *Allgemeiner Teil §§ 1–240*. Tübingen.
Schneider, Reinhard (2001): *Das Frankenreich*. München.
Schnettger, Matthias (2008): Lehnswesen. In: Jaeger, Friedrich (Hrsg.). *Enzyklopädie der Neuzeit* 7, Sp. 758–766. Stuttgart.
Schnitter, Helmut (1994): Die überlieferte Defensionspflicht. Vorformen der allgemeinen Wehrpflicht in Deutschland. In: Foerster, Roland (Hrsg.). *Die Wehrpflicht. Entstehung, Erscheinungsformen und politisch-militärische Wirkung*, S. 29–37. München.
Shuler, Eric (2012): Caesarius of Arles and the Development of the ecclesiastical tithe. From a Theology of Almsgiving to Practical Obligations. In Traditio. Studies in Ancient and Medieval History, Thought and Religion, 67, S. 43–69.
Scholkmann, Barbara (2009): *Das Mittelalter im Fokus der Archäologie*. Darmstadt.
Schwarzmaier, Hansmartin (1972): *Lucca und das Reich bis zum Ende des 11. Jahrhunderts. Studien zur Sozialstruktur einer Herzogsstadt in der Toskana*. Tübingen.
Seeliger, Gerhard (1906): Landleihen, Hofrecht und Immunität. Eine Entgegnung. In: *Historische Vierteljahrsschrift*, 9, S. 569–589.
Seeliger, Gerhard (1903): *Die soziale und politische Bedeutung der Grundherrschaft im frühen Mittelalter. Untersuchungen über Hofrecht, Immunität und Landleihen*. Leipzig.
Seminar für mittelalterliche Geschichte Tübingen (2015): *Einhard, Translation und Wunder der Heiligen Marcellinus und Petus, lat.-dt.* Seligenstadt.
Sigoillot, Alain (2008): Les liberi homines dans le polyptyque de Saint-Germain-des-Prés. In: *Journal des savants*, ohne Jahrgangsnummer, S. 261–271.
Sloan, John (1994): *The Stirrup Controversy*. http://legacy.fordham.edu/halsall/med/sloan.asp, besucht am 15.04.2019.
Sonnlechner, Christoph (2004): The Establishment of New Units of Production in Carolingian Times. Making Early Medieval Sources Relevant for Environmental History. In: *Viator*, 35, S. 21–48.
Sorgen, Friedrich Adolf (1764): *Chronologi des teutschen Lehnwesens mit anmerkungen und beilage*. Frankfurt.
Sorhagen, Ingeborg (1975): *Die karolingischen Kolonisationsprivilegien in Spanien und im südlichen Frankreich*. Göttingen.

Speitkamp, Winfried (Hrsg.) (2017): *Gewaltgemeinschaften. Entstehung, Kohäsionskraft und Zerfall.* Göttingen.

Speitkamp, Winfried (Hrsg.) (2013): *Gewaltgemeinschaften. Von der Spätantike bis ins 20. Jahrhundert.* Göttingen.

Spieß, Karl-Heinz (2013): Zur Einführung. In: Spieß, Karl-Heinz (Hrsg.). *Ausbildung und Verbreitung des Lehnswesens im Reich und in Italien im 12. und 13. Jahrhundert*, S. 9–16. Ostfildern.

Spieß, Karl-Heinz/Willich, Thomas (2002): *Das Lehnswesen in Deutschland im hohen und späten Mittelalter.* Idstein.

Spieß, Karl-Heinz (1978): Lehn(s)recht, Lehnswesen. In: *Handwörterbuch zur deutschen Rechtsgeschichte* 2, Sp. 1725–1741. Berlin.

Springer, Matthias (1985a): *Vergleichende Untersuchungen zur Militärgeschichte vornehmlich des früheren Mittelalters*, 1. Magdeburg.

Springer, Matthias (1985b): *Vergleichende Untersuchungen zur Militärgeschichte vornehmlich des früheren Mittelalters*, 2. Magdeburg.

Stadermann, Christian (2017): *Gothus. Konstruktion und Rezeption von Gotenbildern in narrativen Schriften des merowingischen Gallien.* Stuttgart.

Steffelbauer, Ilja (2010): Barbaren und Könige. Krieg und Gesellschaft im nachrömischen Westen. In: Obenaus, Andreas/Kaindel, Christoph (Hrsg.). *Krieg im mittelalterlichen Abendland* (5. Auflage), S. 11–38. Wien.

Stein, Oliver (2010): ‚Ein ganzes Volk in Waffen ist nicht zu unterschätzen'. Das deutsche Militär und die Frage von Volksbewaffnung, Miliz und vormilitärischer Ausbildung 1871–1914. In: Bergien, Rüdiger/Pröve, Ralf (Hrsg.). *Spießer, Patrioten, Revolutionäre. Militärische Mobilisierung und gesellschaftliche Ordnung in der Neuzeit*, S. 71–94. Göttingen.

Steuer, Heiko (2004): Die Ostsee als Kernraum des 10. Jahrhunderts und ihre Peripherien. In: *Siedlungsforschung. Archäologie, Geschichte, Geographie*, 22, S. 59–88.

Steuer, Heiko (2003a): Kriegerbanden und Heerkönige. Krieg als Auslöser der Entwicklung zum Stamm und Staat im ersten Jahrtausend n. Chr. in Mitteleuropa. Überlegungen zu einem theoretischen Modell. In: Heizmann, Wilhelm (Hrsg.). *Runica, Germanica, Mediaevalia. Gewidmet Klaus Düwel*, S. 824–853. Berlin.

Steuer, Heiko (2003b): Pferdegräber. In: *Reallexikon der Germanischen Altertumskunde* 23 (2. Auflage), S. 40–96. Berlin.

Steuer, Heiko (1999): Bewaffnung und Kriegsführung der Sachsen und Franken. In: Stiegemann, Christoph/Wemhoff, Matthias (Hrsg.). *799. Kunst und Kultur der Karolingerzeit. Karl der Große und Papst Leo III. in* Paderborn, 3. *Beitragsband zum Katalog der Ausstellung* 32. *Juli–1. November 1999*, S. 310–322. Mainz.

Stiegemann, Christoph/Kroker, Martin/Walter, Wolfgang (Hrsg.) (2013): *Credo. Christianisierung im Mittelalter*, 2. *Katalog*. Paderborn.

Stoffella, Marco (2004): Dalla marca di Tuscia alla Toscana comunale. Lo spazio dei monastery. http://www.rmoa.unina.it/id/eprint/1778, besucht am 15.04.2019.

Stratmann, Martina (1997): Einhards letzte Lebensjahre (830–840) im Spiegel seiner Briefe. In: Schefers, Hermann (Hrsg.). *Einhard. Studien zu Leben und Werk*, S. 323–339. Darmstadt.

Stutz, Ulrich (1895a): *Die Eigenkirche als Element des mittelalterliche-germanischen Kirchenrechtes*. Antrittsvorlesung, gehalten am 23. Oktober 1894. Berlin.

Stutz, Ulrich (1895b): *Geschichte des kirchlichen Benefizialwesens von seinen Anfängen bis auf die Zeit Alexanders III.* Stuttgart.

Suchan, Monika (2015): *Mahnen und Regieren. Die Metapher des Hirten im Früheren Mittelalter.* Berlin.

Süß, Winfried (2003): Reuter, Ernst. In: *Neue deutsche Biographie* 21, S. 467–468. Berlin.

Tabernero Diaz, José (2013): Vom Gold zum Silber. Münzen und Münzprägung in karolingischer Zeit. In: Riek, Markus/Goll, Jürg/Descoedres, Georges (Hrsg.). *Die Zeit Karls des Großen in der Schweiz*, 198–201. Sulgen i. Thurgau.

TELMA http://www.cn-telma.fr/originaux/charte3773/, besucht am 15.04.2019.

Thier, Andreas (2005): Roth, Paul Rudolf von. In: *Neue deutsche Biographie* 22, S. 108–109. Berlin.

Töpfer, Bernhard (2002): Die Herausbildung und die Entwicklungsdynamik der Feudalgesellschaft im Meinungsstreit von Historikern der DDR. In: Fryde, Natalie/Monnet, Pierre/Oexle, Otto Gerhard (Hrsg.). *Die Gegenwart des Feudalismus*, S. 271–291. Göttingen.

Trüper, Henning (2014): *Topography of a Method. François Louis Ganshof and the Wirting of History*. Tübingen.

Tsuda, Takuro (2013): Was hat Ansegis gesammelt? Über die zeitgenössische Wahrnehmung der ‚Kapitularien' in der Karolingerzeit. In: *Concilium medii aevi*, 16, S. 209–231.

Tomei, Paolo (2012): Un nuovo 'polittico' lucchese de IX secolo. Il breve de multis personibus. In: *Studi Medievali*, 53, S. 567–602.

Tullberg, Jacob (2013): *Beyond Feudalism. Comparative Perspectives on the European Middle Ages*. Kopenhagen.

Ubl, Karl (2014): *Die Karolinger. Herrscher und Reich*. München.

Ubl, Karl (2008): *Inzestverbot und Gesetzgebung. Die Konstruktion eines Verbrechens (300–1100)*. Berlin.

Van De Kieft, Co (1974): De feodale maatschappij der middeleeuwen. In: *Bijdragen en mededelingen betreffende de geschiedenis der Nederlanden*, 89, S. 193–211.

Van Den Heuvel, Jörg (2014): *Mythos Militarismus? Militär und Politik in Deutschland und Frankreich am Vorabend des Ersten Weltkriegs*. Frankfurt a. M.

Van Rhijn, Carine (2013): Charlemagne and the Government of the Frankish Countryside. In: Duindam, Jeroen/Harries, Jill/Humfress, Caroline/Hurvitz, Nimrod (Hrsg.). *Law and Empire. Ideas, Practices, Actors*, S. 157–176. Leiden.

Verbruggen, Jean François (1977): *The Art of Warfare in Western Europe During the Middle Ages. From the Eighth Century to 1340*. Amsterdam.

Verbruggen, Jean (1965): François L'armée et la stratégie de Charlemagne. In: Beumann, Helmut (Hrsg.). *Karl der Große. Lebenswerk und Nachleben*, 1. *Das Nachleben*, S. 420–436. Düsseldorf.

Verbruggen, Jean François (1954): *De krijgskunst in West-Europa in de middeleeuwen (IXᵉ tot begin XIVᵉ eeuw)*. Brüssel.

Verhein, Klaus (1954/1955): Studien zu den Quellen zum Reichsgut der Karolingerzeit, 2. Die Brevium exempla. In: *Deutsches Archiv für Erforschung des Mittelalters*, 11, S. 333–392.

Verhulst, Adriaan (1980): François-Louis Ganshof (1895–1980). In: *Le Moyen Âge*, 86, S. 522–538.

Verhulst, Adriaan (2002): The Carolingian economy. Cambridge.

Verriest, Léo (1946): *Institutions médiévales*, 1. Mons.

Vötsch, Mario (2010): *Organisieren von Freiheit. Nomadische Praktiken im Kulturfeld*. Wiesbaden.

Von Amira, Karl (1907): Roth, Paul Rudolf von. In: *Allgemeine deutsche Biographie*, 53, S. 538–549. Leipzig.

Von Below, Georg (1914): *Der deutsche Staat des Mittelalters. Ein Grundriß der deutschen Verfassungsgeschichte*. Leipzig.

Von Moos, Peter (2004): *‚Öffentlich' und ‚privat' im Mittelalter. Zu einem Problem historischer Begriffsbildung, vorgetragen am 22. 6.1996*.Schriften der Philosophisch-Historischen Klasse der Heidelberger Akademie der Wissenschaften, 33 [Monographischer Druck].

Von Olberg, Gabriele (2000): Königsfreie. In: Beck, Heinrich/Geuenich, Dieter/Steuer, Heiko (Hrsg.). *Reallexikon der Germanischen Altertumskunde* 17 (2. Auflage), S. 112–116. Berlin/New York.

Von Olberg, Gabriele (1998): Gemeinfreie. In: Beck, Heinrich/Geuenich, Dieter/Steuer, Heiko (Hrsg.). *Reallexikon der Germanischen Altertumskunde* 11 (2. Auflage), S. 3–7. Berlin/New York.
Von Schwerin, Claudius (1925): Rezension von: Dopsch, Alfons (1920): Wirtschaftliche und soziale Grundlagen der europäischen Kulturentwicklung aus der Zeit von Caesar bis auf Karl den Großen, 2. Wien. In: *Zeitschrift für die gesamten Staatswissenschaft*, 80, S. 699–730.
Von Simson, Bernhard (1874): *Jahrbücher des Fränkischen Reiches unter Ludwig dem Frommen*, 1. *814–830*. Leipzig.
Waitz, Georg (1896): Über die Anfänge der Vassallität. In: Zeumer, Karl (Hrsg.). *Abhandlungen zur deutschen Verfassungs- und Rechtsgeschichte*, S. 178–259 (Neudruck 1966). Aalen.
Waitz, Georg (1885): *Deutsche Verfassungsgeschichte*, 4. *Die Deutsche Verfassung im Fränkischen Reich*, 2. *Die Karolingische Zeit* (*zweite Hälfte*) (2. Auflage). Kiel.
Waitz, Georg (1878): *Deutsche Verfassungsgeschichte*, 8. *Die deutsche Reichsverfassung von der Mitte des neunten bis zur Mitte des zwölften Jahrhunderts. Die Verfassung des Deutschen Reiches bis zur vollen Herrschaft des Lehnswesens* (*Vierter Theil*). Kiel.
Waitz, Georg (1875): *Deutsche Verfassungsgeschichte*, 6. *Die deutsche Reichsverfassung von der Mitte des neunten bis zur Mitte des zwölften Jahrhunderts. Die Verfassung des Deutschen Reiches bis zur vollen Herrschaft des Lehnswesens* (*Zweiter Theil*). Kiel.
Waitz, Georg (1865a): Über die Anfänge des Lehnwesens. In: *Historische Zeitschrift*, 13, S. 90–111.
Waitz, Georg (1865b): *Deutsche Verfassungsgeschichte*, 1. *Die deutsche Verfassung in der ältesten Zeit* (2. Auflage). Kiel.
Waitz, Georg (1861a): *Deutsche Verfassungsgeschichte*, 4. *Die Deutsche Verfassung im Fränkischen Reich*, 2. *Die Karolingische Zeit* (*zweite Hälfte*). Kiel.
Waitz, Georg (1861b): Lehnwesen. In: Bluntschli, Johan Caspar/Brater, Karl (Hrsg.). *Deutsches Staats-Wörterbuch*, 5, S. 357–367. Stuttgart/Leipzig.
Waitz, Georg (1860): *Deutsche Verfassungsgeschichte*, 3. *Die Deutsche Verfassung im Fränkischen Reich*, 2. *Die Karolingische Zeit* (*erste Hälfte*). Kiel.
Waitz, Georg (1856): *Über die Anfänge der Vassallität*. Göttingen.
Waitz, Georg (1847): *Deutsche Verfassungsgeschichte*, 2. *Die deutsche Verfassung im fränkischen Reich*. Kiel.
Waitz, Georg (1844): *Deutsche Verfassungsgeschichte*, 1. *Die Verfassung des deutschen Volks vor der Zeit der grossen Wanderungen*. Kiel.
Waitz, Georg (1843): Ueber unser historisches Recht. In: *Neue Kieler Blätter*, 4, S. 107–116.
Wallace-Hadrill, John Michael (1962a): The Bloodfeud of the Franks. In: Wallace-Hadrill, John Michael (Hrsg.). *The Long Haired Kings*, S. 121–147. London.
Wallace-Hadrill, John Michael (1962b): Frankish Gaul. In: Wallace-Hadrill, John Michael (Hrsg.). *The Long Haired Kings*, S. 1–24. London.
Wallace-Hadrill, John Michael (1959): The Bloodfeud of the Franks. In: *Bulletin of the John Rylands Library*, 41, S. 459–487.
Walter, Dierk (2003): *Preußische Heeresreformen 1807–1870. Militärische Innovationen und der Mythos der ‚Roonschen Reform'*. Paderborn.
Wattenbach, Wilhelm/Löwe, Heinz (1957): *Deutschlands Geschichtsquellen im Mittelalter. Vorzeit und Karolinger*, 3. *Die Karolinger vom Tode Karls des Großen bis zum Vertrag von Verdun*. Weimar.
Weber, Max (1922): *Wirtschaft und Gesellschaft*, 3. Tübingen.
Weinfurter, Stefan (2013): *Karl der Große. Der heilige Barbar*. München.
Wenskus, Reinhard (1976): *Sächsischer Stammesadel und fränkischer Reichsadel*. Göttingen.
Werner, Joachim (1992): Childerichs Pferde. In: Heinrich Beck (Hrsg.). *Germanische Religionsgeschichte. Quellen und Quellenprobleme*, S. 145–161. Berlin.

Werner, Karl Ferdinand (1979): Heeresorganisation und Kriegführung im deutschen Königreich des 10. und 11. Jahrhunderts. In: Werner, Karl Ferdinand (Hrsg.). *Structures politiques du monde franc (VIe-XIIe siècles). Études sur les origines de la France et de l'Allemagne*, S. 791–843. London.
Werner, Karl (1968): Heeresorganisation und Kriegführung im deutschen Königreich des 10. und 11. Jahrhunderts. In: *Ordinamenti militari in Occidente nell'alto medioevo. Settimane di studio del Centro Italiano di Studi sull'Alto Medioevo*, 15, S. 791–844.
West, Charles (2015): Lordship in Ninth-Century Francia. The Case of Bishop Hincmar of Laon and his Followers. In: *Past and Present*, 226, S. 3–40.
West, Charles (2013): *Reframing the Feudal Revolution. Political and Social Transformation Between Marne and Moselle, c. 800–c. 1100*. Cambridge.
Wette, Wolfram (2011): *Militarismus in Deutschland. Geschichte einer kriegerischen Kultur*. Frankfurt a. M.
White, Lynn (1962): *Medieval Technology and Social Change*. Oxford.
Wickham, Chris (2005): *Framing the Middle Ages. Europe and the Mediterranean 400–800*. Oxford.
Wickham, Chris (1995): Rural Society in Carolingian Europe. In: McKitterick, Rosamond (Hrsg.). *The New Cambridge Medieval History*, 2. *c. 700–c. 900*, S. 510–537. Cambridge.
Witthöft, Harald (1984): *Münzfuß, Kleingewichte, Pondus Caroli und die Grundlegung des nordeuropäischen Maß- und Gewichtswesens in fränkischer Zeit*. Ostfildern.
Wölky, Guido (2006): *Roscher, Waitz, Bluntschli und Treitschke als Politikwissenschaftler. Spätblüte und Untergang eines klassischen Universitätsfaches in der zweiten Hälfte des* 19. *Jahrhunderts*. Bochum.
Wood, Ian (2013): *The Modern Origins of the Early Middle Ages*. Oxford.
Wood, Ian (2006): ‚The Bloodfeud of the Franks'. A Historiographical Legend. In: *Early Medieval Europe*, 14, S. 489–504.
Wood, Susan (2006): *The Proprietary Church in the Medieval West*. Oxford.
Wormald, Patrick (1981): Rezension von: Leyser, Karl (1979): Rule and Conflict in an Early Medieval Society. ottonian Saxony. London. In: *The English Historical Review*, 96, S. 595–601.
Wunder, Heide (1989): Feudalismus. In: *Lexikon des Mittelalters* 4, Sp. 411–421. München.
Wunder, Heide (1974): Einleitung. Der Feudalismus-Begriff. Überlegungen zu Möglichkeiten der historischen Begriffsbildung. In: Wunder, Heide (Hrsg.). *Feudalismus. Zehn Aufsätze*. München.
Zabel, Hermann (1984): Säkularisation, Säkularisierung. In: Brunner, Otto/Conze, Werner/Koselleck, Reinhart (Hrsg.). *Geschichtliche Grundbegriffe. Historisches Lexikon zur politisch-sozialen Sprache in Deutschland*, 5, S. 789–829. Stuttgart.
Zeller, Peter (2016): *Zwischen Konkurrenz und Gemeinschaftsbezug. Gesellschaftliche Organisation und Entwicklung im früharchaischen Griechenland und der isländischen Freistaatzeit. Ein experimenteller Vergleich*. Unpubliziert.

Personen- und Ortsregister

Namen historischer Personen einschließlich eventueller Beinamen oder Ordnungszahlen richten sich nach dem Lexikon des Mittelalters; wenn dort nicht erfasst nach der Neuen Deutschen Biographie. Namen, die auch dort nicht erfasst sind, sind nach Depreux 1997 angegeben. In Einzelfällen ist zur eindeutigen Identifikation eine zusätzliche Angabe hinzugefügt (z.B. Karlmann † 754). Ortsnamen richten sich nach dem Duden oder, wenn dort nicht erfasst, nach der landessprachlichen Schreibweise. Ortsnamen sind nicht erfasst, wenn sie nur als Teil einer Handschriftensignatur genannt sind (z. B. Berlin, Staatsbibliothek zu Berlin - Preußischer Kulturbesitz, Ms. Phill. 1762).

https://doi.org/10.1515/9783110629071-008

Sachregister

Werktitel (sowohl Quellen als auch Literatur) sind im Sachregister dann erfasst, wenn die betreffenden Arbeiten im Text besprochen werden. Werke, die ohne weitere Ausführungen genannt oder zitiert werden, sind nicht aufgeführt. Die bei Kapitularien angegebenen Nummern beziehen sich auf die Edition Alfred Boretius' (Boretius 1883 und Boretius u.a. 1897).

https://doi.org/10.1515/9783110629071-009